Theory and Parctice of Comprehensive Technology System of
Geotechnical Engineering Survey in Mountainous City

山地城市岩土工程综合勘察
技术理论与实践

陈翰新　　冯永能　　向泽君　编著

中国建筑工业出版社

图书在版编目（CIP）数据

山地城市岩土工程综合勘察技术理论与实践/陈翰新等编著. —北京：中国建筑工业出版社，2016.12
ISBN 978-7-112-20186-0

Ⅰ.①山…　Ⅱ.①陈…　Ⅲ.①山区城市-市政工程-工程地质勘察-研究　Ⅳ.①TU99

中国版本图书馆 CIP 数据核字（2017）第 001580 号

　　本书在总结多年山地城市岩土工程勘察经验基础上，结合越岭隧道、跨江大桥、高层建筑、市政工程以及其他山地城市特色工程勘察实践，系统全面地介绍了山地城市复杂地质条件下的工程综合勘察关键技术体系，内容充实，创新性高，实用性大。全书分两个部分共 12 章。第一部分为山地城市综合勘察技术，包括：绪论、山地城市工程地质特征、多源多尺度工程地质测绘、地质环境综合探测、复杂环境下的工程钻探与测试、特殊条件下的岩土工程分析技术、工程勘察信息化及建设工程全生命周期运用；第二部分为山地城市综合勘察实录，包括：越岭隧道工程勘察实录、跨江大桥工程勘察实录、都市圈复杂环境条件下建筑工程勘察实录及其他山地城市特色工程勘察实录。

　　本书可供岩土工程勘察、设计、施工及运营管理的工程技术人员参考，亦可供教学人员参考。

＊　　＊　　＊

责任编辑：王　梅　杨　允
责任设计：李志立
责任校对：李欣慰　姜小莲

山地城市岩土工程综合勘察技术理论与实践

陈翰新　冯永能　向泽君　编著

＊

中国建筑工业出版社出版、发行（北京海淀三里河路 9 号）
各地新华书店、建筑书店经销
北京红光制版公司制版
环球东方（北京）印务有限公司印刷
＊

开本：787×1092 毫米　1/16　印张：20¾　字数：513 千字
2017 年 12 月第一版　　2017 年 12 月第一次印刷
定价：**55.00** 元
ISBN 978-7-112-20186-0
（29695）

前　　言

山地城市岩土工程综合勘察技术是针对山地城市特殊的工程地质条件和重大建设项目的工程需求，结合现代遥感、地理信息、工程勘察、岩土设计以及工程检测监测等专业的大量工程实践经验，总结出一套适用于山地城市复杂地质条件下的工程综合勘察成套技术流程与体系，可实现工程勘察全行业、多专业的协同工作，切实提高工程勘察成果质量、工程勘察技术水平以及确保工程建设安全。本书具有以下特点：

一是建立了适用于山地城市的综合勘察成套技术体系，实现了以工程勘察为核心，融合工程测量、航测遥感、工程物探、地理信息、工程设计、工程监测等多专业的协同技术创新，成功解决了复杂地质环境中的工程勘察难题，有效提升了山地城市规划、建设与管理的科学性与安全性。

二是提出了基于天地一体化的基础数据高效获取方法，综合运用了多星定位、无人机倾斜摄影、三维激光扫描、工程综合物探、特殊环境钻探与测试等多项前沿技术，实现了山地城市地上、地下综合信息的准确、快速及安全获取。

三是构建了多源数据与多方法集成的岩土工程分析评价技术体系，高效集成了隧道围岩、危岩、滑坡、地下水及边坡等各类岩土工程的分析方法，针对山地城市复杂地质条件与高标准建设要求，重点解决了地下隧道开挖、地质灾害防治与基坑边坡支护等工程技术难题。

四是建立了城市工程勘察信息化技术体系，利用互联网、大数据、移动 GIS 等新型技术，研发了岩土勘察内外业一体化系统、工程地质数据库、地下空间信息集成管理平台和工程勘察 BIM，实现了工程勘察作业一体化、集成化和成果可视化。

五是实现了工程勘察、设计、施工和运维等环节的协同工作与数据共享，整合了以工程勘察成果为支撑的建设工程全生命周期产业服务链，研发了岩土工程三维辅助设计系统、工程安全自动化监测体系以及监测云服务平台。

本书由重庆市勘测院、重庆市岩土工程技术研究中心共同组织编写，陈翰新负责全书的策划和统校定稿，冯永能负责岩土工程勘察部分的统校定稿，向泽君负责工程测绘与地理信息部分章节的统校定稿，各章的具体编写名单如下：

第 1、2 章　陈翰新，黄勋

第 3 章　向泽君，岳仁宾，周智勇，王快，黄承亮

第 4 章　周成涛，欧阳明明，郑跃骏

第 5 章　冯永能，郭微，刘洋，张立舟

第 6 章　冯永能，刘洋，郭微，黄承亮，欧阳明明，崔遥，刘廷伟

第 7 章　向泽君，明镜，李劼，王昌翰

第 8 章　周成涛，明镜，周智勇，胡波，李劼，王快

第 9 章　陈翰新，江景雄，石金胡，杨孟德，陈小平，黄勋

第 10 章　周庆人，杜逢彬，刘世杰，何忠良，曾繁华，刘洋

第 11 章　邹喜国，侯大伟，朱鹏宇，司涛，王乾程，李劼，郭微

第 12 章　李长雄，陈继平，杨元周，王锐，李劼，杨华富

本书部分研究成果分别来自住房和城乡建设部研究开发项目"多尺度山地城市地质信息三维可视化集成研究及应用"（编号：K82014090），重庆市社会民生科技创新专项基金《水文地质三维建模技术在越岭隧道规划建设中的应用研究》（编号：cstc2016shmszx30021），重庆市基础与前沿研究计划项目"山地城市多源多尺度地质信息整合应用及在线服务研究"（编号：cstc2014jcyjA90026），重庆市轨道交通（集团）有限公司专项课题"重庆轨道交通围岩分级及参数优化专题研究"等。在本书的撰写过程中，还得到了成都理工大学环境与土木工程学院许模教授的大力帮助。本书的出版获得冯永能"重庆市百名工程技术高端人才培养计划"的资助，在此深表谢意。

由于编者水平和条件有限，书中难免存在不当和错误之处，恳请读者批评指正。

编著者

2017 年 8 月

目　　录

第1章 绪 论

1.1 山地城市岩土工程勘察现状

工程勘察（Geotechnical Investigation）是一门服务于工程建设的综合性和应用性技术学科，在房屋、道路、轨道交通、桥梁等建设工程中占有重要地位；它在保证工程质量、降低工程造价、缩短工程建设周期以及提高工程经济效益、环境效益和社会效益方面具有关键作用。工程建（构）筑物与岩土体之间处于相互依存又相互制约的矛盾中，研究两者之间的关系，促使矛盾的转化和解决，是工程勘察的基本任务。建设工程勘察的基本内容包括工程测量、水文地质勘察和工程地质勘察，岩土工程中的勘测、设计、治理、监测活动也属于工程勘察范畴。

近年来，随着城市经济的飞速发展，大量重要的基础设施工程纷纷上马，如轨道交通、越岭隧道、跨江大桥、高层建筑及复杂立交桥等，但由于山地城市特殊的地形、地质条件，岩土工程勘察难度相对较高，仅靠常规单一的勘察技术或手段，往往难以满足高标准的工程建设要求，因此，迫切需要集成多种勘察方法，协助解决工程勘察中的复杂岩土工程问题。本书以重庆主城区为研究对象，通过收集、调查超高层建筑、城市轨道交通、大型场馆和市政道路等重大项目的岩土工程勘察成果，系统介绍山地城市复杂地质环境条件下的综合勘察技术关键技术体系，助力实现勘察工作的高效化、准确化、安全化及低成本化，从而保障设计方案和工程投资的最优化。

1.1.1 工程地质测绘

在岩土工程勘察中，工程地质测绘的工作目的是为了研究拟建场地的地层、岩土、构造、地貌、水文地质条件及地理地貌现象，提供工程勘察的基础数据，为工程建设选址、选线及勘察方案布置提供依据。对于山地城市来讲，工程地质测绘的工作对象主要包括地表地形数据、地下空间信息、工程地质基础信息以及地质灾害分布信息等。

随着空间信息获取技术和图像处理技术的不断发展，工程地质测绘主要呈现出如下3个方面的发展趋势。

（1）移动 GIS 技术的应用：在岩土工程勘察中，移动 GIS 技术的应用，为工程建设提供了大量的地理信息数据，这些数据不仅详细、科学，而且具有很强的现时性，推进了地质测绘技术的智能化发展，并结合三维可视化技术，辅助解决地质测绘中数据信息量大、处理方法过于复杂的难题；

（2）遥感技术的应用：与传统测绘技术相比，遥感技术的应用，一方面扩大了地质测绘的范围，提升了地质测绘的工作效率；另一方面，也展现了现有地质测绘的实效性，并保证了测绘数据的准确性；

（3）数字化技术的应用：数字化技术的应用，实现了图纸绘制的自动化修补，并结合相关系统，分析地质的几何特性以及地质属性和环境属性，构成区域网络，实现数据和资源的共享。

1.1.2　工程勘探与测试

20 世纪 80 年代后期以来，随着我国经济建设的腾飞，在城建、交通、矿山、水利和水电资源开发等领域的基础设施建设得到了快速发展，尤其是城市建设和交通建设的发展，因为与人们的日常生活密切相关而备受世人瞩目。各类建设工程都离不开岩土，它们或以岩土为材料，或与岩土介质接触并相互作用。对与工程有关岩土体的充分了解，是进行工程设计与施工的重要前提。

现状调查表明，除有特殊要求或重要的项目外，目前绝大多数工程地质勘察主要采用地质调查与测绘、钻探、原位测试（标准贯入试验、动力触探试验、波速测试）、取样和室内试验、水文试验及浅层地震等常规手段。个别重点项目采用了现场剪切试验、孔内电视摄像、高密度电法等新技术手段。已有文献资料，多有涉及高新勘察技术方法的运用，或勘察技术方法的综合应用，或涉及综合勘察技术方法，但未见形成综合勘察技术体系，更没有针对山地城市复杂地质条件下的成套综合勘察技术。

综合勘察技术是在搜集、分析研究既有地质资料的基础上，以遥感判译为先行，以大面积地质调查为基础，以综合物探和适量的深孔钻探为主要勘探手段，并辅以必要的孔内测试试验、现场原位测试等的一种综合性勘察方法，可以有效地控制和查明工程地质和水文地质问题。运用各种勘察手段相互指导、验证、取长补短，可以有效地提高岩土工程的工程地质勘察质量。采用综合勘察技术，对勘察资料进行综合分析，可以使提供的地质资料更加全面、准确，为设计、施工和运营提供更为可靠的地质与环境资料。

目前，综合物探手段已在复杂岩土工程勘察中应用广泛。能够用于工程勘察的物探方法有许多，主要包括电法勘探、电磁法勘探、地震勘探及综合测井等，但由于地质参数受到多种因素影响，仅从单一的物性参数出发选取物探手段，难以实现物探资料的精确解译，因此我们必须结合实际情况，充分考虑探测目标的物理参数特征，选取合理优质的方法组合，使各个方法成果得以互相佐证，利用不同的物探方法的互补性来验证物探多解性，才能提高成果的解译精度和可靠性。

1.1.3　城市地质信息化

用信息技术来改变传统城市地质工作模式，这是城市地质工作发展的必然趋势。传统的城市地质工作模式在由数据到价值的这一链条中，由于信息化程度低，更多强调的是专家知识经验，数据利用率和城市地质知识普及率都非常低；而新的以可视化和信息共享为主要特点的城市地质工作模式，借助信息系统搭建起由数据到知识、应用的通道，强调城市地质信息的通俗化、实用性、共享性和社会管理应用价值的转换。

城市地质信息化工作目前可以划分为城市地质数据的采集和处理、管理维护、分析应用、共享与服务等主要信息化环节。城市地质数据采集与处理主要是对现有地质数据的分类、整理和数字化；城市地质数据管理维护主要涉及对各类地质数据的入库管理，确保其及时更新；城市地质数据分析应用是利用二维、三维可视化 GIS 平台对各类地质数据进行专业分析评价；城市地质信息共享与服务就是将获取的各类城市地质信息数据、分析评价成果结论进行动态发布、共享。

三维地质建模是城市地质信息化的一项基础性工作，它是以各种原始数据（包括钻孔、剖面、地震数据、等深图、地质调查图、地形数据、物探数据、化探数据、工程勘察数据、工程监测数据、水文监测数据等）为基础，建立能够反映地质构造形态、构造关系及地质体内部属性变化规律的数字化模型，通过适当的可视化方式，该数字化模型能够展现虚拟的真实地质环境，更重要的是基于模型的数值模拟和空间分析，能够辅助科学决策和风险规避。

目前，针对不同的地质成果数据，在构建不同尺度的三维地质模型时，主要有基于勘察钻孔数据的地质建模、基于地质剖面数据的地质建模、基于三棱柱的地质建模、基于曲面的地质建模等方法。通过以上方法得到的三维地质模型已经广泛地应用于社会发展的各个领域，例如在城市地质研究中，三维地质建模技术的应用可以辅助研究城市地层展布和断裂构造分布规律，合理开发利用城市地下空间、开采地下水资源、规避不利地质条件，科学布置城市功能区划；在岩土工程勘察、设计施工的全过程中，利用三维地质模型，方便工程设计同施工方的交流，准确分析实际地质问题，减少工程风险。

1.2 综合勘察目的与关键技术

1.2.1 综合勘察的目的

城市化进程和地下空间开发利用为城市工程勘察带来新的挑战。通过长期的工程建设实践，对于高层建筑和市政工程的设计和施工，工程技术人员已经积累了大量的实践经验，但是由于山地城市特殊的地质构造和岩土体性质的复杂性，以及城区工程建设中对环境保护的高标准要求，加上工程建设规模越来越大、技术难度越来越高，仅靠传统的地质调绘和常规勘探方法进行勘察，不但工期长、成本高，而且准确性低，难以满足设计、施工的需要，这就需要充分发挥现代空间信息技术，综合运用钻探、物探、测试等多种勘察方法综合对工程区地质条件进行全面分析，在最合理的工期、用最优的成本获取尽可能详细、准确的地质资料。

1.2.2 综合勘察的主要内容

本书将在总结工程勘察现有的常规和高新技术手段的基础上，针对山地城市特殊的工程地质条件和重大建设项目的工程需求，并结合现代遥感、地理信息、工程勘察、岩土设计以及工程检测监测方面多专业融合的大量工程实践经验，构建一套适用于山地城市复杂地质条件下的工程综合勘察成套技术流程与体系，以实现多专业协同的工作机制，解决工程勘察关键环节存在的效率低、成本高、时效差等缺点，这对于提高工程勘察质量、提升工程管理水平、有效地保障城市规划、建设与管理具有极大的理论指导和工程实践意义。具体来讲，包括以下 5 个方面的研究内容：

（1）基于天地一体化勘探手段的工程勘察基础地形、地质信息的快速、实时、准确获取，重点解决传统技术在复杂环境下的特殊地形数据、地下空间信息、浅表填土层信息以及深部地质信息等获取中存在的问题；

（2）山地城市特殊岩土工程分析评价研究，重点解决山地城市隧道围岩分级、地质灾害评价、隧道施工与地下水相互关系评价以及边坡支护方案等问题；

（3）构建岩土勘察内外业一体化系统、工程地质数据库及地下空间集成管理平台等信息化系统，实现山地城市工程勘察成果的集成化高效管理，并建立工程勘察BIM模型，重点解决现有工程勘察二维图纸表现形式单一，可视化不够形象，各要素容易发生碰撞等问题；

（4）延伸工程勘察的建筑全生命周期服务链，利用勘察信息化成果，实现岩土工程三维辅助设计；同时，在施工和后期运营维护阶段，利用物联网和云服务技术实现工程安全检测与监测。

1.2.3 综合勘察的关键技术

（1）多源多尺度工程地质测绘

利用卫星定位、无人机、水域机器人及三维激光扫描等技术手段，高效、快速、准确地获取建设场区的地形地貌、地质数据，关键技术包括：①高精度GNSS定位；②大范围带状地形图测量；③复杂地质特征的非接触测量。

（2）地质环境综合探测

利用多种物探技术手段，实现工程建设场地周边不良地质体、既有建（构）筑物的基础及隐蔽地下结构体、城市地下管线以及深部地质信息的无损准确探测，关键技术包括：①深埋越岭隧道复杂地质环境探测；②高密度建筑区建（构）筑物基础探测；③多层次复杂地下空间测量；④深埋地下管网探测；⑤不均匀级配块碎石填土质量检测。

（3）复杂环境下工程钻探与测试

利用新型工程钻探与岩土测试手段，重点解决山地城市特殊地层、复杂水域环境的钻探工艺优化、岩石强度参数快速获取、水文地质试验等方面存在的技术难题，关键技术包括：①特殊地层钻进工艺优化；②复杂水域钻探工艺优化；③岩石强度回弹测试；④岩溶水流场连通示踪试验。

（4）特殊岩土工程分析评价

利用数值模拟、三维激光扫描及孔内成像等技术手段，针对山地城市特殊的岩土工程问题展开综合评价分析。关键技术包括：①隧道围岩分级优化；②基于三维激光扫描的危岩体评价；③基于钻孔全景成像的滑坡评价；④岩溶隧道涌突水灾害危险性评价；⑤隧道施工建设对地下水环境的影响评价；⑥浅埋隧道稳定性数值分析；⑦边坡治理中的有限土体支挡。

（5）工程勘察信息化

针对重庆山地城市特点，利用互联网、地理信息、BIM等技术，对岩土工程勘察数据的采集、建模、存储、管理、可视化及网络化服务的全过程开展深入的信息化挖掘。关键技术具体包括：①岩土勘察内外业一体化；②工程地质数据库；③城区地下空间集成管理；④基于多源地质信息的工程勘察BIM。

（6）岩土工程全生命周期运用

利用大数据、云服务和物联网等前沿技术，在工程勘察信息化成果的基础上，拓展其在建设工程全生命周期的应用范围。关键技术包括：①岩土工程三维辅助设计；②施工期安全监测；③运营期安全监测；④重大基础设施安全监测云平台。

第2章 重庆主城区工程地质特征

2.1 岩性特征

重庆主城区的地层及岩性由老至新为二叠系长兴组，三叠系的飞仙关组、嘉陵江组、雷口坡组、须家河组，侏罗系的珍珠冲组、自流井组、新田沟组、沙溪庙组、遂宁组、蓬莱镇组，第四系地层。各地层岩性特征依新老顺序简述如下：

2.1.1 第四系

重庆主城区第四系地层广泛分布，主要为沿长江、嘉陵江及其支流御临河、五步河、箭滩河等河谷两岸断续零星分布的河流冲积层、洪冲积层、冲积漫滩，广泛分布的坡积、残坡积层及零星分布的崩坡积和人工堆积层。

（1）全新统（Q_4）

人工堆积层（Q_4^{ml}）：人工堆积比较零星。杂填土，一般是由城市生活垃圾和厂矿的工业废渣组成，物质成分比较复杂，多分布于工厂及居民生活区附近；素填土，主要是城市建设切坡或平整场地开挖出来的岩块、碎石土，成分相对单一；在城市建成区广泛分布，厚度 1～5m，个别填方场地厚达几十米。

河漫滩冲积层（Q_4^{al}）：主要沿长江、嘉陵江河谷断续分布，在河床开阔宽缓或蜿流地带，形成砂洲、河漫滩，一般分布在高出现代江水面 0～12m，多为未胶结的泥砂、砾石。砾石成分复杂，由火成岩、沉积岩、变质岩类组成，呈椭圆状、扁平状，大小不一；沙洲表层往往有很薄的紫红色黏土，砂为中、细砂，砂层中有层次和流水交错层纹。

河漫滩洪冲积层（Q_4^{pl}）：主要分布于长江、嘉陵江各支流的沿岸以及宽缓向斜地带，两江漫滩多由细砂和卵石层组成。为灰褐色、褐红色粉质黏土、粉砂土，并含有小于10mm 的砾石，厚度一般 3～5m，个别地段厚度超过 20m，现多被耕作农田。

坡洪积层（Q_4^{dl+pl}）：主要分布在背斜槽谷地带，多为褐色、黄色、褐红色、灰黑色黏土、砂质黏土，并含有大小不等的碎石，厚度一般为 2～6m。

坡积层（Q_4^{dl}）：主要分布在坡脚，多呈带状分布，为黄褐色、紫红色砂、黏土、碎石等，碎石大小不等，其物质成分与斜坡上的基岩相关，厚度不一，最大厚度可达 10m以上。

崩坡积层（Q_4^{col}）：主要分布于台地的台缘、高陡边坡的坡脚，为岩块、碎石、砂土等，物质成分与台平、坡肩的基岩相关，一般为厚层砂岩，局部最大厚度可达 40m。

残坡积层（Q_4^{el+dl}）：广泛分布于宽缓向斜丘陵区，多为紫红色粉质黏土，次为黄褐色砂土、粉砂土，并含有大小不等的碎石，粒径一般在 10cm 以下，厚度一般为 1～5m；背斜区的残坡积层主要为褐黄色、紫红色的砂土、黏土、粉质黏土、粉土，并含有大小不等的碎石，厚度一般小于 2m。

（2）上更新统（Q₃）

主要为Ⅰ级阶地，断续零星分布于长江、嘉陵江沿岸，海拔标高一般 180～205m，阶面高出江水面一般 20～35m；沉积物具有二元结构，下部为砾石层，厚 4～5m，上部为姜黄色砂黏土层，厚度 15～20m；如江北砾岩层度 0～15m。

（3）中更新统（Q₂）

主要为Ⅱ级阶地，断续零星分布于长江、嘉陵江两岸，如广阳坝、中坝；阶面开阔平坦，阶坡陡峻，眉峰清晰，沿河流流向呈长条状展布，海拔标高一般 190～215m，阶面高出河流枯水面 30～45m，多为基座阶地，亦有内叠阶地和侵蚀阶地。

（4）下更新统（Q₁）

多为主城区内最高一级阶地，断续零星分布于长江、嘉陵江两岸，沉积物具有夷平面特征，残厚 1～15m，坡积高度海拔标高 325.000～410.000m，距河流枯水面约 155～209m。岩性为卵砾石夹砂黏土，其次为石英、燧石等，多呈扁平状、椭圆状，有菱形光滑面，偶见擦痕。

2.1.2　侏罗系

侏罗系遍布重庆主城区范围，主要分布于向斜之中及背斜的两翼，现根据岩性、岩相、沉积回旋和古生物特征，由新至老划分为上统蓬莱镇组、遂宁组，中统上沙溪庙组、下沙溪庙组、新田沟组，中下统自流井组，下统珍珠冲组，现分述如下：

（1）蓬莱镇组（J₃p）

该组厚度大于 150m，分布于主城区的中南部，在主向斜的轴部零星呈片状分布，为炎热氧化环境河－湖相红色碎屑岩建造。岩性以紫红色泥岩为主，夹灰白色、浅灰黄色中至厚层块状细至中粒长石石英砂岩、钙质长石石英砂岩，或砂岩与紫红色钙质泥岩、粉砂质钙质泥岩组成不等厚互层，并夹有少量不稳定的钙泥质细砂岩、粉砂岩、水云母黏土岩。层厚而稳定，水平层理和斜交层理均比较发育，与下伏的遂宁组整合接触，界面凹凸不平，具有冲刷现象。

（2）遂宁组（J₃sn）

该组厚度约 268～469m，分布于主城区的南部，在主向斜的核部或近轴部，为热燥氧化环境河－湖相红色碎屑岩建造。岩性以砖红色、鲜红色泥岩为主，偶夹浅灰白色、紫红色长石石英砂岩。上部夹绿灰色水云母黏土岩，底部为灰色或砖红色长石石英砂岩，其下常出现透镜状钙质角砾岩。与下部的上沙溪庙组整合接触，接触面清楚，局部地方界面波状起伏或具冲刷现象。该组以沉积物细、色泽鲜艳为特征；泥岩呈层性差，风化后具鳞片状，层理不清，砂岩、粉砂岩底部常见微细交错层理构造。

（3）上沙溪庙组（J₂s）

该组厚度约 998～1294m，广泛分布于向斜中，为一套强氧化环境下的河湖相碎屑岩建造。与下伏的下沙溪庙组整合接触，本组岩性岩相、厚度变化虽大，但总的沉积环境没变，砂、泥岩沉积不连续，反映沉积过程中，局部地区有波状起伏。按其岩性组合特征，由上而下可分为以下几个岩性段。

猫儿咀砂岩段：为灰色、褐灰色、紫灰色中粗粒厚层块状长石砂岩、岩屑长石砂岩、长石石英砂岩，偶夹紫红色粉砂质泥岩、粉砂岩。

柏树堡泥岩段：为紫红色、棕红色泥岩夹紫灰红色、灰色、黄褐色砂岩、粉砂岩、细砂岩。该段由 5～10 个砂岩—泥岩不等厚正向沉积韵律组成。

鹅岭砂岩段：为灰色、紫灰色、褐黄色中—厚层块状中—粗粒长石石英砂岩、长石砂岩、岩屑长石砂岩夹紫红色泥岩、钙质砂质泥岩、粉砂岩、细砂岩薄层。

李子坝泥岩段：为一套紫红色泥岩、砂质泥岩、钙质泥岩、钙质粉砂质泥岩，夹灰色、紫灰色中—厚层块状中粒长石砂岩、长石石英砂岩 3～4 层。

嘉祥寨砂岩段：为青灰色、褐黄色厚层块状中粗粒长石石英砂岩、长石砂岩、岩屑长石砂岩，与紫红色厚层泥岩、砂质钙质泥岩组成不等层 2～4 个沉积旋回，砂岩体厚 15～60m。底部为一巨厚层砂岩，厚 10～40m，为黄灰色、浅黄色长石石英砂岩、岩屑长石砂岩。

(4) 下沙溪庙组（J_2xs）

该组厚度约 200～363m，主要分布于向斜的两翼，呈带状分布，为一套强氧化环境下的河湖相碎屑岩建造。与下伏的新田沟组呈假整合接触，顶部岩性为叶肢介页岩，灰绿、黄绿、灰黑色页岩。以质地细腻，富含叶肢介为特征，为区域性标志层。中部以紫红色、暗紫红色泥岩、粉砂质钙质泥岩为主，夹黄灰色中—厚层块状中—粗粒长石砂岩、长石石英砂岩、岩屑长石砂岩，砂岩多呈似层状透镜体，常见分叉、合并、尖灭和再现的现象。底部为关口砂岩，黄灰色厚层中粗粒长石石英砂岩或岩屑长石砂岩，底部常见泥砾。

(5) 新田沟组（J_2x）

该组厚度约 114～223m，主要分布于背斜的两翼，呈条带状展布，为一套还原—次氧化环境下的淡水湖相杂色碎屑岩建造。与下伏的自流井组呈假整合接触，该组可见缓波状斜层理及近对称波痕，砂质泥岩中有断续微波状纹层、水平纹层。上杂色段以黄绿色泥岩为主，夹紫红色砂质泥岩、粉砂岩、细砂岩；其次为绿色段，黄绿色砂质泥岩夹粉砂岩、石英细砂岩；黑色段，深灰色页岩，夹石英粗砂岩、石英细砂岩，偶夹介壳灰岩的透镜体；下杂色段，紫红色夹黄绿色泥岩，下部为黄色石英细砂岩、细—中粒砂岩。底部为灰绿色、灰色含砾砂或灰质角砾岩，风化层呈孔洞状。

(6) 自流井组（$J_{1-2}z$）

该组厚度约 172～312m，主要分布于背斜的两翼及倾末端，呈条带展布，为一套浅水湖相泥岩及半深水湖相碳酸盐岩建造。与下伏的珍珠冲组呈整合接触，上部为大安寨段，紫红色钙质泥岩、粉砂质泥岩，黄灰色碎屑灰岩及生物灰岩。夹深灰色、灰绿色页岩、泥灰岩、白云岩薄层。中部为马鞍山段，紫红色泥岩、粉砂质泥岩、钙质泥岩，夹黄灰、浅灰色薄—中厚层细粒石英砂岩、粉砂岩。下部是东岳庙段，中间岩性为黑灰色页岩，夹灰黄色薄—中厚层状介壳灰岩、泥质灰岩、介壳含铁结核粉砂岩，顶部、底部为灰绿色、黄灰色、褐灰色砂质泥岩、粉砂质钙质泥岩。

(7) 珍珠冲组（J_1z）

该组厚度约 145～269m，主要分布于背斜的两翼，呈条带展布，为一套浅水湖相碎屑岩建造。与下伏的须家河组呈假整合接触，本组显示了河流相向湖相转变的特征，在水动力条件上与须家河组比较，亦发生了强度及流向改变，形成纯度很高的石英砂岩。上部岩性为泥岩段，紫红色、灰绿色、黄灰色等杂色泥岩、砂质泥岩夹少量浅灰色、黄灰色薄—

中厚层状细—中粒石英砂岩及石英粉砂岩、粉砂岩、页岩。下部岩性为砂岩段，硅石、綦江式铁矿。灰、浅灰、灰黄色中厚层—厚层细—中粒石英砂岩，含铁石英砂岩夹砂质泥岩、粉砂岩；或为灰绿、浅灰、紫红、紫灰色中—厚层状细—中粒石英砂岩与含铁细砂质水云母黏土岩呈不等厚层。

2.1.3　三叠系

三叠系分布于各背斜的轴部及其两翼，由新至老划分为上统须家河组，中统雷口坡组，下统嘉陵江组、飞仙关组；其中上统为内陆湖—河沼泽相碎屑含煤建造，中下统主要为浅海相碳酸盐岩、碎屑岩建造，地层总厚约 1401~1821m。现分述如下：

(1) 须家河组（T_3xj）

该组厚度约 387~533m，主要分布于主背斜的两翼，其次为背斜的轴部，为内陆湖—河沼泽相碎屑含煤建造。与下伏的中统雷口坡组呈假整合接触，本组可分为六段，其矿产以煤为主，一、三、五段含煤层，仅局部可采，其次是六段的石英砂岩。

六段：灰白色、黄褐色厚层块状中—粗粒长石石英砂岩、长石岩屑砂岩、岩屑石英砂岩，夹砂质页岩、粉砂岩薄层。

五段：灰色、深灰色薄—中厚层细—中粒长石石英砂岩、泥岩、砂质泥岩夹薄层粉砂岩、炭质页岩、薄煤层或煤线，含菱铁矿结核、植物碎屑，偶见泥晶灰岩透镜体。

四段：浅灰、灰黄色厚层块状中粒长石石英砂岩、长石砂岩、岩屑石英砂岩，夹粉砂岩、页岩，底部偶见砾岩透镜体。砂岩中含黄铁矿晶粒，粉砂岩偶见菱铁矿结核。

三段：灰色、深灰色泥岩、砂质泥岩、页岩、薄—中厚层细—中粒长石石英砂岩。上部夹炭质页岩、薄煤层及煤线，局部可采煤 1~2 层。底部偶见一层砾岩。

二段：浅灰色、灰黄色厚层块状细—中粒长石石英砂岩、岩屑长石砂岩、岩屑石英砂岩。上部夹粉砂岩、砂质页岩。

一段：灰、深灰色砂质泥岩、页岩，或为灰、灰黄色薄—中厚层细—中粒长石石英砂岩。上部夹粉砂岩；下部夹炭质页岩、薄煤层及煤线。局部可采煤 1~2 层。底部偶见一层砾岩，厚 0.3~2.5m。

(2) 雷口坡组（T_2l）

该组厚度约 33~99m，主要分布于背斜的两翼，多呈线状分布，为一套浅海台地泻湖相含镁碳酸盐岩建造。与下伏的嘉陵江组呈整合接触，该组底部有一层水云母黏土岩，俗称"绿豆岩"，内具豆状硅质粒，顶部顶底部为薄的硅质层，在区域上稳定产出，为中、下三叠系分界的良好标志层。岩性为灰、褐灰色中厚层块状白云岩、白云质灰岩，夹泥质灰岩、页岩、盐溶角砾岩；底部"绿豆岩"（水云母黏土岩），呈绿色、蓝绿色、黄绿色，为火山喷发物质沉积形成，是区内主要含钾岩石；白云岩断口多呈乳白色，贝壳状、微—细晶结构，风化面溶蚀。

(3) 嘉陵江组（T_1j）

该组厚度约 515~642m，主要分布于背斜的轴部或近轴部，与下伏的飞仙关组呈整合接触，该组可分为四段，一、三段为浅海开阔台地相碳酸盐岩建造，二、四段为浅海台地泻湖相含镁碳酸盐岩建造，岩性岩相稳定，生物化石以瓣鳃类为主，总的组合面貌显示了早三叠系特色。

　　四段：浅灰色、黄灰色、灰色中厚层块状微晶白云岩、白云质灰岩，夹盐溶角砾岩及灰岩。风化面见刀砍状溶蚀沟。白云岩、白云质灰岩层理不太发育，单层厚度数十厘米～1m，层面平直，风化面具刀砍状溶蚀沟。灰岩具斜层理，层厚15cm左右，鲕状灰岩表面具刀砍状溶蚀沟。普遍含石膏，地表为膏溶角砾岩。

　　三段：灰色、黄灰色中厚层微晶灰岩。夹泥岩、白云质泥晶灰岩，生物碎屑灰岩，角砾状灰岩及亮晶鲕状灰岩，并夹有少量的薄层泥质白云岩、钙质泥岩。

　　二段：灰色、浅灰色中厚层—厚层块状白云岩，夹泥质灰岩、白云质灰岩、灰岩及盐溶角砾岩。在该段的中下部有一层粉砂质钙质泥岩。白云岩呈隐晶、粉晶、细晶结构，含硅质、钙质，表面具见刀砍状溶蚀沟。灰岩含硅质、白云质泥晶灰岩，局部泥质含量较重，具花斑状、条带状构造。本段沉积于潮间—潮下上部环境，潮上交代形成白云岩、硬石膏。

　　一段：青灰、灰、浅灰、褐灰色薄—中厚层块状微晶灰岩、泥质灰岩，夹生物碎屑灰岩、鲕状灰岩及白云质灰岩。灰岩层理发育，层面平直，见有斑纹状、砂砾屑条带，层纹状构造，单层厚度10cm左右。

　　(4) 飞仙关组（T_1f）

　　该组厚度约466～547m，主要分布于背斜的核部或翼部，或在背斜的高点小面积的出露，为浅海陆棚相碎屑岩与碳酸盐岩交替建造，与下伏的长兴组呈整合接触。根据岩性岩相与古生物特征，由新至老可分为四段，由北向南地层稍有增厚。

　　四段：紫红色、棕红色、黄绿色粉砂质泥灰岩、泥岩、页岩，夹泥质灰岩、泥晶砂质灰岩，球状风化。

　　三段：灰、深灰、灰黄色薄—中厚层块状灰岩、泥质灰岩，夹泥灰岩、鲕状灰岩（鲕粒脱落后显针孔构造）及生物灰岩的透镜体。

　　二段：紫灰、黄绿、紫红色钙质泥岩、页岩夹紫红色、灰色泥灰岩、鲕状灰岩。由下而上紫色色调减弱，泥、页岩减少，至上部以生物灰岩、泥灰岩为主。

　　一段：灰、紫灰、黄绿、暗紫色中厚层微晶泥质灰岩、泥灰岩。间夹页岩、粉砂岩、粉砂质钙质泥岩。

2.1.4　二叠系长兴组（P_2c）

　　厚度约99～104m，主要分布于中梁山北部及观音峡背斜核部，为台地边缘生物礁相碳酸盐岩建造，与下伏的龙潭组呈整合接触。本组由下而上，硅质储量逐渐递增，燧石结核的大小及数量皆有增加的趋势，且白云岩储量也随之增多，在区域上主要表现为南北向的厚度变化比较大。岩性为燧石灰岩，棕灰、灰、深灰色中厚层—块状灰岩、泥质灰岩夹生物灰岩、白云质灰岩，含燧石结核及团块；底部深灰色泥质灰岩夹黏土岩；顶部为灰色含白云质、硅质、泥质灰岩与同色黏土岩呈不等厚互层。

2.2　地质构造

　　重庆市主城区位于川东南弧形地带、华蓥山帚状褶皱束，背斜紧凑狭窄，向斜开阔平缓。区内构造以背斜为主要形式，背斜轴线一般与山脉轴部近一致，主要特点是背斜褶皱紧密，两翼一般不对称，且多西陡东缓；背斜轴线扭摆多弯曲，呈反 S 形，轴向倾斜变化多，构造分支多，独立高点多，断裂多。主城区主要构造由西向东依次为温塘峡背斜、观音峡背斜、龙王洞背斜、铜锣峡背斜和明月峡背斜等。次一级褶皱多发育在背斜的轴部附近，以及宽缓的向斜之中，和褶皱相伴随的同方向的压扭性断裂主要发育在背斜轴部及其倾没端，以及背斜轴线弯转和轴面扭转地带，且又集中发育在构造高点附近。断裂多为高角度（50°～80°）走向逆冲断层，且多为南东东向—北西西向逆冲。扭性断裂斜交地层走向，北东组较北西组发育，拨动特征明显，北东组断裂顺时针扭动，北西组作逆时针扭动。重庆市主城区构造纲要图见图 2.2-1。

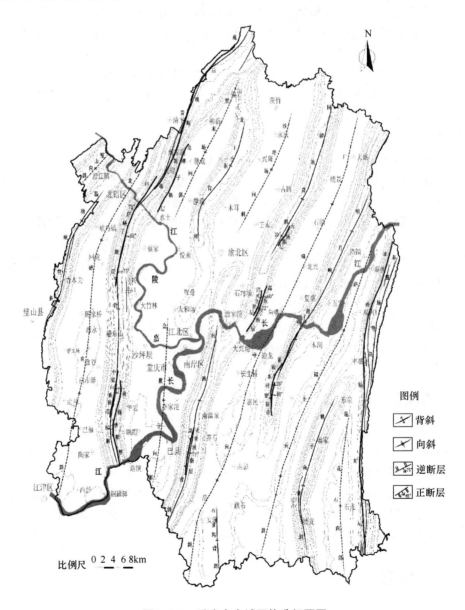

图 2.2-1　重庆市主城区构造纲要图

2.2.1 缙云山地区

温塘峡背斜位于主城区西侧边缘，背斜西部为璧山向斜，东部为北碚向斜。区内由北向南又细分为：西山坪鼻状背斜、甘家槽高点及青木关断层、高石坎断层、梨树坪断层等。

（1）西山坪鼻状背斜

北起合川老岩头，南止于重庆北碚二岩，轴向北 25°东，长约 9km。轴部为须家河组，倾角较平缓，向北倾没。两翼为珍珠冲组至下沙溪庙组，东陡西缓，东翼 60°～70°，西翼 20°～40°。

（2）甘家槽高点

北起重庆缙云寺，南止璧山牛角湾，长约 48km。北段轴向长 40°～35°东，甘家槽以南渐转呈北 20°～10°东，南端受南北向构造局部归并，轴向近南北。轴部为嘉陵江组，高点位于甘家槽附近，出露嘉陵江组下部灰岩，两翼须家河组至新田沟组。梨树湾以北，西陡东缓，东翼 60°～70°，王家湾一带须家河组倒转，西翼 40°～50°；梨树湾以南，西翼 60°～70°，东翼 30°～40°。梨树湾为一轴面扭转点，应力集中而产生了次级梨树湾背、向斜和凉亭关断裂。背斜北倾末端东翼，发育了杨店拟断层，走向北 65°东，倾向南西，规模小。

（3）青木关断层

位于温塘峡背斜轴部，断层走向与背斜轴线一致，倾向西北，化解南陡北缓，地面断开地层南部为嘉陵江组，递呈部为雷口坡组，北部为须家河组，断层附近岩层破碎，产状紊乱，上下盘有拖拉现象，地貌上形成直线排列的一系列垭口。

（4）高石坎断层

走向北 15°东，倾向北西，长 5km，发育在温塘峡背斜的中段东翼，中部断距较大，上盘嘉陵江组拟冲在下盘须家河组上，北端断于嘉陵江组中，南端断于须家河组内。

（5）梨树坪断层

位于温塘峡背斜的中段东翼近轴部，沿背斜轴向北东方向，倾向南东东，倾角大于 60°，地面断面地层为嘉陵江组，南端为雷口坡组，属压性逆冲断层。

2.2.2 中梁山地区

中梁山地区主要受观音峡背斜和龙王洞背斜共同控制，而断层主要发育于观音峡背斜控制地区，龙王洞背斜控制地段断层较不发育，背斜西部为北碚向斜，东部为悦来场向斜和金鳌寺向斜。

（1）观音峡背斜

中梁山地区西侧山脉所处构造位置为观音峡背斜，该背斜北起合川区三汇镇（与华蓥山背斜斜接），往南跨过嘉陵江及长江，南延至江津市贾嗣镇而倾没，长约 105km，宽约 2～4km。主要特点是背斜轴线扭摆多弯曲，呈反 S 形，呈北北东—南北向展布，两翼不对称，主要呈西陡东缓，西翼岩层产状 260°～300°∠60°～80°，东翼倾角岩层产状 260°～300°∠35°～60°。在西翼的自流井组、珍珠冲组地层内出现部分直立倒转现象。

（2）龙王洞背斜

中梁山地区东侧山脉所处构造位置为龙王洞背斜，背斜西陡东缓不对称箱状背斜。北西翼岩层产状 $275°\sim300°\angle38°\sim70°$，南东翼地层产状：$100°\sim120°\angle20°\sim45°$；龙王洞背斜区域未发现次级褶皱及断层发育。背斜西部为悦来场向斜，东部为重庆—沙坪向斜。

（3）断层

中梁山地区断层主要发育在观音峡背斜所处部位，龙王洞背斜区域未发现断层分布，主要断层分布如下：

后坝断裂带：发育于观音峡背斜南东翼，也是背斜东突轴面扭曲部位。断层面倾向北西，倾角 $60°\sim80°$，倾角由西向东逐渐变小，形成重叠的 V 形，属压扭性逆冲断层。

白庙子断层：北起于郭家沟，经白庙子、石家坝、翘角庙，南止于付家湾，长 22km。断层发育于观音峡背斜北端西翼，走向与背斜轴线大体一致，随背斜轴线弯转而弯转，呈 $N10°\sim35°$，倾向 SE，倾角 $60°\sim80°$。地面断开地层为 $T_1f\sim T_3xj$，断距 $40\sim180$m。在白庙子对岸公路下，断层压性特征明显，下盘 T_1j^1 段灰岩中有 $15\sim30$cm 的断层挤压带，灰岩强烈片理化，其间还残留构造透镜体，与断层的走向基本一致。上盘为 T_1f^4 段粉砂质泥灰岩、泥岩、页岩，上下盘岩层均具牵引现象，方解石脉特别发育，下盘 T_1j^1 段灰岩中与断层平行的挤压面上有擦痕，指示了上盘上冲，属压扭性逆冲断层。

2.2.3　铜锣山地区

铜锣山地区主要发育有铜锣峡背斜和南温泉背斜，其轴部位于山顶岩溶槽谷内，背斜西部为沙坪场向斜和金鳌寺向斜，东部为广福寺向斜。

（1）铜锣峡背斜

铜锣峡背斜南起重庆铜锣峡长江南岸，向北经温塘峡、邻水孔家，于金塘梁子山向北继续延伸。轴向 $N20°\sim35°E$，长约 92km。轴部缓，翼部陡，组成不对称箱状褶曲。该背斜向南倾伏，与南温泉背斜跨江斜鞍相接。对铜锣峡背斜区域一百余组裂隙进行了统计，该区裂隙特征为：多为闭合裂隙，无充填，部分为张性裂隙，张开度 $1\sim15$mm，表层多为黏土充填，偶见钙质、铁质充填。裂隙延伸长度一般在 $1\sim6$m，裂隙间距一般在 $0.5\sim1.5$m，局部密度大的可达 $0.1\sim0.3$m。裂隙发育产状多集中在 $18°\sim62°\angle44°\sim88°$、$202°\sim233°\angle40°\sim84°$，在此范围内的裂隙数占总数的 42%，从裂面倾角上看，靠近背斜轴部附近以高倾角为主。

（2）南温泉背斜

南温泉背斜为斜歪箱状背斜，北起长江边南岸鸡冠石，经南温泉向南延伸，北端向长江倾没。其轴线为 $N15°E$，不对称，呈梳状，核部岩层倾角陡，轴部地层为嘉陵江组，两翼地层为须家河组—上沙溪庙组，背斜东翼岩层产状为 $105°\sim126°\angle20°\sim45°$，西翼岩层产状 $295°\sim310°\angle68°\sim74°$。

（3）断层

区内断裂较发育，和褶皱相伴随与之同向的压扭性断裂，主要发育在背斜轴部及其倾没端，主要的断层有清灵寺断层、高坎子断层、凉水井断层、南山断层等。

在南岸区黄桷垭镇真武山、炮台山区域存在一条断层，该断层位于南温泉背斜北端近轴部，走向 $N20°E$，倾向南东，倾角 $85°$左右。在隧址区附近断开地层为 T_1j 灰岩，属压扭性逆冲断层。两侧岩石各自分别向东、向西倾斜,倾角30°~50°左右。

2.2.4 明月山地区

明月山地区主要受明月峡背斜控制,而区内断层往往发育于背斜轴线附近,背斜西部为广福寺向斜,东部为洛碛向斜。

(1) 明月峡背斜

该背斜长220km,宽约2~8km(以须家河组地层顶部计)。构造形迹总体呈北东向,为北东25°~30°。该背斜为长条线形斜歪背斜,背斜轴部狭窄尖棱。两翼不对称,东陡西缓,西翼岩层倾角30°~55°,东翼岩层倾角55°~70°。背斜南东翼次级褶皱为梁平向斜,北西翼为大盛场向斜,轴部狭窄尖棱,两翼不对称,南东翼陡,且发生倒转,倾角54°~85°,局部陡直,北西翼缓,雷口坡组地层倾角为20°~55°,须家河组—珍珠冲组地层倾角多在13°~20°之间,为线形斜歪背斜。

(2) 滴水岩断层带

该断层位于明月峡背斜中段西翼近轴部,走向与背斜轴线一致,屋基坡高点,为来自南东东方向主应力集中处,迫使背斜向北西西方向突出中弧形,因而产生断裂。断层倾向南东,倾角45°~75°,断开地层为须家河组至珍珠冲组,上盘地层逆冲于下盘地层上,断距50~150m,由三条同向同系列断层组成,在横躺上呈叠瓦式,属压扭性逆冲断裂带。

2.2.5 主城区东南侧

(1) 桃子荡背斜

轴向近南北向,呈S形展布,微向西突出作弧状,其北部被断层破坏,核部狭窄,由三叠系下统组成,倾角35°~65°,两翼不对称,西翼60°~85°,东翼缓27°~55°,西翼局部倒转,为不对称梳状背斜。

(2) 丰盛场背斜

位于主城区东侧边缘,轴向近南北,核部极其狭窄,北部沿明显,南部遭断层破坏,由嘉陵江组构成,两翼由雷口坡组—遂宁组构成,极不对称,西翼陡,60°~80°,东翼缓,12°~40°,为一狭长不对称尖顶状背斜。

2.2.6 裂隙

重庆主城区裂隙比较发育,按其成因可分为:构造裂隙、层面裂隙、风化裂隙、卸荷裂隙。

(1) 构造裂隙

纵张裂隙:多具张扭性质,主要发育在背斜的轴部、紧凑向斜的近轴区以及背、向斜的转折部位的硬、脆岩层中,裂隙走向为北北东—南西西,倾向南东或北西,其倾角变化大,多在50°~80°之间。裂隙倾向与岩层倾向相反,裂隙倾角与地层倾角有关,一般岩层倾角陡,裂隙化解缓;岩层倾角缓,则裂隙倾角陡。裂隙形迹一般平直,裂面粗糙,具有穿层现象,在平面上多为不等距的平行展布,纵向延伸远。在褶曲轴部最为发育,当岩层受到挤压后,背斜轴部上隆拱曲发展而形成;向斜近轴区可能是两组X形的剪裂隙,顺交点追索发展而成。裂隙张开程度一般为0.1~5cm。

横张裂隙：主要发育在背、向斜的翼部近轴区，是在挤压作用下，沿压应力方向形成的一组迫于垂直岩层坡向的张性裂隙，且常被纵张裂隙切割而囿于其间，或是两组剪切 X 形共轭裂隙的压缩象限追踪形成。裂隙面粗糙，裂隙形迹呈锯齿状，延伸短，一般小于 5m，常被砂、泥质充填。裂隙走向为南东东—北西西，倾向北北东或南南西，多数倾向北北东，倾角陡，多为 65°～85°，裂隙频率低，多小于 0.3m/条。

剪切裂隙：为两组 X 形共轭裂隙，是区内最发育的两组裂隙，裂隙走向一组为北东—南西向，另一组为南东—北西向。裂隙张开程度差，多呈封闭状态，裂面较为陡直、光滑，形迹平直，延伸较短。

（2）层面裂隙

层面裂隙为沉积岩的软弱结构面，其产状和岩层产状大体一致。一般在薄层砂岩中，裂开程度较好，延伸较远；在厚层砂岩中，层理不发育，层面裂隙频率低，但张开大、延伸远，裂隙多被砂、泥质充填；在泥岩仅见到微弱的破裂面；在砂、泥岩互层时，层面裂隙最为发育。层面裂隙常被纵、横张裂隙及剪切裂隙切穿，形成较为复杂的裂隙网络。

（3）风化裂隙

风化裂隙多在构造裂隙的基础上经风化作用演变而来，使裂隙进一步发育。其发育程度又与岩性所处的地形地貌位置有关，一般在坪状丘陵、高陡边坡时比较发育，风化带深度一般为 6.7～25m。

（4）卸荷裂隙

卸荷裂隙主要在构造裂隙、风化裂隙的基础上而发展，发生弯曲变形，进一步发展上面产生平行—斜坡走向的拉裂缝，有时上部可发育十余米宽的卸荷裂隙带。若再进一步发展，会造成崩塌等地质灾害。

2.3　地貌特征

主城区位于川东平行岭谷区，地貌的发育严格受构造和岩性控制，按地貌成因和形态可分为四类：构造剥蚀溶蚀条形低山（400～1000m）、构造剥蚀台状低山（400～800m）、构造剥蚀丘陵（<400m）、侵蚀堆积河谷（<400m）。

2.3.1　构造剥蚀溶蚀条形低山

主城区内以背斜构造为骨架，发育成为长条形低山，山脊线与构造线一致，呈北北东—南北向，并向西突出呈弧形的近于平行排列。又可细分三个二级单元，具体如下：

（1）脊状山

背斜轴部为三叠系须家河组石英、长石砂岩的山体，呈一山一岭的形态，山岭因受横向裂隙和沟谷切割，常成锯齿状。背斜的轴部为三叠系嘉陵江组灰岩组成时，呈"一山一槽二岭"地貌组合形态；凡轴部为二叠系长兴组及飞仙关组灰岩、泥岩出露的背斜，多发育为"一山二槽三岭"地貌景观。

（2）岩溶槽谷

分布高程一般为 500～800m，发育于背斜轴部三叠系嘉陵江组地层中，槽谷沿背斜轴线延伸，地形较平坦，多为槽谷，宽平延伸远，微地貌多见大型洼地、呈串珠状分布溶洞、落水洞，部分地段可见地下河、岩溶湖等。代表地段有中梁山歌乐山镇地区、铜锣山的新田铺等。槽谷内地表水系不发育。

（3）单面山

分布于背斜的两翼，由三叠系上统须家河组和侏罗系下统珍珠冲组地层组成，常由坚硬的砂岩组成山脊。单面山两坡不对称，外侧斜坡多顺层面发育，以直线坡或凹形坡为主，坡角一般大于 30°；内侧斜坡为反向坡，坡面短而坡角稍缓。坡面横向沟谷发育，冲沟坡陡而短，多有间歇性水流。

2.3.2 构造剥蚀台状低山

分布于宽缓向斜的轴部，由侏罗系上统遂宁组和蓬莱镇组地层组成，地层产状平缓，顶部多分布有一层厚砂岩，四周被陡崖围限，可进一步分为台坪、台缘两个二级单元。

（1）台坪

台状山的顶部大多盖有一层较厚的砂岩，产状平缓，地形也相对较平，顶面海拔标高 400~800m，下伏泥岩易风化被掏空，失去支撑致使上覆砂岩发生板梁变曲、折断，产生卸荷裂隙，重力地质作用和流水潜蚀作用强烈，易产生崩塌、崩落。

（2）台缘

台状山四周的陡崖和斜坡地段，绕台坪呈环状分布。一般由蓬莱镇组的泥岩和砂泥岩互层组成，上覆崩塌的岩块和碎石，沿台缘的坡面分布，常造成地质灾害。台缘坡度一般为 15°~30°，高差 100~200m。

2.3.3 构造剥蚀丘陵

分布在宽缓向斜内，主要由侏罗系下、中统地层组成，以剥蚀作用为主，侵蚀作用次之。海拔高度一般小于 400m，根据标高和切割深度，可进一步分为深丘、中丘和浅丘。

（1）深丘

多分布于背斜构造山地的两侧，为侏罗系下、中统珍珠冲组、自流井组、新填沟组地层组成。海拔标高 300~400m，因砂泥岩抗蚀力差异，泥岩地区多发育成谷，岩岩多形成单面山或者背岭式丘脊，顺地层走向展布，近于平行排列，从横剖面上看，向背斜构造低山方向逐步升高。深丘区横向冲沟发育，是排泄山坡地表水的主要通道。

（2）中丘

多分布在向斜的两侧，主要由下沙溪庙组和上沙溪庙组下部地层组成。海拔标高 300~360m，纵横向沟谷均较发育，有季节性水流。此区多为梯田。

（3）浅丘

主要分布于向斜构造的轴部附近，沿向斜轴线方向展布，多为上沙溪庙组的砂、泥岩组成，海拔标高 200~300m。具有丘圆、坡缓、谷宽的特征，丘堡多呈穹状、馒头状等，丘间有平坝，此区地形起伏不大，多为稻田分布。

2.3.4 侵蚀堆积河谷

主要沿长江、嘉陵江河谷断续、零星分布，包括河床、河漫滩与阶地。区内河流以侵蚀作用为主，堆积作用较弱，属低弯形河流，底蚀和侧蚀作用均较强烈。堆积作用主要是在河床宽缓开阔蜿流地带，形成沙洲、河漫滩，如珊瑚坝、广阳坝、江北嘴、黄沙溪等地均属此类堆积，一般高出水面 0～12m，堆积物为泥砂、卵砾石，沙洲与河漫滩的个体长度 500～3000m，宽度 200～1000m。

主城区内沿长江、嘉陵江河谷两岸零星分布，按沉积时代和成因海拔高度，并根据沉积物特征，可分多级阶地，多系基座阶地，亦有内叠阶地和侵蚀阶地。阶地堆积物一般具有二元结构，上部为河漫滩相砂黏土层，下部为河床相卵砾石层。

2.4　水文地质特征

重庆主城区的岩性、构造、地形地貌、气候条件决定了地下水形成的分布特点，区内共分为松散岩类孔隙水、基岩（红层）裂隙水、碎屑岩孔隙裂隙层间承压水、碳酸盐岩岩溶水 4 大类，其中以碎屑岩孔隙裂隙层间承压水和碳酸盐岩岩溶水为主。

（1）松散岩类孔隙含水岩组主要为沟谷洼地第四系松散堆积土层，富水程度受控于松散堆积物的岩性、分布位置和地形切割破坏条件，富水性差，水量贫乏，受大气降雨影响明显。

（2）基岩（红层）裂隙含水岩组为侏罗系泥岩、页岩及砂岩，岩体较完整，裂隙多不发育，地下水主要赋存于强风化带网状风化裂隙中，为浅层地下水，富水性弱。

（3）碎屑岩孔隙裂隙层间承压含水岩组为三叠系上统须家河组地层，岩性为厚层砂岩间夹有相对隔水的泥页岩或煤层，地下水以砂岩孔隙裂隙水为主，富水性不均一，由于须家河组顶底板及含水岩组内均有相对隔水层存在，故具有承压水性质，也决定了地下水主要沿岩层走向径流排泄。

（4）碳酸盐岩岩溶含水岩组为二叠系长兴组、飞仙关组、三叠系雷口坡组、嘉陵江组的可溶岩系统，所含岩溶水富水程度受地形、构造、岩溶发育程度和岩层组合条件等控制，特定的地质历史时期造成了本区岩溶发育的岩溶系统。

根据主城区内各含水岩组的展布，地下水的运动主要顺构造线方向往最低排泄基准面运移，区内最低侵蚀基准面为长江、嘉陵江。地下水的来源主要接受大气降水及地表水的补给。本区地下水的运移排泄受地形地貌、地层岩性、构造和水文网的控制。区内主要背斜为条状山脉，山高体大，分布面积广，构造裂隙发育，顺构造线还发育有断裂，在区域上是主要的蓄水构造区。长江和嘉陵江横向切割背斜，在侵蚀基准面构造条件控制下，地下水沿构造线由北东向南西方向最低侵蚀基准面顺层流动。背斜轴部区碳酸盐岩岩溶地下水受两侧须家河底部页岩层隔水层制约，接受大气降水补给后，地下水主要赋存于溶蚀裂隙和岩溶管道之中，浅部以岩溶裂隙水为主，深部主要为岩溶管道型地下水，主要表现为区域性的地下水，水位埋深大，具有垂直分带的规律。

2.5　不良地质作用

重庆市地处四川盆地东部，盆周山地及盆缘斜坡区，河溪深切，坡陡谷深，地质构造复杂，地表的软弱层及软弱结构发育较旺，加之降水丰沛，多大雨、暴雨等集中降雨过程，使这一地区地质灾害具有点多、面广、危害大等特点。

2.5.1 地质灾害的类型

重庆市是全国地质灾害极为发育的地区之一。每年雨季有大量的崩塌、滑坡、泥石流等地质灾害发生，所造成的损失巨大。主城区内的地质灾害类型主要为滑坡、崩塌、泥石流、地面塌陷，其次为岩溶塌陷、地裂缝等。

滑坡是区内发育最广泛的地质灾害之一，按岩土组成分类，分为岩质滑坡和土层滑坡。岩质滑坡一般规模较大，多发生于软硬相间岩石组成的斜坡区。土层滑坡规模相对较小，滑体一般由粉质黏土夹砂岩、灰岩块石组成，滑面常在基岩表面，多发生于背斜两翼须家河组地层分布区、江河两岸和人类工程活动频繁地带。

崩塌也是区内突发性、偶然性最强的一种地质灾害。从崩塌体分布的岩性来看有砂岩类和碳酸盐岩类，其中砂岩类地层崩塌较多，典型的佛图关危岩带、沧北路危岩带、唐家沱危岩带和北温泉后山鹞鹰崖崩塌等等。危岩是区内潜在危害性较大的一类地质灾害体，从危岩发育的岩性看，砂岩类地层多于碳酸盐岩类地层，砂岩类危岩占危岩总数的80%，而且规模也较小，尤以侏罗系砂岩的发生频率为最高。碳酸盐岩类地层发育的危岩数量少但规模相对较大，占危岩总数的20%。

泥石流是区内位移距离最长的一类地质灾害体，区内泥石流主要分布于北碚区观音峡背斜两翼，因地形陡峻且松散固体物质丰富，为泥石流的发生提供了有利条件。当日降雨量大于50mm时，容易暴发泥石流。

地面塌陷在区内地质灾害中相对不甚发育，地面塌陷一类为岩溶塌陷，主要分布于高位岩溶槽谷区；二类为不合理开采煤、铁等矿产资源所引起的地面塌陷，包括北碚天府煤矿采空区、中梁山煤矿采空区、万盛南桐矿区采空区等。

区内除滑坡、崩塌、泥石流、地面塌陷等主要地质灾害外，还零星分布有地裂缝、地下水疏干、水库渗漏等地质灾害，这些灾害的形成大多与人类不良工程活动有关。

2.5.2 地质灾害的特征

重庆主城区地质灾害在空间和时间分布上具有一定的规律性，空间分布规律主要表现为条带性、垂直分带性、相对集中性等；时间分布规律主要表现为同发性、滞后性、随机性等。

(1) 地质灾害的分布规律

1）水平分带性

地质灾害主要沿地质构造线、公路、铁路沿线及江河岸坡地段呈条带性分布。

在相对高差大且上陡下缓的斜坡地带，地质灾害具有明显的垂直分带性。斜坡上部常发生危岩崩塌，下部易形成滑坡或泥石流，具有典型的上崩下滑的分布特点。

在城镇及人口密集区，随着城市经济建设的发展，切坡、加载等人类工程活动增强，加大了对斜坡的改造力度，从而造成边坡失稳或诱发地质灾害，使地质灾害具有相对集中性的特点。

2）垂直分带性

地质灾害的形成和发展与降水密切相关，故在变形过程中常表现出不稳定性。即在枯水期，滑体处于稳定或基本稳定状态，汛期或暴雨期，滑体饱水，稳定性则变差。

汛期，当降雨时间较长或大暴雨时，易发生地质灾害，地质灾害具有随降雨同步或滞后发生的特征。

非汛期，因岩体差异风化和人类不良工程活动形成的危岩（崩塌）具有随机性。

在陡坡、相对高差大的斜坡地段，地质灾害在垂向上常具分带性。一般情况下，崩塌、危岩常发生在斜坡上部，中下部堆积的崩积物、残坡积物结构松散，裂缝发育，易产生滑坡或泥石流，形成上崩下滑的分布特点。

3）同发性

当降雨时间较长并多次伴随连续大暴雨时，区内地表破碎岩体或土体饱和，其岩、土体抗剪强度大大降低，原处于极限平衡状态的斜坡变形体或古滑坡体随之触发激活，从而产生大量的地质灾害，因此区内地质灾害的产生具有同降雨时间同时发生的特征。

4）层控性

地质灾害分布、发生与地层岩性关系十分密切，表现出分布的层控性。50％以上的滑坡发生在侏罗纪红层和三叠系巴东组地层；崩塌与危岩集中分布于砂岩、碳酸盐岩形成的峡谷中或这两类岩石盖顶的悬坡及悬崖带；塌陷仅出现在山区岩溶发育的槽谷中。

（2）地质灾害的主要特征

地质灾害点多面广、类型多，规模以中小型为主，危害大。

顺层滑坡产生的地质灾害数量较多。在坡角大于25°顺层滑坡的局部地段，地质灾害较为集中分布。

旱季地质灾害基本稳定，雨季欠稳定至不稳定，长时间降雨及特大暴雨易诱发地质灾害。

随着重庆市经济建设的迅猛发展，对自然地质环境的影响日趋加大，由不良人类工程活动诱发的地质灾害也日益增加。

危岩崩塌突发性强，危害性大。

崩塌和滑坡具有比较明显的带状分布特点，主要沿着受褶皱构造控制的山地呈带状分布，还有的沿着大江大河两岸呈带状分布，主要受自然地理和地质环境条件控制。

主城区范围内，地质灾害大致可分为13个带：嘉陵江北岸的盘溪危岩带，忠恕沱—猫儿石危岩滑坡带，适中村危岩带，嘉陵江南岸的思源村危岩带，土湾—红岩村危岩带，化龙桥—李子坝危岩滑坡带，曾家岩危岩带，千厮门—洪崖洞危岩滑坡带，长江北岸重钢公司滑坡带，南区路—菜园坝危岩滑坡带，青草坝—石板滩滑坡带，长江南岸李家沱滑坡带，黄桷渡—海棠溪滑坡带等。

2.6　主要工程地质问题

近年来，随着山地城市建设的快速发展，高层建筑物和大型构筑物日益增多，重庆主城区表现出独特的城市工程地质特征，主要体现在：

（1）城市经济高速发展，基础设施日新月异，城市地形、地貌快速变化，如何实时、快速、准确地获取城市地上地下空间信息，是城市工程勘察需要解决的基础性问题；

（2）城市基础设施工程大多建设于"寸土寸金"的繁华城市地段，建（构）筑物密集，空间分布错综复杂，尤其是老城区地表地质体受人类活动扰动严重，准确合理地评价与周边既有建筑物的相互影响，是城市工程建设的一项重要工作；

（3）山地城市工程建设常以挖高填低来整平场地，形成了大小不一、薄厚不均的人工填土区，填土成分复杂、均匀性差，且平面和纵向变化大，由此带来了一系列较为复杂的岩土工程问题；

（4）受限于特殊的地形条件，山地城市的地下空间开发较早，地下管网和地下建（构）筑物类型多样、数量繁多、相互关系较为复杂，同时一些年代较久远的历史管网和地下建（构）筑物信息缺失，容易导致新建工程开挖与既有地下管网和地下建（构）筑物产生冲突，造成不良的经济和社会影响；

（5）主城区工程切坡现象十分普遍，人工切坡往往切除了斜坡下部阻滑段岩土体，导致岩土界面临空而产生覆盖层滑坡，切坡还导致岩体中各类结构面外倾临空，造成危岩崩塌和岩层滑坡等地质灾害，同时，三峡水库水位调节带来的消落带也对沿江岸坡稳定性造成不同程度影响；

（6）重庆主城区以多中心组团式结构坐落于缙云山与明月山之间，近年来随着城市地下空间工程建设的不断加剧，尤其是"四山"地区大量越岭公路、铁路隧道的修建，造成地下水疏干、地表水渗漏、地面塌陷等一系列环境地质问题。

第3章 多源多尺度工程地质测绘

工程地质测绘主要为勘察方案布设提供地形数据等基础资料，是工程勘察的一项重要工作。随着近年来空间信息获取技术和图像处理技术的不断发展，工程地质测绘在航测遥感、数字化成图等方面取得了长足进步。但受限于特殊地形条件、基础资料完整性和硬件设施建设水平，相对于平原地带，山地城市的工程地质测绘工作还存在诸多难题。

山地城市地表以上主要特征表现为高山峡谷广布、高差较大，植被茂盛，受地势影响，高层建筑物非均匀性突出，局部密集；地表以下主要特点是立体空间分布广泛，层次错综复杂，地下室、商场、车库、交通隧道等在纵向空间相互交错；山地城市的水域特征表现为水下地形起伏大、水涯线形态复杂、浅水或滩涂区域较多、礁石分布散乱、水上障碍物较多等特点。

特殊的地理环境，导致传统测绘方式在山地城市工程测绘中应用效率不高。多年来，高精度定位困难、大范围高精度带状地形图快速获取困难、复杂环境下水下地形数据获取困难、陡崖的测量和表达困难等，成为山地城市多源多尺度工程地质测绘信息采集的主要障碍。

为解决山地城市工程地质测绘中存在的问题，为工程勘察工作提供准确的地形数据保障，结合重庆这个典型山地城市的工程实践，对北斗卫星导航定位、无人船智能测量、无人机带状地形图测量、倾斜摄影及三维激光扫描等技术进行了深入研究，重点解决山地城市空间定位、高精度快速带状地形图测绘、水下地形及复杂陡崖地形的快速、准确获取等难点问题。

3.1 高精度 GNSS 定位

天文定位是一项古老而实用的技术，它利用观测时间从天文历里查询天体坐标位置以六分仪观测星体高度，然后通过计算获得地球上的位置线。由于星历表、计时工具和测量天体方位角的设备无从获取，几百年来天文定位始终与"高精度"相距甚远。全球导航卫星系统（GNSS）的出现，使这个古老的定位技术焕发出惊人的生机，引发了测绘科学的一次巨大变革。随着全球定位系统（GPS）的广泛应用，静态 GPS 测量、电台 RTK、网络 RTK 等定位技术日渐普及，已经成为目前最常见的控制测量方式。然而在以重庆为典型代表的山地城市，由于受地理条件限制，面临可见定位卫星少、移动网络无法保障等困难，实现 GNSS 高精度定位较为困难。

2012 年 12 月 27 日，我国自行研制的全球卫星定位与通信系统——北斗卫星导航系统（BDS）正式开始对亚太地区提供服务，为山地城市高精度 GNSS 定位的实现奠定了基础。

3.1.1 基于北斗卫星地基增强系统的多卫星定位

我国的 BDS 是继美国 GPS 和俄国 GLONASS 之后，第三个成熟的卫星导航系统。系统由空间端、地面端和用户端组成，可在全球范围内全天候、全天时为各类用户提供高精度定位、导航、授时服务，并具有短报文通信功能。2020 年左右，北斗卫星导航系统将覆盖全球。

2013 年 5 月重庆建成了我国首个山地城市北斗地基增强系统——重庆北斗地基增强系统（CQBDS）。该系统由控制中心、通信系统、基准站网和用户应用系统，实现了数据采集及传输，数据处理及管理，用户应用及管理等功能。基准站网由 9 个基准站组成（图3.1-1），站间距最大为 66km，最小为 40km，平均站间距 45km，覆盖面积约 1.8 万 km²。

CQBDS 可与 GPS 和 GLONASS 兼容，同一时刻可以接收更多的卫星（图 3.1-2），实现在恶劣环境下的快速准确定位。基于 DeepNRS 技术能够将所有符合解算条件的三角形都构建起来，提高了网络服务的可用性和稳定性。

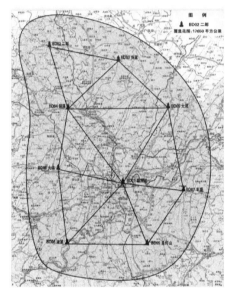

图 3.1-1　基准站点分布图

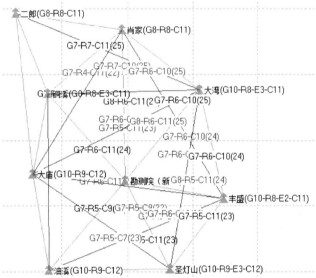

图 3.1-2　各基准站建网及接收可见卫星数量

CQBDS 在静态定位精度、动态定位精度、有效服务范围、初始化时间等关键指标明显优于常规的 GPS 系统，充分体现了多系统多模融合的技术先进性，使得系统在定位精度、系统可靠性、覆盖区域以及可用性等方面具有显著的优势。

重庆市在原有的重庆综合位置服务系统基础上对覆盖全重庆的 CORS 站进行全面升级，并增建了部分区县的基准站站点，升级和增建站点后的重庆北斗位置服务管理平台全面支持 GPS＋GLONASS＋BDS，实现了北斗卫星地基增强系统的全市域覆盖。

3.1.2　基于北斗卫星空基增强的快速定位技术

与地基增强系统不同的是，空基增强服务系统不依赖于移动通信无线网络，而是通过通信卫星播发差分信息，使 GNSS 用户在无需架设基站的情况下，在任一地点任意时刻得到从亚米、分米到厘米级不同层级的高精度定位增强服务。

整个系统由参考站、数据处理中心、注入站、地球同步卫星（INMARSAT）、用户站 5个部分组成。分布在全球近 100 个参考基站，每时每刻都在接收来自 GNSS 卫星的信号，参考站获得的数据被送到数据处理中心，经过处理以后生成差分改正数据或差分改正模型，通过数据通信链路传送到卫星注入站并上传到同步卫星，向全球发布。用户站的 GNSS 接收机实际上同时有两个接收部分，一个是 GNSS 接收机，一个是通信接收器，GNSS 接收机跟踪所有可见的卫星然后获得 GNSS 卫星的测量值，同时通信接收器通过通信卫星接收改正数据。当这些改正数据被应用在 GNSS 测量中时，一个实时的点位结果就出来了。

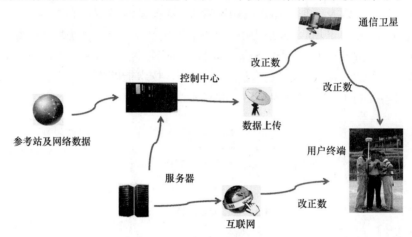

图 3.1-3　空基增强系统结构图

　　由于空基增强服务系统发布的差分信息由分布在全球的参考站数据计算，局部的定位精度还不能满足部分高精度测量工程的需求，需要与区域地基增强系统相结合。将重庆北斗地基增强系统获取的差分信息通过卫星向流动站播发，可以同时解决网络中断和定位精度低的问题。

3.2　大范围带状地形图测量

　　随着经济的持续快速增长，土地使用情况的变化日益频繁。高速铁路、高速公路、石油管线、电力设施等带状地物日渐增多，这种地形图的测绘通常是用于带状工程的建设前期地质勘察阶段，为纸上定线、初步设计提供依据。与之类似的城市轨道交通及长距离道路工程建设往往跨越多种地貌单元、地表覆被与人类活动区域，传统地形测量方式存在通视条件差、人员难以到达、现场作业危险等因素，且该类测量控制网多以狭长形式布设，周围已知控制点很少，使得高精度带状地形图的快速获取困难。以无人机为代表的低空遥感数字摄影测量技术以其非接触式、机动快速、现势性强、影像分辨率高、成本低等特点，在带状地形图快速获取中独具优势。

3.2.1　无人机系统简介

　　无人机遥感系统是卫星遥感和有人机遥感的有效补充，具有高分辨率图像和高精度定位数据获取能力，是重要的遥感数据来源。其主要优势在于高机动性、恶劣条件下作业、对同一区域重复观测的能力，可快速获取实时的地面影像信息，制作各种形式的地理信息产品，为工程勘察项目提供实时、准确的空间信息资料。

在正式作业前，要根据作业区域的地形特点选择适宜的机型。以山地区域为例，无人驾驶直升机虽然能够定点起飞、降落，对起降场地的要求不高，但是其结构相对来说比较复杂，操控难度大，其平稳、匀速性不能满足测绘的精度要求，因此实际应用比较少。另外，无人飞艇控制难度大、成本高，也不适于山地区域遥感影像的获取。而滑跑起降的固定翼无人机，很难在山地区域找到平直、宽阔的公路用于起降。即使偶尔找到，也需要交通部门配合，中断交通将影响正常的交通秩序。具有弹射起飞和伞降功能的固定翼无人机，其起飞和降落只需要一块比较空旷、平整的场地即可，是山地区域测绘应用的首选。

3.2.2 无人机航空摄影

无人机航摄飞行主要包括航线设计、飞行控制、原始数据质量检查等步骤。

（1）航线设计

根据成图比例尺、结合无人机系统搭载相机参数，确定航高及基线长度，然后根据测区地理位置及地形地貌利用专业软件进行航摄分区及航线敷设。

（2）飞行控制

航线设计完成后，作业组抵达测区进行外业飞行，根据无人机自身性能选择合适的起降场地，一般无人机起飞、降落由操作员操作完成，航线内部飞行时，飞机将转换为自动驾驶状态。无人机在空中航拍中，会将飞行状态传输至地面的控制系统，作业员可实时监控飞行状态。在航摄时需注意确保有充足的光照度，避免过大的阴影影响航摄质量。

重庆作为典型的山地地区，地形复杂、高程起伏大，在利用无人机进行航摄时，如果采用固定飞行高度进行航摄，所获取的影像分辨率就会相差较大。且无人机多次起降会加快机体硬件损耗，容易发生安全事故。为了解决这一难题，在国内首创同架次变航高无人机影像获取技术用于获取遥感影像。对于复杂地形的无人机航空摄影，同一飞行架次内，在相邻航线之间通过反演推算对航高做实时调整，使无人机与地面的相对高度维持在相对稳定的状态，从而控制航摄比例尺的一致性，保证影像地面分辨率满足要求。同时避免不同航高区域多次起降，提高了无人机安全系数。此外，还能确保不同航线相片的地面分辨率相对一致，降低内业影像处理所需控制点数量，且匹配点多、匹配速度快，显著提高了航测内业数据处理效率，如图 3.2-1 所示。

图 3.2-1　同架次变航高航摄技术

（3）数据质量检查

在航摄完成以后对相片的清晰度、重叠度、旋偏角、航带弯曲度、航高保持等方面进行检查，检查依据相应比例尺航空摄影规范的要求和方法进行。对于直接获取的数字影像，采用人工选取同名点的方法来计算相邻两张相片的重叠度和旋偏角，利用飞控数据和导航数据来检查航线的弯曲度、相邻相片的航高差、同一航线的航高差等参数。将影像按照航线分别保存在相应的文件夹内，在影像的命名上以无人机飞行的曝光次序进行命名。质量检查合格后，方可进入内业数据处理环节。

3.2.3　无人机数据处理

（1）影像畸变差纠正

由于无人机系统搭载相机为普通数码相机，其拍摄图像存在较大的畸变，为此首先需要利用专业的室外检校场精确标定相机内方位元素及相关畸变参数，然后对测区内全部原始影像进行畸变差纠正。

相机检校参数应包括主点坐标、主距和畸变差方程系数，检校时应在地面或空中对检校场进行多基线、多角度摄影，通过摄影测量平差方法得到相机参数最终解，并整理精度报告，精度应满足：主点坐标中误差不应大于 10um，主距中误差不应大于 5um，经过畸变差方程式及测定的系数值拟合后，残余畸变差不应大于 0.3 像素。

（2）控制点布设

参照低空数字航空摄影测量外业规范，像控点一般应布在航向及旁向六片或五片重叠范围内，像控点的布设按照以下的原则进行：

1）布设的像控点邻航线、邻航区尽量公用；

2）航线首末端上下两个控制点尽量位于通过像主点且垂直于方位线的直线上，困难时，互相偏离不大于半条基线，且应布在同一像对内。航线中间的控制点应位于首末控制点中间的直线上，困难时偏离不大于 1 条基线；

3）航区之间应注意控制接边，不得出现控制漏洞；

4）旁向重叠小于 15% 时，须分别布点；

5）遇到像主点和标准点位落水的现象，当落水范围的大小和位置不影响模型连接时，可按正常航线布点；否则，此类像对不得组合到区域网内，均按特殊布点。当落水面积较大，无法实现像点匹配或模型连接时，采用人工测量的方法；

6）定向点标准位置落水，则落水像对应按平高全野外布点；

7）布点前应仔细检查航摄像片的航向、旁向重叠及落水、云影等情况，存在影响成图质量的问题时，应采取必要的技术措施处理；

8）在测区的边角、凹凸角处应布设控制点；在测区中均匀布设一定数量的检查点。

（3）POS 辅助空中三角测量

空中三角测量主要解决在少量地面控制点的情况下，快速进行影像定向及地面点加密的问题。针对无人机使用的非量测相机，配带 POS（定位定向）系统等特点，常用的空中三角测量方法是光束法，因为该方法能方便地顾及系统误差的影响和引入非摄影测量附加观测值，适合于处理非常规摄影和非量测相机的影像数据。

POS 辅助航空摄影测量，是将 GPS 接收机和惯性测量单元 IMU 系统与航摄仪集成在一起,通过 GPS 动态定位技术获取航摄仪的位置参数,通过惯性测量单元 IMU 系统测定航摄仪的姿态参数,经 IMU、GPS 数据的联合后,平差处理可直接获得测图所需的每张相片的摄站坐标、方位角等六个外方位元素,为航空影像的处理应用提供了快速、便捷的技术手段,对于困难地区航空摄影测图提供了高效、便捷的解决方案。

POS 辅助航空摄影测量主要有两种方式:直接定向法和 POS 辅助空中三角测量。直接定向法是利用 POS 系统获取的外方位元素,经过对 POS 系统的系统误差校正后,得到每张影像精度较高的外方位元素的方法。POS 辅助空中三角测量是将 POS 系统获取的外方位元素作为带权参数参与空三区域网平差,获得精度更高的影像外方位元素的方法。

3.2.4 3D 产品制作

(1) DEM 制作

在完成空三后,可以根据影像外方位元素的关系计算立体像对;结合测区的影像平均重叠度以及基高比,对立体像对上的同名点进行匹配,利用共线方程计算得到该点的高程值,得到该立体像对的数字表面模型(Digital Surface Model,DSM)。对每个模型完成子 DSM 计算后,通过合并处理,得到整个区域的 DSM 数据。对 DSM 数据进行平滑、内插、人工赋值等方式进行交互式编辑,对 DSM 数据中的无值区、阴影、植被和水体等高程存在错误的部分进行修改,得到区域的 DSM 成果。对 DSM 成果进行滤波处理,过滤掉 DSM 成果中高程起伏的区域,得到区域的 DEM 成果。

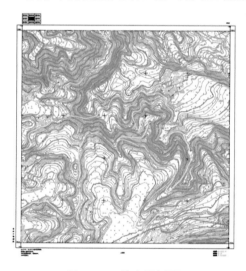

图 3.2-2　数字线划图

图 3.2-3　数字高程模型

(2) DOM 制作

导入空三加密后生成的 DEM 数据,结合空三成果,进行正射纠正、匀光匀色、智能镶嵌,再进行少量的人工编辑得到最终的 DOM(数字正射影像)成果。影像纠正可采用数字微分纠正等方法,纠正范围选取影像的中心部分,同时保证影像之间有足够的重叠区域进行镶嵌,匀色处理应缩小影像间的色调差异,使色调均匀,反差适中,层次分明,保持地物色彩不失真,不应有匀色处理的痕迹。镶嵌后影像应确保无明显拼接痕迹、过渡自

图 3.2-4 数字正射影像图

然、纹理清晰。

(3) DLG 制作

1) 数据采集

根据空三加密结果，利用全数字摄影测量工作站定向，建立立体模型像对，选择最佳模型比例尺，以像主点为中心，边缘控制点为边线定义作业区。根据内业采集定位，外业调绘定性的原则，按照先地貌后地物的顺序，选择相应要素采集，生成三维数据。

2) 外业调绘

根据内业采集的数据成果，在大比例尺航测一体化系统平台下，在野外对地形地物进行调查核实，并对调查结果进行整理和清绘，形成电子调绘片。

3) 数据编辑

将三维数据转为二维数据，参照调绘片，在精度允许范围内进行适宜的综合取舍，对地物、地貌进行编辑，形成 DLG 成果。当两个地物中心重合或接近，难以同时准确表示时，可将较重要的地物准确表示，次要地物移位 0.3mm 或缩小 1/3 表示。各要素表述及逻辑关系处理正确，各种注记位置合理，字体规格符合图式和设计要求，地物表达正确、地貌自然真实，能正确反映测区的人文、地理景观。

3.3 复杂环境水下地形测量

在传统的水下测量过程中，水深的测量往往采用单纯的深度测量仪，如测杆、测绳、回声测深仪等。一般只能进行单点测量，而在测量深度的同时，并不能保证同时获取测点的平面位置。由于水平方向定位的局限性，造成测量的精度较低，往往不能真实地反映水下的地形地貌。

高新技术的出现，给水下地形测量带来了一场新的革命，使水下地形测量由"静态、二维"向"动态、三维"方向发展。GNSS 系统、精密测深仪、多波束测深系统等测量系统的出现，使水上定位、水下测深由离散、低精度、低效率向全覆盖、高精度、高效率的方向发展，从而进入一个新的发展时期。然而，水下测量新技术在山地城市的应用，还需要克服平面实时定位困难、数据采集同步、水下环境复杂等困难。

3.3.1 基于北斗系统的多卫星平面定位技术

目前，主流的水下测量系统中的平面位置测量部分都采用 GNSS 定位技术，但绝大多数终端设备对 GPS 依赖程度非常大，采用的 VRS 虚拟参考站技术进行网络 RTK 测量，或者采用电台的形式发送差分信息，在山地城市这些平面定位方法的效率和质量受到较大影响。基于北斗系统的多卫星定位，较好地解决了这个问题。

以重庆为例，随着重庆北斗卫星地基增强系统的建设、空基增强技术的应用，实现了

GPS、GLONASS、BDS 三星组合定位，大大增多了可见定位卫星数量，即使水域四周树林遮挡、河岸两侧山崖陡峭，也能有 4 颗以上的可见卫星，并且在通信网络未覆盖地区，通过通信卫星仍然能获取差分信息实现准确定位，解决了山地城市复杂环境中的水域平面定位问题。系统还预留了欧盟的伽利略系统（GALILEO）、日本的准天顶系统（QZSS）等接口，将来高精度定位能力将进一步提升。

3.3.2 水下三维地形同步采集控制技术

高精度 GNSS 接收设备与多波束回声测深仪在作业过程中分别采集平面位置和水深数据，不利于测量成果的快速查看和应用。针对该问题，研发数据控制软件，同时获取 GNSS 设备测量的水面定位数据和水深数据，通过测量时间点进行数据融合，实时匹配并储存水下地形三维数据，系统方案如图 3.3-1 所示。

3.3.3 多技术集成的水域机器人系统

在海域和大型水域进行水下地形测量，目前采用的是大型测量船、人工动力等测量方法，该方式技术已较为成熟，但在大部分山地城市

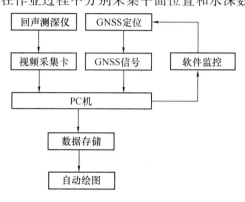

图 3.3-1 系统方案示意图

水下测量工作中受到很大限制。大型船只稳定性好、航速快，但是操作不灵活、吃水太深，在长江、嘉陵江及其支流、浅滩有大量测量盲区；人工测量耗时费力，而且人员安全难以保障。采用远程控制的水域机器人系统，可以较好地解决上述难题。

水域机器人（又称智能测量船、无人船测量系统）由无人船、自动导航模块、声呐探测模块、外围传感模块、岸基操控终端、导航及测量软件等部分组成（图 3.3-2、图 3.3-3），将 GNSS、传感器与智能导航控制等众多技术相结合，实现了水下地形测量的高精度、智能化、无人化、网络化，与传统作业方式相比，具有保障作业人员安全，提升作业效率，提高测量精度等优点。

图 3.3-2 工作中的无人船

图 3.3-3 控制中心界面

搭载不同的测深仪，主流水域机器人系统水深测量区间可达 $0.5 \sim 600\text{m}$，在浅滩、礁石分布较多的区域、深水域可以广泛使用，大大减少了水下地形测量盲区。利用扫描雷达

模块，水域机器人可实现自动避障。（图 3.3-4）。

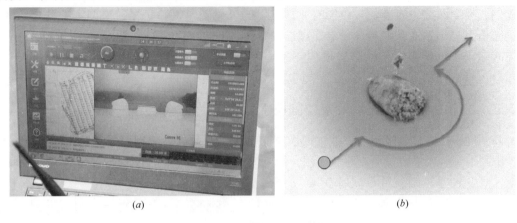

（a）　　　　　　　　　　　　　（b）

图 3.3-4　扫描雷达自动避障

3.3.4　内外业一体化的绘图系统

通过数据处理程序，与水域机器人的数据采集系统对接进行数据实时处理。数据采集的同时，通过数据处理软件实现分阶段现场处理，并导入绘图软件，现场绘制水下地形图，并可以根据设计参数现场进行工程选线、工作量计算等（图 3.3-5）。在此基础上，可在现场进一步开展水下地形建模、库容计算等工作。

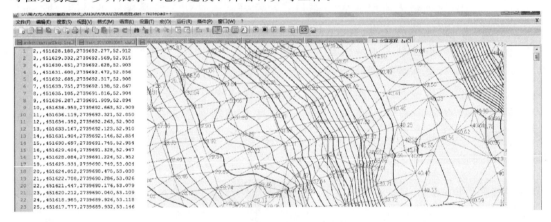

图 3.3-5　现场绘制的水下地形图

3.4　复杂地质特征的非接触测量

在岩土工程勘察作业中，作业场地常常位于峭壁、陡崖等复杂区域，这些地区地势险峻，人员难以到达，采用传统的人工方式开展地形图测绘和地质勘查等工作安全风险大、作业效率低，迫切需要将新兴的测绘技术和装备引入陡崖等地质特征复杂的地形图测绘工作中。

3.4.1　无人机倾斜摄影技术

无人机倾斜摄影技术是国际遥感与测绘领域近年来发展起来的一项高新技术。它突破了传统摄影测量相机只能从垂直角度拍摄获取影像的局限，通过在同一飞行平台上搭载多台传感器，同时从垂直、倾斜多个角度采集带有空间信息的真实影像，在非接触的情况下能精确获取到丰富的陡崖顶面及侧视的高分辨率纹理信息，生成真实可量测的三维模型，可呈现符合人眼视觉的真实直观世界，便于直观获取陡崖处地形地貌信息。

（1）高分辨率倾斜影像快速获取

针对陡崖的复杂地形特征，可灵活选用弹射伞降固定翼、滑跑滑降固定翼、四旋翼、八旋翼等多平台的无人机低空遥感系统并发挥各自的优势进行航飞拍摄，能实现大范围、高分辨率、多角度、多重叠度、多周期倾斜影像获取，克服单一平台航飞的局限性。作业的主要步骤主要有：

1）现场踏勘

由于陡崖往往都伴随着地形起伏大、山高谷深气流强、植被茂密、高压输电线及杆塔密布等复杂情况，这些都对无人机安全作业造成了极大的影响，因此必须进行现场踏勘，了解作业区域情况、选择起降场地、了解气象影响因素和重要设施分布，确定飞行区域的空域条件、无人机设备对任务的适应性。

2）相机检校

为保证拼接相机获取的影像质量，必须定期进行检校，获取相机参数，为影像纠正与精确拼接提供保证。

3）空域申请

由于目前我国对低空空域并未完全开放，在无人机飞行前需要向空管部门（作业区域当地空军、民航安全监管、民航空管等）进行航飞申请。

4）航线设计

根据影像重叠度、分辨率、平台续航能力等设计飞行架次、摄区航线高度、航线间隔、巡航速度、每个曝光点的坐标、曝光时间间隔、影像最小分辨率。

5）航空摄影

在摄影过程中，要严密监控空中遥感系统飞行姿态参数，根据地形走势及风向，确定航摄方向，以满足不同高差对航摄的影响。通过航摄高度进行反演推算，实时调整航高，以保证地形复杂、高差起伏大时航摄分辨率保持一致。

6）影像质量检查

获取航摄影像后，及时对单张影像质量（影像是否有云、雾、雪，是否发虚）、影像命名进行快速浏览检查，对影像曝光点数与影像数是否相等、每条航线记录数与实际影像数是否一致、航线数与设计航线数是否一致进行检查，确保影像数与曝光点数、与每条航线记录数相一致；对不符合要求的，要进行补飞或重飞。

7）成果整理与提交

在一个摄区所有工作完成后，对该摄区成果进行整理后提交使用。

（2）倾斜影像自动化智能化快速处理

1）倾斜影像联合平差

倾斜影像联合平差需充分考虑影像间的几何变形和遮挡关系。通过高性能集群式数据处理系统结合 POS 系统提供的多视影像外方位元素，采取由粗到精的金字塔匹配策略，在每级影像上进行同名点自动匹配和自由网光束法平差，得到较好的同名点匹配结果。

2）倾斜影像密集匹配

由于单独使用一种匹配基元或匹配策略往往难以获取建模需要的同名点，项目采用基于多匹配基元、多视影像匹配技术，根据自动空三解算出来的各影像外方位元素，分析与选择合适的影像匹配单元进行特征匹配和逐像素级的密集匹配，并引入并行算法，提高计算效率。

3）DSM、实景三维、TDOM（真正射影像）制作

影像密集匹配后能得到高精度高分辨率的数字表面模型（DSM）和三维模型，在DSM的基础上根据物方连续地形和离散地物对象的几何特征，通过轮廓提取、面片拟合、屋顶重建等方法提取物方语义信息；同时在倾斜影像上，通过影像分割、边缘提取、纹理聚类等方法获取像方语义信息，再根据联合平差和密集匹配的结果建立物方和像方的同名点对应关系，继而建立全局优化采样策略和顾及几何辐射特性的联合纠正，同时进行整体匀光处理，实现航飞区域真正射影像（TDOM）制作如图 3.4-1 所示。

(*a*)　　　　　　　　　　　　　(*b*)

图 3.4-1　倾斜摄影影像

3.4.2　数字近景摄影测量技术

在工程勘察中常常需要获取不规则的山体陡崖、斜坡等具有复杂地质特征的地质体的立体三维模型及等值线图，数字近景摄影测量技术是实现该目的的主要技术手段。多基线数字近景摄影测量系统（lensphoto）采用普通的非量测相机获取多基线影像，通过近景空中三角测量获取相片的外方位元素，再根据物方控制点坐标进行光束法约束平差，自动生成目标的三维坐标点云，对获取的点云数据进行处理，生成高精度三维模型。

（1）影像获取

近景摄影测量中的基本摄影方式有正直摄影方式和旋转多基线摄影两种基本方式，对于摄影对象是垂直墙面，类似与航空摄影测量，采用平行摄影的方式；对于成像深度差值比较大的摄影对象，应采用旋转多基线的摄影方式。

摄影基线的选择，对于平行摄影，可按照影像重叠 65% 来确定；对于旋转多基线摄影，摄站间的距离可以为摄影平均深度的 1/10，一般最多 3～5 个摄站为一组。摄影基线长度应为摄影距离的 1/10 左右，面对测区从左往右依次拍摄，在每个摄站也按从左往右的顺序依次拍摄，尽量保证摄影方向与被摄物正交，其中每个测站的影像合起来都能够完全覆盖实验区域，而且不同摄站相同序号的相片几乎为同一个区域。

（2）影像预处理

依据相机检校参数，对影像进行重采样，改正主点坐标，并纠正镜头和面阵内畸变。利用基于纯平 LCD 相机检校算法，通过拍摄大型液晶显示器上的检校格网，解算出相机的内方位元素（包括相机焦距 f，像主点坐标 x_0、y_0，畸变参数 k_1、k_2、p_1、p_2）。

（3）影像处理

1）空三匹配

首先，在相邻影像上人工寻找一对同名点进行空三匹配。数据处理的关键步骤是影像匹配，自动匹配同名点的多少，直接影响最终的数据精度。

2）引入控制点与空三交互

将外业测量控制点坐标做成 .ctl 格式文件，引入空三软件中。在空三交互模块，人工选择较好的控制点作为同名点，同名点太少，平差后精度难以保证；点太多，可能会致使平差失败。

3）光束法平差

在所有相片进行空三匹配和空三交互之后进行区域网光束法平差，人工选择同名点的精确程度以及同名点是否最佳分布，都可能对光束法平差的成功产生影响，因此需要多次的尝试工作。在进行独自的平差之后，还需要对影像加入"自检校"和"控制点加权"，再次进行约束平差，并以此平差结果作为最终的平差结果。

4）加密匹配

在数据处理过程中，直接通过给出的相机内方位元素和畸变差直接对影像进行改正，自动匹配后生成的点较少，形成的点云很稀疏，因此还要进行相片的加密匹配，可以建立立体模型并形成足够密集的点云，在点云图上可以很清楚地看出测区的大体地形以及相机的摄站位置。

5）TIN 的生成

在平差整体通过的情况下，可以准确地生成山体的 TIN 景观，反映了被测物体的真实三维情况。

（4）等值线图采编

在空三加密生成的立体模型基础上，可以通过数字摄影测量工作站进行等值线图采集与编辑，点云数据和旋转多基线摄影照片可以作为编辑和检查验收的依据。对于无法进行旋转多基线摄影的区域，则采用传统的免棱镜碎部测量方法施测。

3.4.3 基于三维激光扫描技术的复杂地质特征获取

（1）三维激光扫描技术的基本原理

三维激光扫描系统是一种集成了多种高新技术的空间信息数据获取手段，可以深入到任何复杂的现场环境及空间中进行扫描操作，直接实现各种大型的、复杂的、不规则、标准或非标准的实体或实景三维数据完整地采集，快速重构出实体目标的三维模型及线、面、体、空间等各种制图数据。

三维激光扫描系统主要由三部分组成：扫描仪、控制器（计算机）和电源供应系统。激光扫描仪本身主要包括激光测距系统和激光扫描系统，同时也集成 CCD 和仪器内部控制和校正系统等。在仪器内，通过两个同步反射镜快速而有序地旋转，将激光脉冲发射体

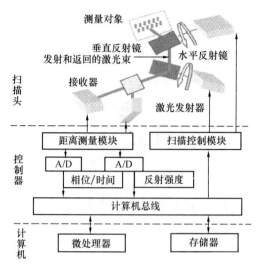

图 3.4-2　三维激光扫描仪测量的基本原理

发出的窄束激光脉冲依次扫过被测区域，测量每个激光脉冲从发出经被测物表面再返回仪器所经过的时间（或者相位差）来计算距离，同时扫描控制模块控制和测量每个脉冲激光的角度，最后计算出激光点在被测物体上的三维坐标，如图 3.4-2 所示。

（2）基于"测站点＋后视点"模式的点云数据获取和拼接技术

基于"测站点＋后视点"的作业方法是将"三维激光扫描技术＋GNSS－RTK"技术相结合进行，三维激光扫描仪负责采集点云数据，GNSS 设备负责控制点的测量。两个设备通过连接杆可以实现同时进行作业，提高工作效率。该方法每站点云数据之间不需要有重叠区域，布设方式灵活，适于大面积陡崖地形数据采集工作。

点云拼接主要通过软件提供坐标拼接功能实现，通过直接输入控制点坐标可以得到较高的拼接精度。

（3）基于最低点云地面格网的植被剔除技术

由于陡崖区域存在地表被植被覆盖的情况，为了得到真实的地表数据，需要对植被进行剔除。图 3.4-3 显示的是一种基于最低点云地面格网进行植被剔除的方法，其主要原理是：

1）根据点云数据的特点，一定区域内最低高程点为地表高程，采用按最低高程构建三角网；

2）根据地形复杂程度，建立相应大小地形三角网；

3）根据三角网数据对点云数据进行判断，远离三角网的数据视为植被数据，进行剔除。

（4）区域重心点云压缩技术

由于点云存在大量的冗余数据，这样会降低数据的处理效率，因此需要对点云数据进行压缩，减少数据的冗余量。本项目提出点云数据的区域重心压缩方法解决该问题。

1）最外区域的确定

用三维激光扫描仪对物体进行三维扫描，就可以得到物体的三维数据信息，无论是什么形状的物体，最后获得的信息都是一个有限范围的数据

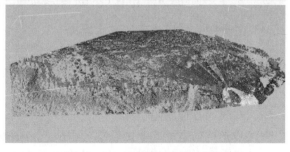

图 3.4-3　点云数据的植被剔除

（上：原始点云数据；下：剔除植被数据）

点集。因此，可以假设用一个封闭的空间去包围这个有限的点集，这个封闭的空间就称为最外区域。这个区域的形状和大小可以根据扫面后点云数据的形状和大小来确定。目前比较简单的区域为长方体区域。这里以长方体区域为例介绍如何确定区域的最大范围。

设点云数据集为 D（$d_i \in D$），对 D 中的每个数据进行扫描搜索得到 X、Y、Z 三个方向上的最大和最小值 x_{min}、y_{min}、z_{min}、x_{max}、y_{max}、z_{max}，就可以确定长方体的八个角点的坐标 $(x_{max}、y_{max}、z_{max})$、$(x_{max}、y_{min}、z_{min})$、$(x_{min}、y_{min}、z_{max})$、$(x_{min}、y_{max}、z_{min})$、$(x_{max}、y_{max}、z_{min})$、$(x_{min}、y_{max}、z_{max})$、$(x_{max}、y_{min}、z_{max})$、$(x_{min}、y_{min}、z_{min})$。那么就可以确定最外区域的范围。

2）最外区域的细化

当最外区域的范围确定之后，就可以对这个区域进行细化，划分成一个一个更小的区域。沿长方体区域的 X、Y、Z 方向把最外区域划分成 $a \times b \times c$ 个小长方体区域，设小长方体区域的长、宽、高分别为 Q_x、Q_y、Q_z，那么就可以得到：

$$a = \mathrm{INT}(x_{max} - x_{min})/Q_x + 1$$
$$b = \mathrm{INT}(y_{max} - y_{min})/Q_y + 1 \qquad (3.4\text{-}1)$$
$$c = \mathrm{INT}(z_{max} - z_{min})/Q_z + 1$$

最外区域细化之后，对点云数据中的每一个点 d_i 都会被唯一的一个小长方体区域所包含，而每个小长方体区域可能会包含一个或多个点云数据，甚至也可能不包含数据。然后就可以根据小长方体内的数据特征进行数据压缩。总体来说，小长方体区域划分得越细那么压缩后得到的精度越高，反之精度就越低。

3）小长方体区域的数据压缩

每个小长方体区域内的数据点的缩减准则是：通过分析和计算，确定出小长方体区域内的重心点，保留此重心点，删除其余的多余点。

确定小长方体区域的重心点的方法是：①对小长方体区域内的所有点进行计算，确定出这些点的中点位置；②计算所有点到中点的距离，距离最短的点就为重心点。过程如下图所示，图 3.4-4 中 O 点为中点，d_i 为最后确定的重心点。

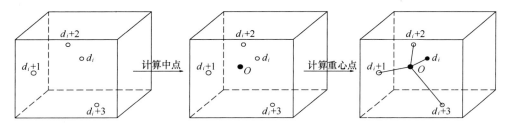

图 3.4-4 区域重心压缩法过程

具体的计算过程可以通过如下的流程实现：

设小长方体区域内有 n 个数据点，第 i 点为 $(d_{i.x}, d_{i.y}, d_{i.z})$，那么中点 mid 就等于

$$\mathrm{For}\ i = 1\ \mathrm{to}\ n$$
$$d_{.x} = d_{.x} + d_{i.x}$$
$$d_{.y} = d_{.y} + d_{i.y}$$

$$d_{.z} = d_{.z} + d_{i.z}$$
$$\text{Next } i$$
$$\text{mid.} x = d_{.x/n}$$
$$\text{mid.} y = d_{.y/n}$$
$$\text{mid.} z = d_{.z/n}$$

当中点确定之后，就可以计算小长方体内的每一个点到中点的距离，距离的计算公式为 $D = \sqrt{(d_{i.x} - \text{mid.} x)^2 + (d_{i.y} - \text{mid.} y)^2 + (d_{i.z} - \text{mid.} z)^2}$，取距离最短的点为重心点，然后删除其余的点，保留重心点。

（5）基于三维 TIN 的格网化点云数据特征提取技术

由于点云数据是由大量离散点组成的，在三维可视化方面并没有三维模型数据效果好。但将点云数据转化为三角网模型数据，就可以清晰的放映出地形的起伏和变化。因此将点云数据通过数据处理软件进行处理，构建地形三角网模型使数据更加立体，再通过相应的算法，可以快速地获取陡崖区域地貌特征信息。

该方法是在点云数据建立三维 TIN 格网数据后，对生成的 TIN 格网进行研究，分析其内部每个三角形之间的关系，通过每个三角形之间角度变化来对地形变化进行判读，从而提取其特征。

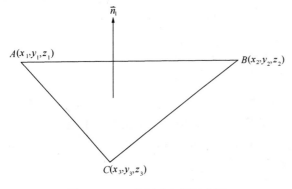

图 3.4-5　三角形法向量示意图

如图 3.4-5 所示，三角形由 A、B、C 三点构成，$\vec{n}_1$ 为三角形 ABC 的法向量，由图可以得到向量 $\overrightarrow{CA}$ 和向量 $\overrightarrow{CB}$，其计算公式为：

$$\overrightarrow{CA} = (x_1 - x_3, y_1 - y_3, z_1 - z_3)$$
$$\overrightarrow{CB} = (x_2 - x_3, y_2 - y_3, z_2 - z_3) \tag{3.4-2}$$

因此法向量 $\vec{n}_1$ 等于：

$$\vec{n}_1 = \overrightarrow{CA} \times \overrightarrow{CB} = \begin{vmatrix} i & j & k \\ x_1 - x_3 & y_1 - y_3 & z_1 - z_3 \\ x_2 - x_3 & y_2 - y_3 & z_2 - z_3 \end{vmatrix} = (\text{d}x_1, \text{d}y_1, \text{d}z_1) \tag{3.4-3}$$

式中 i，j，k 为单位向量，通过计算得到 $\text{d}x_1, \text{d}y_1, \text{d}z_1$ 分别为：

$$\text{d}x_1 = (y_1 - y_3)(z_2 - z_3) - (y_2 - y_3)(z_1 - z_3)$$
$$\text{d}y_1 = (x_2 - x_3)(z_1 - z_3) - (x_1 - x_3)(z_2 - z_3) \tag{3.4-4}$$
$$\text{d}z_1 = (x_1 - x_3)(y_2 - y_3) - (x_2 - x_3)(y_1 - y_3)$$

这样就可以得到一个三角形的法向量 $\vec{n}_1$，同理可以得到与之相邻的三角形的法向量 $\vec{n}_2 = (\text{d}x_2, \text{d}y_2, \text{d}z_2)$。把向量 $\vec{n}_1$ 和向量 $\vec{n}_2$ 平移到一个共同的顶点，并对向量做差运算得到向量 $\vec{n}_3 = \vec{n}_2 - \vec{n}_1 = (\text{d}x_2 - \text{d}x_1, \text{d}y_2 - \text{d}y_1, \text{d}z_2 - \text{d}z_1)$。同时也可以得到向量 $\vec{n}_1, \vec{n}_2, \vec{n}_3$ 的长度 l_1, l_2, l_3，其计算公式为 $l_i = \| \vec{n}_i \| = \sqrt{\text{d}x_i^2 + \text{d}y_i^2 + \text{d}z_i^2}$。

由图 3.4-6 可以看出，角 θ 是向量 $\vec{n}_1$ 和向量 $\vec{n}_2$ 的夹角，也就是相邻两个三角形平面之间的夹角，因此通过计算可以得出 θ 角，其公式为：

$$\theta = \arccos\left(\frac{l_1^2 + l_2^2 - l_3^2}{2l_1l_2}\right) \tag{3.4-5}$$

在实际应用中可以知道，在地势平坦的区域生成 TIN 格网时，格网中每个三角形之间的相互连接也是相对平缓的，即两个相邻三角形之间的法向量夹角 θ 是趋近于 $0°$。而当地势变化比较剧烈的时候，格网中每个三角形之间的连接也变得错综复杂，特别是在一些特征边界和变化剧烈的地方，两个相互连接的三角形之间的法向量夹角 θ 可能形成一个较大的角度。因此就可以通过计算两个连接三角形之间的法向量夹角 θ，来判断该区域是否为要提取的特征区域。

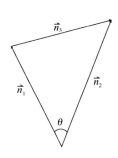

图 3.4-6　法向量夹角示意图

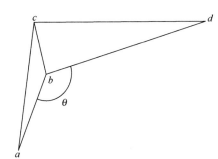

图 3.4-7　两三角形法向量夹角示意图

如图 3.4-7 所示，具体过程为首先计算两个连接三角形 abc 和三角形 dbc 之间的法向量夹角 θ，然后设定一个合理的阈值，当计算出的法向量夹角 θ 小于给定阈值时，说明该区域没有明显变化；当计算出的夹角 θ 大于给定的阈值时，该区域有明显的变化，因此保留两个连接三角形的公共顶点 c 和 b，作为特征点。反复计算直到所有三角形都参与计算，最后就可以得到所要求的特征点，然后对特征点进行相应的处理就可以得到特征线。法向量之间的差异阈值的选择是根据物体表面变化剧烈程度确定，总体来说对于变化平缓的表面采用较大的阈值，反之采用较小的阈值。同时也可以采用对同一物体采用多个阈值来提取特征，从中选择较好的提取效果。

采用基于三维 TIN 的格网化点云数据特征提取方法，选取部分特征点云进行提取，其提取结果如图 3.4-8 所示。

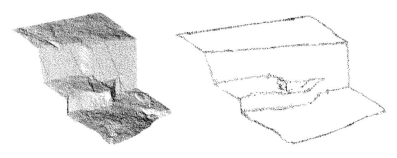

图 3.4-8　点云特征提取

3.5 小结

多种新技术的综合应用，为多源多尺度山地城市工程地质测绘成果的快速准确获取奠定了基础。通过多年的实践，新技术的应用方式多种多样，应用范围涵盖重庆这个典型的山地城市规划建设各个方面，应用效果显著。

(1) 基于北斗系统的多卫星高精度定位技术

1) 北斗地基增强系统的应用。CQBDS建成后，在重庆轨道交通中期规划线网基准控制网建设、两江大桥工程勘察、轨道交通格线路工程勘察等重大项目中发挥了重要作用，显著提升了定位精度和定位效率。

2) 北斗地基、空基增强系统的综合应用。空基增强服务系统不依赖于移动通信无线网络，而是通过通信卫星播发差分信息，使GNSS用户在无需架设基站的情况下，在全球任一地点任意时刻得到定位增强服务。但是其缺陷也非常明显，由于卫星播发的差分信息通过全球约100个参考基站计算而来，在局部区域的定位精度满足不了工程勘察的需求。将CQBDS的地基增强技术与空基增强相结合，形成了优势互补。该技术在轨道交通工程勘察项目中广泛应用，在铜锣山、中梁山等通信网络未覆盖区域作用尤其显著。

(2) 基于无人机的大范围带状地形快速获取技术

低空遥感数字摄影测量技术以其机动快速、现势性强、影像分辨率高、成本低等特点在带状工程地形图测量中独具优势。在轨道交通一号线、六号线工程勘察项目的带状地形快速获取中发挥了重要作用。

(3) 水域机器人在复杂环境下的水下地形测量

水域机器人岸基操控终端采用了无线传输、物联网、智能导控技术；水域平面位置测量使用了兼容BDS、GPS、GLONASS三大定位系统的重庆北斗地基增强系统，并在移动网络未覆盖区域综合应用了地基增强和空基增强技术；水深测量采用了多波束回声测深，有效地降低了假水深的概率；船体四周及底部的扫描雷达实现了自动避障功能。水域机器人在礼嘉大桥工程勘察、鹅公岩轨道专用桥工程勘察、合川钓鱼城景观大桥选址测量等项目中广泛应用，测量精度高，测量盲区小，工作效率大大提高。

(4) 复杂地质特征的非接触测量技术

将无人机倾斜摄影技术、数字近景摄影测量技术及地面三维激光扫描系统应用于复杂地质特征的非接触测量中。以陡崖地形和危岩为例，可以大大增加数据获取的效率，可对人员无法到达的区域实现全面的数据覆盖和精细测量，保证作业人员的安全。非接触测量技术已经在重庆多个地质勘察工程中进行了应用，取得了较好的应用效果，为工程项目提供了可靠的数据。

第4章 地质环境综合探测

地质环境是指由岩石、覆土、水和大气这些地球物质组成的体系，人类和其他生物依赖地质环境而生存和发展，同时人类和其他生物的活动又不断地改变着地质环境的化学成分和结构特征，特别是人类活动频繁的山地城市，人类活动使近地表的地质环境的结构特征发生了明显的变化。在山地城市开展地质环境探测工作，不但需要对原生地质体进行探测，同时需要对人类活动改造后的地质单元进行探测。

山地城市地质环境有其独有的特征，工程地质条件和水文地质条件在平面和纵向延伸上复杂多变，导致理论推导的地质边界条件难以确定。同时，受山地城市特殊地形条件和城市环境的限制，山地城市地质环境探测存在诸多难点和亟需解决的问题，主要表现在：

（1）受地形条件及地层产状陡倾、多变的影响，山地城市深埋隧道勘察难以涵盖所有地质单元。

（2）受建设场地高挖低填的影响，山地城市内的同一建筑，其基础形式和基础深度，往往都存在较大的差异，探测难度大。

（3）山地城市地下空间是在不同时期、不同标高位置多次建设形成，具有建筑密集、建设层次多、行走廊道弯曲多变，结构形式复杂的特点，在进行空间位置测量时，常会遇到线路长、弯道多且急、空间狭小等复杂条件限制，测量精度很难达到规范要求。

（4）山地城市地下管线修建时依地形而建，后期人工改造场地时，诸多管线被不同程度的覆盖，探测难度大；同时，越来越多的燃气、给水管道采用新型非金属复合材料，成为城市管线探测的难点。

（5）山地城市抛填土级配不均，大面积填土的碾压、夯实质量难以检测。

4.1 深埋越岭隧道复杂地质环境探测

4.1.1 探测的意义

山地城市深埋隧道往往位于地形起伏大，地表植被茂盛、地质单元众多，地质环境复杂的山地，给深埋隧道的勘察带来极大的困难。同时，山地城市建成区内，地表建筑密布，人口密集，人类活动频繁。若地质环境探测不明，设计及施工单位难以制定针对性处理措施，严重时将造成隧道塌方、特大突水（泥）等重大安全事故，给人民生命财产带来重大损失；同时亦将造成地表水漏失、地表塌陷，给周边环境带来无法挽救的破坏，给居民生活和社会环境带来重大影响。

重庆主城位于四山之间，重庆四山地形起伏大，地表植被覆盖率高，地层产状变化大，岩溶、地下水富集区、地下采空区、破碎带、煤系地层等不良地质体发育。地质调绘及钻探难以覆盖所有地质单元，必须采用物探方法对深埋隧道区域进行大面积的探测。针对山地城市地形条件恶劣，深埋隧道勘察要求探测深度大的特点，可选用大地电磁测深法进行深埋隧道的周边地质环境探测。

4.1.2　大地电磁测深原理

大地电磁测深基本原理：依据不同频率的电磁波在导体中具有不同趋肤深度的原理，在地表测量由高频至低频的地球电磁响应序列，经过相关的数据处理和分析来获得大地由浅至深的电性结构。实际工作中，利用宇宙中的太阳风、雷电等所产生的天然交变电磁场为激发场源，又称一次场。该一次场是平面电磁波，垂直入射到大地介质中。由电磁场理论可知，当电磁波在地下介质中传播时，由于电磁感应作用，大地介质中将会产生感应电磁场，地面电磁场的观测值也将包含有地下介质电阻率分布的信息。而此感应电磁场与一次场是同频率的，在此引入波阻抗 Z，在均匀大地和水平层状大地情况下，波阻抗是电场 E 和磁场 H 的水平分量的比值：

$$Z = \left| \frac{E}{H} \right| e^{i(\varphi_E - \varphi_H)} \tag{4.1-1}$$

$$\rho_{xy} = \frac{1}{5f} \mid Z_{xy} \mid^2 = \frac{1}{5f} \left| \frac{E_x}{H_y} \right|^2 \tag{4.1-2}$$

式中，f 为频率（Hz）；ρ 为电阻率（$\Omega \cdot m$）；E 为电场强度（mv/km）；H 为磁场强度（nT）；φ_E 为电场相位；φ_H 为磁场相位。在电磁理论中，把电磁场（E、H）在大地中传播时，其振幅衰减到初始值 $1/e$ 时的深度，定义为穿透深度或趋肤深度（δ）：

$$\rho_{yx} = \frac{1}{5f} \mid Z_{yx} \mid^2 = \frac{1}{5f} \left| \frac{E_y}{H_x} \right|^2 \tag{4.1-3}$$

$$\delta = 503 \sqrt{\frac{\rho}{f}} \tag{4.1-4}$$

由式（4.1-4）可知，趋肤深度（δ）将随电阻率（ρ）和频率（f）变化，测量是在和地下研究深度相对应的频带上进行的。一般来说，频率较高的数据反映浅部的电性特征，频率较低的数据反映较深的地层特征。因此，在一个宽频带上观测电场和磁场信息，并由此计算出视电阻率和相位，即可确定出大地的地电特征和地下构造。

大地电磁测深的优点是：

1）不受高阻层屏蔽、对高导层分辨能力强；

2）横向分辨能力较强；

3）资料处理与解释技术成熟；

4）勘探深度大、勘探费用低、施工方便。

然而，大地电磁方法也有其自身的缺点：

1）体积效应，反演的非唯一性较强（跟地震方法相比）；

2）纵向分辨能力随着深度的增加而迅速减弱。

4.1.3　大地电磁测深设备

EH4 所使用的频率为 $10 \sim 10^5$ Hz，其探测深度一般在地下 1000m 以内。基于对断面电性信息的分析研究，可以应用于工程地质调查，该系统适用于各种不同的地质条件和比较恶劣的野外环境。此外，EH4 依靠先进的电磁数据自动采集和处理技术，将大地电磁法（MT）和可控源音频大地电磁法（CSAMT）结合起来，实现了天然信号源与人工信号源的采集和处理，成为国际先进的双源大地电磁测深系统。EH4 电磁系统在 10Hz 至 92kHz 的宽频范围内采集数据时，为确保数据质量与工作实效，上述频带又分成三个频组：①10Hz～1kHz；②500Hz～3kHz；③750Hz～92kHz。具体观测中使用哪几个频率组，可视情况灵活掌握。野外工作中能实时获得的 H_y、E_x、H_x、E_y 振幅、Φ_{Hy}、Φ_{Ex}、Φ_{Hx}、Φ_{Ey} 相位，一维反演结果。在室内数据处理后，可获得二维反演结果。

主要性能与特点：

1）EH4 应用大地电磁法的原理，但使用人工电磁场和天然电磁场两种场源。既具有有源电磁法的稳定性，又具有无源电磁法的节能和轻便；

2）与一般 MT、CSAMT 不同，EH4 具有现场对数据质量、信噪比的质量监控功能，以保证操作员随时对数据质量进行评估；

3）具有较高的分辨率，接收频点多达 60 个左右，而其他类似设备为 20～30 个，为探测某些小的地质构造和区分电阻率差异不大的地层提供了可能性；

4）采用两个正交的半圆形发射天线，不存在接地问题，也不需要布设很长的发射导线；

5）能同时接收和分析 X、Y 两个方向的电场和磁场，反演 X-Y 电导率张量剖面，对判断二维构造特别有利；

6）仪器设备轻，观测时间短，完成一个近 1000m 深度的测深点，大约只需 15～20 分钟，这使它可以轻而易举实现 EMAP 连续测量，提高数据质量；尤其适合于复杂地形的勘查。

4.1.4 工程实例及分析

在轨道交通六号线二期中梁山隧道勘察中，沿隧道轴线布设 EH4 测试剖面，测试成果如图 4.1-1 所示。

（1）工程概况

重庆市轨道交通六号线二期中梁山隧道地处重庆市北碚区境内，当地人口密集，森林覆盖率高，交通方便。隧道穿越中梁山，属低山地貌，地形起伏较大，局部地段呈陡坎

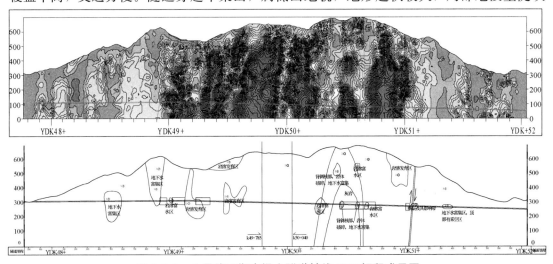

图 4.1-1　六号线二期中梁山隧道轴线 EH4 解释成果图

状，海拔高程 260～702m。该隧道设计纵坡呈"人"字坡，里程 YDK47＋509～YDK49＋050 段设计纵坡 3.000‰、里程 YDK49＋050～YDK52＋173 段设计纵坡－21.000‰，进洞口轨顶设计高程 309.789m、里程桩号 YDK49＋000 处轨顶设计高程 312.412（隧道最高点）、出洞口轨顶设计高程 246.829m；隧道跨度：最大开挖宽 12.720m（IVB 断面）、净跨 9.600m，隧道高度：最大开挖高 10.621m（IVB 断面）、净高 8.104m。

（2）物探测试

本次物探工作沿重庆市轨道交通六号线二期中梁山隧道轴线展开，物探工作测线长度 4280 m，布置测点 203 点，本次工作采用设备为 EH-4 双源连续电导率剖面仪，该设备是美国著名的 Geometrics 公司和 EMI 公司联合研制的双源型电磁系统，它利用大地电磁的测量原理，利用天然电磁场和特殊的人工电磁波发射源作为场源。

（3）成果分析

轨道交通六号线二期中梁山隧道洞身穿越的不良地质体主要为：

1）煤系地层及其影响带：①里程桩号 YDK48＋447～YDK48＋592 段，隧道穿越煤系地层及其两侧厚层砂岩里的富水区，该段可能存在采空塌陷区。②里程桩号 YDK48＋816～YDK48＋926 段，隧道穿越煤系地层及其两侧厚层砂岩里的富水区，该段顶部可能存在采空塌陷区。③里程桩号 YDK51＋313～YDK51＋407 段，隧道穿越煤系地层及其两侧厚层砂岩里的富水区，该段隧道顶部可能存在采空塌陷区。

2）大规模岩溶发育区：①里程桩号 YDK49＋126～YDK49＋269 段，该段隧道埋深 213～223m。②里程桩号 YDK49＋462～YDK49＋616 段，埋深 275～315m。这两个岩溶区规模大，其内充水或充泥，并与地表水存在水力联系通道，甚至通过岩溶通道直接贯通。

3）灰岩与泥岩界面附近发育的溶蚀区：①里程桩号 YDK48＋990～YDK50＋032 段，隧道埋深约 250m。②里程桩号 YDK50＋235～YDK50＋294 段，隧道埋深 356～390m 左右。③里程桩号 YDK50＋575～YDK50＋609 段，隧道埋深约 410m。④里程桩号 YDK50＋654～YDK50＋689 段，隧道埋深 356～390m。这四段岩溶发育区位于灰岩与泥岩界面附近，其规模较小，但由于有泥岩作为相对隔水层，在溶蚀区形成一个储水构造，岩溶区富集地下水，地下水存在一定水压力。

4）背斜核部破碎带：里程桩号 YDK50＋441～YDK50＋477 段，隧道埋深约 383m，其岩性为灰岩，岩体较破碎，地下水富集，在地下水作用下，灰岩伴随有溶蚀现象。

5）断层及其影响带：里程桩号 YDK51＋035～YDK51＋104 段，埋深 270～281m，隧道穿越断层及其影响带，该段岩体较破碎。

4.2　高密度建筑区建（构）筑物基础探测

4.2.1　探测的意义

以重庆为代表的山地城市，地表建筑密集，节比邻次、错落有致。由于山地城市建筑的建设场地主要通过高削低填来实现场地平整，建筑场地内基岩面起伏大，对于多以中风化基岩为基础持力层的山地城市建筑，其基础形式多样，基底标高存在较大差异。查明山地既有建（构）筑物基础的地下空间位置和分布形态，对于地下空间的优化利用及合理布局、保障施工过程中周边既有建（构）筑物的安全，具有十分重要的意义。

4.2.2 磁平行测井原理

由于既有建（构）筑物上部结构的存在，探测过程中上部结构将给基础探测带来诸多的干扰，难以确认来自基础底部的探测信号，因此，在不破坏上部结构的情况下，难以取得有效探测工作面，无法对既有建（构）筑物基础进行有效探测。

在地表布置测线探测建构筑物基础，基础的顶、底部信息在剖面上都由 1 个点来反映，难以对其进行有效地分离和获取。物探上要实现这一目标，必须使基础的顶面和地面在物探剖面上都有反映，理论上就要求物探剖面（测线）要与被测基础的走向平行或近似平行，这种测线布置形式的最佳方法就是靠近建（构）筑物基础钻平行于该基础的钻孔，在钻孔内布置物探测线，通过平行测井达到探测出基础埋深的目的。建（构）筑物基础内一般含有钢筋笼，通过探测钢筋笼的长度，可间接探测出基础的埋深见图 4.2-1。

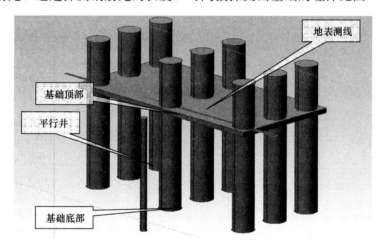

图 4.2-1 建构筑物基础与物探测线空间关系示意图

磁测井法是以不同磁性体的不同的磁性特征为物理基础，通过仪器探测钻孔周围较大空间内磁性体磁场的总和，用以寻找钻孔周围以及底部的磁性体并研究其产状和规模等的一种地球物理测井方法。

物质根据其磁性特征分为铁磁性物质、逆磁性物质、顺磁性物质，顺磁性物质的原子固有磁矩不为零，但是在无外磁场作用时，这个原子固有磁矩方向处于无序混乱状态。对外的磁效应相互抵消，宏观不显示出磁性。当加外磁场后，其原子固有磁矩有转向外磁场方向排列的趋势，外磁场愈强，向外磁场取向的概率越大，对外显出磁性也愈大。原子固有磁矩朝磁场方向排列是物质具有顺磁性的根本原因。铁磁性物质与逆磁性物质、顺磁性物质有显著区别。铁、钴、镍和它们的某些合金以及锰和铬的某些合金等一类有结晶状态的物质，即使在较弱的外磁场作用下，也呈强烈的磁化，这类物质叫铁磁性物质。而且也很容易达到磁饱和，这是因为这类物质内部的原子磁矩，在没有外磁场作用的情况下就已经以某种方式定向排列起来，并达到一定磁化程度，这种磁化称作"自发磁化"。

钢筋笼周围磁场分布的理论分析：磁测法是以磁性体磁场的数学理论为基础，通过研究磁性体周围磁场变化的空间分布特征和分布规律，对磁性物体空间分布做出解释。钢筋笼属铁磁性物质，磁化率很大且磁性很强，相反混凝土、桩周岩土则属于无磁性或弱磁性物质，磁化率很小且磁性很弱，因此钢筋笼和混凝土之间，以及钢筋笼和桩周岩土之间存在明显的磁性差异（达几个数量级），钢筋笼被磁化在其周围会形成很强的局部磁异常。钢筋笼设置前该处的地磁场为正常场（背景场），由于钢筋笼的存在而产生的局部磁异常为异常场。钢筋笼底部是铁磁性物质（钢筋笼）与无磁或弱磁性物质（素混凝土或岩土层）的界面，实测的磁场强度会有较大变化，超过界面向下则逐渐变为稳定的背景场。

4.2.3　外业工作方式及测试设备

磁平行测井外业工作方法是在距建（构）筑物基础约 1m 的位置布置钻孔，钻孔孔深要大于预估的建筑物基础深度，孔壁用 PVC 管进行护壁处理。测试仪器可采用重庆地质仪器厂生产的 JCX-3 三分量井中磁力仪及配套探头进行测试。

4.2.4　工程实例及分析

为探测某办公楼基础的埋深，车库内钻 4 个试验孔，孔深分别为 ZK1 号孔 13.2m、ZK2 号孔 13.1m、ZK3 号孔 14.6m、ZK4 号孔 14.5m，孔壁全孔用 PVC 套管保护。ZK1、ZK2 号孔对应的为 C4 号桩，桩长 6.55m，ZK3、ZK4 号孔对应的为 B5 号桩，桩长 8.92m。ZK2、ZK3 号孔距桩基础水平距离 0.5m，ZK1 号孔距桩基础水平距离 1m、ZK1 号孔距桩基础水平距离 1.5m，钻孔平、剖面图见图 4.2-2 和图 4.2-3。

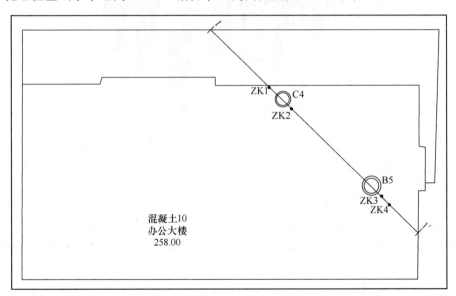

图 4.2-2　办公楼车库内钻孔平面图

由图 4.2-4 可知，ZK1 号孔磁平行测井曲线表明在深度 6.7m 位置有一个磁异常突变点，与基础深度 6.55m 基本相符，同时，该磁场曲线表明，钢筋笼引起的异常场幅度比较小。

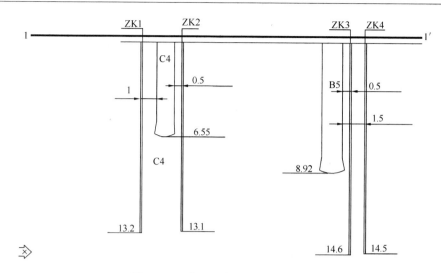

图 4.2-3 办公楼车库内钻孔剖面图

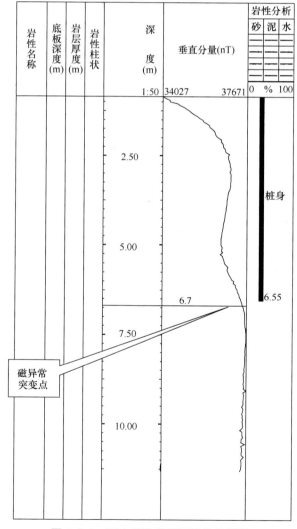

图 4.2-4 ZK1 号孔磁平行测井成果图

　　由图 4.2-5 可知，ZK2 号孔磁平行测井曲线表明在深度 6.25m 位置有一个磁异常突变点，与基础深度 6.55m 基本相符，在 2.25m 位置同样有一个磁异常突变点，表明钢筋笼在这两位置的剩磁性质和大小基本一致。

　　由图 4.2-6 可知，ZK3 号孔磁平行测井曲线表明在 9m 位置有一个磁异常突变点，与桩基础 8.92m 的长度基本相符。

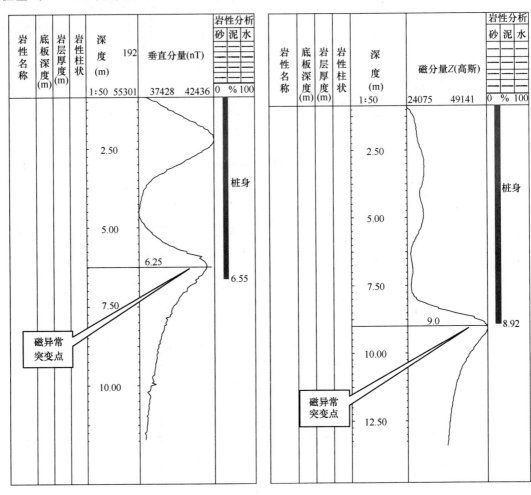

图 4.2-5　ZK2 号孔磁平行测井成果图　　　　图 4.2-6　ZK3 号孔磁平行测井成果图

4.3　多层次复杂地下空间测量

　　地下空间是指属于地表以下，主要针对建筑方面来说的一个名词，它的范围很广，比如地下商场、地下停车场、交通隧道、人防等建筑空间。

　　山地城市的建筑物多依山而建，地下空间也不例外，所以山地城市的地下空间具有层数多、基础结构复杂等特点，测量难度很大。

4.3.1 采用高精度陀螺全站仪在地下隧道内进行高精度惯性定向测量

随着社会经济的发展，地下空间的利用越来越频繁，在隧道等基础工程施工过程中，横向贯通精度的控制一直是难点，传统的测量方法是采用符合导线法，但对于超长隧道等，由于导线总长度、测站数均远远超过规范要求，很难保证测量精度。

采用高精度陀螺全站仪进行高精度惯性定向测量，不经传递直接获取任意导线边的方位角，从而对长导线进行方位角加密，加强了导线的方位控制，极大地提高了横向贯通精度。

（1）原理简介

陀螺全站仪是将陀螺仪和全站仪结合一起的仪器。它利用陀螺本身的物理特性及地球自转的影响，实现自动寻找真北方向，从而测定地面和地下工程中任意测站的大地方位角。在地理南北纬度不大于 75° 的范围内，它可以不受时间和环境等条件的限制，实现快速定向。

陀螺仪在高速旋转时具有两个重要特性：

1）定轴性，自转轴在无外力矩作用时，始终指向其初始恒定方向。

2）进动性，自转轴受外力矩作用时，将按一定的规律产生进动。

陀螺全站仪就是利用陀螺的两个基本特性设计、制造的一种定向测量仪器。

陀螺全站仪通常采用一根金属悬带将陀螺悬挂起来，陀螺轴保持在水平面内，陀螺仪的重心在悬带方向上且位于转子轴的下面。这种陀螺仪在地球自转的影响下，陀螺房的重量将产生一重力矩，在此外力矩作用下，陀螺转子轴具有指北的性能。

地球绕地轴 $P_N P_S$ 以角速度 $\omega_E = 360°/24h = 7.27 \times 10^{-5} rad/s$ 自西向东自转。在纬度为 ϕ 的地面 A 点，矢量 ω_E 和当前水平面成 ϕ 角，平行于地轴指向北方，且在过 A 点的子午面内，如图 4.3-1 所示。将 ω_E 分解为水平方向（AN 方向）分量 ω_1 和 A 点天顶方向（AZ 方向）分量 ω_2：

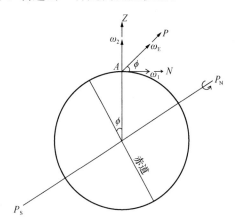

图 4.3-1 地球自转矢量的分解

$$\omega_1 = \omega_E \cos\phi \tag{4.3-1}$$

$$\omega_2 = \omega_E \sin\phi \tag{4.3-2}$$

在 A 点地面挂一个陀螺仪，其转子轴方向在 A 点的水平面 NESW 内，且北偏东 α 角。为分析方便，以 A 点为天球中心作辅助天球，如图 4.3-2 所示。图中，ω_2 为天顶方向分量，其不可能使陀螺房产生重力矩；ω_1 为水平方向分量，其可使 A 点水平面以 ω_1 的角速度转动，从而使 A 点水平面与陀螺轴方向产生夹角，导致合力矩的产生。为分析方便，将 ω_1 分解为转子轴方向分量 ω_4 和转子轴垂直方向分量 ω_3。

$$\omega_4 = \omega_1 \cos\alpha = \omega_E \cos\phi\cos\alpha \tag{4.3-3}$$

$$\omega_3 = \omega_1 \sin\alpha = \omega_E \cos\phi\sin\alpha \tag{4.3-4}$$

式中，ω_4 表示 A 点水平面绕转子轴旋转的角速度矢量，其对陀螺转子轴的空间方位

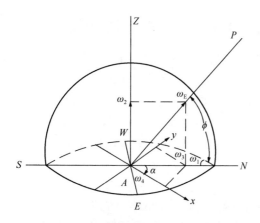

**图 4.3-2 陀螺转子轴在东北方向时在
辅助天球上分解地球自转矢量**

没有影响；而 ω_3 表示 A 点水平面绕转子轴垂直方向的角速度矢量，其使转子轴方向和水平面的相对位置发生了变化，即转子轴 X 正向相对于地面升高。当转子处于高速旋转的工作状态时，由于陀螺的进动性和定轴性，使陀螺房产生了一个重力矩，在此重力矩的作用下，转子轴开始向北方向产生进动。当转子轴进动到北方向时，理论上讲，此时的转子轴方向应以定轴的特性稳定在北方向上。但由于陀螺房进动惯性的影响，使转子轴偏离北方向向西作惯性运动，此时其以转子轴指北的特性表现为对惯性运动的减幅阻尼。当阻尼惯性平衡后，转子轴又开始向北方向运动。如上所述，陀螺仪转子轴将以北方向为中心作减幅摆动，各最大摆幅的平均位置即为北方向。

（2）基本结构

陀螺全站仪是由陀螺仪、全站仪、陀螺电源三个部分组成。陀螺仪主要由灵敏部、光学观测系统、锁紧装置及机体外壳等部分组成。

灵敏部是陀螺仪的核心，包括陀螺马达和陀螺房、悬挂带、导流丝、反光镜或光学向元件。

光学观测系统主要用来观测灵敏部的摆动或用以跟踪灵敏部，进行定向测量。

锁紧装置主要用来固定灵敏部，当陀螺不用时可使悬挂带不受力，以便于陀螺仪的运输和搬运，有时也附有阻尼装置和限幅装置。

机体外壳的内壁和底部是防磁材料制成的，主要是防止外界磁场的干扰，外壳上有导线插头、粗略观测孔以及附属于机体的其他元件等。

（3）定向方法

陀螺全站仪定向就是测定地下或地面待定边的坐标方位角。其主要内容包括：在地面已知边上测定仪器常数；在待定边上测定该边的陀螺方位角；计算待定点子午线收敛角以及计算待定边的坐标方位角，进行定向精度评定等。

设在已知边上测定的仪器常数为 k，在待定边长测定的陀螺方位角为 α_T，β 为子午线收敛角，则待测边的坐标方位角 α 为：

$$\alpha = \alpha_T + k - \beta \tag{4.3-5}$$

（4）实例及分析

重庆市轨道交通十号线是主城区轨道交通线网的重要组成部分，连接了南岸区、渝中区、江北区和渝北区四大主城区，联系了南坪商圈，观音桥商圈，并且连接了重庆火车北站、重庆江北国际机场等城市主要客流集散点。

十号线红龙区间为红土地站至龙头寺公园站区间段，该区间段全长 1.6km，隧道拱顶埋深 10～80m，除局部浅埋外，大部分为深埋隧道，穿越现有吉安园小区、长安华都小区和龙头寺公园，采用暗挖法进行施工。该区间从两端对向暗挖，为确保对向开挖能够准确贯通，采用陀螺全站仪在隧道内进行定向测量（图 4.3-3）。

图 4.3-3　隧道内定向边陀螺定向测量

在轨道交通十号线红土地—龙头寺公园区间两侧各 0.5km 的地面上选埋四个轨道交通一等平面点，即两条地面已知通视边，采用 GNSS 接收机进行静态测量，进行基线解算和平差后得到地面已知点的坐标，并反算坐标方位角。

采用 Gyromat3000 陀螺全站仪的高精度测量模式（测量精度 ±1mgon 测量时间约为 10 分钟）进行精密定向测量，首先在地面已知边上进行陀螺定向测量，满足规范精度要求后，进入隧道内进行精密定向测量，采用高精度测量模式对隧道左右两洞待测边分别进行陀螺仪定向测量。按照《城市轨道交通工程测量规范》"地面已知边—地下定向边—地面已知边"的测量程序，在完成隧道内待测边的定向测量后，再到地面已知边进行定向测量，最后通过内业计算得到待测边坐标方位角。

4.3.2　各层次自由设站与建筑基础套合相结合的地下空间测量技术

对于有多层地下建（构）筑物的情况，传统的测量方式首先是对每层地下建（构）筑物均布设图根导线点，并进行联测形成图根导线网，然后再进行地形图测量。这种方式需要消耗大量的人力、物力和时间，效率很低。而选择其公共特征结构（如：基础结构）进行坐标传递，各层进行自由设站和后方交会即可得到设站点坐标。

根据这个思路，通过选定作业区域周围均匀分布的建筑物特征点作为后方交会的已知控制点，依次获取观测值，软件平差计算得到站点的坐标。采用这种方式测量得到的地形图与周围地形图保持同等精度，在地下空间测量中，大大提高了工作效率。

（1）原理简介

后方交会是指仅在待定点上设站，向三个已知控制点观测两个水平夹角 α、β，从而计算待定点坐标的方法。

随着电子全站仪的广泛应用，在已有两个以上已知点的情况下，置全站仪于一合适的地方，观测到已知点的边长、方向，即可按最小二乘法求得测站点的坐标，同时也完成了测站定向，该方法称为自由设站法。自由设站法实际上是一种边角后方交会法。

如图 4.3-4 所示，已知 A、B、C 三点的坐标，通过测量三个角度 α、β、γ 即可求出这三个角度顶点 P 的坐标。此即为后方交会。

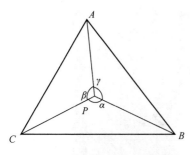

图 4.3-4　后方交会示意图

后方交会有如下公式：

$$P_A = \frac{1}{\cot A - \cot \alpha}$$

$$P_B = \frac{1}{\cot B - \cot \beta} \qquad (4.3\text{-}6)$$

$$P_C = \frac{1}{\cot C - \cot \gamma}$$

$$x_P = \frac{P_A x_A + P_B x_B + P_C x_C}{P_A + P_B + P_C}$$

$$(4.3\text{-}7)$$

$$y_P = \frac{P_A y_A + P_B y_B + P_C y_C}{P_A + P_B + P_C}$$

实际测量时一般是使用全站仪测量三个方向角 PA、PB、PC。根据这三个方向角计算如下六个变量，然后再代入上面的公式计算点 P 的坐标。

$$\alpha = PC - PB$$

$$\beta = PA - PC \qquad (4.3\text{-}8)$$

$$\gamma = PB - PA$$

$$\cot A = \frac{(x_B - x_A)(x_C - x_A) + (y_B - y_A)(y_C - y_A)}{(x_B - x_A)(y_C - y_A) - (y_B - y_A)(x_C - x_A)}$$

$$\cot B = \frac{(x_C - x_B)(x_A - x_B) + (y_C - y_B)(y_A - y_B)}{(x_C - x_B)(y_A - y_B) - (y_C - y_B)(x_A - x_B)} \qquad (4.3\text{-}9)$$

$$\cot C = \frac{(x_A - x_C)(x_B - x_C) + (y_A - y_C)(y_B - y_C)}{(x_A - x_C)(y_B - y_C) - (y_A - y_C)(x_B - x_C)}$$

（2）基础套合测量方法

在地面上采用常规测量方法测量出建（构）筑物位于地面的基础结构，如承重柱等。由于这些基础结构是从地下一直修建起来的，抓住它们平面位置一致的特点，在对地下空间测量时就可以采用基础套合的测量方法。

在需要测量的地下空间中，找到建（构）筑物的基础结构，采用自由设站的方法，对已知坐标的基础结构进行测量，求得设站点的坐标，以便进行地下空间测量。

在自由设站获取高精度相对位置的基础上，利用建（构）筑物的基础进行坐标传递，借助上下层基础精确套合的方法，对多层地下建（构）筑物进行测量，可实现地上地下建（构）筑物坐标体系的统一。

（3）实例及分析

解放碑地下停车场改造工程由"一环、七联络、N 连通"组成，连接整个解放碑核心区域的地下交通及地下车库。由于工程处于城市繁华地段，地下空间十分复杂，采用各层次自由设站与建筑基础套合相结合的地下空间测量技术代替传统的导线测量方法，达到了测量精度要求，大大提高了工作效率。

4.4　深埋地下管网探测

山地城市地势起伏较大，而管线埋设需要按照相对确定的坡度施工，因此经常出现架空管线和深埋管线。在山地城市特殊的地理环境下，深埋地下管线大量出现有两种情况：一是由于建设需要，山地城市形成高填方区域，使原本埋深较浅的管线成为深埋地下管线；二是由于现代管线非开挖施工技术的大量使用，经常出现埋深超过 10m、甚至 20m 的现象，这给探测定位带来了很大的挑战。山地城市中，深埋管线周边填土多为粒径不均匀的回填土，由于回填土本身存在较大差异，且未经碾压夯实，填土内富集地下水或存在大小不一的空腔，对管线探测仪发射的电磁信号有极强的吸收和散射作用，极大地衰减了管线产生的电磁信号传至地表的能量，当管线埋深较大（超过 10m）时，地表甚至难以接收到管线产生的电磁信号，因而难以探明深埋管线的空间位置。

4.4.1　地下管线探测原理简介

地下管线探测包括"探"和"测"，也就是地下管线的探查和测量。它是指通过利用各种物探技术手段，完成地下管线的平面位置和埋深测定，然后采用电子全站仪测定管线点的坐标和高程，利用数字测量技术配置成图软件生成管线图的完整工序。简单地说，就是确定地下管线属性、空间位置的全过程。

使用物探方法进行地下管线探测，我国开始于 20 世纪 80 年代末期。在此之前，获取地下管线资料的手段主要以向管线权属单位搜集已有的管线资料和开井调查为主，这时期获取的管线资料准确性、全面性都较差。进入 90 年代，我国的地下管线探测技术得到迅速的发展，在地下管线普查工程中逐步使用了"内外业一体化"的探测作业模式，一批专业化的探测公司相继成立，国内许多大中型城市相继开展了城市地下管线普查工作。1994 年原冶金部组织制订的《地下管线电磁法探测规程》YB/I 9027—94 和 1995 年颁布实施的行业标准《城市地下管线探测技术规程》CJJ 61—94 推动了城市地下管线探测技术走向规范化，标志着以物探技术为基础的城市地下管线探测技术开始走向标准化和应用推广段。1996 年成立了原建设部科技委地下管线管理技术专业委员会，为我国地下管线探测技术的发展和应用做了大量的工作。进入 21 世纪以来，随着数字化测绘技术以及计算机技术的应用与发展，"内外业一体化"探测技术得到了较快发展和应用推广。这一时期我国许多城市均采用"内外业一体化"探测技术组织进行了地下管线普查，提高了探测作业的工作效率，保证了普查工作成果的质量。2003 年修订后的行业标准《城市地下管线探测技术规程》CJJ 61—2003，系统总结了"内外业一体化"技术经验和成果，为规范和统一技术的应用推广起到重要作用。

地下管线可以被有效探测到是由于它与其周围土壤介质之间存在有明显的物性差异。一切地下管线与其周围介质之间最明显的物性差异就是其空间上的线性延续特征。地下管线在空间上的线性延续特征是几乎所有探测方法能够区分地下管线和其他介质的最基本的物性前提。也就是说，我们只有在追踪信号具有明确的线性延续特征时，才能说它有可能是一个地下管线信号。不同的探测方法可以依据不同的物性差异对这个线性特征加以检测。比如：地下金属管道的电导率、磁导率、介电常数等与大地土壤之间存在着较大的差异，因此可以应用电磁法针对其线性特征进行探测；地下管线的波阻抗与其周围大地土壤之间存在着较大的差异，而且管线顶部一般具有弧形的空间形态，因此可以应用电磁波的折射和反射原理来对其进行探测；另外还可以利用地下非金属管道的中空结构，应用电磁示踪法对其进行探测。

4.4.2　仪器设备

目前在地下管线探测中广泛应用并取得良好效果的地下管线探测设备是地下金属管线探测仪，本节主要针对深埋地下管线探测设备进行说明。

（1）对于深埋地下金属管线主要采用埋地管线外防腐层缺陷检测仪（PCM），顾名思义是用于地下管线的腐蚀和保护。其工作原理是在待测管线上加载 $0.1 \sim 1A$ 的探测电流，管道上的电流强度随距离的增加而衰减，在管径、管材、土壤环境不变的情况下，防腐层对地的绝缘性越好，则电流损失越少，衰减也越小；反之，若防腐层损坏，如老化、脱落、绝缘性能越差，电流损失越严重，衰减也越大。

根据埋地管线外防腐层缺陷检测仪能在非开挖状况下对埋地管道的外防腐层的破坏情况进行检测，并能对管道进行精确定位、测深、测电流等特点，其在常规的城市地下管线探测中也能发挥重要作用。

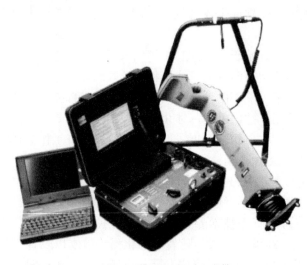

图 4.4-1　埋地管线外防腐层缺陷检测仪（PCM）

埋地管线外防腐层缺陷检测仪（PCM），由发射机、接收机、A字架、磁力座、操作软件组成（图4.4-1），采用220V交流电，最大输出功率150W，最大输出电流3A。工作时发射机向管道施加一近似直流的电流，在非常低的频率上（4Hz）管线电流衰减近似直线，PCM接收机装有一磁力仪，它能测量低频磁场，直读管道埋土深度可达10m以上，A字架对接地要求不高，可适用于干沙地带。

（2）城市管线探测不仅需要管线的平面位置、埋深信息，还需要管线的属性信息，比如管线管径的大小、管线材质、排水管线水流流向等，常规的方法是技术人员下到管线检修井底进行量测，但对于年代久远、埋设较深的检修井，采用这种方法存在很大的安全隐患，且效率较低。

管线内窥镜是另一种高效的仪器设备，一般由控制器、摄像头、电缆、照明等几部分组成，用于人眼无法直接观察到的场所的检查和观察，操作时将内窥镜放入管线中，摄像头摄像并记录管道状况。利用这个特点，在城市地下管线探测中，可以用来调查深埋管线属性特征，以及寻找污染源。

管线内窥镜就像医院里的肠镜检查，利用内窥摄像系统，可以连续、实时记录管道内部的实际情况，技术人员只需在地面操作，就可以对地下管道的特征情况一目了然。

4.4.3 金属管线探测方法

采用埋地管线外防腐层缺陷检测仪（PCM）主要是采用电磁法对深埋地下金属管线进行探测。它的理论依据就是电磁场理论。通过在地面测定地下管线在一次场作用下，感应电流产生的二次场的变化来确定地下管线的空间位置。一般地讲，较平直的管线产生的交变电磁场，可以近似看成无限长直导线产生的电磁场，由毕奥-沙代尔定理可知，在地面离开管线中心距离 r（m）处的磁场强度（H）：

$$H = I/2\pi r \tag{4.4-1}$$

式中 I——流经管线的交变电流强度（A）；

$\quad\ r$——管线中心至地面某点的距离（m）；

$\quad\ H$——磁场强度（A/m）。

由式（4.4-1）我们可以看到只有 H 足够大才能有好的效果。因而，只有增大 I 值或减小 r 值才能让探测得到的异常信号明显。

电磁法通过其场源的不同可分为被动源法和主动源法两种方法。

（1）主动源法

主动源法是指可受人工控制的场源，通过人工向被探测管线发射一定频率的交变电磁场，使被测管线产生感应电流，在被测管线周围产生二次场，通过观测、分析这个二次场来确定地下管线的位置。根据给地下管线施加信号的方式不同又可分为：直接充电法、感应法、夹钳法及示踪法。

1）直接充电法

适用于有出露点的金属管线探测。直接法有三种连接方式：双端连接、单端连接及远接地单端连接。即将发射机专用输出电缆的一端与被探测的金属管线相连接，另一端接地或接到金属管线的另一端，利用接收机搜索被探测金属管线产生的电磁信号，对管线进行追踪定位。该方法能使接收机接收到较强的电磁信号，对管线的定位及定深精度都相对较高，但管线必须有出露点，并具备良好的接地条件。

2）感应法

感应法是利用发射机发射本身的谐变电磁场，使被探测的地下管线产生感应电流而形成电磁场，通过接收机在地面接收地下管线所形成的电磁场，达到对被探测管线进行搜索、追踪、定位之目的。感应法适用于出露点稀少而不便使用直接法探测的金属管线或电缆，该方法操作简单灵活，但容易耦合相邻其他管线上面，增加探测的难度。

3）夹钳法

利用专用的夹钳（亦称耦合环）夹住被探测的管线，通过耦合环把电磁信号加载到被探测的管线上，达到对管线追踪定位之目的。此方法信号强，定位定深精度高，适用于管线直径小且不宜使用直接法探测的金属管线或电缆，如电力、电信类电缆、燃气入户管线等，但管线必须有出露点，而且被探测管线的直径必须小于夹钳的大小。

4）示踪法

示踪法原理是通过发射机将信号加载到导电线上，通过探测导电线辐射到地面的电磁信号来确定目标管线的位置和埋深。示踪法一般只适用于开放式的管道，还要有能让导电线进入目标管道的观察孔、检修井等设施，且检修井的设置间距不能太远，目前主要多用于排水管道。

（2）被动源法

被动源法不需要人工对被探管线施加场源，场源来自电缆所载有的 50Hz/60Hz 交变电流或空间存在的电磁波信号，只需用接收机接受该信号。被动源法操作简单方便，但只能对地下管线进行追踪和初步定位，不能探测管线的埋深，需要精确地定位、定深还需要采用主动源法。

① 工频法

工频法利用电力电缆中载有的 50Hz/60Hz 交变电流或游散电流汇入金属管线的电流形成的电磁场进行探测。载有电流的电缆与大地之间具有良好的电容耦合，在其周围形成交变电磁场。地下金属管线在电磁场的作用下产生感应电流在管线周围形成二次磁场。使用接收机探测这个二次磁场即可确定地下管线的位置。

② 甚低频法

甚低频法是利用甚低频无线电台所发射的甚低频电磁波信号（14～26kHz），在金属管线中感应的电流所产生的二次场进行探测。其原理是电台发射的电磁波在传播过程中，将会使管线及周围介质极化而产生二次场，由于管线与周围介质存在物性上的差异，使二次场及其总场均有一定的差异，通过测量这些差异可发现引起差异的高阻或低阻管线。

4.4.4　实例及分析

（1）在重庆双碑嘉陵江大桥建址附近有一根过江燃气管线，为保证大桥的施工不对该管线造成破坏，需要准确探明管线的空间位置。由于该管线位于高填方区域，埋设较深，采用传统的探测仪器和方法无法接收到管线反射到接收机的电磁信号，从而无法探明其空间位置。采用发射功率大、抗干扰能力强的埋地管线外防腐层缺陷检测仪，准确探测出该管线空间走向，平均埋深为 12.3m，后经开挖验证，使用埋地管线外防腐层缺陷检测仪探测技术准确可靠。

图 4.4-2　管线内窥镜探测图

（2）在重庆轨道交通六号线大竹林车站附近，有一根深埋 20m 左右的排水管线，在地面根本无法调查管线的任何属性特征，技术人员下井调查的安全隐患非常大。采用管线内窥镜技术，将内窥镜从检修井放下，在地面控制器上就能清楚地看到管线材质为水泥、管径为 1200mm 等信息（图 4.4-2），保证了测量数据的可靠性。

4.5 不均匀级配块碎石填土质量检测

4.5.1 检测的意义

山地城市的快速发展，常常开山筑路，削高填低，平整场地，以适应道路、桥梁、市政、港口、机场建设的需要。然而，以重庆为代表的山地城市，填土主要由爆破开挖山体的大粒径（粒径可达数米）的块石土抛填形成，填土颗粒间常存在体积不一的空腔或小颗粒填充松散区域，在填土被碾压夯击过程中，由于大颗粒的影响，这些空腔和松散区域经碾压夯击处理时亦难以被夯实，填土质量难以得到保障。因此，在山地城市检测填土地基强夯处理效果显得尤为重要。

在实际的检测过程中传统方式多采用灌砂法、水袋法、静力载荷试验、动力触探及钻孔测量法等方式来进行测量；传统的测量方式存在一定的弊端，其主要表现为对填土强夯地基的损伤以及检测结果偏差较大等两方面因素。从检测结果方面来看：水袋法以及灌砂法均属于间接的检测手段，此种手段的应用在一定程度上能够表征相应填土位置的强夯质量，但是由于人为操作以及系统误差等因素，得到的数值并不能完全地代表该位置填土夯击后的密实程度。从另一个侧面来看，传统检测的检测结果往往是针对取样点的，并通过较多的取样点分布来表征整条路基的施工情况与质量水平，此种表征方式具有一定的科学性与严谨性。但是，实际的填土夯击压实程度是不均匀分布的，仅从概率与统计的角度来认证施工的合规性对其后续的使用寿命与质量的评价意义不足。

目前对填筑地基质量检测一般采用静力载荷、动力触探、灌砂法等方法，这些检测方法工作周期长、效率低，且属于"以点代面"类型的检测方法。对于山地城市不均匀抛填土在水平和纵向上都可能存在较大差异，常规方法"以点代面"类型的检测方式难以满足大面积不均匀级配块碎石填土质量的快速检测的需要。

面波勘察成果具有地层高分辨的特点，同时获得地层物性的参数。面波具有频散的特性，其传播的相速度随频率的改变而改变。这种频散特性能反映地下岩土介质的特性，可以用于不同密实度的填土分层检测。

4.5.2 面波检测的原理

面波是一种特殊的地震波，它与地震勘探中常用的纵波（P波）和横波（S波）不同，它是一种地滚波。弹性波理论分析表明，在层状介质中，拉夫波是由SH波与P波干涉而形成，而瑞利波是由SV波与P波干涉而形成，且R波的能量主要集中在介质自由表面附近，其能量的衰减与$r^{-1/2}$成正比，因此比体波（P、S波$\propto r^{-1}$）的衰减要慢得多。在传播过程中，介质的质点运动轨迹呈现一椭圆极化，长轴垂直于地面，旋转方向为逆时针方向，传播时以波前面约为一个高度为λ_R（R波长）的圆柱体向外扩散。

在各向均匀半无限空间弹性介质表面上，当一个圆形基础上下运动时，由它产生的弹性波入射能量的分配率已由Miller（1955年）计算出来，即P波占7%、S波占26%、R波占67%，亦就是说，R波的能量占全部激振能量的2/3，因此利用R波作为勘探方法，其信噪比会大大提高。

设简谐激振力频率为 f，传播速度为 V，则波长 $\lambda = v/f$ 理论研究表明，在瑞利面波传播过程中，其能量大部分集中在 λ_R 深度范围内，改变简谐激振力的频率 f，也就改变了瑞利波的波长和穿透深度，这样简谐激振力的频率由高向低变化，可分别测试出各个频率的瑞利波传播速度，就实现了由浅向深的探测，进而进行层位划分和计算各层的 V_R 值。

面波勘察成果具有地层高分辨的特点，同时获得地层物性的参数。瑞利面波方法用于岩土勘察，与以往的弹性波勘察方法差别在于，它应用的不是纵波和横波，而是以前视为干扰的面波。其原理是，面波具有频散的特性，其传播的相速度随频率的改变而改变。这种频散特性可以反映地下岩土介质的特性。

瑞利面波的特点：

(1) 在地震波形记录中振幅和波组周期最大，频率最小，能量最强；

(2) 在不均匀介质中 R 波相速度（V_R）具有频散特性，此点是面波勘探的理论基础；

(3) 由 P 波初至到 R 波初至之间的 1/3 处为 S 波组初至，且 V_R 与 V_S 具有很好的相关性，其相关式为：

$$V_R = V_S \cdot (0.87 + 1.12\mu)/(1+\mu) \tag{4.5-1}$$

式中，μ 为泊松比，此关系奠定了 R 波在测定岩土体物理力学参数中的应用；

(4) R 波在多道接受中具有很好的直线性，即一致的波震同相轴；

(5) 质点运动轨迹为逆转椭圆，且在垂直平面内运动；

(6) R 波是沿地表传播的，且其能量主要集中在距地表一个波长（λ_R）尺度范围内。

依据上述特性，通过测定不同频率的面波速度 V_R，即可了解地下地质构造的有关性质并计算相应地层的动力学特征参数，达到岩土工程勘察之目的。

鉴于瑞利面波的频散特性，可以建立瑞利面波波速 V_R 与土介质密度的关系模型，模拟填土进行室内试验，首先按不同的压实度用静压法制作土样试件，测得每组试件的剪切波速，通过测量结果，可建立两者之间的关系模型。最后采用数学模型进行回归分析，即可建立剪切波速、瑞利面波波速与土层密实度的相互关系，现场只需要测试场地范围内的瑞利面波波速就能推算出测试场地回填土层密实度，进而评价回填土夯击质量。

4.5.3　面波外业工作方法及测试设备

应用瞬态法进行现场测试时一般采用多道检波器接收，以利于面波的对比和分析。当锤子或落重在地表产生瞬态激振力时，就可以产生一个宽频带的 R 波，这些不同频率的 R 波相互叠加，以脉冲信号的形式向外传播。当多道低频检波器接收到脉冲形振动信号后，经数据采集，频谱分析后，把各个频率的 R 波分离出来，并求得相应的 V_R 值，进而绘制面波频散曲线。

当选取两道检波数据进行反演处理时，应使两检波器接收到的信号具有足够的相位差，其间距 Δx 应满足（$\lambda_R/3$）$\sim \lambda_R$，即在一个波长内采样点数要小于在间距 Δx 内的采样点数的 3 倍，而大于在间距 Δx 内的采样点数的 1 倍，该采集滤波原则对于不同的勘探深度及仪器分辨率和场地地层特性可作适当调整。

当采用多道检波数据进行反演处理时，虽然不受道间距公式的约束，但野外数据采集时也应考虑勘探深度和场地条件的影响。一般来说，当探测较浅部的地层介质特性时，易采用小的 Δx 值并用小锤作震源以产生较强的高频信号，即可获得较好的结果；当探测较深部的地层介质特性时，易采用较大的 Δx 值，并用重锤冲击地面，以产生较低频率的信号，使其能反映地下更深处的介质信息，达到岩土工程勘察之目的。

震源点的偏移距从理论上讲越大越好，且易采用两端对称激发，有利于 R 波的对比、分辨和识别，但偏移距增大就要求震源能量加大和仪器性能的改善。一般来说，偏移距应根据试验结果选取。就目前的仪器设备条件和反演技术水平，选用偏移距 20～40m 即可获得较好的测试结果。

由多道检波数据反演处理后可得一条频散曲线，一般把它作为接收段中点的解释结果。实际上该曲线所反映的地层特性为接收段内地层性质的平均结果，故当探测场地地下介质水平方向变化较大时，只要能满足勘探深度的要求，尽量使反演所用的接收段减小，以使解释结果更具客观实际。

测试设备可采用普通的工程地震仪或专用的面波仪，检波器宜选用 2.5Hz 或 1Hz 的低频检波器。

4.6　小结

工程建设过程中，周边地质环境探测方法、探测设备种类繁多，在此没有一一进行阐述。本章着重针对以重庆为代表的山地城市常见的地质环境探测问题为主题，对近十余年来重庆大型市政工程建设勘察过程中周边环境探测的常见问题进行了探索和分析，从探测的意义、原理、方法、仪器设备、相应的工程案例等作了相应的介绍。主要包括有以下几个方面：

（1）采用大地电磁测深法对深埋越岭隧道复杂地质环境进行探测；

（2）采用磁平行测井法对高密度建筑区建（构）筑物基础进行探测；

（3）采用高精度陀螺全站仪对地下隧道进行高精度惯性定向测量、采用各层次自由设站与建筑基础套合相结合的地下空间测量技术解决多层次复杂地下空间测量问题；

（4）采用管线内窥镜、电磁法等对深埋地下管网进行探测；

（5）采用面波法快速进行不均匀级配块碎石填土质量检测。

第5章　复杂环境下的工程钻探与测试技术

　　岩土工程钻探和测试是工程勘察中获取建设场地地质资料的一项基础性工作。工程钻探方法在单点揭示地层的直观性及精准性方面，目前尚未有其他勘察手段可以完全替代，钻探就像外科手术上的"刀"，可将地层特定位置情况清晰剖析出来，并将各个地层的结构及土质进行"病理切片"。岩土试验是获取岩土体参数的重要手段，是实现工程勘察定量分析和工程设计的基础环节。受限于特殊的地形地貌、工程地质条件及工程建设需求，在山地城市的工程钻探和岩土试验还存在着许多问题，具体表现在以下方面：

　　（1）山地城市特殊岩层钻探存在取芯困难、效率低下等问题，且部分深孔出现不同程度的偏斜

　　现阶段，常规钻探手段在钻进较完整和岩性较好的地层中岩芯采取效果较好，但对于松散破碎地层，取芯率却很难达到要求，甚至采取不到岩芯，然而，这些关键层位信息对勘察质量至关重要。重庆山地城市勘察中特殊地层主要包括：滑坡滑动面、断层破碎带、煤层等软弱夹层及人工填土、砂卵石层等第四系松散堆积层，采用传统钻探方法取芯率低，因而急需形成一套综合钻探技术解决山地城市特殊岩层的勘察技术难题。

　　（2）复杂水域环境下的水上钻探存在钻探质量与安全风险

　　与陆上钻探相比，水上钻探施工过程中，受水位、流速、风力以及航行船舶等因素的影响，尤其是在重庆"两江"及其支流中，由于江水流速快、水位变化大以及过往船只的影响，钻探平台容易移动或被撞，造成套管弯曲、折断，有时还会受到洪水的威胁；在设备或操作方面，钻探平台的抛锚、定位、起锚、起下套管受深水急流、水位涨落的影响，往往存在一定的安全风险。因此，总结出一套水上钻探的技术工艺与安全管控方案，对于山地城市跨江大桥等涉水项目工程勘察工作至关重要。

　　（3）尚缺重庆地区岩石强度参数的现场快速测试方法及取值标准

　　随着城市经济的飞速发展，大量轨道交通及重大的市政工程逐步修建，相应的工程勘察任务也变得繁重。岩石常规强度试验是勘察工作的基本手段及主要研究内容之一，而传统的岩石强度试验对岩样采取及试件尺寸要求高，操作复杂，且花费高，周期长。因此，如何实现岩石强度参数现场快速获取，提高试验的经济性、合理性及准确性已成为勘察工作者非常关心的问题。

　　（4）需要进一步总结和完善山地城市水文地质试验方法

　　水文地质试验是水文地质勘察中一项不可缺少的重要手段，很多含水层参数都需要通过水文地质试验获取，常规的水文地质试验包括稳定流抽水试验、非稳定流抽水试验、压水试验、注水试验和提水试验等。水文地质连通示踪试验主要目的是查明地下水运动途径、速度，地下河系的连通、延展与分布情况，地表水与地下水的转化关系等，对于山地城市岩溶地下水研究具有重要作用。

5.1 特殊地层钻进工艺优化

5.1.1 空气潜孔锤跟管钻进技术

该方法采用空气潜孔锤钻进原理，将潜孔锤跟管钻进和回转取芯两种技术结合，通过优化设计，充分发挥前者钻进速度快和跟管护壁效果好、后者采集岩芯能力高的技术优势，构成一种用于滑坡勘察的钻探新技术方法——空气潜孔锤取芯跟管钻进。

（1）技术原理

如图 5.1-1 所示，钻进时，钻进轴向动力同时有两种其一是来自地面钻机施加并通过钻杆和潜孔锤传给钻具的钻进压力，其二是来自高压空气驱动跟管取芯钻具上端连接的潜孔锤产生的高频冲击力，两者一并传给中心取样钻具然后，钻具根据地层情况和跟进的套管阻力自动调节进行动力分配：一是直接将动力传给中心取芯钻头，二是通过传压付将轴向动力传给套管靴总成包括套管钻头。钻杆回转时，通过潜孔锤直接带动中心取芯钻具包括中心取芯钻头回转，同时通过传扭机构——传扭花键付将回转扭矩传给套管钻头，中心取芯钻头和套管钻头同时进行冲击回转钻进其中，中心取芯钻头进行冲击回转取芯钻进，岩芯随钻直接进入岩芯管套管钻头进行冲击回转钻进，并带动套管随钻向孔底延伸，而在分动机构的作用下，套管并不回转。钻进回次结束后，在提钻情况下，中心取芯钻具直接被提到地表，而套管靴总成及其套管则留在孔内采集岩芯后，再将钻具下到孔底，通过人工辅助瞄向定位，使中心取芯钻具到位，即中心取芯钻具与套管靴总成再次连接，再次进行冲击回转取芯跟管钻进，从而实现空气潜孔锤取芯跟管钻进。

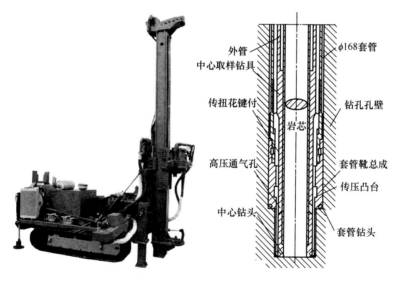

外管
中心取样钻具
传扭花键付
高压通气孔
中心钻头
$\phi168$套管
钻孔孔壁
岩芯
套管靴总成
传压凸台
套管钻头

图 5.1-1　潜孔锤钻机及跟管钻进原理示意图

（2）钻进流程

取芯跟管钻进工序流程如图 5.1-2 所示，其中，步骤（*a*）是中心取芯钻具和套管靴准备开孔；步骤（*b*）为将套管总成就位（钻孔位置），将中心取芯钻具下入套管总成；步

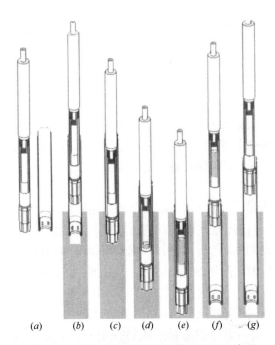

图 5.1-2　潜孔锤钻机及跟管钻进流程示意图
(*a*) 准备下钻；(*b*) 下钻；(*c*) 钻具到位；(*d*) 取芯跟管钻；
(*e*) 进 2-5 取芯跟管钻进；(*f*) 提钻取芯、加长套管；
(*g*) 再次下钻准备下一回次钻进

骤（*c*）是中心取芯钻具到达孔底与套管靴总成自动形成连接，处于钻进工作状态；步骤（*d*）和（*e*）是钻具正在进行取芯跟管钻进，套管随钻向孔底延伸，岩芯同时进入钻具的岩芯管；步骤（*f*）是岩芯管装满岩芯后提钻（中心取芯钻具），套管则留在孔内保护孔壁；步骤（*g*）是将中心取芯钻具提到地面取芯和在孔口加长套管后，再将中心取芯钻具下入孔内，准备下一回次钻进。

(3) 工程意义

空气潜孔锤是利用压缩空气驱动潜孔锤完成工作行程和实现潜孔锤的回程，因此它是一种双作用的冲击器。空气潜孔锤亦称风动冲击器。由于工作介质为空气，而空气的阻力是液体的，故在相同的冲锤重量，有效工作面积和冲程条件下其冲击功和冲击频率均比液动冲击器大。钻进时压缩空气也是冲孔介质，在浅孔、破碎漏失地层和缺水地区、永冻层等条件下钻进时，其优点尤为突出：

1) 空气潜孔锤钻进主要以潜孔锤进入孔底实行冲击破碎为主。气动冲击器单次冲击功较大，一般可达数百至一千焦耳以上，因此钻进速度快。空气潜孔锤被视为提高坚硬岩层、卵砾漂石层钻进效率最有效的方法。

2) 空气潜孔锤钻进，孔底清洗且冷却条件好，钻杆与孔径配比适当，空气通过环状间隙上返，保证了孔底岩屑及时排出空口。同时压缩空气经过冲击器后以超音速通过钻头喷嘴射体积骤然膨胀并吸收热量，而经过环状间隙上返地表，这对冷却钻头和延长钻头寿命十分有利。

3) 在复杂破碎地层，空气潜孔锤可实现大孔径钻进，且取芯效果要比普通金刚石或硬质合金钻进好。

4) 空气潜孔锤钻进要求转速、扭矩和钻压较低，除了能明显减少孔内钻杆磨损和折损事故外，对保持钻孔垂直度有明显效果。

在河床架空层，由于塌孔、埋钻、卡钻等孔内事故经常发生，跟管钻进是防止这类事故发生的主要技术手段。而空气潜孔锤跟管取芯钻进则是把空气潜孔锤钻进高效碎岩和套管护壁防塌防漏的优点结合起来，实现在复杂地层快速钻进、高效取芯的有效方法。

当前，用于潜孔锤同步跟管的方法主要是采用偏心跟管钻具和同心跟管钻具来实现。偏心跟管钻具主要用于边坡工程，取芯直径小，而且钻孔容易倾斜，不宜于在坝基勘察等要求大直径取芯、钻孔垂直度要求较高的工程中应用。而同心跟管钻具可较好的克服以上缺点。

5.1.2　单动双管取芯技术

单动双管钻具具有内外两层岩芯管，采用局部反循环钻进，钻进中可避免冲洗液对岩芯的直接冲刷，从而对岩芯的互相挤压和磨耗有所缓和。因此，一般能获得较好的岩芯采取质量，常用于钻进松软、破碎、易、怕冲刷的岩层。且其具有结构简单、加工容易、操作方便等优点。但是，此钻具也具有一定的缺点，由于钻进过程中其内外管同步旋转，因此内管在旋转过程中会磨损岩芯，产生较多岩粉，再加上内外管间隙比较小，特别是异径接头回水眼之间的间隙，造成水量小而不能冲洗孔底，容易造成憋泵，甚至烧钻。因此在原单动双管钻具的基础上取芯精华，避其缺陷，通过调整钻进规程参数。使之更适应松散破碎等复杂难取芯地层。

（1）技术原理

单动双管钻具在正常钻进时，钻头与内外管随钻杆一起回转，冲洗液通过水泵、水接头进入钻杆，直至单动双管接头的进水孔，然后通过内外管之间的环状间隙至到达钻头，

经钻头水眼流出至孔底，一部分冲洗液经孔底进入内管，经单动双管接头的返水孔至钻杆与孔壁的间隙再返至地面，这样强迫冲洗液在孔底形成分流，造成孔底局部反循环在单动双管接头以上为正循环钻进，而单动双管接头以下为反循环钻进，见图5.1-3。由于局部反循环钻进时冲洗液在内管里是往上走的，与岩芯进入内管的方向

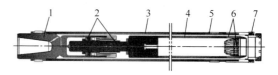

图 5.1-3　新型单动双管钻具结构示意图

1—钻杆接头；2—单动装置；3—外管；4—内管；
5—扩孔器；6—卡心装置；7—超前侧喷钻头

一致，内管中冲洗液的循环对岩芯产生浮托力，同时消除钻头入口处岩芯的挤压，有效保证岩芯采取率，见图5.1-4。

(a)　　　　　　　*(b)*

(c)

图 5.1-4　单动双管取芯钻具实物图

同时，往上走的冲洗液还对岩芯有一定的推力作用，所以岩芯能顺利地进入钻具内管。当钻进终了需要采取岩芯时，停止冲洗液循环，内管里冲洗液残留的岩粉在重力作用下会迅速沉淀至内管底部以及钻头处，利用岩粉沉积的方法卡取岩芯，免去了过去投入卡料的程序，而且卡取效果更好，这样也有利于岩芯采取率的提高。

（2）钻具优化

新型钻具采用了"超前侧喷钻头＋爪簧取芯＋单动双管钻进"的结合模式。通过上述优化设计，可解决如下技术难题：

1）超前侧喷钻头改变了冲洗液的流向。冲洗液从钻头侧面喷出，保证了进入钻头的岩芯不被冲蚀。钻头超前部分罩住尚未进入钻头的岩芯，同时减弱了冲洗液的流速，有效地保护了钻头前部的岩芯。

2）在破碎、软弱地层中钻进取芯，卡簧实际上已失去作用。爪簧在岩芯上行时张开，下行时收拢，保证岩芯只能进，不能出。

3）把爪簧与超前侧喷钻头结合并应用于单动双管钻具，对于软弱、破碎等复杂地层能更有效地卡取、保护岩芯。当遇到极破碎、软弱易冲蚀等复杂地层时，普通取芯工具因冲洗液对岩芯的冲蚀大，岩芯在进入内管前就被冲蚀，造成采心率低；卡簧无法成功卡住岩矿芯，造成岩芯脱落，取芯率低；单管或双管双动钻具岩芯管转动时会与岩芯形成摩擦，造成机械破坏。

（3）工程意义

1）对于破碎岩层，使用新改进钻具不仅取芯率高出很多，所获岩芯也相对更为完整，细小碎块也得以保存（图 5.1-5）。使用新型钻具总取芯率可达到 93％，而传统手段取芯率仅有 65％左右，取芯率提高近 30％。

2）对于软弱层，之前使用的钻具基本上无法获得岩芯，只能取得少量泥质岩粉，而使用改进钻具所获岩芯则相对比较完整，不仅取芯率较高而且基本保持了岩芯原状（图 5.1-6）。而且，在钻进过程中，若遭遇易碎、易蚀等复杂地层，传统方法则需要控制回次进尺以保证取芯率，而新型钻具则可适当增加回次进尺。因此，使用新型单动双管钻可在确保较高岩芯采取率的同时，大幅提高钻进效率。

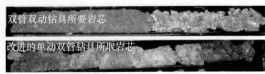

图 5.1-5　破碎地层新型钻具与原工艺取芯对比　　图 5.1-6　软弱地层新型钻具与原工艺取芯对比

5.1.3　SM 植物胶冲洗液技术

在松散砂卵石地层的钻探过程中，若采取普通钻井液实施钻探，易出现钻孔垮塌和取芯质量低的问题，而将植物胶冲洗液应用于钻探技术中可满足稳定孔壁和高质量取芯的技术要求。

（1）技术原理

植物胶低固相冲洗液在循环过程中会形成一层黏弹性薄膜，能够减少冲洗液中的水分浸入到孔壁地层中，同时又能够在孔壁上形成一层薄而坚韧的泥皮，降低失水量，起到护壁堵漏的作用，还能够润滑钻具，从而减轻对孔壁的冲刷破坏作用。植物胶是一种纯天然高分子聚合物，主要依靠分子间的连接提高其黏度，分子链的线性结构使其具有很好的流动性和剪切稀释特性。能够形成空间网架结构，表现出较高的黏度和黏弹性，可以较好地胶结地层。加入纤维素可以有效地提高冲洗液黏度，增强泥皮韧性，并大大降低失水量，从而有效地预防孔壁坍塌、缩径等失稳现象的发生。

1）增强亲水性和可溶性。新型植物胶液全都是亲水性非常强的天然物质，因此较大比例的植物胶液在与水混合后，能够迅速溶于水，并由此形成均匀的亲水胶体。

2）提高降失水性。新型植物胶液在使用过程中可在孔壁或岩芯表面产生薄而韧的保护胶膜，进而有效阻止冲洗液中自由水的流失。

3）增强润滑性。新型植物胶冲洗液具有较强的润滑减阻性，可有效降低钻头与井壁间的摩擦系数，有效减少泥饼黏滞性和粘附卡钻率。

4）增强粘结性。新型植物胶液对岩层具有较强的物理和化学吸附性和粘结性，可以在孔壁和岩芯表面产生一层薄而韧的保护胶膜，进而起到良好的护芯稳壁作用。

（2）工程意义

为了提高钻进效率，提高取芯质量，大量实践表明，植物胶冲洗液可以充分满足复杂地层钻进和取芯的技术要求，并具有以下技术特征及应用效果。

1）密度小，静液柱压力低，孔底压差不高，有助于提高钻进效率。

2）有较强的润滑性，可有效降低泵送压力，优化机械运转。

3）黏性和流变性较强，并具有较大的调控性，可充分满足岩层钻进和除屑要求。

4）高分子聚合物的含量较高，可有效避免岩屑分散的问题，达到护芯稳壁的效果。

5）不具有无固相分子，对钻头磨损度较低，有助于小口径金刚石技术在地层钻进领域的广泛应用。

6）较强的润滑减磨性和流变性，可充分满足高转速钻进状态下的技术要求。

7）岩芯受污风险小，有助于获取客观真实的地质资料。

8）维护简单，绿色无污染，有助于生态保护。

总之，新型植物胶冲洗液可充分满足松散砂卵石层钻探对冲洗液的性能要求，能够有效适应松散砂卵石层钻进高质量取芯需求（图 5.1-7），解决了水敏性地层钻进困难、取芯不足的难题，大幅度提高了纯钻时间，降低了钻孔事故率，辅助时间和停待率也都大幅度降低。

**图 5.1-7　采用新型植物胶明显
提升砂卵石层的取芯率**

5.1.4　深孔定向及纠偏技术

在目前技术条件下，钻孔施工经常会出现程度不同的偏斜（尤其是深孔）。偏斜程度超过一定范围，钻孔就要部分或全部报废，并给勘察工作带来困难，钻孔打偏到一定程度，该钻孔就失去作用。

（1）技术原理

钻孔弯曲测量方法的基本原理可归纳如下：顶角测量用液面水平原理或悬锤原理，方位角测量用罗盘原理（利用大地磁场）或地面定向法（定盘仪、陀螺仪）。测斜仪是测量钻孔弯曲的仪器，参照各种测斜仪的结构原理、性能指标和特点，它是一种单点全测仪，下钻孔一次只可测得一个测点的方位角和顶角。该测斜仪利用悬锤和罗盘原理，适用于非磁性区和孔径大于 40mm 的钻孔测量。

测斜仪结构原理如下：仪器的测量系（即结构框架）由上下微型滚动轴承支承，其上装有一个偏心重锤，由于重力作用使罗盘的 0 刻度盘指向弯曲方向，而顶角刻度盘平面与钻孔弯曲平面重合。其次罗盘下面有一重锤在重力作用下使罗盘水平并指出铅垂方向，这样由于两重锤的相互配合作用，罗盘内的磁针指出了方位角，其下的重锤指出了顶角，然后利用定时钟机构，将磁针及重锤锁紧固定便可提出地面进行读数。

（2）仪器设备

参照各种测斜仪的结构原理、性能指标和特点，选用了 JDT-Ⅲ型陀螺定向仪（图 5.1-8），其具有点测功能，小时方位漂移小于 10°；测斜仪采用 XJL-42 型罗盘钻孔测斜仪（图 5.1-9）。

图 5.1-8　JDT-Ⅲ型陀螺定向仪

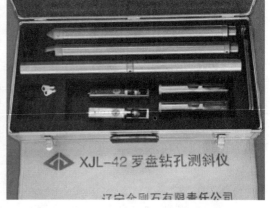

图 5.1-9　XJL-42 型罗盘钻孔测斜仪

（3）深孔定向技术流程

1）测斜。用 XJL-42 型罗盘钻孔测斜仪，为定向设计提供钻孔顶角、总方位、点方位分量与合成的水平距等数据。

2）确定造斜技术参数。根据测斜资料及靶域情况确定造斜主要技术参数：钻头高边指向、工具、安装角。

3）做好定向前的准备工作。先将孔内岩粉冲净，其次检查螺杆钻并开泵试验转动情况，然后检查定向仪、钻孔锁定装置和泥浆泵。

4）下钻。操作要谨慎、下钻要慢，防止跑钻和"呛死"螺杆钻。

5）定向。先进行孔口定向，此时定向仪地面板输出基准方向作为初始方位。然后将定向仪下放到定向接头，使定向仪上定向靴与定向节头内定向键吻合，测出定向键初始状态，最后根据设计要求转动钻具，达到工具安装角为止。将定向仪再下入重复几次确认此值无误，将定向仪提出后验证陀螺的漂移。

6）将钻柱锁定，开泵启动螺杆钻，进行钻进。

（4）深孔弯曲的预防和纠偏

钻孔发生弯曲将影响钻探质量，因此，在钻探施工过程中应积极采取有效的措施加以预防控制和纠正，并且应坚持以"预防控制为主，纠偏为辅"的方针。

1）深孔弯曲的预防控制

根据对钻孔弯曲原因的分析，采取如下的相应措施加以预防控制：

① 随着钻孔深度的增加，逐步更换单根长度更长的钻具和钻杆，以减少钻杆接头，提高钻杆同心度和导向性，降低钻孔发生弯曲的程度；

② 提高钻机安装质量。在安装钻机时，钻孔的方位角和倾角要安放准确，同时钻机要安装稳固，以避免在钻进过程中产生摇摆，从而导致钻孔发生弯曲；

③ 在地层较为复杂多变的情况下，要尽量减少人为因素对钻孔弯曲的影响。为此，要求操作人员应具有丰富的操作经验和较高的操作技能，在钻探施工过程中能够根据机器运转的状态和有关现象准确、及时地判断出钻进是由破碎岩层或较软的完整岩层进入到硬岩层，或是由硬岩层进入到破碎岩层或较软的完整岩层，当钻孔轴线与岩层层理面之间的夹角较小时尤其值得关注，从而及时根据情况的变化对规程参数做出适当的调整。如当钻进由软岩层进入硬岩层时，应先轻压、慢转钻进，待钻头进入硬岩层约 10cm，后方可逐渐适当加压高速钻进等。

2）深孔弯曲的纠偏方法

在钻探施工过程中，如果发现钻孔出现了较大的弯曲，致使钻孔严重偏离目标控制点时，就要立即停止钻进，对钻孔进行测量，以确定钻孔发生严重弯曲的深度、偏斜的方位角和倾角大小，然后根据具体情况采取如下的方法进行纠偏。

① 根据测得的钻孔倾角的大小制作偏心楔子，然后按测量所确定的深度和方位角将偏心楔子下落到孔内相应位置并固定，之后开机轻压、慢转钻进，逐渐把孔斜纠正；

② 根据测量仪器所得数据，在孔内相应位置灌注高强度水泥浆，待水泥浆凝固硬化后再开机轻压、慢转钻进，逐渐把孔斜纠正；

③ 再根据测量所得数据资料，选用合适的纠偏器进行纠偏。

5.2 复杂水域钻探工艺优化

水上钻探的主要工艺流程为：钻探船的拼装→钻探船定位抛锚→钻孔定位→下保护套管→钻孔（试验）→封孔→起保护套管→起锚→钻船移位，需要解决的关键环节问题，包括钻探船定位抛锚和下入保护套管。首先，应综合考虑施工区的水文、气象、航运及航道等情况，周密考虑该水域的特点，做好施工计划，制定有效措施，设计和布置好锚泊作业安全装置，确保钻探工作安全顺利进行。其次，应根据水深、流速、覆盖层厚度与孔深等情况，正确选择保护套管与护壁套管的直径与厚度，并通过设置保险绳、定位绳、保护套管定位等步骤，提高深水区钻探定位精度和钻探效率。

5.2.1　水上钻探平台类型及固定方法

（1）水上钻探的类型

水上钻探平台常用类型一般分为漂浮钻探平台和架空钻探平台。其中，漂浮水上钻探是水上钻探常用的方式，分为木筏式水上钻探和双体钻船式水上钻探。线路勘察中，线路经过的湖泊、池塘、河渠、浅滩水深较浅，常用油桶、桁木、竹跳板等搭建临时木筏钻探平台，这种方式投资少、见效快。双体钻船式水上钻探主要用在江河具备航运条件的水域进行水上钻探。

为保证水上钻探安全顺利进行，施工前应了解当地水文、气象、航运、航道等情况，周密考虑该水域的特点，做好施工计划，制定有效措施，设计和布置好锚泊作业安全装置，确保钻探工作安全顺利进行。

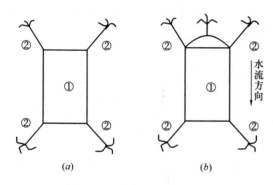

图 5.2-1　抛锚固定钻探平台

（a）静水中抛锚；（b）流水中抛锚
①—平台体；②—缆绳

（2）木筏式水上钻探平台的适用范围及固定方法

木筏式水上钻探主要适用于水深较浅、水位变化不大、流速平衡的水域。最适合池塘、浅滩、沟渠、湖泊，钻孔深度浅，一般不超过 100m。其主要特点是搭建容易，在水中移动灵活，钻探平台的浮力、面积大小是搭建时主要考虑的技术参数。

木筏式水上钻探平台的定位通常使用抛锚法，如图 5.2-1 所示。

抛锚法常在库区、池塘和距岸较远的静水中采用。锚是由较粗的圆钢做成的三角钩，锚的重量和数量根据水的深浅、水的平稳状况和平台的大小来决定。从安全的角度来讲，锚的重量越大越好，数量越多越好，锚的重量和数量决定平台的稳定性，是水上钻探安全生产的保证。

（3）双体钻船式水上钻探平台的适用范围及固定方法

双体钻船式水上钻探平台主要适用于水流深急、浪大漩涡多、航运频繁的大江大河及钻孔较深、地层复杂、地质要求孔径大的工程地质勘探。钻探船的载重量，应根据钻场设备（包括钻探机械、管材、工具、材料）的总重量并考虑必要的安全系数来选择，作业人员的总重量也应计算在内。大江大河水深流急，通航船舶较多，为避免对水上钻探造成较大影响，一般用载重量 200～300t、长度 35～40m、宽度 4～5m 的铁驳船，既能够满足钻场的需要，又能满足施工人员居住生活。

双体钻船式水上钻探平台一般选用 2 只铁驳船，2 船载重量、长度与宽度应大致相等，船型要基本相同或相近，结构要牢固。将 2 只船横排并连，中间留有一定的空隙，空隙大小根据具体情况而定，一般为 0.5～0.8m。间隙大了不仅不安全，同时还要增加连接材料的用量；间隙小了没有回旋余地，起下护孔管十分困难。连接 2 船的材料一般用 8 根

12m 的 15 型工字钢横放在 2 船船面上。工字钢间距 1.0m 左右，长度应超过 2 船并连后的外侧 0.25～ 0.3m。再用直径 12.5mm 的钢丝绳从工字钢两端围箍 船底，把铁船与工字钢牢固地捆在一起，在工字钢上 铺设 50mm 厚的木板或竹跳板，钻船周围围设栏杆和 栏绳。船头船尾用缆绳拴牢，增加钻船的稳定性，基 本上保持均匀对称。

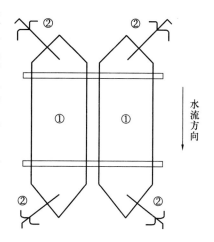

图 5.2-2　抛锚固定钻船
①—钻船；②—锚绳（链）

双体钻船式水上钻探平台的定位与木筏式水上钻 探平台的定位基本相同。通常使用抛锚法、缆绳法和 撑杆法。

1）抛锚法，如图 5.2-2 所示。

2）缆绳法（图 5.2-3）。多用于河流峡谷地带， 使用抛锚法不大可靠，采用缆绳固定钻船是唯一的方 法。在钻船前后使用"八"字形缆绳固定，在水流较急的地段在船头拉一根引绳，增加拉 力，减轻"八"字绳的拉力。

3）撑杆法（图 5.2-4）。在浅水、静水及旁岸钻探时固定钻船的方法，是水上钻探固 定钻船最简单的方法。

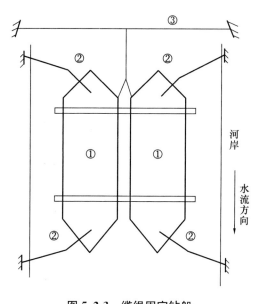

图 5.2-3　缆绳固定钻船
①—钻船；②—锚绳（链）；③—牵引绳

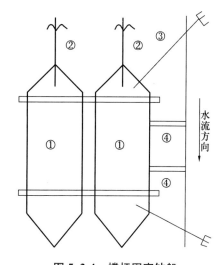

图 5.2-4　撑杆固定钻船
①—钻船；②—船体自身锚钩；③—缆绳；④—撑杆

5.2.2　保护套管定位技术

钻探船确认定位稳定后，即可下入保护套管。无覆盖层的河床应用带钉管靴，防止套 管沿岩面滑动。根据水深、流速、覆盖层厚度与孔深等情况，正确选择保护套管与护壁套管的直径与厚度。保护套管选用 219mm 或 168mm 厚壁套管,护壁套管采用 168mm 或 127mm 厚壁套管。

保护套管下入采用单根连接法。将所要下入的套管按其编号逐根连接下入水中,直至计划深度。第 1 根套管长度为 4m 左右。江水较深时,长节套管可多下几根,江水较浅时,长节套管应适量少下。顶部应采用短节套管(长度 0.5～1.0m),以便江水涨落时接卸之用。

(1)设置保险绳

下入第 1 节套管时,应在顶部接箍以下用活动铁环套牢,并拴好保险绳(12～15mm 柔心钢丝绳)。陆续下入每节套管时,均应套以活动铁环,穿入保险绳,直到下完全部套管,最后将保险绳固定在钻场上,这样即使套管折断,也可以避免套管丢失。

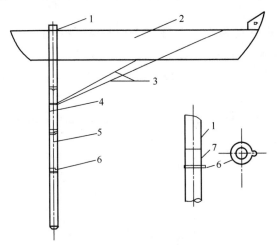

图 5.2-5　定位绳、保险绳的设置

1—保护套管;2—钻探船;3—定位绳;4—减压绳;
5—保险绳;6—铁环;7—接箍

(2)设置定位绳

根据水深、流速和拉引的位置,选择定位绳的规格、长度。定位绳一般均为两根,拴在保护套管柱的中间部位,与水平面的夹角为 45°左右。定位绳必须穿过船底拉向上游,固定在船头的系缆桩上,用以调整保护套管的垂直度,起到给套管定位的作用。

(3)定位绳、保险绳的设置见图 5.2-5。

(4)保护套管定位

保护套管下到底以后,可用地质罗盘或水平尺校正其垂直度,用立轴钻杆校正定位的准确性。必须确保管柱的垂直度,如有偏斜,应及时调整。如有必要,可将保护套管打入覆盖层 3～5m,但不宜过多,以免拔管困难。

(5)下管时应注意以下事项:

1)保护套管的螺纹连接必须牢固可靠,连接不牢固者不得下入水中,螺纹应拧紧到位;

2)孔口夹板必须拧紧,防止套管脱落;

3)定位绳、保险绳与减压绳应有专人负责看护,各绳的固定应牢固可靠;

4)顶部套管口应有护丝箍,防止螺纹损坏;

5)施钻中注意对保护套管进行观察和调整,发现异常时应及时处理;

6)钻船及套管附近漂浮物太多时,应即时清除;

7)如遇大风、水位上涨过快时,应停止钻进,将钻具提出钻孔,并加长保护套管。

5.3　岩石强度回弹测试

相比传统岩石强度试验手段,回弹仪具有仪器轻巧、操作方便、测试快速、成本低廉、结果准确等优点，被岩石力学局（IBG）列入"关于确定岩石和岩体地质指标的规范"，目前已在围岩分类、岩体风化分类、工程基础开挖等方面得到较大应用。但是，重庆地区尚无回弹仪岩石强度测试的应用经验和取值标准，针对重庆主城区最主要的岩层——侏罗系沙溪庙组砂岩，建立回弹值与岩石抗压强度的相关关系，并进行地区修正，为重庆地区回弹仪岩石强度测试提供标准和工程经验，实现岩石强度的快速、准确及低成本获取。

5.3.1 技术原理

回弹仪是一种便携式测试仪器，利用它不仅可以揭露工程地质问题、评价岩体质量，而且还可对软弱、不易取样的岩石及风化的裂隙面进行测试。由于其具有对结构无损伤、仪器轻巧、使用方便、测试速度快、测试费用相对较低、可以基本反映结构混凝土抗压强度规律等优点，现已经广泛用于混凝土强度的检测中。

试验采用山东乐陵建筑仪器厂生产的 ZC3-A 型回弹仪，锤击能量为 2.207J（N·m），属中型游标直读式回弹仪，见图 5.3-1。

5.3.2 试样的采取与制备

本次试验，对侏罗纪沙溪庙组的砂岩，共计取样 51 组，102 个岩样，其中取样位置包括了渝中区、南岸区、经开区、沙坪坝区、两江新区、巴南区、北碚区和长寿区等 8 个工程地点。见图 5.3-2。

图 5.3-1　ZC3-A 型回弹仪图

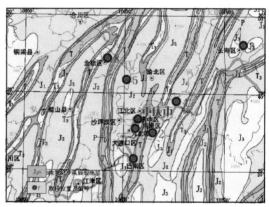

图 5.3-2　取样分布位置示意图

1—渝州宾馆；2—经开区公租房；3—长寿区复白路；
4—鱼嘴水厂进场道路；5—L10 道路；6—回龙滨江路
内侧会所；7—重庆嘉道房地产 468 项目；8—歇马公租房

对野外毛样用岩样制备机进行切割，制作成标准尺寸，见图 5.3-3 及图 5.3-4。根据《水电水利工程岩石试验规程》DLT 5368—2007，本次实验采用室内经过加工的试件，尺寸为 $\phi 7 \times 10cm$，满足规程的要求。

图 5.3-3　岩样制备机

图 5.3-4　切割后的标准试样

5.3.3　试验操作

（1）试验时，将弹击杆垂直对着试面，回弹锤沿中心导杆快速地向弹击杆冲击，并立即回弹，锤回弹时又牵动弹簧片，带动指针小滑块向后退，听到弹击声后，回弹锤回弹完成，按动按钮，回弹值便保持下来，小滑块回退到的某个位置，在刻度尺上可以读出回弹值 R（无单位），并及时记录。

（2）关于试件的支垫，岩芯须支承在与岩芯相同半径的半圆槽钢支座或 V 型刚块中做试验，支持在重量至少为 20kg 的钢座上。

（3）锤击方向，因重力对回弹仪冲击杆的作用，当回弹仪垂直向下冲击时，其回弹值最小，向上冲击时，回弹值最大，最好统一按水平方向冲击，非水平方向按不同倾斜度对成果进行修正。

5.3.4　数据采集与修正

（1）数据的采集

1）按照国际岩石力学学会试验方法委员会建议的方法：将回弹仪垂直向下弹击测得 20 个数据，取 10 个最高值求得平均值，将平均值乘以修正系数，即得回弹硬度、修正系数等于砧子规定标准值除以标准砧子上测得 10 个数据的平均值。

$$\bar{N}_{标} = \sum_{i=1}^{10} N_{i标} / 10 \tag{5.3-1}$$

$$\delta = \bar{N}_{标} / 10 \tag{5.3-2}$$

$$\bar{N}_{测} = \sum_{i=1}^{10} N_{i测} / 10 \tag{5.3-3}$$

$$N = \bar{N}_{测} \times \delta \tag{5.3-4}$$

式中，$\bar{N}_{标}$ 为标准砧子上测得平均回弹值；$\bar{N}_{i标}$ 为标准砧子上第 i 点测得的回弹值；δ 为修正系数；$\bar{N}_{测}$ 为测试点区平均回弹值；$\bar{N}_{i测}$ 为测试点区第 i 点回弹值；N 为回弹硬度。

2）按照国内规程采用的方法：在每个区内测得 16 个数据点，计算时舍去试区内 3 个最大值和 3 个最小值，然后计算出平均回弹值，再进行修正。

$$\bar{N}_{测} = \sum_{i=1}^{10} N_{i测} / 10 \tag{5.3-5}$$

本次试验每组有两个标准岩样，进行数据采集时，如图 5.3-5 所示，在试验过程中，会偶尔出现因试件表面不平或仪器轴线与试样表面未垂直而造成的度数偏差现象，为了避免该偶然情况，在每个标准岩样表面选取 5 点中的 3 点，每一面采集 3 个数据，每组 2 个岩样 4 面共计 12 个数据。

采用国内规程的推荐方法，舍去试区内 1 个最大值和 1 个最小值，然后计算出平均回弹值，再进行修正。

$$\bar{N}_{测} = \sum_{i=1}^{10} N_{i测}/10 \qquad (5.3\text{-}6)$$

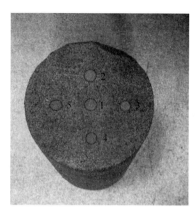

图 5.3-5　测试点选取示意图

（2）测试值的修正

该修正方法适用于国内规程，通常采用查表法和曲线法两种。

1）查表修正法：当回弹仪轴线与水平方向的夹角为 α 时，先计算出测试区平均回弹值 $\bar{N}_{测}$，再按表 5.3-1 查出修正值 ΔN，则回弹硬度 N 为：

$$N = \bar{N}_{测} + \Delta N \qquad (5.3\text{-}7)$$

不同测试角 α 的回弹修正值　　　　　　　　　　　　　　　表 5.3-1

$\bar{N}_{测}$ ＼ α (°)	+90	+60	+45	+30	-30	-45	-60	-90
20	-6.0	-5.0	-4.0	-3.0	+2.5	+3.0	+3.5	+4.0
30	-5.0	-4.0	-3.5	-2.5	+2.0	+2.5	+3.0	+3.5
40	-4.0	-3.5	-3.0	-2.0	+1.5	+2.0	+2.5	+3.0
50	-3.0	-3.0	-2.5	-1.5	+1.0	+1.5	+2.0	+2.5

2）曲线修正法：当回弹仪轴线与水平方向的夹角为 α 时，先计算出测试区平均回弹值 $\bar{N}_{测}$，再按图 5.3-6 查出修正值 ΔN，按式（5.3-7）计算回弹硬度 N。

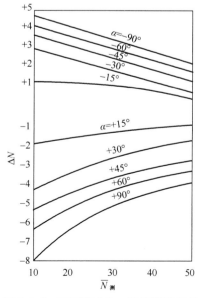

图 5.3-6　不同测试角 α 的回弹修正值

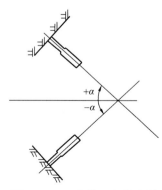

图 5.3-7　α 角的正负示意图

本次试验采用垂直角度进行，故取回弹仪轴线与水平方向的夹角 α 等于$-90°$，采用曲线修正法。

5.3.5　经验公式获取

在测试结果及规律分析中，根据试样的岩性差异，砂岩与砂质泥岩分别统计，分析中引入如下概念：

（1）回弹公式的相关性

对于回弹修正值与实测抗压强度之间存在某种内在联系，这种内在联系在公式中相关系数的大小称为相关性。本次回弹公式的相关性按表 5.3-2 进行评价。

相关性分级表　　　　　　　　　　　　　　　　　　表 5.3-2

相关系数	<0.2	$0.2\sim0.4$	$0.4\sim0.6$	$0.6\sim0.8$	>0.8
相关性	差	一般	中等	好	很好

（2）对比结果的一致性

对回弹修正值与实测抗压强度间，通过回归得到相关公式，公式所得的抗压强度称为回弹强度，通过把回弹强度与剩余试样实测的抗压强度的结果进行对比，验证回弹方法测试结果与实测结果的一致性。

回弹强度与实测强度的结果具有一定差异，这种差异的大小由一致性反映，其差异越小，一致性越好。一致性的好坏可以用归一化方法反映。所谓归一化方法就是通过比较两种结果归一化值差值的绝对值，经过归一化处理后，其相对大小便可体现出来。

这里引入可靠度的概念来描述一致性，并对可靠度做以下定义：将不同分类方法分类结果的归一化值差值的绝对值小于 α（$0\leqslant\alpha\leqslant1$）的概率称为一致性的可靠度，以字母 β_0 表示，β_0 称为差值绝对值小于 α 的可靠度，把可靠度的概念引入到一致性评价中，对一致性作如表 5.3-3 所示分级。

一致性分级表　　　　　　　　　　　　　　　　　　表 5.3-3

好		中等		差
$0\leqslant\alpha_0\leqslant0.1$		$0.1<\alpha_0\leqslant0.2$		$\alpha_0>0.2$
$0<\alpha_0\leqslant0.05$	$0.05<\alpha_0\leqslant0.1$	$0.1<\alpha_0\leqslant0.15$	$0.1<\alpha_0\leqslant0.15$	
很好	好	中等偏好	中等偏差	差

注：这里取对比结果的归一化差值的绝对值小于 α_0（$0\leqslant\alpha_0\leqslant1$）的可靠度 $\beta_0>0.8$。这样所得的结果将具有 80% 以上的可靠度。

（3）经验公式的建立

把全部 51 组样作为一个整体取 51 组样中的前 30 组（编号 1～30）的试验结果，通过回归回弹修正值与各组常规试验的测试强度，关系式为指数函数方式表达，相关系数为 0.7207（图 5.3-8）。

通过舍去其中较为离散的 4 组试验结果，分别是 10 组、17 组、18 组及 22 组，余下 26 组试验数据作为统计样本，相关系数从 0.8662～0.8823，相关性很好，取相关系数最高的指数型作为经验公式。

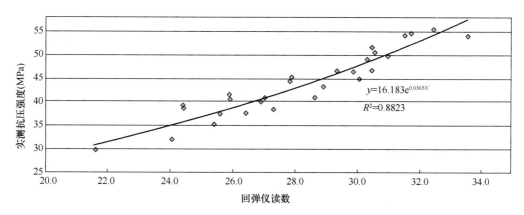

图 5.3-8 砂岩回弹修正值与实测抗压强度关系曲线（指数型）

通过统计与回归，得出本次试验沙溪庙组砂岩回弹仪修正值与理论抗压强度的经验公式。需要说明的是，在研究中发现，理论抗压强度不仅与回弹修正值有关，还受对应岩石的干重度大小的影响，该经验公式中试样的干重度 γ 为 51 组样品干重度的平均值 25.0kN/m³，回弹仪修正值与理论抗压强度的经验公式：

$$R = 16.183\mathrm{e}^{0.0365N} \tag{5.3-8}$$

式中，R 为回弹仪测试出的回弹强度值（MPa）；N 为回弹修正值。

（4）经验公式的验证

为了验证该经验公式的可靠性，把余下的 21 组（编号 31～51）砂岩试样通过加入样本中，共 51 组样本，采用经验公式 [式（5.3-8）] 得出的回弹强度值与实测强度值进行对比。

把回弹仪测试的经验公式值与实测抗压强度值对比（图 5.3-9），当 $0 < \alpha_0 \leq 0.1$ 时，可靠度 β_0 为 0.78，即在 10％的误差范围内，测试结果的可靠度为 78％；当 $0.1 < \alpha_0 \leq 0.15$ 时，可靠度为 0.88，即在 15％的误差范围内，测试结果的可靠度为 88％。故通过经验公式得出的回弹强度与实测强度具有一定的可信度。

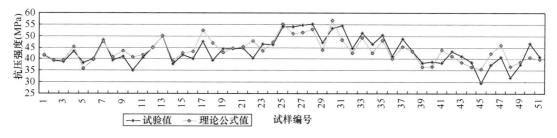

图 5.3-9 回弹强度与实测抗压强度对比图

（5）经验公式的修正

从回弹强度与岩层倾角的大小关系发现，岩层倾角越大，回弹强度相对于实测强度越小，这点也反映了岩体间结构面各向异性的差异，即垂直层面的抗压强度最大，符合实际情况。

在本研究中，大部分样品在岩层倾角小于 20°时，所得的回弹强度比实测强度稍大，如在基坑工程中，用经验公式计算后，得出的回弹强度值要比实测强度值略大，参数值偏于危险，故应对偏大的测试结果进行一定的修正。

所以本次修正取岩层倾角20°为界线，在小于20°岩层倾角的试验样本中，对误差百分比 α_0 进行统计回归，对经验公式进行修正。

岩层倾角小于20°的样本误差统计，采用误差百分比的标准值对经验公式进行如下修正：

$$R = 16.183e^{0.0365N} \tag{5.3-9}$$

$$R_c = R(1 - k_{<20}) \tag{5.3-10}$$

式中，R 为回弹仪测试出的回弹强度值（MPa）；R_c 为修正后的回弹强度值（MPa）；N 为回弹修正值；$k_{<20}$ 为修正系数，大小为试验误差百分比的标准值，本次试验修正系数为8.01%。

5.4　岩溶水流场连通示踪试验

示踪探测的原理是在质量守恒定律的基础上，根据示踪剂在不同类型不同结构地下水流场中的弥散规律识别和了解流场的面貌并计算各种流场参数的技术手段。岩溶水流场连通示踪试验是在岩溶水系统的某个工程部位选择投放点投放能随地下水运动的示踪剂，并能在预期可能到达的部位进行接收检测，根据检测结果，综合分析和评价场区的水力联系、判断岩溶水流的通道、岩溶水流的主导方向等水文地质条件的探测方法。

5.4.1　仪器设备

（1）V1600型可见分光光度计（表5.4-1和图5.4-1）

V1600型可见分光光度计主要技术指标　　　　　　　　　　表5.4-1

产品名称	V1600型可见分光光度计
光学系统	单光束，1200条/mm衍射光栅
光谱带宽	4nm
波长范围	350～1000nm
波长精度	±2nm
波长重复性	1nm
波长显示	LCD128×64bit；精确至1nm
杂散光	≤0.4%T；在360nm、400nm处
光度范围	0～125%T，−0.097～2.500A，0～1999C（0～1999F）
光度精度	±0.5%T
光度输出	RS-232C标准接口
外形尺寸	350mm（长）×270mm（宽）×170mm（高）
重量	6kg

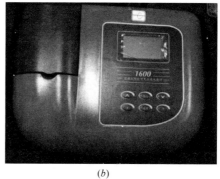

(a)　　　　　　　　　　　　　　(b)

图 5.4-1　便携式 V1600 可见分光光度计

（2）紫外可见分光光度计（表 5.4-2 和图 5.4-2）

紫外可见分光光度计主要技术指标　　　　　　　　　表 5.4-2

型号	Alpha－1500
波长范围	200~1000nm
光谱带宽	4nm
光学系统	单光束，自准式光路，1200 线/mm 衍射光栅
波长精度	±2nm
波长重复率	±1nm
波长分辨率	1nm
杂散光	≤0.1％T@340nm
光度范围	±0.5％T（0~100％T）
稳定性	±0.002A/hr@500nm，0A
数据输出	4 行 20 字符显示 LCD；内置微型打印机；USB 连上层软件
外形尺寸	569×448×203mm
重量	12kg

(a)　　　　　　　　　　　　　　(b)

图 5.4-2　稳定式紫外可见分光光度计

5.4.2　测试方法

(1) 示踪剂的选择

示踪剂的选取一般遵循以下原则：1) 示踪元素的地下水环境背景值足够低且波动小；2) 对环境无不良影响或影响期极短；3) 围岩对示踪剂无吸附或吸附损失很小；4) 性质稳定，不与其他示踪剂及环境物质发生化学反应；5) 便于观测。由于山地城市的地下水具有居民饮水供给、灌溉等功能，所选示踪剂不能够对地下水水质产生影响。此外，还应考虑到地下水环境背景值、灰岩的吸附作用等因素。

在山地城市地下水连通示踪探测中，可采用多元示踪的方法。综合以上因素，在"山地城市综合勘察成套技术研究与应用"课题中可选用 2 种示踪剂，第一种是盐类示踪剂——碘化钾（KI）；第二种是荧光示踪剂——孟加拉红（Acid Red 94）。

(2) 示踪剂检测原理分析

1) 淀粉比色法检测碘化钾的原理

在磷酸介质中，加入溴水可以将溶液中存在的碘离子定量的氧化为碘酸根离子 [式 (5.4-1)]。反应生成的碘酸根离子与碘化钾作用生成碘 [式 (5.4-2)]，碘再与淀粉作用生成蓝色化合物，借以进行比色测定。过量的溴用甲酸钠破坏 [式 (5.4-3)]。过剩的甲酸钠，在酸性介质中经煮沸可以除去 [式 (5.4-4)]。

$$3Br_2 + I^- + 3H_2O = 6Br^- + IO_3^- + 6H^+ \qquad (5.4\text{-}1)$$

$$IO_3^- + 5I^- + 6H^+ = 3I_2 + 3H_2O \qquad (5.4\text{-}2)$$

$$Br_2 + 2HCOONa \xrightarrow{\triangle} 2Br^- + 2CO_2 + H_2 \qquad (5.4\text{-}3)$$

$$COOH^- + H^+ \xrightarrow{\triangle} CO_2 + H_2 \qquad (5.4\text{-}4)$$

据《地下水质检验方法》，在波长 570nm 时吸收光谱达到峰值，该方法最小检测量为 $0.5\mu g$，若取 20mL 水样测定，最低检测浓度为 $2.5\mu g/L$，最佳测定范围 $25\sim500\mu g/L$。

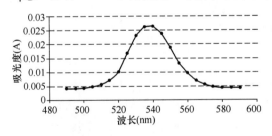

图 5.4-3　孟加拉红吸收光谱峰值曲线图

2) 可见分光光度法检测孟加拉红的原理

地下水中孟加拉红含量几乎为 0，并且取样清澈透明，因此可以直接检测。经过试验，在 $535\sim540nm$ 波长范围测定其吸收光谱，其 λ_{max} 为 538nm（图 5.4-3），经过前人试验，用可见分光光度法测定其含量获得成功，且方法简便，灵敏度高，重现性好，易于普及应用。

(3) 试验检测方法

在试验前首先需准备好检测试剂以及检测仪器，然后根据相关标准配置好碘化钾和孟加拉红的标准溶液，按步骤测出不同浓度标准溶液的吸光度，绘制出浓度—吸光度标准曲线，最后按要求对试验样品水样进行检测，读出其吸光度，再根据标准曲线得出其所对应的浓度。

在连通示踪试验现场建立碘化钾和孟加拉红的检测实验室比较容易，普通的民居住房就可以，条件是阴凉干燥，通风较好，用电用水方便。

1）碘化钾

① 实验仪器：

a. V1600 型可见分光光度计；

b. 紫外可见分光光度计。

② 试验试剂

a. 磷酸溶液（1＋2）；

b. 饱和溴水：在少量蒸馏水中滴加液态溴（Br_2），直到溶液上层出现橙红色溴的蒸汽，于磨口瓶中保存（用时现配）；

c. 甲酸钠溶液（200g/L）；

d. 碘化钾溶液（10g/L）；

e. 淀粉溶液（5g/L）。称取可溶性淀粉 0.5g，加入蒸馏水 100mL，加热搅拌，直至溶液清亮透明；

f. 碘离子标准贮备液。称取碘化钾（KI）0.2616g，溶于少量蒸馏水中，移入 1000mL 容量瓶中定容。此溶液 1mL 含 0.20mg 碘离子；

g. 碘离子标准溶液。将碘离子标准贮备溶液⑥逐级稀释至 1mL 含 1.0μg 碘离子。

另外，准备足够数量的蒸馏水，如果当地自来水碘的含量低，可以用投样前自来水代替。

③ 样品检测

a. 取水样 20.0mL 于 100mL 烧杯中，定容至 20mL；

b. 加入磷酸溶液 6 滴，饱和溴水 10 滴，放在电炉上，加热至恰沸腾时取下，趁热加入甲酸钠溶液 10 滴，搅拌，此时溶液中溴的颜色应完全退去。再将溶液沸腾以破坏过剩的甲酸钠；

c. 取下烧杯，放入冷水槽中冷却；

d. 将溶液移入 25mL 比色管中定容。向比色管中加入碘化钾溶液 1.0mL，淀粉溶液 1.0mL。盖塞，摇匀；

e. 放置 5min 后，于分光光度计上波长 570nm 处，以试剂空白作参比，用 3cm 比色杯测量其吸光度。

2）孟加拉红

① 试验仪器

同碘化钾检测仪器。

② 试验试剂

a. 孟加拉红标准贮备液。称取孟加拉红 1g，溶于少量蒸馏水中，移入 100mL 容量瓶中定容。此溶液 1mL 含 10mg 孟加拉红；

b. 孟加拉红标准溶液。将孟加拉红标准贮备溶液逐级稀释至 1mL 含 1μg 孟加拉红。

另外，准备足够数量的蒸馏水，可以用投样前自来水代替。

3）样品检测

取水样于 3mL 比色皿中，用背景值作为空白，在波长 538nm 处测量其吸光度，根据标准曲线得出各样品吸光度所对应的浓度值。

5.4.3　成果处理

根据示踪试验对取样点的本底调查及样品采用的分析方法，确定样品出现的异常浓度，对异常值（均为减去本底值后），按时间顺序排序和浓度值的变化，绘出时间与浓度曲线（简称时浓关系曲线），根据时浓曲线的浓度变化值，结合投放点与接收点的直线距离，计算出投放点与各接收点的岩溶水平均流速和岩溶水流向（主次通道）。

5.5　小结

本章着重针对复杂环境下的工程钻探与测试相关问题展开讨论，对各种技术的原理、方法、仪器设备、相应的工程案例等作了相应的介绍。主要包括有以下几个方面：

（1）通过优化对心式潜孔锤跟管设备，实现取芯同步跟管钻进，在滑坡滑动面、断层破碎带、煤层等软弱夹层中体现优质高效钻进的优势，根据空气潜孔锤跟管钻具的工作状态，寻找与岩芯钻探中广泛应用的双管钻具的最佳结合点，形成一套工作可靠、使用寿命高的空气潜孔锤同步跟管取芯钻探工艺；同时，结合传统双动双管钻具和局部反循环沉淀取芯的工作原理，采用单动双管取芯钻具，进一步提高软弱岩层中的岩芯采取率；并且采用植物胶冲洗液在松散深厚砂卵石地层中钻进，可实现钻孔护壁、安全钻进，以及特有的护芯作用，进而提高取芯质量；最后，针对工程深孔存在偏斜问题，总结并探索了深孔定向与纠偏的技术流程。

（2）探讨了复杂水域钻探时钻探船定位抛锚和水下保护套管相关的技术和管理措施，确保了钻探工作安全顺利进行，提高了深水区钻探定位精度和钻探效率。

（3）针对重庆主城区最主要的岩层——侏罗系沙溪庙组砂岩，建立回弹值与岩石抗压强度的相关关系，并进行地区修正，为重庆地区回弹仪岩石强度测试提供标准和工程经验，实现岩石强度的快速、准确及低成本获取。

（4）针对重庆地区岩溶地下水发育特征，总结了适用于本地区的示踪剂的选择原则，提出采用多元示踪的试验方法，并详细论述示踪剂的性质、检测原理方法及试验检测方法，旨在综合分析岩溶地下水介质场和势场特征，实现岩溶补给区和排泄区之间的连通关系及其地下水系统天然流畅水动力属性的准确勘察。

第6章 特殊条件下的岩土工程分析技术

工程地质分析评价是岩土工程勘察的核心内容与关键环节，它是在工程地质测绘、物探、钻探与试验的基础上，利用岩土分析理论与技术，得出一系列工程勘察结论与建议，直接服务于规划方案与工程设计。由于山地城市复杂的地质条件与工程需求，一些特殊工程上传统岩土分析手段仍存在着诸多问题，特殊条件下的岩土工程分析技术拟解决山地城市以下问题：

(1) 优化隧道围岩分级；

(2) 评价危岩体稳定性；

(3) 评价滑坡稳定性；

(4) 评价岩溶隧道涌突水危险性；

(5) 评价隧道施工建设对地下水环境的影响；

(6) 地下隧道稳定性分析；

(7) 土质边坡支挡。

6.1 隧道围岩分级优化

6.1.1 岩体基本质量 BQ 值

隧道围岩分级优化采用定性分级与定量分级协调一致的分级方法。基本质量指标 BQ 值的计算方法参考国标《工程岩体分级标准》GB 50218—2014 的相关规定（表 6.1-1）。

岩块强度与岩石坚硬程度关系表　　　　　　　　　　表 6.1-1

R_c（MPa）	>60	60~30	30~15	15~5	<5
坚硬程度	硬质岩		软质岩		
	坚硬岩	较坚硬岩	较软岩	软岩	极软岩

岩体基本质量指标 BQ 值由公式 $BQ = 100 + 3R_c + 250K_v$ 确定。依据国标计算，围岩级别的定性特征分级与 BQ 值定量分级存在较大的差异，主要表现为：Ⅰ、Ⅱ、Ⅲ级围岩，除坚硬岩和岩体较破碎外，其余按定性特征计算 BQ 值分级都比按规范给出的 BQ 值低一级，Ⅳ级围岩中也含有Ⅴ级围岩，从而导致等级降低造成工程浪费；反之，Ⅳ级围岩中含有Ⅴ级围岩，会增大工程风险。

鉴于上述原因，对 BQ 值计算的限制条件做以下调整：规定岩块强度大于 50MPa 时都应按 50MPa（相当于 C50 混凝土强度）计算，同时取消国标中当 $R_c > 90K_v + 30$ 时，取 $R_c = 90K_v + 30$ 的规定。但仍应满足国标中对 K_v 的限制，依据重庆经验对限制公式稍作改变为 $K_v > 0.04R_c + 0.44$ 时，将 $K_v = 0.04R_c + 0.44$ 和 R_c 代入计算 BQ 值。这样既能保证坚硬岩情况下 BQ 值不会过高，又能使同一级围岩中亚级间的 BQ 值不会相差过大。尤其是重庆地区坚硬岩极少，即使是重庆灰岩其强度也达不到 60MPa，这一规定更不会影响重庆地区的围岩分级。

6.1.2 不同跨度的围岩等级划分

国标《工程岩体分级标准》GB 50218—2014 中列出了各级围岩中不同跨度下围岩自稳能力，表明围岩的自稳能力不仅取决于岩体质量，还与跨度有关，这已是工程人员的共识。然而，在围岩分级表中并没有体现跨度的影响，尤其是规范分级表中只给出一种 BQ 值，没有说明这种 BQ 值对应何种跨度，更没有给出洞跨与 BQ 值的关系。如果都采用一个 BQ 值，必然会导致小跨度工程偏于安全，而大跨度工程偏于危险。因而在围岩分级中提出按跨度大小设置亚级，并相应给出不同跨度下的 BQ 值。轨道交通和地铁工程通常由区间隧道和地铁车站组成，两者跨度相差很大，区间隧道跨度都在 12m 以内，而车站跨度一般在 20～27m，少数车站超出 27m。因而围岩分级中需要区分区间隧道和地铁车站，并给出各自的 BQ 值指标。

我国规范中，通常围岩自稳能力的判断以双线隧道跨度的围岩稳定性为基准，因而可将规范中提供的 BQ 值对应 12m 洞跨，将区间隧道 BQ 值从 250～440 分，分为五级，每级差距 60 分，最后一级 70 分，并考虑分级中的亚级，确定重庆轨道交通地铁工程岩质围岩分级标准，详见表 6.1-2。

重庆隧道岩质围岩分级

表 6.1-2

级别		围岩主要定性特征	基本质量指标 BQ 值	
			车站隧道	区间隧道
Ⅰ		坚硬岩，岩体完整； 满足本级 BQ 值的岩石坚硬程度与岩体完整程度各种组合，如坚硬岩，岩体较完整，较坚硬岩，岩体完整	≥440	≥440
Ⅱ		坚硬岩，岩体较完整； 较坚硬岩；岩体完整； 满足本级 BQ 值的岩石坚硬程度与岩体完整程度各种组合，如坚硬岩，岩体较破碎；较坚硬岩，岩体较完整；较软岩，岩体完整	371～439	371～439
Ⅲ	Ⅲ上	坚硬岩，岩体较破碎； 较坚硬岩，岩体较完整； 较软岩，岩体完整；	356～370	341～370
	Ⅲ下	满足本级 BQ 值的岩石坚硬程度与岩体完整程度各种组合，如坚硬岩，岩体破碎；较坚硬岩，岩体较破碎；较软岩，岩体较完整；软岩，岩体完整	327～355	311～340
Ⅳ	Ⅳ上	坚硬岩，岩体破碎； 较坚硬岩，岩体较破碎； 较软岩，岩体较完整； 软岩，岩体完整～较完整；	296～326	281～310
	Ⅳ下	满足本级 BQ 值的岩石坚硬程度与岩体完整程度各种组合，如较坚硬岩，岩体破碎；较软岩，岩体较破碎和破碎；软岩，岩体较破碎；极软岩，岩体完整	281～295	251～280

级别	围岩主要定性特征	基本质量指标 BQ 值	
		车站隧道	区间隧道
V	较坚硬岩，岩体破碎； 较软岩，岩体破碎～较破碎； 软岩，岩体破碎～较破碎； 极软岩，岩体破碎～较破碎； 以及未达到 BQ 值（250）的岩体； 饱和单轴抗压强度≤3MPa 极软岩与全部极破碎岩	≤280	≤250

另外，利用有限元强度折减法原理计算隧道围岩破坏过程，数值模拟使用 Flac3D 软件，计算模型采用莫尔-库仑模型，围岩物理特性参数见表 6.1-3，相当于Ⅲ级围岩强度参数的最低值。

围岩物理特性参数　　　　　　　　　　　　　　表 6.1-3

弹模 E（GPa）	泊松比 υ	重度 ρ（kN/m³）	黏聚力 c（MPa）	摩擦角 φ（°）
10.0	0.30	24.0	0.30	32.0

由不同跨度对应的安全系数计算结果（表 6.1-4）可以看出，对Ⅰ、Ⅱ、Ⅲ级围岩跨度从 10m 增至 30m，其安全系数虽然降低，但其值仍然较高，表明对Ⅰ、Ⅱ级围岩影响很小，对Ⅲ级围岩有一定影响；Ⅳ级围岩跨度从 10m 增至 20m，安全系数值明显减少，跨度大于 20m 时就不能满足Ⅳ级围岩的安全系数，因而对Ⅳ、Ⅴ级围岩必须充分考虑跨度增大对围岩稳定性的影响。

不同跨度对应的安全系数计算结果　　　　　　表 6.1-4

跨度（m）	10	15	20	25	30
Ⅲ级	2.23	2.07	1.96	1.76	1.62
Ⅳ级	1.14	1.06	1.02	0.89	0.81
Ⅴ级	0.82	0.76	0.73	0.63	0.58

依据上述计算洞跨对稳定性的影响与工程经验，地铁车站Ⅳ、Ⅴ级大跨度隧道的稳定性要比一般跨度区间隧道的稳定性大约降低半级。按此可将跨度作为 BQ 值的参量，规定Ⅳ、Ⅴ级围岩跨度大于 12m 时，跨度每增加 1m，BQ 值增加 2 分，跨度由 12m 增加到 27m 时，BQ 值增加 30 分。例如跨度 12m 的Ⅴ级围岩计算 BQ 值为 250 分，而当跨度增至 27m 时，计算 BQ 界限值将增至 280 分；但Ⅲ级围岩每增加 1m，BQ 值增加 1 分，跨度由 12m 增加到 27m 时，BQ 值增加 15 分；Ⅰ、Ⅱ级围岩 BQ 值不降低，与 12m 跨度 BQ 值相同。车站隧道各级围岩 BQ 界限值，详见表 6.1-2。围岩分级表中，Ⅰ、Ⅱ级围岩的围岩主要定性特征既适用于区间隧道，也适用于车站隧道；Ⅲ、Ⅳ、Ⅴ级围岩主要定性特征只适用于区间隧道，低于车站隧道的标准。

6.1.3　特殊因素对围岩降级处理

影响围岩稳定性的因素很多，除上述岩石坚硬程度与岩体完整性外，还有地下水、结构面产状、初始地应力的影响。考虑这些特殊因素对围岩分级的影响，主要有四种方法：修正法、降级法、限制法、不考虑。标准采用降级处理和不考虑，因为一般来说各种特殊影响因素，只是在特殊情况下才发生作用。

　　上述三种特殊因素中初始地应力因素对于埋深不大的轨道交通其影响不大，所以不予考虑。结构面对围岩的影响通常体现在岩体的完整性上，但结构面的产状在完整性指标中尚未体现。一般规范中考虑其主要结构面不利产状，当结构面走向与洞轴线夹角<30°，结构面倾角30°～75°时最为不利。重庆地区岩体完整性较好，一般硬性结构面其产状对围岩稳定性影响不大，现行《铁路隧道设计规范》也对结构面产状不予考虑，所以本次围岩分级中不考虑硬性结构面产状对围岩的影响。但在实践中发现水对含泥的和易泥化的软弱结构面影响很大，对泥岩夹泥质砂岩碎屑软弱结构面也有一定影响，对围岩稳定起着控制作用，必须特别重视，应予降级处理，详见表6.1-5。

不同软弱结构面相应围岩等级　　　　　　　　　表 6.1-5

结构面类型 ＼ 岩体种类	砂岩	砂泥岩互层	泥岩
无夹层、饱水	III、$\mathrm{IV}_{上}$	$\mathrm{IV}_{上}$	$\mathrm{IV}_{上}$
夹泥质砂岩碎屑	$\mathrm{IV}_{上}$、$\mathrm{IV}_{下}$	$\mathrm{IV}_{上}$、$\mathrm{IV}_{下}$	$\mathrm{IV}_{下}$
夹泥膜	$\mathrm{IV}_{下}$	$\mathrm{IV}_{下}$	$\mathrm{IV}_{下}$、$\mathrm{V}_{上}$
夹泥质砂岩碎屑、饱水	$\mathrm{V}_{上}$	$\mathrm{V}_{上}$	$\mathrm{V}_{上}$
夹泥膜、饱水	$\mathrm{V}_{下}$	$\mathrm{V}_{下}$	$\mathrm{V}_{下}$

　　注：本围岩分级不分 $\mathrm{V}_{上}$、$\mathrm{V}_{下}$，均为 V 级，$\mathrm{V}_{上}$ 表示岩体质量较好的 V 级围岩；$\mathrm{V}_{下}$ 表示岩体质量较差的 V 级围岩，其黏聚力小于 0.05MPa。

　　考虑地下水对围岩分级的影响，必须先要确定地下水状态的分级。综合现行规范中关于地下水状态的分级，结合重庆地区的实际情况，对于较破碎～极破碎的中等～强透水围岩或受到地表水体或具有承压性地下水、断层等直接影响时，应按表6.1-6进行地下水状态分级，并根据地下水的类型、水量、渗流条件、水压力等情况，判断其对围岩稳定性的影响程度，参照表6.1-7进行围岩级别的修正，并考虑软弱结构面对围岩级别的修正。

地下水状态的分级　　　　　　　　　表 6.1-6

级别	状态		水压	渗水量[L/(min·10m)]
I	干燥或湿润		—	<10
II	偶有渗水	点滴状或线状出水	—	10～25
III	经常渗水	淋雨状出水	<0.1MPa	25～100
IV	涌水	涌流状或射流状出水	>0.1MPa	>100

受地下水与软弱结构面影响的围岩级别修正　　　　　　　　　表 6.1-7

地下水级别 ＼ 围岩等级	I	II	III		IV		$\mathrm{V}_{上}$	$\mathrm{V}_{下}$
			$\mathrm{III}_{上}$	$\mathrm{III}_{下}$	$\mathrm{IV}_{上}$	$\mathrm{IV}_{下}$		
I	I	II	$\mathrm{III}_{上}$	$\mathrm{III}_{下}$	$\mathrm{IV}_{上}$	$\mathrm{IV}_{下}$	$\mathrm{V}_{上}$	$\mathrm{V}_{下}$
II	I	II	$\mathrm{III}_{上}$	$\mathrm{III}_{下}$	$\mathrm{IV}_{上}$/$\mathrm{IV}_{下}$	$\mathrm{IV}_{下}$/$\mathrm{V}_{上}$	$\mathrm{V}_{上}$/$\mathrm{V}_{下}$	$\mathrm{V}_{下}$

围岩等级 地下水级别	I	II	III		IV		V上	V下
			III上	III下	IV上	IV下		
III	I	II	IV上	IV下 /V上	V上 /V下	V上 /V下	V下	V下
IV	I	III上	III下 /IV上	IV下	V上	V下	V下	V下

注：1. 列入IV上者，在地下水II、III、IV级中围岩中不能有夹泥的软弱结构面；

2. 列入IV下者围岩中可有含泥的软弱结构面，但地下水III、IV级中有夹泥软弱结构面时必须降为V下级；

3. 本围岩分级不分V上、V下，均为V级，V上表示岩体质量较好的V级围岩；V下表示岩体质量较差的V级围岩，其黏聚力小于0.05MPa。

6.1.4 围岩自稳能力及其安全系数

与以往规范中依据经验和围岩自稳时间定性判断围岩自稳能力的做法不同，提出在隧道各级围岩自稳能力判断中引入毛洞围岩安全系数的量化指标，给出各级围岩自稳能力对应的安全系数范围，进而得到轨道交通工程岩石围岩自稳能力定性与量化的判断标准。按照通常的围岩稳定性分级，分为很稳定、稳定、基本稳定、不稳定与极不稳定五级，按此定义以跨度12m毛洞的稳定安全系数为标志，给出了各级围岩定量指标（表6.1-8）。由于围岩分级是一种经验性的方法，不能给出准确的范围，只能给出大于某值的规定，以确保围岩分级的可靠性。在III、IV级围岩中对车站隧道增加了基本稳定～不稳定、不稳定～极不稳定的围岩稳定性，有利于围岩分级的精确化。

岩石隧道围岩自稳能力判别　　　　　　　　表6.1-8

岩体级别	12m跨度毛洞围 岩安全系数	自稳能力
I	≥3.5	车站隧道（跨度20～27m），长期很稳定，偶有掉块，无塌方
II	≥2.4	区间隧道（跨度12m以内），很稳定，偶有掉块，无塌方； 车站隧道，稳定，局部可发生掉块，偶有小塌方
III	≥1.5	区间隧道，基本稳定，可发生局部块体掉块，偶有中、小塌方； 车站隧道，稳定性差，基本稳定～不稳定，可发生局部块体掉块及中、大塌方
IV	≥1.0	区间隧道，不稳定，数日～1月内可发生松动变形、小塌方，进而发展为中～大塌方； 车站隧道，不稳定～极不稳定，无自稳能力
V	<1.0	区间隧道，极不稳定，跨度≤5m时，可稳定数小时～数日；跨度<3m时，可基本稳定； 车站隧道，极不稳定，无自稳能力

6.1.5 推荐的各级围岩力学参数

依据设计经验和国内外的相关规范，给定各级围岩力学参数（表6.1-9），并对不同隧洞工程状况进行毛洞的稳定性计算，计算得到的安全系数都在各级围岩设定的安全系数范围（表 6.1-8）之内，故可认为选取的围岩力学参数合理。考虑到Ⅲ、Ⅳ级围岩强度参数对计算结果影响较大，需要进一步细化，故将Ⅲ、Ⅳ级围岩力学参数再细分为Ⅲ上、Ⅲ下、Ⅳ上、Ⅳ下，使分级更为科学合理。

各级围岩物理力学参数　　　　　　　　　　表 6.1-9

围岩类别		弹性模量（GPa）	泊松比	重度（kN/m³）	内摩擦角（°）	黏聚力（MPa）
Ⅰ		>33	≤0.20	26~28	>50	>2.1
Ⅱ		16~33	0.20~0.25	25~27	37~50	1.3~2.1
Ⅲ	Ⅲ上	4~16	0.25~0.3	24~26	34~37	0.8~1.3
	Ⅲ下	4~16	0.25~0.3	24~26	32~34	0.3~0.8
Ⅳ	Ⅳ上	1~6	0.3~0.35	24~26	29~32	0.2~0.3
	Ⅳ下	1~6	0.3~0.35	24~26	25~29	0.1~0.2
Ⅴ		0.5~2.0	>0.35	22~24	<27	<0.1

6.1.6　砂泥岩互层围岩的岩性确定

重庆地区经常会碰到泥砂岩互层的围岩，如何判别这种围岩视作砂岩还是泥岩需要进行分析，利用数值模拟的手段，计算不同地层条件下隧洞开挖的稳定性系数，进而为围岩岩性的确定提供依据。数值分析结果显示，砂岩夹泥岩围岩隧洞稳定安全系数大于泥岩夹砂岩围岩隧洞；水平互层围岩隧洞稳定安全系数大于倾斜互层围岩隧洞，但相差很少；隧洞的稳定安全系数主要受泥岩控制。

基于上述原则，给出车站隧道砂泥岩互层围岩的岩性划分方案如下：

（1）洞底以上 1/3 跨度（约 8m）范围内为泥岩，则该洞视作泥岩；

（2）洞底以上 1/3 跨度（约 8m）范围内为砂岩，若拱顶下 1/8 跨度（约 3m），拱顶上 1/4 跨度（约 6m）范围内也为砂岩，则该洞视作砂岩；

（3）洞底以上 1/3 跨度（约 8m）范围内为砂岩，若拱顶下 1/8 跨度（约 3m），拱顶上 1/4 跨度（约 6m）范围内为泥岩，如该层泥岩内无含泥软弱夹层，也无水时，则该洞视作砂岩；

（4）洞底以上 1/3 跨度（约 8m）范围内为砂岩，若拱顶下 1/8 跨度（约 3m），拱顶上 1/4 跨度（约 6m）范围内为泥岩，如该层泥岩内有含泥软弱夹层，或有水时，则该洞视作泥岩。

对于区间隧道泥砂岩互层隧洞围岩岩性划分，先要判断隧洞的深浅埋，而后根据隧洞的破坏模式和围岩类别的影响，按以下原则考虑：

（1）当隧道埋深小于 1 倍跨度时，若拱顶上下范围主要为砂岩，则该洞视作砂岩；若拱顶上下范围主要为泥岩，则该洞视作泥岩；

（2）当隧道埋深大于 1 倍跨度时，若侧墙下部与拱顶上下 1/3.5 跨度范围内主要为砂岩，则该洞视作砂岩；其余情况则该洞视作泥岩。

6.2　基于三维激光扫描的危岩体评价

危岩（Perilous rock 或 Unstable rock mass）是指位于陡崖或陡坡上被岩体结构面切割且易失稳的岩石块体及其组合，其形成、失稳与运动属于斜坡动力地貌过程的主要表现形式。目前，国内外学术及工程技术界对危岩这类地质灾害科学内涵的界定存在一定差异，主要有三种，即危岩、崩塌（Collapse 或 Avalanche）和落石（Rock fall）。从崩塌源发育机理和失稳模式来看，这些术语都具有一定的相似性，强调了同一个问题的不同侧面。而危岩则涵盖了危岩体形成、破坏、失稳和运动全过程力学行为。

6.2.1　危岩稳定性评价方法

危岩稳定性评价的方法主要有四大类：定性方法、定量方法、物理与数值模拟法和不确定性分析方法。定性方法主要有工程地质类比法和赤平投影图解法等；定量评价方法主要有极限平衡法（静力解析法）等；物理与数值模拟法主要有相似模型试验和数值模拟法；不确定性评价方法主要有灰色聚类法、比较识别法、可靠度分析法、时序分析方法等。

（1）定性方法

工程地质类比法又称工程地质比拟法，是危岩稳定性评价最基本的研究方法，其内容有自然历史分析法、因素类比法、类型比较法等，其实质是把已有的危岩研究经验，应用到条件相似的新高边坡危岩的研究中，需对已有危岩进行广泛的调查研究，全面研究工程地质因素的相似性和差异性，分析研究危岩所处自然环境和影响危岩变形发展的主导因素的相似性和差异性。其优点是能综合考虑各种影响危岩稳定的因素，迅速地对危岩稳定性及其发展趋势做出估计和预测，缺点是类比条件因地而异，经验性强。

赤平投影图解法也是岩体稳定性分析的一种重要方法，罗永忠（2004）采用赤平投影图解法分析了达县城区立石子危岩的稳定性，并应用于实践，取得了良好的效果。

（2）定量方法

极限平衡法通过计算在滑移破坏面上的抗滑力（矩）与滑动力（矩）之比即稳定系数来判断危岩的稳定性。这种方法20世纪初提出来以后，经过众多学者的不断修正，成为目前在工程实践中最常用的危岩稳定性分析方法。其优点是简单可行，结果明确。胡厚田（1989）、吴文雪（2003）和陈洪凯（2004）等人分别根据各自的分类模式或具体工程特点，采用极限平衡法，提出了危岩失稳判据。成都理工大学用极限平衡法编写了SASW软件对边坡及洞室围岩中的岩石块体进行三维稳定性计算。

（3）物理与数值模拟法

1）相似模型试验法

相似模型试验法是以相似原理为理论基础，针对所研究问题的实际情况，通过原型调研或前期研究成果，利用地质-力学分析，抽象建立模拟研究模型即建模。采用特定的方法如研究区地质体介质相似材料选择，边界条件（位移边界或应力边界）的设计，在一定条件下进行模型试验研究，以达到再现或预测研究对象中已存在或发生过的地质现象之目的。该法是危岩稳定性研究的一种重要方法，对于规模大，失稳危害性大的危岩常采用此方法分析稳定性和失稳变形过程。哈秋舲（1995）利用相似理论，采用模型试验的方法分析了长江三峡链子崖危岩的稳定性和变形失稳过程。

2）数值模拟法

从 20 世纪 60 年代开始，人们就开始尝试采用数值计算方法的分析岩土体稳定性问题。在危岩稳定性应用方面，20 世纪 90 年代中期，刘国明（1996）、何应强（1996）和杨淑碧（1994）等人率先对危岩稳定性进行了有限元分析，随后众多专家学者采用有限元法对边坡进行了大量的研究分析，取得了诸多研究成果。

20 世纪 70 年代，Cundall 提出离散单元法 DEM（Distinct Element Method），使得节理岩体模拟这种更接近于块体运动的过程模拟成为可能。

20 世纪 80 年代 Cundall 提出快速拉格朗日分析方法 FLAC（Fast Lagrangian Analysis of Continue，P. A. Cundall, 1986）并由 ITASCA 公司进行商业程序化。采用显式时间差分解析法，大大提高了运算速度；适用于求解非线性大变形，但节点的位移连续，本质上仍属于求解连续介质范畴的方法。

石根华、Goodman 等于 1989 年提出不连续变形分析法，简称 DDA 法（Discontinuous Deformation Analysis），它兼具有限元和离散元法之部分优点。可以反映连续和不连续的具体部位，考虑了变形的不连续性和时间因素，可计算静力问题和动力问题，可计算破坏前的小位移和破坏后的大位移，特别适合危岩极限状态的设计计算。

赵晓彦（1995）通过 UDEC（Universal Distinct Element Code）软件对万县长江库岸危岩在不同工况下的稳定性离散元数值分析，直观地揭示出危岩在不同工况下的破坏程度，得出危岩的主要破坏形式为倾倒式崩塌，并总结出危岩的大规模破坏发生在蓄水回水期等有益的结论。

（4）非确定性评价法

危岩稳定性影响因素很多，评价指标的类型众多、信息往往不完整。存在大量定性因素，这些因素在一定程度上具有模糊性、不确定性，加上危岩稳定性定量分析中存在大量人为的、模型的或参数的等不确定性因素，使得危岩的稳定性分析具有随机性、模糊性和不确定性。目前仍没有一种十分精确的分析方法对危岩稳定性进行精确计算和描述，为了克服危岩稳定性工程地质评价工作中的随意性和不确定性，在确定性分析方法的基础上，人们尝试应用数学方法对整个评价过程进行定量或半定量描述，危岩稳定分析理论吸收现代科学理论中的耗散理论、协同学理论、混沌理论、随机理论、模糊理论、灰色系统理论、突变理论等，创立和发展了一批非确定性分析方法。

三维激光扫描技术应用于危岩体稳定性评价中，利用激光扫描的技术优势结合传统的地质调查方法，开创了地质调查的一种新方法。三维激光扫描技术以其独有的技术特点获取地质体的三维空间数据，结合功能强大的后处理软件在危岩体调查中，对传统调查方法进行了创新，得到了一些以前传统方法难以获得的数据结果，有较强的适用性，具体体现在如下方面。

6.2.2　基于三维激光扫描的危岩体三维模型获取

（1）危岩体结构面产状量取
1）结构面点云图上的生成

在几何学中，不在同一条直线上的三个点确定一个平面。如果对于一个结构面而言，如果能够确定该结构面上的三个不在同一直线上的点坐标，就能够获得一个平面方程，由此方程便能够提取结构面的产状参数。通过以上分析三维点云数据中识别结构面，可以在结构面上确定三个具有代表性的不在同一条直线上的点，由这三个点生成一个平面，用这个平面来拟合该结构面（图 6.2-1）。在研究中发现，这种方法可应用于结构面在空间上有出露的情况，可以利用扫描的空间模型，对结构面产状进行解译。

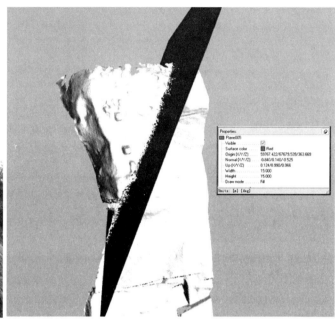

图 6.2-1　佛图关危岩体结构面点云生成图

如在佛图关危岩调查中，根据扫描后得到的三维点云图，在该结构面的点云数据中选取三个点，在软件中由三个点生成一拟合平面（图 6.2-1），在点云图中得到拟合平面的一般式方程：

$$Ax + By + Cz + D = 0 \qquad (6.2\text{-}1)$$

其中 A、B、C、D 为方程参数（A、B、C 不同时为零，且该平面法向量坐标 $n = \{A、B、C\}$）。

2）产状获取

根据上面的公式推导，为方便使用，编制计算拟合平面方程产状的工具箱，程序界面如图 6.2-2 所示，整个界面包含三个部分：一是 Parameter（参数）输入部分，根据点云数据的解译，获取拟合平面的参数 A、B、C，将其对应填入到程序中，本程序除能进行拟合平面方程参数计算岩体结构面外，同时加入了输入数据是否正确的检测程序，如果输入的数据不符合平面一般式方程的参数要求，将弹出参数错误的对话框；二是 Result（结果）输出部分；还有就是命令按钮区，程序界面上共设置三个命令按钮。"START"按钮

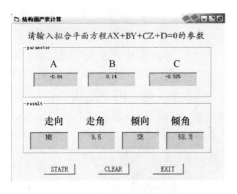

图 6.2-2　结构面产状计算程序

为计算开始按钮，再参数数据输入完成后，点此按钮则在结果输出部分显示结构面的走向、倾向、倾角等产状信息。"CLEAR"按钮功能是清除界面上输入和输出栏中的数据。"EXIT"，按钮则是退出程序。程序中的输出结果中保留小数点后一位小数，满足工程应用的精度需求。程序运行是始终处在屏幕最上方（最小化时除外），方便数据的拷贝与粘贴。整个程序的设计尽量使界面简洁、使用方便。计算结果显示，结构面节理 1 产状为 $99.5°\angle58.3°$，与现场调查时实际测量的节理 1 产状 $105°\angle62°$ 较类似，可以应用于危岩体稳定性计算和评价中。

这种方法由于只使用结构面上的三个点拟合生成平面，但如果结构面起伏或受地形影响，一般误差相对较大。且此类结构面没有面出露，在点云数据中的处理目前为止还没有更好的处理办法。考虑到此方法的误差产生原因，在选取三个点时，应注意点的代表性，并尽量选择在结构面出露明显且稳定的地方，同时生成拟合平面后，注意在点云数据中的检验。

（2）三维数值模型的生成

在地质工程领域中经常要对地质体（如滑坡、边坡、危岩体等）进行稳定性评价等工作，三维数值模拟计算是必不可少的。对于地质体的数值计算需要获取地形数据，一般而言是从电子版地形图（即 AutoCAD）中进行数据准备。这一过程繁琐、耗时，直接影响工作进度，而对于某些滑坡地形数据不详细，甚至是没有地形数据的情况也经常遇到，此时的三维数值计算就难以入手。

由于三维激光扫描技术可以轻松获取扫描体表面的三维数据，通过对点云数据进行大地坐标转换，即可得到与现场完全一致三维模型数据。但所获得的点云数据由于空间距离的不同，造成其不能严格按照扫描设定的采样间距进行分布，而且对于数值计算而言，点云数据数量巨大且密度过大，而且模型边界不规则。通过以上分析，要利用三维激光扫描技术进行数值计算的地形数据生成，主要应解决点云数据的空间分布要遵循一定的规律，同时要控制点云数据边界。

整个数据处理过程如下：

1）获取点云数据，并进行大地坐标转换，并进行去噪等出理；

2）对点云数据中的海量点进行适当删减，以减小数据量，同时，应删除计算模型边界以外的点云数据；

3）将删减处理完成的点云数据以文本文件的格式输出，后缀为 .txt 的文件；

4）利用三维数据成像软件 Surfer 将上一步骤的数据导入，然后网格化设定对话框中，设定输出的网格文件格式为 *.dat，接下来设定 X 和 Y 方向的点间隔（一般为整数），设定完成后开始计算，数据文件输出并保存（图）。此保存数据文件，即可作为 Flac3D、Midas GTS 等常用数值计算软件的地形数据文件（图 6.2-3）。

图 6.2-3 模型化的地形数据图

6.2.3 基于 UDEC 和 midas GTS 的危岩体数值分析

为了进一步揭示危岩体的形成过程及失稳破坏机理,并对危岩稳定性提供判据,采用由美国 Itasca 软件公司开发的 UDEC(Universal Distinct Element Code)离散元差分分析程序进行危岩块体的失稳的动态模拟。

图 6.2-4 所示为北碚龙凤大道北侧边坡某危岩体,该边坡近直立,局部形成负地形,坡向 120°,母岩为 J_{2s} 薄层—中厚层砂岩,中风化,产状 295°∠67°,危岩体高 22~29m,前缘临空。主控结构面主要为陡倾坡内的层面,属于倾倒式危岩,根据层面产状进行划分块体,将该危岩体进行垂直于坡面平面简化,建立倾倒式危岩体离散元计算概化模型(图 6.2-5)。该危岩体高 7m,宽度 6.5m。模型的左边界进行横向约束,对下边界进行垂向约束,计算中不考虑构造应力的作用,仅考虑岩体的自重。

图 6.2-4 危岩体现场照片

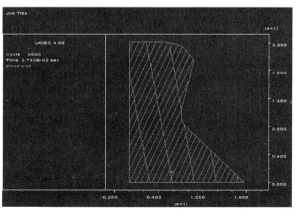

图 6.2-5 危岩体概化模型

　　通过 UDEC 软件模拟该危岩体变形破坏过程如图 6.2-6 所示。

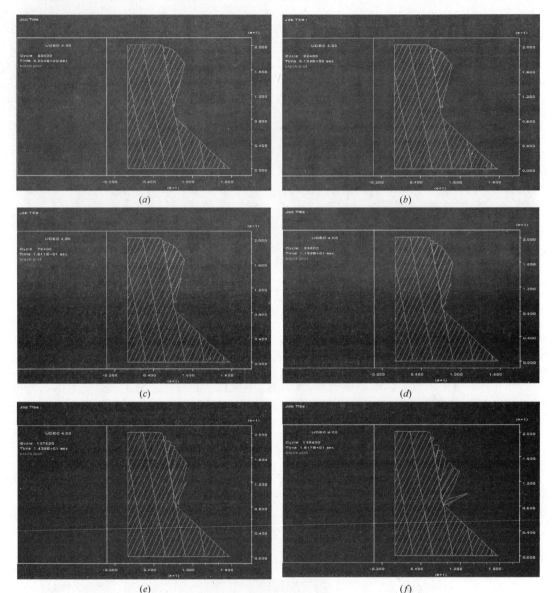

图 6.2-6　北碚龙凤大道危岩变形破坏过程模拟

(a) 天然 50000 步；(b) 天然 62400 步；(c) 天然 76400 步

(d) 天然 89600 步；(e) 天然 107600 步；(f) 天然 136400 步

　　通过数值模拟分析（图 6.2-6）可知：在天然状态下，由于前缘临空，在自重及卸荷作用下，表层岩体首先沿着陡倾坡内的一组结构面发生变形破坏，随着表层岩体变形量的增大，危岩岩体后缘也出现拉裂缝，随着裂缝逐渐扩张及层面倾倒变形的加剧，岩体最底部层面也随之临空，进而发生变形破坏，以此进行下去，岩体将发生大规模的失稳破坏。

　　为了进一步分析危岩体的应力及应变情况，采用当下应用广泛的 Midas GTS 有限元软件对北碚龙凤大道危岩体进行模型建立及分析研究（图 6.2-7，图 6.2-8）。

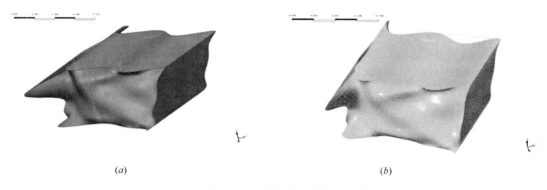

图 6.2-7　北碚龙凤大道危岩三维模型及网格图

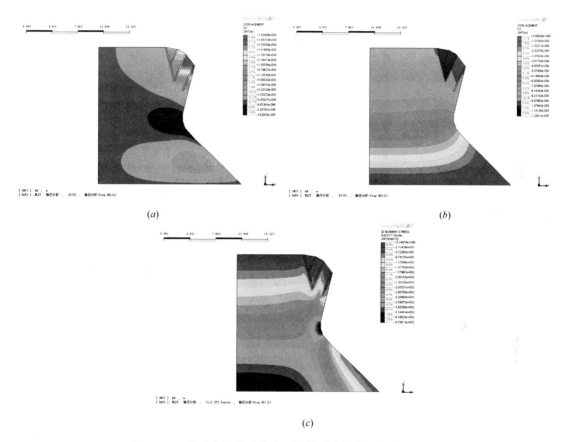

图 6.2-8　北碚龙凤大道危岩二维模型计算应力应变分布图

　　根据上述分析，建立了一套针对危岩体稳定性，从野外调查、三维数据扫描、点云数据处理、危岩体的空间分布及结构面量取、稳定性计算及数值分析的完整评价体系，本次研究，充分选取了较为典型的危岩体，但在实际危岩体调查中，常常遇到的是几个、十几个甚至几十个危岩群，根据已经建立的评价体系，结合野外调查资料，把所获取的资料和分析表格化，这样能更直观地对每个危岩体进行客观认识与评价，同时也为危岩体的治理，提供了充分的设计依据，成果如表 6.2-1 所示。

表 6.2-1

危岩体综合信息汇总表

<table>
<tr><td>名称</td><td>北碚龙凤大道危岩体</td><td>位置</td><td>北碚龙凤大道 B 段 K0＋760m</td><td>坐标</td><td>X：95732.51　Y：95732.51
（重庆坐标）</td><td>高程</td><td>245～256m</td></tr>
<tr><td rowspan="3">几何特征</td><td>体积</td><td colspan="2">686.38（m^3）</td><td rowspan="4">边界条件</td><td colspan="3" rowspan="4">①层面：295°∠67°，层厚 0.3～1.0m，接触面平直粗糙，微张 1～3mm，充填有岩屑；
②节理 1：130°∠37°，可见延伸 1～3m；间距 1～3m，接触面平直粗糙，微张 1～3mm，局部充填有岩屑；
③节理 2：51°∠47°，可见延伸 1～3m；间距 1～3m，接触面平直粗糙，无充填；
主控结构面为层面</td></tr>
<tr><td>斜坡结构类型</td><td colspan="2">反向坡</td></tr>
<tr><td>危岩体结构</td><td colspan="2">层状结构</td></tr>
<tr><td>赋存环境</td><td colspan="3">该危岩体位于北碚龙凤大道北侧边坡，边坡近直立，局部形成负地形，坡向 120°，母岩为 J_{2S} 薄层—中厚层砂岩，中风化，产状 295°∠67°，危岩体高 22～29m，前缘临空</td></tr>
<tr><td>变形破坏特征</td><td colspan="3">主控结构面为层面，局部贯通，危岩体后缘易产生拉张裂隙，危岩体沿层面发生重力式倾倒破坏</td><td rowspan="2">危险性及支护措施</td><td colspan="3" rowspan="2">该危岩如破坏，会直接威胁龙凤大道的使用及过往车辆中乘客的人身及财产安全，建议对该危岩采用局部清除或锚杆支护，支护方向 120°，支护角度仰角 24°</td></tr>
<tr><td>稳定性评价</td><td colspan="3">整体处于半切割状态，后缘已局部贯通，稳定性为基本稳定</td></tr>
<tr><td colspan="4">危岩体全貌</td><td colspan="2">素描图</td><td colspan="2">三维激光扫描点云图</td></tr>
<tr><td colspan="4"></td><td colspan="2">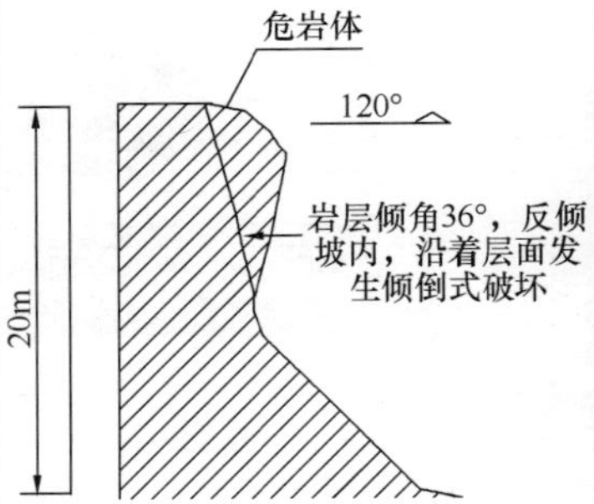危岩体
120°
岩层倾角36°，反倾坡内，沿着层面发生倾倒式破坏
20m</td><td colspan="2">龙凤大道危岩体</td></tr>
</table>

6.3 基于钻孔全景成像的滑坡评价

钻孔成像技术通过对钻孔孔壁的探测弥补了传统滑坡勘察中滑动面在钻孔中难以识别的不足，可根据孔内图像获取如下信息：

(1) 识别和测量地质特征、区分岩性；

(2) 评估孔隙性状；

(3) 不良地质体性状的获取；

(4) 潜在滑动面的判别等。

结合传统的地质调查与钻探工作，在滑坡勘察中开创了一种新方法。结合功能强大的后处理软件，对传统滑坡勘察方法进行了一定创新，有较强的适用性。

6.3.1 基于钻孔全景成像的地质信息获取

(1) 技术概述

1) 设备简介

钻孔全孔壁电视成像系统是一种能获取全孔壁图像的系统。该系统以光学成像方式获取地下信息，具有直观性、真实性等优点。设备包含带有 360°高清摄像头的井下探管、支架及井口滑轮、控制测试速度的绞车及主机部分，如图 6.3-1 所示。

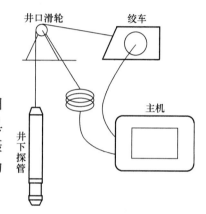

图 6.3-1 钻孔成像设备组成

2) 技术原理

由探头上反射镜上部的 360°摄像镜头拍摄形成环形图像，经过光学变换与图像展开，把环形图像拼接形成全景图像，这种二维全景图像称为全景孔壁图像，其孔壁图像的变换、展开原理如图 6.3-2 所示。

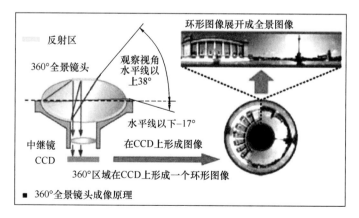

图 6.3-2 数字光学成像原理

3) 成果获取

钻孔孔壁全景图像通过位于锥面反射镜上部的 360°摄像机拍摄，经过光学变换，形成全景图像,见图 6.3-3。钻孔深度可以通过深度测量装置直接获得,并将其数值叠加到全景面图像中,作为其信息的一部分。方位可以由位于反射镜中部的磁性罗盘得到,磁性罗盘的北极指示了全景图像的方位,通过系统软件将孔壁全景图像按北方位展开,并可按要求还原成孔壁全柱面立体图像,见图 6.3-4。

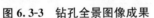

图 6.3-3　钻孔全景图像成果　　　　图 6.3-4　基于钻孔全景图像还原岩芯

除此之外,彩色钻孔成像技术可以直观反映出钻孔原位岩体的各种特征及细微构造,可以高效识别地层岩性、岩石结构、断层、裂隙、夹层、岩溶等地质要素,并提高编录的准确性。特别是对于工程应用所关心的不良地质体,钻孔成像技术能直观、清晰地反映其原位的实际性状。岩体中发育的细小裂隙是影响岩体的强度和稳定的重要因素,通过钻孔成像技术可以识别出 0.3mm 的裂缝。对于岩芯破碎段,可有效区分扰动破碎段及原生破碎段,直观清晰地反映出裂隙的产状以及裂面的光滑程度、充填情况、破碎带的厚度;对于断层可识别其原生性状(断层角砾、产状、垂直向厚度等);对于溶蚀区能反映岩溶发育情况,溶洞及溶隙的特征及充填情况;对于边坡或滑坡工程中,可以准确地获得裂隙(结构面)的分布、方位和规模,滑坡滑动带深度,性状、岩溶发育(地下水位)等情况,见图 6.3-5。

4)图像解译

为了统计数据表格中的地层产状和主要结构面的倾向及倾角,二次开发了"钻孔结构面分析程序"。该工具可以综合统计地层产状和地质结构面如裂隙、软弱夹层或破碎带等的倾向倾角,还可以自动汇总其顶部标高和底部标高,统计汇总结果都有利于地质分析和解译,见图 6.3-6。

钻孔中的截面(岩层断层)在平面展开图中表现为一条余弦曲线(或正弦曲线)。该条曲线的周期是固定的,为展开图的宽度,但曲线的振幅和波峰是不固定的,因此只要将

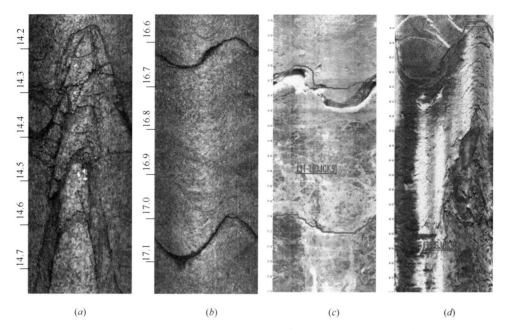

图 6.3-5 裂隙密集带、断层和滑坡潜在滑动面的全景图像

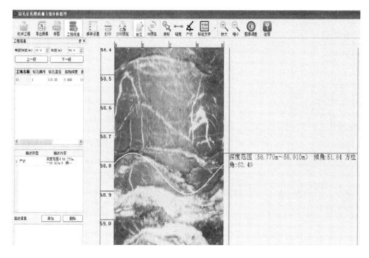

图 6.3-6 钻孔结构面分析程序

振幅和波峰点位置确定下来，便能确定该结构面的倾角，见图 6.3-7，方位角可以由位于反射镜中部的磁性罗盘得到，由此获取结构面的倾向。

（2）主要用途

1）结构面的精细化描述

地表裂隙、层面等调查统计和钻探岩芯裂隙、层面统计是研究结构面发育特征的两种常用方法，但都存在一定的局限性，即地表裂隙（层面）测量统计虽然在一定程度上能够揭示裂隙发育特征，但由于裂隙的空间几何要素（倾向、倾角、隙宽、隙间距等）会随着深度的变化而变化，地表裂隙统计结果则无法代表深部裂隙发育特征。

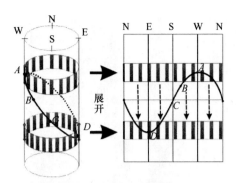

图 6.3-7　结构面产状解译原理

工程钻探钻孔取芯工艺虽然可以直观地对深部裂隙特征进行描述，但由于钻探扰动的影响，造成岩芯不连续裂隙几何要素信息丢失等情况的发生，无法准确地揭示深部岩体裂隙发育特征。而利用孔内成像技术能够获得深部岩体裂隙分布的立体实景资料，弥补了钻探过程中因岩芯不连续造成的信息丢失问题。

① 结构面的发育情况

根据钻孔的孔壁全景图像，详细描述了 124m 的钻孔内从孔口至孔底的 178 条结构面发育情况，对结构面的位置，影响长度，倾向与倾角以及结构面的发育特征进行了详细统计，查明了不同深度、各高程内的结构面的发育情况，见表 6.3-1。

<table>
<tr><td colspan="7">某孔结构面发育情况一览表　　　　　　　　　　　　　　表 6.3-1</td></tr>
<tr><td>结构面
名称</td><td>顶部标高
(m)</td><td>底部标高
(m)</td><td>影响长度
(m)</td><td>倾向
(°)</td><td>倾角
(°)</td><td>属性描述</td></tr>
<tr><td>岩溶破碎带</td><td>493.62</td><td>489.65</td><td>3.97</td><td>—</td><td>—</td><td>岩体破碎，呈碎裂结构；裂隙呈网状发育，裂面粗糙，裂面溶蚀迹象明显，裂隙最大开口约 55mm，岩块充填；该段岩体可见密集的蜂窝状溶蚀孔穴</td></tr>
<tr><td>裂隙 1</td><td>489.05</td><td>488.87</td><td>0.18</td><td>96</td><td>62</td><td>裂面粗糙，有溶蚀迹象，开口约 3～12mm，岩屑充填</td></tr>
<tr><td>裂隙 2</td><td>488.55</td><td>488.37</td><td>0.18</td><td>105</td><td>62</td><td>裂面粗糙，有溶蚀迹象，开口约 1～2mm，岩屑充填</td></tr>
<tr><td>裂隙 3</td><td>488.12</td><td>488.00</td><td>0.13</td><td>265</td><td>54</td><td>裂面粗糙，有溶蚀迹象，开口约 1～2mm，岩屑充填</td></tr>
<tr><td colspan="7">……</td></tr>
<tr><td>裂隙 177</td><td>369.95</td><td>369.80</td><td>0.14</td><td>75</td><td>57</td><td>裂面光滑，开口 43～52mm，岩屑充填，地下水涌出</td></tr>
<tr><td>裂隙 178</td><td>369.36</td><td>369.22</td><td>0.14</td><td>68</td><td>57</td><td>裂面光滑，开口 10～98mm，岩块充填，地下水涌出</td></tr>
</table>

② 获取优势结构面

通过钻孔全景图像及汇总的结构面发育情况表，根据自主开发的"钻孔结构面分析程序"，可以对优势结构面进行统计，生成优势裂隙倾向及倾角玫瑰花图，如图 6.3-8 所示，某钻孔所揭露岩体主要发育 2 组裂隙：①倾向 88°～108°，倾角 49°～54°；②倾向 249°～279°，倾角 65°～79°。

③ 获取裂隙发育的线密度

通过钻孔全景图像及汇总的结构面发育情况表，根据自主开发的"钻孔结构面分析程序"，可自动统计每米出现裂缝密度，分别显示出标高和对应的裂缝条数，形成 1m 范围内裂缝条数的统计成果图（图 6.3-9），获取裂隙发育的线密度。

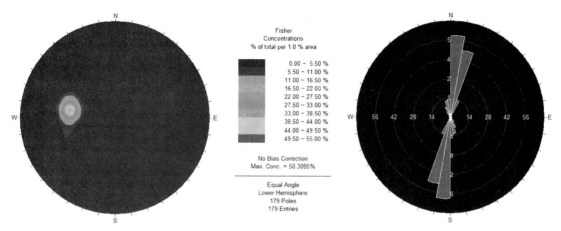

图 6.3-8　CK72 号孔揭示优势裂隙倾向及倾角玫瑰花图

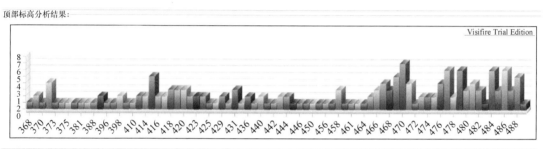

图 6.3-9　某钻孔每米裂隙发育条数统计成果

2）查明岩溶发育情况

根据钻孔全景图像，揭露了钻孔范围内岩溶发育情况。如图 6.3-10 所示，该钻孔所揭露岩体发育有 3 段岩溶发育区：①第一段为标高 484～493m 段，沿裂隙有明显溶蚀迹象，岩体内溶蚀孔穴密集发育；②第二段为标高 431～436m，岩体内溶蚀孔穴密集发育；③第三段标高 397m，发育一组溶蚀裂隙，倾向 68°，倾角 60°。证明该钻孔范围内，这三段高程范围可能出现岩溶破碎带、地下水渗漏等不良影响。

3）潜在滑动面的识别

滑坡专项勘察中，能否查明滑动面（带）的位置及其工程地质特征，进而确定滑坡的边界条件、参数选取和稳定性计算，对滑坡体的工程地质评价起着至关重要的影响，钻孔成像技术在该专项勘察中起到了很好的应用效果。

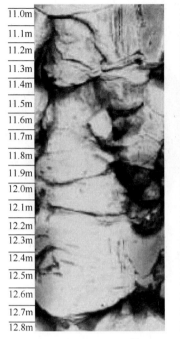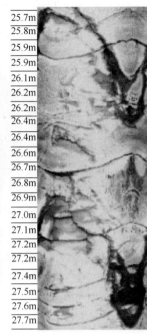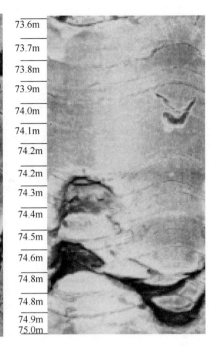

图 6.3-10 某钻孔 3 处岩溶发育情况

何家祠堂 1 号滑坡位于拟建江津区德感滨江路 K1＋480m～K1＋820m 之间，为一古滑坡群区，1 号滑坡位于场地的南东侧下部，滑体主要由碎块石土及碎裂岩体组成，滑坡体后部地形清晰可见滑坡后缘陡坡壁，两侧地表冲沟发育，前缘植被茂密上覆土层边界不清晰，初步定性判定滑体物质为碎块石土，滑动带（面）为岩土界面。

由于滑坡体个别钻孔的部分孔段岩体破碎，通过钻孔取芯手段无法准确确定基岩面和基岩层位，更不能断定该段中是否存在深层的滑动带。图 6.3-11 所示 HP6 号钻孔滑坡体局部孔段的图像，在 HP6 号孔的钻探岩芯编录记录，把潜在滑动面定在 3.9m 位置，与钻孔成像技术揭露的 6.7m 位置处的潜在滑动面位置出现一定偏差。

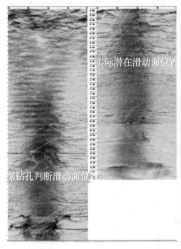

图 6.3-11 HP6 号孔孔壁展示图及岩芯照片

CK48 号钻孔滑坡内某孔的覆盖层与基岩接触带的图像，从图 6.3-12 可看出覆盖层与基岩的明显界线、覆盖层的成分、密实程度以及两者的接触关系等。综合对比现场编录及钻孔成像图像，最终准确确定了潜在滑动面位置及性状，确定了滑坡的边界条件。

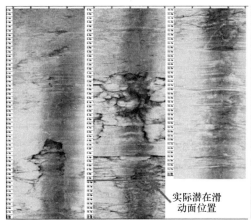 

实际潜在滑动面位置

图 6.3-12　CK48 号孔孔壁展示图及岩芯照片

通过反复实践，摸索出了采用钻孔孔内成像技术查明潜在滑动面的方法，获得了关键部位的孔壁图像，对分析滑体的岩性、结构及滑带特征起了极为重要的作用。用钻孔全孔段成像后，发现岩层产状变化较小，具有连续性，也无顺坡向的长大的结构面存在，证明该部位为稳定可靠的基岩，并且不存在深层的基岩滑面，其成果为分析整个滑体的性质提供极其重要的证据。

6.3.2　基于数值模拟的滑坡稳定性评价

根据现场地质调查、宏观判断和稳定性计算的基础上，结合孔内成像分析潜在滑动面位置，对地质原型进行概化，建立三维数值模型（图 6.3-13）。根据滑坡体内的应力、应变分析，就可以对德滨路 1 号滑坡的稳定性做出较为全面的判断。

数值模拟分析采用美国 ITASCA 咨询集团公司开发的大型有限元计算软件 FLAC 3D 程序。FLAC 基于"快速（显示）拉格朗日分析法"，能模拟岩土体内部的应力、变形等赋存状态，还能对不同材料特性，使用相应的本构方程来比较真实地反映实际材料的力学行为。建立德滨路 1 号滑坡的 FLAC 3D

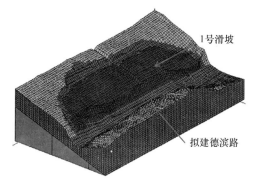

1 号滑坡

拟建德滨路

图 6.3-13　德滨路 1 号滑坡三维地质模型

计算模型时，以垂直德滨路并指向德滨路方向为 X 轴正方向，竖直向上为 Z 轴正方向。为消除边界效应，分析边坡的变形破坏特征及稳定状况，各剖面计算模型的建立以滑坡后壁为起点。

（1）应力场分析

通过最大不平衡力演化曲线可知（图 6.3-14）：系统初期，由于不平衡力之比较大，将通过发生位移变形来降低不平衡力。随着迭代的不断进行，变形和应力发生重新调整，系统的不平衡力逐渐衰减，最终呈微波动收敛趋于平衡。因此，滑坡最终都会趋于稳定，并保持一种平衡状态。

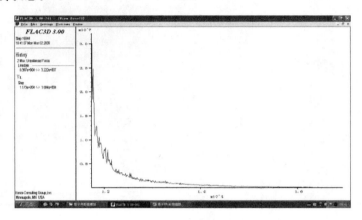

图 6.3-14　最大不平衡力曲线图

由主应力矢量图可知（图 6.3-15），由于应力重分布，边坡主应力迹线发生较明显偏转，这与边坡浅表部最大主应力与坡面平行有关。

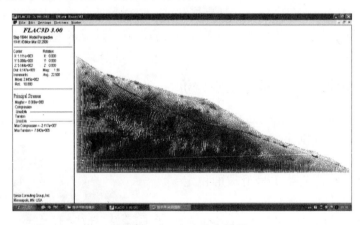

图 6.3-15　主应力矢量图

由垂向应力等值线图可知（图 6.3-16），垂向应力场分布较为均匀，量值为 0～24.474MPa，且随深度变化符合一般地应力场分布规律，即随深度增加垂向应力呈逐渐增大。垂向应力最大值出现在坡体内部，其值为 24.474MPa。

由水平向应力等值线图可看出（图 6.3-17），水平向应力量值为 0～5.2252MPa，与竖向应力分布相似，也随深度的增加而增大。水平向应力最大值同样出现在坡体内部，其值为 5.2252MPa，最小值出现在坡体表面，其值为 0。坡体后缘表面以下一定深度处，出现明显的应力增高带，呈弧形分布，最大量值达 2.5MPa，但应力增高带并未贯通，不会导致边坡整体稳定性降低。

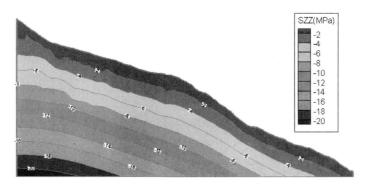

图 6.3-16 垂向应力等值线图

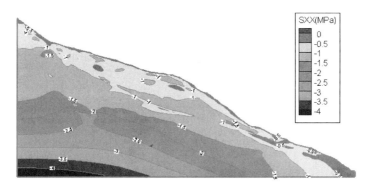

图 6.3-17 水平向应力等值线图

总体上，垂向和水平向应力场分布较为均匀，均随深度增加呈逐渐增大的趋势；且愈接近坡体表面，竖向应力逐渐与之平行，而水平向应力则逐渐与坡体表面相垂直。

（2）变形场分析

图 6.3-18 和图 6.3-19 分别为德滨路 1 号滑坡Ⅱ-Ⅱ′剖面的垂向位移等值线图与水平向位移等值线图，从图上来看滑坡的变形主要以垂向变形为主，同时伴随着一定量的向坡外的水平向位移。

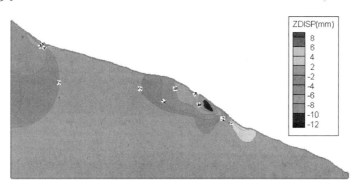

图 6.3-18 垂向位移等值线图

从垂向位移等值线图 6.3-18 来看，主要表现为重力作用下竖直向下的位移。位移量值最大处位于坡体Ⅰ区前缘，达到 12.5mm，坡体后缘也出现量值为 10mm 的变形区。后

图 6.3-19　水平位移等值线图

缘垂向整体位移近于零，没有变形迹象，滑体中部出现局部回弹现象，沿滑面呈明显弧形分布，量值达 8mm。

由水平向位移等值线图 6.3-19 可见，整个坡体分布范围内，以坡体前缘的变形最为显著，位移相对高值区分布于 200～220m 高程范围内，最大值约为 22mm，主要由地形因素决定。坡体后缘出现局部变形区，最大量值达到 10mm，主要由后缘受拉所致，但整体稳定性较好。

（3）稳定性分析

由剪应变增量图（图 6.3-20）可知，前缘出现局部的剪应变增高区，主要是受坡度影响产生的局部破坏。剪应变增量集中带分布在坡体中部，在 240～260m 高程之间，滑体前缘与基岩之间的滑带分布。滑体前缘有沿潜在滑移面滑动的趋势，但因剪应变增量带并未贯通，只是内部应力在调整过程中引起的局部变形，滑坡整体稳定性较好。

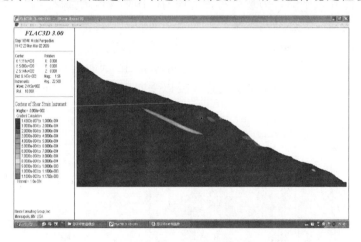

图 6.3-20　剪应变增量图

从塑性区变化图（图 6.3-21）可知，在应力重分布过程中，滑坡前缘岩体和中部岩体出现塑性变形。前缘出现一定范围的剪切破坏，主要是滑体在较高坡度条件下向临空方向滑动所致，存在局部变形迹象，但不影响整体稳定性。

通过剪切应变率量级对比看出（图 6.3-22），滑带是破坏程度最大的区域。最大量级主要集中在前缘滑带，沿滑带隐约呈带状断续分布。滑体前缘破坏程度相对较大，存在沿滑带向临空方向滑动的趋势。

图 6.3-21 塑性区变化图

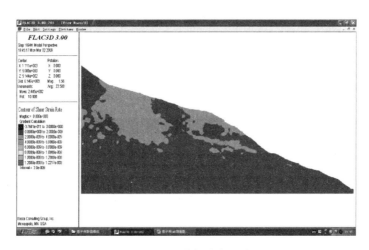

图 6.3-22 剪切应变速率

综合数值分析与地质宏观判断，德滨路 1 号滑坡在天然状况下及暴雨工况下整体稳定性较好，但若道路开挖引起 1 号滑坡的变形滑动，其将会导致变形体前缘临空，并在 1 号滑坡滑动的牵引下诱发变形体局部滑动，进而危及拟建道路和临近的成渝铁路的安全。

6.4 岩溶隧道涌突水灾害危险性评价

6.4.1 评价指标的选取

从综合反映岩溶隧道涌突水灾害发生的概率和危险程度出发，将评价指标体系分为 5 个一级指标的准则层，每个一级指标的准则层又由若干个二级指标层构成，组建的岩溶隧道涌突水危险性评价指标体系见表 6.4-1。

岩溶隧道涌突水灾害危险性评价指标体系　　　　　　　　表 6.4-1

目标层	准则层	指标层	评价指标的物理意义
岩溶隧道涌突水灾害危险性评价指标体系	岩石可溶性 K_1	岩石化学成分 K_{11}	岩溶发育的物质基础，决定着岩溶水的赋存和运移空间大小
		岩石的结构 K_{12}	
	地质构造条件 K_2	断裂构造	岩溶发育的主控因素，决定着岩溶蓄水构造与隧道之间的水力联系
		褶皱构造	
		单斜构造	
	地表汇水强度 K_3	地貌单元组合类型	岩溶发育的物质基础，决定着地下水的富集过程，同时影响着地下岩溶的发育程度和地下水运移通道的畅通程度
	地下水循环交替强度条件 K_4	地下水水化学特征	岩溶发育的主控因素，反映了隧道所在水文地质单元地下水循环排泄通道的畅通性
	隧道埋深与地下水位的相对位置关系 K_5	隧道所处岩溶水分带及埋深状况	反映了地下水向隧道排泄的水头压力大小及通道条件

6.4.2 评价指标的量化取值方法

(1) 岩石可溶性

岩石的可溶性 K_1 准则层下指标的赋值条件如表 6.4-2 所示。可溶性岩石的化学成分和结构差异引起的分异作用是岩溶发育的物质基础，造成了地下水的富集空间各异，决定着隧道充水的强度和规模。其次，岩石结构控制了岩石中原始孔隙的分布、类型以及孔隙度大小，从而对可溶岩的溶蚀性有显著影响。

岩石可溶性指标 K_1 的赋值条件　　　　　　　　表 6.4-2

定量化指标（$CaCO_3$质量分数/%）	定性指标（岩石定名）	K_{11} 评分值	岩石的结构	K_{12} 评分值
>75	灰岩	16～20	生物碎屑结构	16～20
50～75	白云质灰岩	12～16	泥晶结构	12～16
	泥质云灰岩			
25～50	灰质白云岩	8～12	粒屑结构	8～12
	白云岩			
5～25	泥质灰岩	4～8	亮晶结构	4～8
	泥质灰云岩			
0～5	泥质白云岩	0～4	粗晶结构	0～4

(2) 地质构造条件

地质构造条件 K_2 准则层下指标的赋值条件见表 6.4-3。地质构造条件不仅控制着地下水的运移和富集过程，而且决定着隧道区产生涌水的通道类型、畅通性及水源强度。采用 3 个二级指标来反映不同地质构造类型对岩溶发育程度及蓄水构造富水程度的影响，按照隧道所处的不同地质构造条件及部位分别进行取值。

地质构造条件指标 K_2 的赋值条件　　　　　　　　表 6.4-3

断裂构造	导水断裂	断裂的破碎带宽带（m）	>10	2~10	1~2	0.1~1	<0.1
		断裂的影响带宽带（m）	>30	10~30	5~10	1~5	<1
		K_2 评分	17~20	14~17	10~14	6~10	0~6
	阻水断裂	断裂的破碎带宽带（m）	>10	5~10	1~5	0.2~1	<0.2
		断裂的影响带宽带（m）	>30	10~30	5~10	1~5	<1
		K_2 评分	14~17	10~14	6~10	4~6	0~4
褶皱构造		褶皱形态	宽缓型褶皱		中缓型褶皱		紧闭型褶皱
		褶皱两翼的岩层倾角	<35°		35°~65°		>65°
		K_2 评分	0~10		10~16		16~20
单斜构造		含水层组类型	厚层状裂隙-岩溶含水层组	厚层脉状岩溶-裂隙含水岩组	夹层式层岩溶-裂隙含水岩组	孔隙-裂隙岩溶含水岩组	
		K_{21} 评分	16~20	10~16	4~10	0~4	
		岩层的厚度（m）	巨厚层（>1）	厚层（0.5~1.0）	中厚层（0.1~0.5）	薄层（<0.1）	
		K_{22} 评分	8~12	6~10	2~6	0~2	
		岩层的倾角（°）	<30	30~45	45~60	>60	
		K_{23} 评分	14~20	10~14	6~10	0~6	

（3）地表汇水强度

地表汇水强度 K_3 准则层下指标的赋值条件见表 6.4-4。地貌条件与地下岩溶空间的形成与发展是相互促进、相互作用的过程，地表不同岩溶地貌组合条件下的产汇流方式有极大的差别，地形坡度的差异造成了坡地、沟谷不同位置具有不同的产流作用，影响着地下水向隧道富集与运移的水量、水压等大小。故采用 3 种方法对地表汇水强度 K_3 进行量化取值。

地表汇水强度 K_3 的赋值条件　　　　　　　　表 6.4-4

地表出露封闭负地形面积比例（%）	70~100	50~70	25~50	10~25	0~10
K_3 评分	16~20	12~16	8~12	4~8	0~4
地表岩溶形态	封闭地形	开口沟谷切割			
	峰丛-落水洞、峰丛-洼地、溶蚀槽谷	溶蚀平原、缓坡台地	陡坡台地、槽谷、溶沟、溶丘		完整斜坡
K_3 评分	16~20	12~16	8~12		0~8
地面坡度（°）	<10	10~20	20~30	30~45	>45
K_3 评分	16~20	12~16	8~12	4~8	0~4

（4）地下水的循环交替强度

地下水的循环交替强度 K_4 准则层下指标的赋值条件见表 6.4-5。该指标的获取需要在水文地质测绘中，对隧道区不同地下水系统的排泄点或露头采样做室内水化学简分析，获得能够反映地下水循环运移速率的 Ca^{2+} 指标浓度，结合出露点测得的 PH、温度及分析结果中的其他相关离子浓度等，计算饱和指数 SI_C（Ca^{2+}）。

地下水的循环交替强度 K_4 的赋值条件　　　　　　　　　　　　　表 6.4-5

方解石的饱和指数 SI_C（Ca^{2+}）	<0	0~0.4	0.4~0.8	0.8~1.2	>1.2
K_4 评分值	16~20	12~16	8~12	4~8	0~4

（5）隧道与地下水位的相对位置关系

从西南地区岩溶隧道中近 110 个已发涌突水灾害点的统计特征来看，隧道穿越水平循环带时发生涌突水灾害的概率最高，产生的涌突水量也较其他部位更大，其次为水平-垂直交替循环带。垂直循环带中隧道涌突水的发生则与降雨具有密切相关性，深部循环带中仅偶有灾害发生。隧道与地下水位的相对位置关 K_5 准则层下指标的赋值条件见表 6.4-6。

隧道与地下水位的相对位置关系 K_5 的赋值条件　　　　　　　　表 6.4-6

定性评价指标	隧道所处的垂向循环带	垂直渗流带	交替带	水平径流带	深部循环带	
K_5 评分		0~6	6~12	14~18	8~12	
定量评价指标	隧道参照地下水位的埋深（m）	地下水位以上	地下水位以下			
			0~50	50~100	100~200	>200
K_5 评分	区域排泄基准面以上	0~6	2~8	8~14	14~18	18~20
	区域排泄基准面以下	—	14~18	16~20	12~16	8~12

6.4.3　评价指标权重的确定

隧道突水危险性指标体系层次结构如图 6.4-1 所示。结合本次研究对象的环境特征和基础资料的收集状况，采用多元回归分析的多元统计方法和 AHP 灰色关联度法来确定指标的权重。

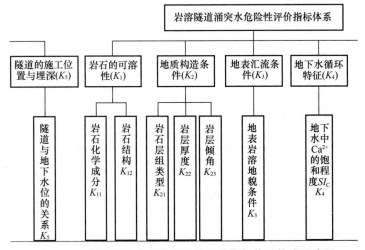

图 6.4-1　岩溶涌突水灾害危险性评价指标体系构成层次图

灾害评价一级和二级指标对涌水灾害的贡献大小用权重来衡量，指标对涌水灾害控制性越强，其权重越大。研究中通过对重庆地区已建和在建的隧道共 75 段基础地质资料与已发岩溶涌突水灾害详情的收集与调研，大致确定隧道不同洞段已发灾害的危险程度（分值或级别），利用线性回归的方法获得了 5 个一级指标的权重，利用 AHP 层次分析法确定了岩石可溶解性 K_1 的 2 个二级指标、地质构造 K_2 为单斜地层时 3 个二级指标的权重。

AHP 层次分析法判断矩阵见表 6.4-7、表 6.4-8，评价指标的权重确定结果见表 6.4-9。

K_1 二级判断矩阵 表 6.4-7

	K_{11}	K_{12}
K_{11}	1	3

K_2 单斜地层判断矩阵 表 6.4-8

	K_{21}	K_{22}	K_{23}
K_{21}	1	5	7
K_{22}	1/5	1	3
K_{23}	1/7	1/3	1

指标因子权重分配综合表 表 6.4-9

一级指标因素	二级指标因素	级别	
		二级权重值	一级权重值
岩石可溶性	岩石化学成分	0.75	0.25
	岩石结构特征	0.25	
单斜蓄水构造	岩层组合类型	0.7235	0.13
	岩层厚度	0.1932	
	岩层产状	0.0833	
地表汇流条件	地表岩溶发育类型/负地形比例/地面坡度	1	0.16
地下水循环运移条件	SI_c 值	1	0.1
隧道埋深与地下水位的关系	隧道所处地下水的循环分带	1	0.36
	隧道与地下水位的关系		

6.4.4 评价系统的建立

在计入权重条件下，隧道涌突水危险性综合评价指标 THK 的计算公式为：

$$THK = 5 * (0.25 K_1 + 0.13 K_2 + 0.16 K_3 + 0.10 K_4 + 0.36 K_5) \quad (6.4\text{-}1)$$

其中，一级指标在二级指标的相互作用下的计算公式为：

$$K_1 = 0.75 K_{11} + 0.25 K_{12}$$
$$K_2 = K_{21}(断裂或褶皱构造条件)$$
$$或者 K_2 = 0.7235 K_{21} + 0.1923 K_{22} + 0.0833 K_{23}(单斜蓄水构造条件)$$
$$K_3 = K_{31}(无二级指标)$$
$$K_4 = K_{41}(无二级指标)$$
$$K_5 = K_{51}(无二级指标)$$

6.4.5 隧道涌突水灾害危险性等级划分标准

目前岩溶隧道工程界对岩溶涌突水灾害的危险性主要从灾害引发的人员伤亡程度、财产损失程度、生态环境负效应的强弱及突水模式和可能的涌突水量大小等方面来确定风险接受准则及等级。

根据前人的研究成果，结合目前复杂岩溶隧道的施工技术和被工程界普遍接受的风险接受准则，本次研究将隧道涌突水危险性划分为 5 个等级（表 6.4-10）：危险度极高（Ⅴ）、危险度高（Ⅳ）、危险度中等（Ⅲ）、危险度较低（Ⅱ）、危险度低（Ⅰ），分值满分设置为 100 分，5 个等级所对应的分值依次为 >85、65～85、45～65、25～45、<25，分值越高，级别越高，灾害的危险程度越高。

岩溶隧道涌突水灾害危险等级划分　　　　　　　　表 6.4-10

评分	>85	65—85	45—65	25—45	0—25
级别	Ⅴ	Ⅳ	Ⅲ	Ⅱ	Ⅰ
类别	危险度极高	危险度高	危险度中等	危险度较低	危险度低
综合描述	产生大规模突发性涌水突泥灾害，短时间淹没施工掌子面和坑道中的施工设施，迫使施工停止，造成人员伤亡及财产损失，环境负效应极为显著	产生大规模突发性涌水突泥灾害，短时间淹没施工掌子面和坑道中的施工设施，在短时间内地下水量达到稳定，迫使施工停止，一般不危及施工人员及财产安全，环境负效应显著	产生中等规模突发性涌水突泥等，造成一定财产损失，不危及施工人员安全，环境负效应比较显著	产生较小规模涌水、突泥，造成一定财产损失，无人员伤亡，产生一定程度的环境负效应	局部产生小规模涌水突泥等，无人员伤亡，造成一定财产损失，环境负效应较轻或者微弱
单点最大涌水量（m³/h）	>10^4	$10^3—10^4$	$10^2—10^3$	$10—10^2$	<10

6.4.6 评价系统的可靠性验证

本次研究选取了资料收集相对完整的中梁山公路隧道、大学城隧道、成渝高速中梁山隧道等重庆市域范围已建隧道，对评价系统的可靠性进行了验证。

106

通过 *THK* 评价结果与隧道施工中岩溶涌突水灾害的实际记录结果比对来看（图 6.4-2），两者的吻合程度较高，差距基本在一个级别范围之内，极个别的洞段两者的差异达到了 2 个级别，验证了评价系统的可靠性较高。分析误差的产生，主要与两个方面因素有关：（1）收集到的已建岩溶隧道的基本地质资料的真实和详细程度不够；（2）对已建隧道未产生灾害部位的危险性级别判定有偏差。

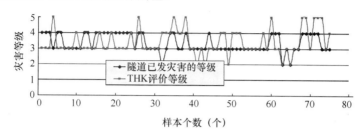

图 6.4-2 *THK* 评价结果与施工灾害实际记录结果对比图

6.4.7 岩溶涌突水灾害防治措施

能否采取可靠的岩溶涌突水灾害水防治措施将直接影响到隧道的成功修建，但岩溶发育的非均质性和岩溶水系统的复杂性，大大增加了隧道施工中岩溶涌突水灾害的防治难度。岩溶隧道施工中涌突水灾害的防治工程实施没有统一、固定的模式，灾害的防治经验多来自于工程实践。

在岩溶隧道涌突水危险性评价基础上，针对岩溶隧道洞段的涌突水灾害危险级别，结合地质调查与施工超前预测预报的宏观地质评判结果，形成灾害预警机制，确定了相应危险级别的岩溶涌突水防治措施，控制隧道建设过程中灾害发生的源头条件，降低灾害损失，同时优化隧道设计、施工、支护措施，消除隧道施工及运营中的安全隐患，详见表 6.4-11。

不同危险级别的岩溶涌突水的防治措施   表 6.4-11

危险等级	灾害预警信号	施工超前预测预报措施	施工工程控制措施
Ⅰ	绿色	地质素描	根据需要进行后注浆
Ⅱ	蓝色	地质素描、TSP203（150m）、超前浅孔钻探（5m）、必要时采用地质雷达或超前水平钻孔	①遵守安全施工原则； ②后注浆或支护
Ⅲ	黄色	地质素描、TSP203（150m）、超前浅孔钻探（5m）3 孔、地质雷达（15～30m）、超前水平探孔（30m）1～3 个	①一般选择旱季施工； ②局部预注浆；超前钻孔排水
Ⅳ	橙色	地质素描、TSP203（100m）、超前浅孔钻探（5m）3～5 孔、地质雷达（15～30m）、超前水平探孔（30m）1～3 个、可辅助红外线探水（20m）	①尽量选择旱季施工，优化施工顺序； ②遵守安全施工原则； ③以堵为主，堵排结合； ④超前预支护或预注浆； ⑤可选择多排超前水平钻孔排水，水量较大时采用平导或泄水洞排水

续表

危险等级	灾害预警信号	施工超前预测预报措施	施工工程控制措施
V	红色	地质素描、TSP203（100m）、超前浅孔钻探（5m）5孔、地质雷达（15～30m）、超前水平探孔（30～60m）1～3个、红外线探水（20m）、R24型工程地震仪、HSP或负视速度法、孔中CT成像	①尽量选择旱季施工，优化施工顺序； ②遵守安全施工原则； ③以堵为主，堵排结合； ④超前预支护或预注浆； ⑤可选择多排超前水平钻孔排水，水量较大时采用平导或泄水洞排水

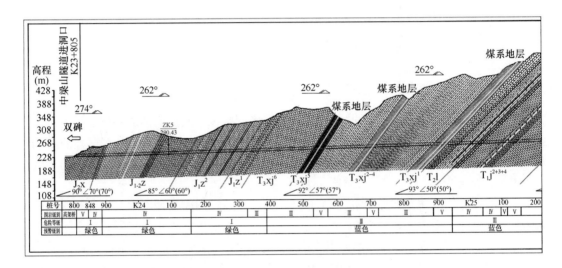

图 6.4-3 中梁山隧道 *THK* 评价结果 1

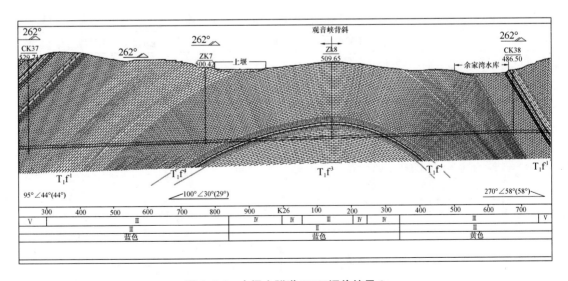

图 6.4-4 中梁山隧道 *THK* 评价结果 2

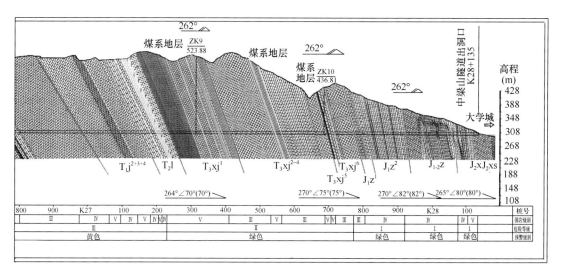

图 6.4-5 中梁山隧道 *THK* 评价结果 3

6.5 隧道施工建设对地下水环境的影响评价

随着计算机技术的进步，尤其近十几年，地下水系统数值模拟取得了长足进步。国外的数值模拟研究主要针对数值模拟方法，并逐渐发展为由二维模型转变为三维模型的趋势。国外开发了许多不同功能的地下水系统数值模拟软件，并且其使用已经逐渐成熟，尤其以 MODFLOW 的模块化、可视化、交互性、求解方法、多样化特定得到广泛的使用，据美国地质局统计，其使用占到了地下水数值模拟应用的一半以上。近年来随着其功能的不断完善，MODFLOW 已经在较多的实际应用中起到了一定的作用。

以轨道交通 6 号线中梁山隧道为例，建立其对地下水环境影响三维数值模拟，通过已掌握的水文监测资料，正向及反向模拟地下水的变化过程，为参数的合理取值作为验证过程。再结合当地的气象资料、勘探资料建立隧址区的三维模型进行模拟，并预测隧道修建后新的影响范围和模式。

6.5.1 模拟参数校验分析

由于隧址区的地质勘察工作有限，暂无水文地质试验的资料数据，未获取岩体渗透系数等水文参数，而要预测拟建隧道对地下水环境的影响，正确选择隧址区水文地质参数十分重要。因此，首先根据已有成渝高速公路中梁山隧道（距离本隧址区约 3km）的水文监测资料进行模拟，再以经过其验证的参数作为本次轨道交通一号线中梁山隧道模拟的基础，并进行适当调整后进行模拟与预测。

模拟计算采用基于 Modflow 内核，由加拿大 Waterloo 大学后期研发所形成的 VISU-AL MODFLOW 4.0 版本。

（1）隧址区计算单元与边界条件概化

成渝高速公路中梁山隧道位于拟建隧道南面，在施工监测期间进行了地表水文监测，并掌握了该工程项目对隧址区地下水影响程度及范围，可以作为模拟时的验证手段。

本次模拟隧址区 X 方向总长度 5020m，Y 方向总长度 6934m，共剖分成 347 行，251 列，单层单元格数目为 87097 个；垂向 Z 方向的高差最大约 500m，划分为 20 层，模型总共 1741940 个单元格。并按照含水性质进行水文参数赋值，各地层渗透性 K 取值基于中铁二院地勘报告并参考中梁山煤矿平硐涌水实测资料反求出的岩层渗透系数（表 6.5-1），降雨量采取区域内的多年平均降雨量 1082mm，并按照平面上出露的岩性分布及地表地形进行分区。详细情况赋值如图 6.5-1、图 6.5-2 所示。

中梁山煤矿平硐涌水实测资料反求 K 值一览表　　　　　　　　　表 6.5-1

平硐	层位	B (m)	S (m)	R (m)	H_0 (m)	h_0 (m)	Q (m³/d)	K (m/d)	计算公式	附注
南硐	T_1f^3	43	175.25	2178	227.84	52.58	1244	1.282	$Q=BK$ $(H_0^2-h_0^2)$ /（2R）	表中 R 系煤矿实测资料
	T_1j+T_2l	200	146.66	2356	190.66	44.09	1709	0.585		
北硐	T_1f^3	40	179.67	894	233.57	53.90	42	0.0182		
	T_1j+T_2l	106	160.69	800	208.90	48.21	2978	0.544		

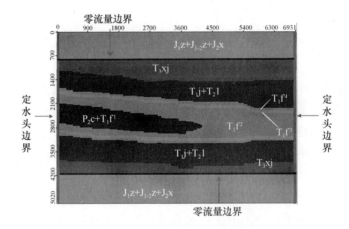

图 6.5-1　成渝高速公路模型地质结构及水文地质边界平面图

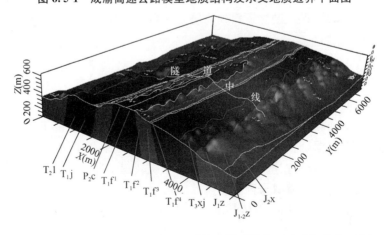

图 6.5-2　成渝高速公路隧址区三维地质模型概化图（垂向放大 2 倍）

由于隧址区内主要的含水地层为 T_1j 和 T_2l，因此在模型中作为主要含水层。而山体东、西两侧的 T_3xj 作为弱透水层，其厚度较大，地下水活动性相对较差，地下水有向东西两侧山脊以下运动的水动力条件，但鉴于渗透能力较低，模型以低渗透层位处理之；其外的 $J_1z+J_{1-2}z+J_2x$，作为隔水层处理为低渗透性，因此模型的东、西两侧默认作为近似的零流量边界。而模型的南、北两侧均没有受到隧道的疏干影响，基本保持天然状态，对隧道进行常年补给，因此作为稳定的定水头边界进行处理。隧址区渗透性模拟计算参数 K 取值详见表 6.5-2。

隧址区渗透性模拟计算参数 K 表 6.5-2

地层代号	赋水特性	K_x (m/d)	K_y (m/d)	K_z (m/d)	减去蒸发量后的降雨补给量（mm/y）
$J_2x+J_1z+J_2x$	隔水层	0.002	0.002	0.005	100
T_3xj	弱含水层	0.01	0.01	0.05	100
T_2l+T_1j	岩溶含水层	0.6	0.6	0.9	500
T_1f^4、T_1f^2	隔水层	0.01	0.01	0.05	100
T_1f^3	岩溶含水层	0.2	0.2	0.6	100
T_1f^1，P_2c	岩溶含水层	0.15	0.15	0.45	150

（2）模拟参数适用性及验证

1）在建立空间物理模型以后，首先进行初始渗流场的拟合，对初始水位以及各个参数进行校正。然后将其作为初始水头赋给计算模型的各个单元，进行为期 10 年的稳定流模拟，其结果作为非稳定流模拟的初始值。

在模型的区域内，成渝高速公路隧道修建之前，东西两槽谷内出露地表的水点众多，因此整体上为高水位槽谷，在 T_1j+T_2l 系统内可以近似地认为地表高程与地下水位十分接近。在经过模拟后，得到稳定的地下水径流场，如图 6.5-3 所示，地下水等水位线与地

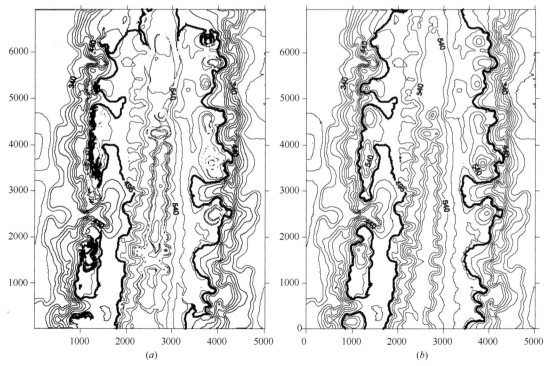

(a)   *(b)*

图 6.5-3   天然条件下等水位线与地表等高线对比（左为等水位线）

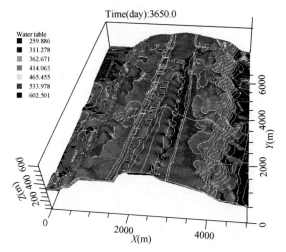

图 6.5-4　天然状态下地下水等水位
线三维视图（垂向扩大 3 倍）

形线几乎没有太大变化，比较明显的是核部区域的地下水水位低于地形线，而两槽谷内的水位与地形线相近；由图 6.5-4 三维视图更加清晰的表现出在东、西槽谷内的地下水位与地表接近的特点，局部略低于地表而部分区域略高于地表，而核部以及两侧的山体内地下水位于地表形态接近，埋深明显较大。

以上情况表明模拟结果与实际情况接近，因此可以将成渝高速公路隧道概化入模型进行下一步的模拟工作。

2）隧道修建后地下水径流特征

据前期研究，成渝高速公路中梁山隧道的影响范围主要集中在隧道线两侧 1.5km 范围，如图 6.5-5 的所示框选范围内，本次进行的模拟结果东、西两个槽谷内与实际影响范围较为接近；且模拟结果中通过隧道进行排泄的地下水量为 6691 m³/d，即 77.44 l/s，与渝遂高速公路以及襄渝铁路的实际排水量较为接近，与实际情况基本一致。

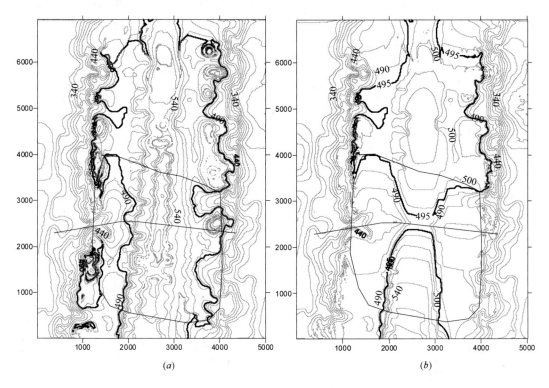

(a)　　　　　　　　　　　　(b)

图 6.5-5　隧道对地下水影响的等水位线（左为天然状态下等水位线）

6.5.2 隧址区水文地质三维数值模拟

(1) 隧址区地质模型概化

拟建轨道交通一号线中梁山隧道隧址区核部为 T_1f 地层，总体上仍然为较对称的背斜。模拟选取模型底板为 0m 高程，按照 20m 网格将其剖分。南北向范围长 9240m，462 个单元，南侧至山洞村；东西向长 4520m，226 个单元，范围包含各个隧道的进出口。各地层渗透性 K 数据参考上述成渝高速公路中梁山隧道模拟所采用的参数，进行适当调整。降雨补给量以上述参数为基础，按照平面上出露的岩性及地表地形进行分区赋值。

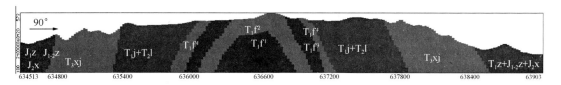

图 6.5-6 模型地质构造剖面图（沿 3271200 剖面）

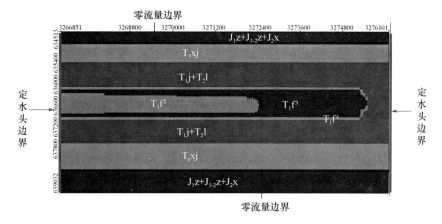

图 6.5-7 模型地质构造及水文地质边界平面图

(2) 地下水径流现状模拟

隧址区内已有襄渝和渝遂高速公路隧道，据渝遂高速公路施工监测资料，两条隧道总排水量达到 17000m³/d 左右。

实际调查的已有线路影响范围西槽谷北侧至下大天池北侧（A），南侧影响至黑天池（B）处；东槽谷内北侧至歌乐山镇（D），南侧至林园附近（C）。

在将模型运行至径流场达到稳定状态后，图 6.5-8 为地下水等水位线与地表等高线对比图，可以看出以隧道线为中心形成的降位漏斗明显。且 A、B、C、D 四个点之外的等水位线与地形等高线较为一致，由于东西两槽谷内隧道影响范围以外的区域，地下水位普遍与地形较为接近，因此模拟出的两槽谷内地下水疏干单元范围与实际的影响范围较为符合，即将此认为隧址区的现状条件，即渝遂高速公路和襄渝隧道修建后隧址区内地下水现状。然后模型在此基础上加入拟建隧道并进行各种工况的模拟。

(3) 隧道排水条件工况下

该模拟方案主要考虑拟建隧道以排水为主，未进行任何堵水措施的开挖方案。由于隧

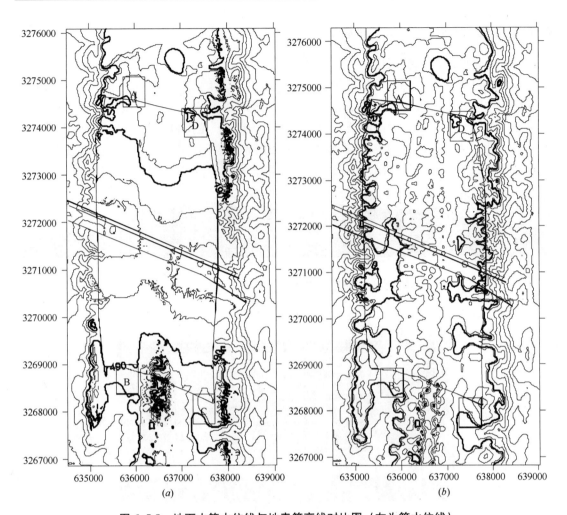

图 6.5-8　地下水等水位线与地表等高线对比图（左为等水位线）

道尚未开挖，选取预测的拟建中梁山隧道平常涌水量 18952m³/d。并由此计算出模型内隧道单元的导水系数进行赋值。

在模型计算达到稳定后，如图 6.5-9 所示，隧道对地下水的疏干范围有进一步的扩展。

拟建轨道交通一号线中梁山隧道使得地下水在原有的地下水降位漏斗基础上进一步加深。这是由于拟建隧道的排水量按照预测的 18952m³/d 计算其导水系数并对相应的隧道单元赋值，而襄渝铁路中梁山隧道和渝遂高速公路大学城隧道均采用实测排水量（分别为 5000m³/d 和 12000m³/d）计算出的导水系数赋值，所以拟建隧道成为隧址区内最大的排水边界，并且沿隧道线成为新的降位漏斗中心。与隧址区地下水现状条件相比，拟建隧道在进行排水的情况下将原有的降位漏斗往南面和北面均扩大了 800m 左右，到达 a 和 b 点处。

（4）隧道堵水条件工况下

该条件下隧址区地下水渗流场在 5427 天后达到稳定状态，相对于隧道修建前的初始状态其降位漏斗的范围变化不大。对已有地下水降位漏斗的改变主要是使得降位漏斗的中

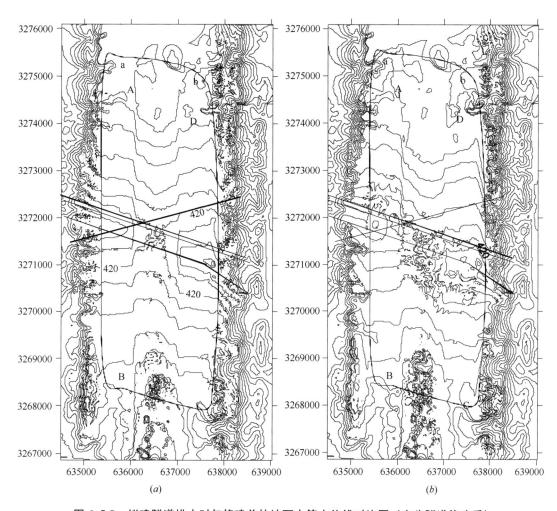

图 6.5-9　拟建隧道排水时与修建前的地下水等水位线对比图（左为隧道修建后）

心区域扩大，这是由于拟建隧道与已有隧道呈 X 型相交的位置关系，拟建隧道同样在排泄部分地下水，而越靠近隧道附近的区域其水力坡度越大，因此隧道附近位置的降位漏斗形状明显，如图 6.5-10 中圈定的区域所示。

　　由于拟建隧道所增加的排水量较小，其增加的影响范围可能不易观察，因此为了进行确切地掌握其影响情况，在上述 A（upper pool）、B（black pool）、C（lin park）、D（Geleshan）四处设置观测井，对其水位具体变化情况进行观察。发现监测井的模拟水位变化幅度较小，在模拟期内水位主要保持稳定，如图 6.5-11 所示，即表明隧道扩大的影响范围不明显。

（5）隧道建成后堵水条件工况下

　　该工况主要分析隧道在进行有效的堵水措施之后隧址区地下水的恢复状况。具体情况见图 6.5-12、图 6.5-13，其中颜色较深的线条为 500m 高程的等水位线，由此可见其明显的恢复过程。

　　根据模拟的结果，隧址区地下水的恢复情况较好，不足 60d 便出现了明显的恢复情况；且在进行至 120d 时，水位抬升且已经略微超过了隧道修建前的天然状态地下水水位。

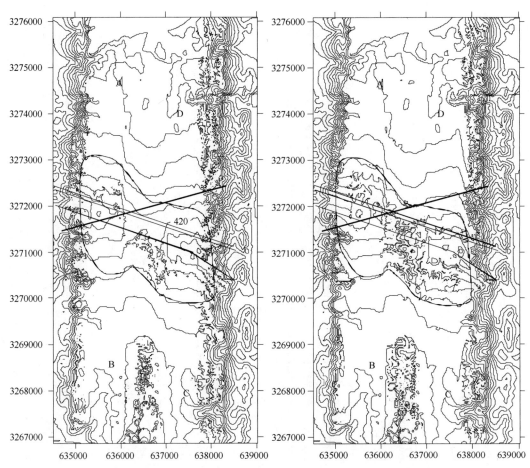

图 6.5-10　拟建隧道堵水时与修建前的地下水等水位线对比图（左为隧道修建后）

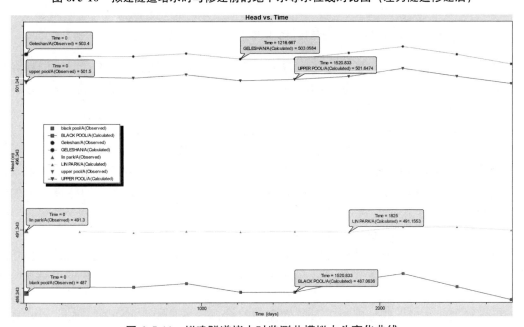

图 6.5-11　拟建隧道堵水时监测井模拟水头变化曲线

最终水位达到稳定时，经历约 190d，且略微高出天然状态下的地下水位。

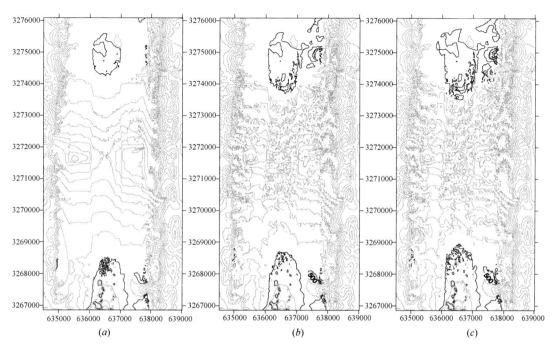

图 6.5-12 拟建隧道堵水后地下水位对比图（等水位线图）

（a）隧道堵水前；（b）堵水 60d；（c）堵水 90d

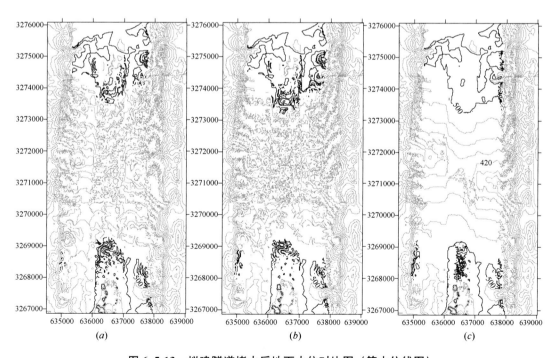

图 6.5-13 拟建隧道堵水后地下水位对比图（等水位线图）

（a）堵水 120d；（b）堵水 180d；（c）隧道修建

模拟结果显示出堵水效果较好以及恢复的时间较短，以上模拟结果与渝怀铁路修建后堵水的效果较为相似。

6.5.3 隧道施工对地下水环境的综合评价

运用三维数值模拟软件 Visual Modflow 模拟不同条件下隧道开挖对隧址区地下水造成的影响。结果如下：

（1）隧道在以排水为主进行施工时，考虑预测的平常涌水量 18952 m^3/d 情况下，对于原有的地下水降位漏斗扩大的范围为在已有的地下水降位漏斗基础上分别向南侧和北侧扩展 800 m 左右，北面东槽谷影响区内包括歌乐山镇街道（大土村社区），西槽谷内已经包括上大天池。

（2）隧道在进行超前堵水（考虑涌水量 1890 m^3/d）的情况下，地下水径流场达到稳定条件下，对于原有的地下水降位漏斗的边界扩大不明显。仅东槽谷内漏斗的中心区域有一定程度的扩大，这是由于越靠近隧道的区域其地下水水力坡度越大，形成的降位漏斗形状越明显。拟建轨道交通一号线中梁山隧道修建后造成的降位漏斗区域主要仍体现在已有的降位漏斗区域。

（3）隧道在施工期间以排水为主，形成了稳定的降位漏斗之后，对隧道进行有效的堵水措施。地下水的恢复状况比较明显，但地下水恢复至稳定径流状态历时约为 190d。

通过综合分析和模拟的结果，初步判断若隧道采取排水的施工方式（模拟排水量为 18952m^3/d），对隧址区内地下水有较大影响，新的降位漏斗向南北两侧均扩大 800m 左右；若隧道采取较好的堵水措施后，地下水恢复至施工前状态需要近 190d 左右；若隧道在施工时采取超前堵水的措施（模拟排水量为 1890 m^3/d），对隧址区地下水降位漏斗的扩大不明显，可能扩大的影响区域主要应体现在东槽谷内隧道线以北的区域。因此，综合模型结果进行分析，建议以坚持堵水为隧道建设的指导方针。

6.6 大断面浅埋立体交叉地下隧道稳定性数值分析

6.6.1 隧道围岩力失稳理论及地表沉降机理

（1）围岩的稳定性

隧道开挖前，围岩中的每个质点均受到天然应力状态（一次应力状态）作用而处于平衡状态。隧道开挖后，洞壁掩体因失去了原有岩体的支撑，破坏了原来的受力平衡状态，而洞内空间胀松变形，其结果又改变了相邻质点的相对平衡关系，引起应力、应变和能量的调整，以达到新的平衡，形成新的应力状态。我们把地下开挖后围岩中应力应变调整而引起围岩中原有应力大小、方向和性质改变的作用，称为围岩应力重分布作用，经重分布后围岩的应力状态称为重分布应力状态（二次应力状态），并将重分布作用应力影响范围内的岩体称为围岩。有关研究表明，围岩应力重分布状态与岩体的力学性能、天然应力和硐室断面形状等因素有关。

在没有采取支护措施且地下硐室不能自稳的情况下，其力学动态过程可分为四个阶段：

1）开挖后引起应力重新分布；

2）在重分布应力作用下，一定范围内的围岩产生位移，进入松弛状态，与此同时也会使围岩的物理力学性质恶化；

3）在上述围岩位移的情况下，围岩将在薄弱处产生破坏；

4）在局部破坏的基础上造成整个硐室的崩塌。

如果在第二或者第三阶段施加支护措施并促使其稳定，将形成第三次应力状态。三次应力状态在满足稳定要求后就形成了一个稳定的硐室结构。

围岩的稳定性分析，实质上是研究地下空间开挖后第二次和第三次应力状态形成机理和计算方法，以判别围岩会不会发生局部破坏，是否会造成整个硐室的崩塌。围岩稳定性是一个相对概念，它主要是研究围岩的应力状态和围岩强度之间的相对关系。一般来说，当围岩内部某处的应力达到并超过了相应围岩的强度时，就认为该处围岩已经破坏，反之则未破坏，也就是说该处围岩是稳定的。因此，我们在做地下隧道稳定性分析时，首先应根据工程所在的围岩天然应力状态确定开挖后围岩中重分布应力状态，以及采取支护措施后的应力状态的特点，进而研究围岩应力与围岩变形及强度之间的关系，进行稳定性评价，以此作为地铁隧道设计和施工的依据。

（2）围岩失稳模式

1）整体块状结构围岩隧道失稳模式

整体块状结构围岩在岩质较硬、地应力较高的情况下的变形失稳主要表现为岩爆和劈裂剥落，如图 6.6-1 所示，其基本机理为：在较高应力条件下围岩由于扰动因其损伤破坏加剧，会发生围岩突然破坏，并伴随着能量的突然释放，且具有很强的杀伤力。据以往研究表明，岩爆的力学机制大体上可归为压制拉裂、压制剪切破裂、弯曲鼓起等方式。不同的破裂方式不仅与围岩的受力状态有关，也与岩体本身的性能与结构有关。

2）块状结构围岩隧道失稳模式

块状结构围岩主要由硬质岩被节理、裂隙切割而成，如图 6.6-2 所示，此类结构围岩主要破坏机理为：受围岩强度和弱结构面控制下的块体分离、脱落。其力学机制主要为岩块的脆性破坏和沿着弱结构面的切向滑移。但这些力学机制不是单一的类型，主要包括：压应力高度集中引发的压制拉裂等脆性破坏（如整体块状围岩的岩爆、劈裂剥落等）、拉应力集中导致的张裂破坏（如张裂掉块、塌方等）、重力作用或压力作用下的块体剪切滑移、倒转、和破碎等。

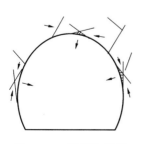

图 6.6-1　岩爆和劈裂
剥落现象示意图

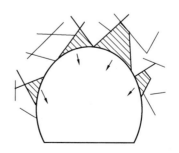

图 6.6-2　坍塌和掉
块现象示意图

3）层状结构围岩隧道失稳模式

层状结构岩体的变形主要有层面弯折和顺层滑移两种，层面弯折的力学本质是：应变能释放产生的指向隧道内的拉张应力超过岩层层面间的粘结力，由于岩石材料刚度和岩层层面刚度存在差异，岩层弯折变形逐步增大，进而演化成岩层层面的断裂、分离，当弯折变形量超过单层岩层的最大变形挠度时，便发生岩层弯折或溃曲。特别在一些层片状软岩，常出现结构性弱化。弱化机制为：开挖后在应力扰动和水的力学—化学耦合作用下，层片裂解与弯曲变形，岩体强度整体弱化，自稳能力变差（图 6.6-3）。

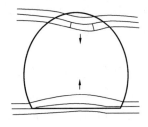

图 6.6-3　水平层状围岩隧道拱顶下沉、底鼓及弯折变形破坏

顺层滑移变形的主要机理为：隧道开挖后，岩层在隧道某临空面上表现为指向隧道临空面正方向（即隧道内）的顺倾模式，进而在隧道三维应力场的综合作用下产生层面剪切应力集中，当层面剪切应力超过岩层层面的抗剪强度时，便发生向隧道内的顺层滑移变形。

如图 6.6-4 所示，在倾斜岩层情况下，拱顶、右拱肩及右侧壁围岩向洞内顺层滑移，而左拱肩发生塑性弯折变形；直立岩层中拱顶部位围岩易顺层向下滑移变形，两侧壁围岩向内弯折或溃曲变形。

4）碎裂结构围岩隧道失稳模式

碎裂结构围岩主要是由于节理、裂隙等结构面比较密集而导致岩体形成比较破碎的结构特征，结构面之间的胶结弱，开挖扰动产生临界面，掌子面附近岩体在临空面部位产生应力集中。其中，拉应力集中导致围岩沿弱结构面分离并在重力作用下坍塌，压应力集中导致围岩剪切松动或挤出变形。一般碎裂结构围岩出现在强风化区，或结构作用强烈的地区（如断层破碎带和断层角砾岩），或存在于浅埋风化、破碎地段，在地表径流或地下水丰富的地区往往有较高的裂隙水含水量，此时的岩体结构面基本丧失强度和刚度，碎裂结构围岩的变形表现出流塑特征。

5）散体结构围岩失稳模式

散体结构围岩变形机理归纳为：此类围岩本身岩体结构面之间及矿物颗粒间的胶结强度较弱，在隧道开挖后产生临空面，必然使指向临空面的水力梯度增加，所产生的动水压力差使得孔隙水、裂隙水等在结构面及矿物颗粒间的胶结强度进一步弱化，在重力场、构造应力或侧向压力作用下，散体结构岩体结构面之间与矿物颗粒的胶结作用基本失效，在水压力

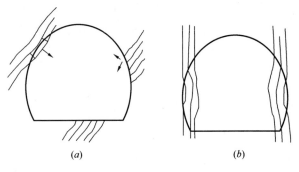

图 6.6-4　层状围岩失稳模式

（a）倾斜岩层；（b）直立岩层

或水化学作用下出现流塑扩容变形。于是，例如砂土液化、泥化、大变形、坍塌等变形或失稳现象均有可能发生（图 6.6-5），这类变形一般与水、地应力等环境因素关系密切。

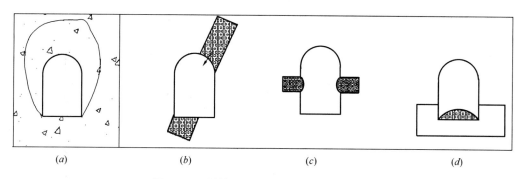

图 6.6-5 散体状围岩变形破坏特征示意图

6.6.2 隧道围岩稳定性判别方法及位移控制基准

近年来，围岩稳定性问题已经引起国内外科研人员的普遍关注，但是由于不同地区的地层条件存在较大差异和不确定性，对于地铁隧道下穿工程围岩稳定性的判别和控制基准，目前仍有很多不同的观点。

（1）隧道围岩稳定性判别方法

隧道围岩从开挖到破坏一般包括弹性变形阶段、弹塑性屈服的稳定阶段和非稳定的破坏阶段。开挖后的隧道会引起周围原本稳定的地应力场遭到破坏，围岩发生卸荷，地应力重新分布从而再次达到新的平衡状态。在此过程中，围岩会发生塑性变形，形成一定的塑性区，这部分塑性区的发展决定了开挖后的隧道能否稳定可靠。一旦围岩发生塑性突变或变形异常，围岩将很可能失稳，发生坍塌等事故。为了及时监测塑性区的变形发展状态，学者们提出了很多判别方法，主要分为围岩强度判别法和隧道洞内变形判别法两大类。

围岩强度判别法是利用摩尔-库仑强度准则、Hoek－Brown 经验强度准则、Drucker－Prager 强度准则等方法作为判断围岩是否稳定的判据。这种方法存在一定的局限性，首先其应用需要岩体强度和地应力场的数据资料，这些数据的获取比较困难；其次由于构造运动的影响，隧道在开挖前原有应力状态已经遭到破坏，加之施工过程中对围岩的维护，使得这些经典力学理论在现场运用中难以准确判断；此外隧道开挖后围岩处于复杂环境中，其稳定性受地质条件、施工工艺等多因素耦合作用，这使得对其进行理论分析更为复杂。

洞内变形判别法认为，当开挖后隧道洞内围岩变形发生收敛并趋近于 0 时，该隧道即可判定为稳定状态。若开挖后围岩变形持续递增最终超过极限位移仍不收敛，则判定该隧道处于不稳定状态，很可能发生坍塌等事故。国内外常以变形速率、位移加速度及收敛比作为该判据的判定参数。

（2）隧道稳定性极限位移

隧道极限位移是指隧道在某种极限状态下各控制点的位移。它由围岩性质，施工工艺和支护工艺等多因素影响的。在隧道开挖工程中可通过以下方法确定隧道的极限位移：

1）利用实际位移和补充的插值位移进行位移反分析，以此获得原岩应力、围岩力学性质等参数；

2）以实际施工参数以及支护结构作用荷载等参数为基础，进行数值模拟计算，从而获得反映实际地质条件及支持结构的隧道极限变形值；

3）通过灰色理论和神经网络的方法处理监测数据，对位移时序曲线进行预报，取得隧道开挖至测量获得第一次数据前的位移释放值和实测位移的最终估计值，并处理得到隧道极限位移。

隧道失稳有一些先兆，从现场来看，喷层的大量开裂、层状劈裂或局部块石坍塌均是隧道失稳的先兆。从测量数据上看，但洞内拱顶沉降与收敛测值达到2/3的极限位移时仍未出现收敛减缓迹象或单日测值超过极限位移的10%也是隧道失稳的先兆。此外，隧道断面的异常变形，且在无施工干扰时变形速率加大也是失稳的先兆。

（3）隧道极限状态的宏观特征解释

开挖后隧道断面的位移变形量是围岩发生塑性应变甚至失稳的宏观表现形式，工程上我们采用通过分析拱顶沉降和洞内水平收敛的测量的变化规律进行分析。图 6.6-6～图 6.6-8 反映了随着地应力的释放，洞内周边位移情况和变化速率的变化曲线。可以看出，初始应力释放未达到90%之前，拱顶沉降和洞内收敛均表现为十分平稳的上升阶段，且变形的速率基本不变。一旦初始应力释放达到90%，变形速率突然增大，拱顶沉降和洞内收敛值突然增大，进入塑性流动阶段。并且从变形速率来看，弹性阶段围岩变形速率为0，塑性阶段出现斜率很微小的线性增长趋势，进入塑性流动阶段后，斜率突然增大数倍。因此在现场施工过程中，我们要做好及时的监控量测，在围岩发生塑性流变状态之前对围岩采取有效支护。

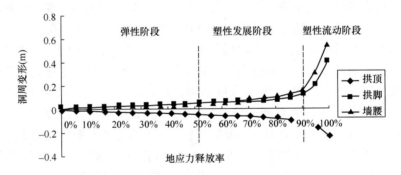

图 6.6-6 洞周边变形随地应力释放的变化规律

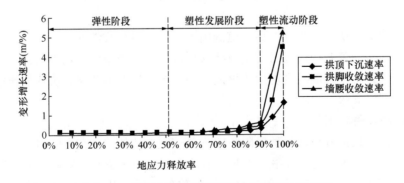

图 6.6-7 洞骤变型增量随地应力释放的变化规律

此外，变形协调系数是指洞内水平收敛与拱顶沉降值之比，采用变形协调系数对地应力释放的不同阶段进行围岩失稳分析也是一种可靠方法。从图 6.6-8 中可以看出当围岩处于弹性阶段时，变形协调系数为定值，说明水平收敛和拱顶沉降在此阶段的增长速度相同；而当围岩进入塑性变形阶段后，并行协调系数表现为缓慢的线性增长，说明围岩处于塑性阶段时水平收敛变化速率大于拱顶沉降变化值；进入塑性流动阶段后，应变协调系数发生突变，围岩处于不平稳状态，可能表现为尖拱或边墙挤入等现象。

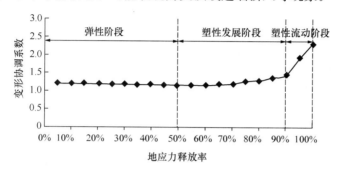

图 6.6-8 围岩变形协调系数随地应力释放率的变化规律

综上所述，隧道开挖后洞内围岩发生塑性流动现象是其围岩发生失稳破坏的主要因素，围岩失稳的极限状态可以通过洞内收敛的测值和拱顶沉降的测值或洞内变形协调系数进行判定。研究表明，从施工现场的角度出发，在施工过程中，采用变形协调系数进行围岩稳定性的判定更加方便，更具可操作性。

6.6.3 数值模拟软件选取与模型的建立

（1）Flac3D 软件简介

Flac3D（Fast Lagrangian Analysis of Continua），是二维的有限差分程序 Flac2D 的拓展，由美国 Itasca 公司研发的数值模拟计算软件。能够采用了拉格朗日差值算法和混合—离散分区技术对岩石、土质及其他多种材料的三维结构进行受力分析和塑性流动分析计算，从而准确的模拟材料的塑性破坏和流动。由于无须形成刚度矩阵，因此，基于较小内存空间就能够求解大范围的三维问题。

Flac3D 所采用的混合离散法比有限元数值模拟所采用的离散集成法更精准，即便被模拟的系统是静态系统，Flac3D 仍采用动态运动方程，这使得 Flac3D 在模拟物理上的不稳定过程不存在数值上的障碍。此外，Flac3D 所采用的显式解方案对非线性的应力—应变关系的求解所花费的时间，几乎与线性本构关系相同，而隐式求解方案将会花费较长的时间求解非线性问题。而且，它没有必要存储刚度矩阵，这就意味着采用中等容量的内存可以求解多单元结构，模拟大变形问题几乎并不比小变形问题多花费计算时间，因为其刚度矩阵并不需要修改。

但是 Flac3D 也存在一些自身的缺陷，比如对于线性问题的求解计算时间较长，前处理功能较弱等。

（2）计算模型的建立

根据中国西部某城市隧道的实际情况，建立了长（122～142m），宽 108m，高 40m 的三维模型。在建模过程中默认为各岩层为均匀介质，忽略了路面的不平整度，以方便计算。为了能够更好地反映出下穿双孔并行盾构施工对近邻隧道的施工和上覆高速公路路面影响，决定建立左、右线隧道净距分别为 10m、20m、30m，埋深分别为 10m、15m、20m，左右两洞异步开挖掌子面相距为 6m、12m、18m 的三条件三水平正交的数值计算方案，共 27 个模型，方案如表 6.6-1 所示。

根据工程地质资料，模型自上而下材料分别为路面、素填土（路面部分为路基）、砂岩和砂质泥岩，各层厚度分别为 0.3m、3.9m、4.8m、31m。一般来说，地铁工程地质初勘、详勘报告中的土层常规及特殊指标综合统计表只有压缩模量等值，模型中土体参数选取，需要根据压缩模量与弹性模量之间及土体弹性模量与体积模量、剪切模量之间的转换公式进行计算，公式如式（6.6-1）～式（6.6-3）所示，根据施工设计图纸和地质勘查报告，赋予模型以下材料属性，如表 6.6-2 所示。

试验模拟计算方案

表 6.6-1

埋深 10m	净距 10m	异步 6m	1-1-1
		异步 12m	1-1-2
		异步 18m	1-1-3
	净距 20m	异步 6m	1-2-1
		异步 12m	1-2-2
		异步 18m	1-2-3
	净距 30m	异步 6m	1-3-1
		异步 12m	1-3-2
		异步 18m	1-3-3
埋深 15m	净距 10m	异步 6m	2-1-1
		异步 12m	2-1-2
		异步 18m	2-1-3
	净距 20m	异步 6m	2-2-1
		异步 12m	2-2-2
		异步 18m	2-2-3
	净距 30m	异步 6m	2-3-1
		异步 12m	2-3-2
		异步 18m	2-3-3
埋深 20m	净距 10m	异步 6m	3-1-1
		异步 12m	3-1-2
		异步 18m	3-1-3
	净距 20m	异步 6m	3-2-1
		异步 12m	3-2-2
		异步 18m	3-2-3
	净距 30m	异步 6m	3-3-1
		异步 12m	3-3-2
		异步 18m	3-3-3

$$E_0 = E_s \left(1 - \frac{2\mu^2}{1-\mu} \right) \qquad\qquad (6.6\text{-}1)$$

$$k = \frac{E_0}{3(1-2\mu)} \qquad\qquad (6.6\text{-}2)$$

$$G = \frac{E_0}{2(1+\mu)} \qquad\qquad (6.6\text{-}3)$$

式中：E_s——弹性模量；

$\quad\quad E_0$——压缩模量；

$\quad\quad k$——体积模量；

$\quad\quad G$——剪切模量；

$\quad\quad \mu$——泊松比。

各土层材料参数表   表 6.6-2

材料名称	内摩擦角（°）	黏聚力（kPa）	泊松比	弹性模量（GPa）	重度（kN/m³）
砂质泥岩	32	1700	0.38	1.21	25.6
路基	28	140	0.3	0.8	21
砂岩	41	2500	0.12	5.91	25
衬砌	51.8	2300	0.2	20	25
路面	40	2300	0.15	1.8	24

根据以上数据和计算方案，运用 Flac3D 软件进行建模，如图 6.6-9 所示，每个模型76000 多个单元 311000 多个节点。

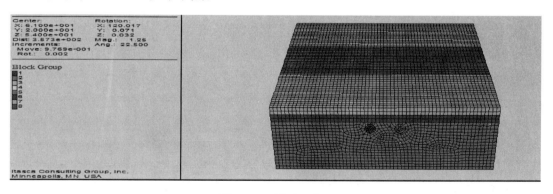

图 6.6-9 模型示意图

（3）模型计算思路

模型建立之后，首先确定边界条件，对除了上表面的其他各边界面进行位移限定，然后进行初始地应力计算并在计算完成后进行位移清零处理。

如何模拟开挖过程是数值模拟的核心环节，由于模拟计算考虑到异步开挖的间距和上覆高速公路路面动载荷的施加，故而给模拟过程增加了难度。经过多次调试，决定采用先开挖右洞待开挖达到设定异步掌子面间距时，再开始开挖左洞，对于已开挖的部分立即赋予其衬砌的材料属性，模拟盾构机的管片支护过程，并在路面施加一定频率的重车通过的动载荷（下节进行具体介绍），开挖过程中，选取特殊的三个时段记录计算结果，这三个时段分别为：

1）先行掌子面到达高速路面正下方时；

2）后行掌子面到达路面中心位置正下方时；

3）左右两洞双双开挖完成时。

整个计算过程如图 6.6-10 所示，三个记录计算结果的时段如图 6.6-11～图 6.6-13 所示。

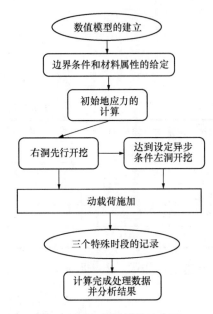

图 6.6-10　数值计算流程图

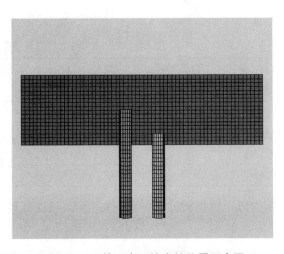

图 6.6-11　第一步开挖空间位置示意图

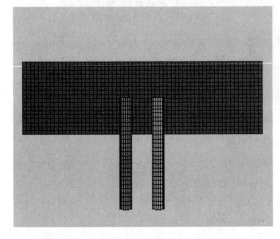

图 6.6-12　第二部开挖空间位置示意图

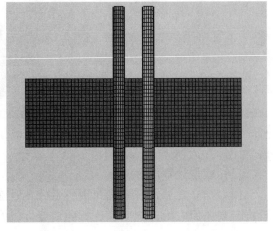

图 6.6-13　第三部开挖空间位置示意图

（4）动载荷的模拟

长期以来，我国学者在进行车辆载荷对路面的影响分析时把重车的行驶过程通常转化成静载荷进行研究，通过计算路面材料的拉弯应力和路面的回弹弯沉值等参数作为辅助道路设计的控制指标。这种静载荷代替动载荷的方法在行车速度较慢、路况较好、车辆载荷较轻的情况下计算出的结果是与实际情况较吻合的。但对于本节研究的隧道下穿高速公路的工程背景下，由于高速路面行车车速较快，行驶车辆较多为运输货物的大型重车，仍然采用静载荷来代替实际的路面动载荷，恐怕会出现较大的计算误差，不利于数值模拟。

由于本节采用的数值模拟软件 Flac3D 支持动载荷的计算，且计算时间较其他软件要快，故而决定双孔隧道上覆的高速公路路面施加模拟重车行驶的动载荷的方法，进行数值计算。在此过程中，有以下问题需要解决。首先，车辆驶过路面时具有一定的随机性，其次重车本身是一个多自由度的振动系统，另外路面的不平整度也是一个影响动载荷施加效果的因素。通过对该内环高速公路的实地考察，并结合相关学者的研究成果，决定以三轴十轮组的东风货车作为重车模型。该重车后轴为双轮，内外轮轮距分别为 1.60m 和 2.05m，前轴轮距为 1.86m，两后轴轴距为 1.28m，前轴与中间轴轴距为 5.90m，该重车净重 120kN，满载时车货总重为 300kN。根据内环高速现场实测，重车平均驶过施工处的车速为 72km/h，呈三角函数曲线，对其经过快速 Fourier 变换后可得到动态响应幅频曲线，其频谱响应的主频范围在 0~25Hz 之间，且幅值随频率升高而迅速降低。

为真实地反映车辆动荷载的特点，采用双频率正弦波模拟交通荷载，如式（6.6-4）所示：

$$p(t) = p_0 + k_1 p_0 \sin(\omega_1 t) + k_2 p_0 \sin(\omega_2 t) \tag{6.6-4}$$

式中，p_0 为车辆静载荷；ω_1 和 ω_2 分别为车辆动载的振动源频率；k_1 和 k_2 分别为两个动频的动载分担系数；$k_1 + k_2$ 为车载的动力放大系数。

为了方便起见，我们简化模型只对重车两个后轴进行计算，取超载 50% 时的轮胎内压 1.05MPa（满载时内压为 0.7MPa）。双轮着地面积为 0.0713m²，其分布面积取为 30cm×24cm，为便于计算，轮距取为 1.92m，轴距取为 1.2m，两车轮荷载的水平位置分别位于 4.44m 和 6.36m 处，本节中 ω_1 和 ω_2 分别为主频 4Hz 和 10Hz 对应的圆频率，车速 72km/h 时，动荷载放大系数取为 0.28，相应的取 $k_1 = 0.18$，$k_2 = 0.1$。

6.6.4 下穿地铁隧道围岩稳定性分析

（1）埋深对开挖隧道稳定性的影响

从位移监控的角度来看，可见隧道埋深对隧道围岩及衬砌沉降影响明显，其原因主要是由于开挖后的隧道原本平衡的应力场遭到破坏，围岩开始卸荷，加之盾构施工的管片支护作用，地应力重新排布又一次达到平衡状态。由于隧道埋深的不同，岩石初始应力场不同，且所受上覆路面动载荷的影响也不同，引起地表沉降也不同，如图 6.6-14~图 6.6-16 所示。

为了方便起见，我们简化模型只对重车两个后轴进行计算，取超载 50% 时的轮胎内压 1.05MPa（满载时内压为 0.7MPa）。双轮着地面积为 0.0713m²，其分布面积取为 30cm×24cm 为便于计算，轮距取为 1.92m，轴距取为 1.2m，两车轮荷载的水平位置分别位于 4.44m 和 6.36m 处，如图 6.6-14~图 6.6-16 所示，本节中 ω_1 和 ω_2 分别为主频 4Hz 和 10Hz 对应的圆频率，车速 72km/h 时，动荷载放大系数取为 0.28，相应的取 $k_1 = 0.18$，$k_2 = 0.1$。

在以往研究中，浅埋深隧道（埋深小于 10m）洞内沉降随埋深的增大而增大，是由于

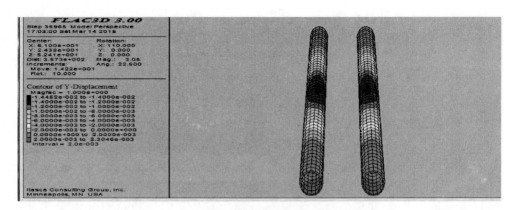

图 6.6-14 埋深 10m，双孔隧道开挖后沉降图

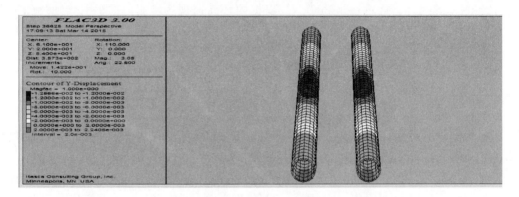

图 6.6-15 埋深 15m，双孔隧道开挖后沉降图

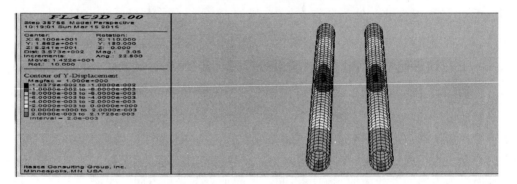

图 6.6-16 埋深 20m，双孔隧道开挖后沉降图

埋深较浅时，开挖引起应力重分布，埋深越大地应力越大，故而拱顶沉降也越大。但当埋深达到一定深度后（本节中指大于 10m），隧道上部围岩由于自稳作用，会相应抵消大埋深形成的较大地应力，并且埋深较大时，上覆路面动载荷对下穿隧道的影响也会逐渐减小，故而较大埋深时，下穿隧道洞内沉降随埋深的增大而逐渐减小。埋深 10m 时，洞内最大沉降为 14.452mm；埋深 15m 时，洞内最大沉降为 12.566mm；埋深 20m 时，洞内最大沉降量为 10.379mm，最大沉降位置均位于拱顶。

由最大主应力云图和最小主应力云图 6.6-17 和图 6.6-18 可知，隧道管片的最大主应力主要分布在隧道腰部两侧，均为负值，埋深为 10m，15m，20m 是，最大主应力分别为 7.556MPa，6.773MPa，7.072MPa，呈先减小后增大趋势。而最小主应力则呈现随埋深增大而逐渐减小的趋势。

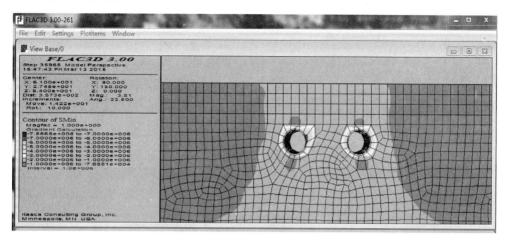

图 6.6-17　埋深 10m 最大主应力云图

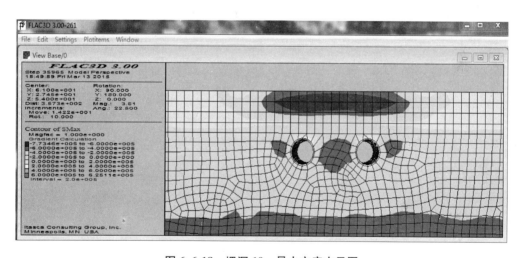

图 6.6-18　埋深 10m 最小主应力云图

（2）双洞净距对开挖隧道稳定性的影响

隧道净距对开挖后洞内沉降有着十分重要的影响，净距越小，相邻隧道开挖的扰动就越大，随着净距的不断增加，隧道沉降量不断减小，如图 6.6-19～图 6.6-22 所示。此外，我们可以看出，随着净距的不断增加，两隧道拱肩和拱腰出现了不均匀沉降，靠近中心线的一侧沉降远远大于远离中心点的一侧，说明双洞的开挖具有一定的扰动作用。

根据不同净距洞内最大沉降值点，描绘出如图 6.6-23 的沉降随净距的变化曲线，可以看出净距小于 10m 时，沉降量随双洞净距的增加减小量较少，而当净距大于 10m 时，最大沉降值对净距的增加呈线性减小，即净距每扩大 10m，沉降减少 1mm。通过观察双洞洞内收敛可以看出，随着净距的增加，两洞远离中心线一侧的拱腰和拱肩有外张趋势，

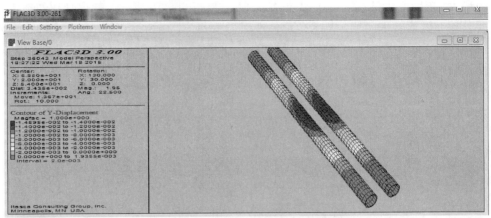

图 6.6-19　净距 5m 双孔隧道沉降云图

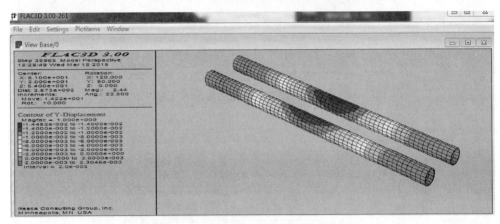

图 6.6-20　净距 10m 双孔隧道沉降云图

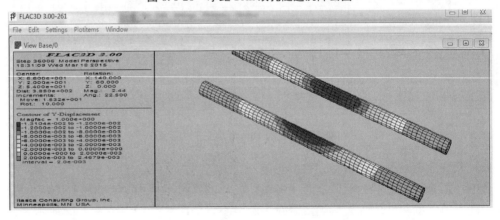

图 6.6-21　净距 20m 双孔隧道沉降云图

但变化值很小，在 1.5～2.0mm 左右。

　　根据计算结果，把不同埋深和净距条件下洞内沉降值导入 Matlab 软件进行洞内最大沉降值的公式拟合，其拟合结果如图 6.6-24，拟合出的洞内最大沉降值的拟合公式如式 6.6-5 所示。

$$d = 19.03 - 0.11S - 0.385H \qquad (式 6.6-5)$$

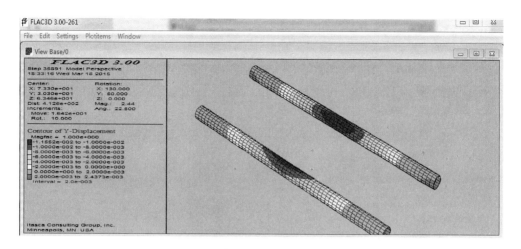

图 6.6-22 净距 30m 双孔隧道沉降云图

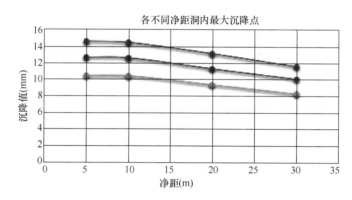

图 6.6-23 不同净距洞内最大沉降值

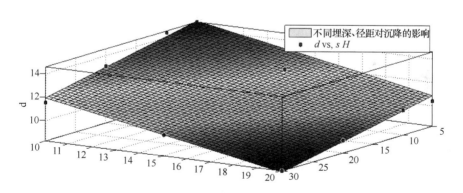

图 6.6-24 不同埋深、不同净距洞内最大沉降值拟合效果

式中，d 为洞内最大沉降值；S 为双洞净距；H 为隧道埋深。

开挖后围岩有最大主应力和最小主应力也是判定围岩稳定性的一个主要因素，对相同埋深下不同净距开挖双孔地铁隧道应力云图分析如图 6.6-26～图 6.6-28 所示。

从图中可以看出，开挖会使隧道周边一定区域的应力场进行应力重分布，在此区域内，上下管片会受到很大压力，最大压应力达到 7.197MPa，位于靠近双孔中心线一侧的

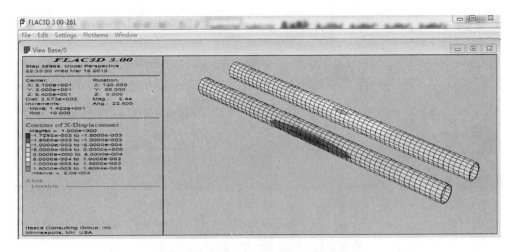

图 6.6-25　净距 10m 开挖后双洞收敛云图

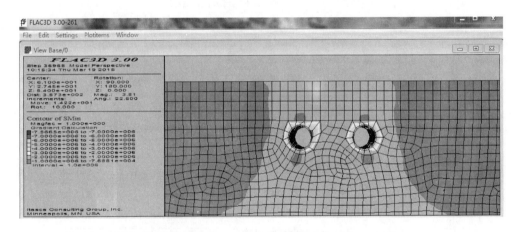

图 6.6-26　埋深 10m，净距 10m，最大主应力云图

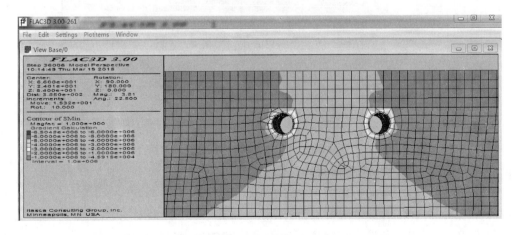

图 6.6-27　埋深 10m，净距 20m，最大主应力云图

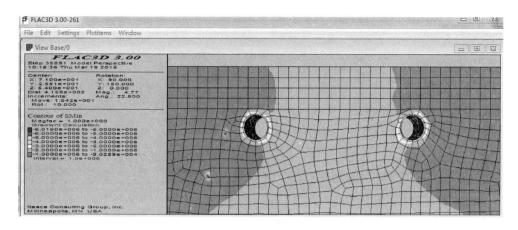

图 6.6-28　埋深 10m，净距 30m，最大主应力云图

拱肩位置。随着双孔开挖净距的不断增加，最大主应力呈减小趋势。由于盾构法施工对周围土体的影响不大，所以最大主应力集中的区域也是有限的，所影响的区域均在开挖隧道 2～4m 范围内，其他区域应力场主要受上覆高速路面动载荷的影响。

图 6.6-29～图 6.6-31 为埋深 10m 不同净距最小主应力分布情况，从中可以看作出，开挖会使隧道周边一定区域的应力场进行重新分布，在此区域内管片左右两侧会产生一定的拉应力，拉应力值不大，最大值在 0.773MPa，且随着净距的增加呈递减趋势，如图 6.6-32 所示。

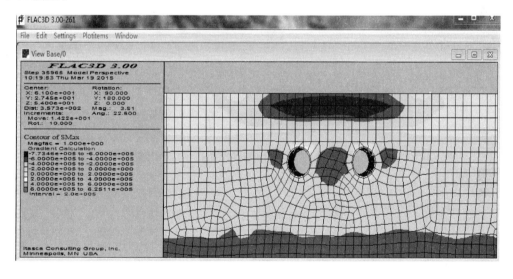

图 6.6-29　埋深 10m，净距 10m 最小主应力云图

（3）双洞异步开挖对开挖隧道稳定性的影响

为了对双孔异步开挖有更清楚的了解本节先对单洞独立开挖做了数值模拟的开挖计算，并绘出最大最小主应力云图 6.6-33～图 6.6-40。随后通过记录先行隧道（右洞）和后行隧道（左洞）分别以 D、$2D$、$3D$（D 为盾构机孔径）的掌子面间距通过上覆高速路面时的应力和位移云图来分析异步开挖对下穿双洞隧道稳定性的影响。

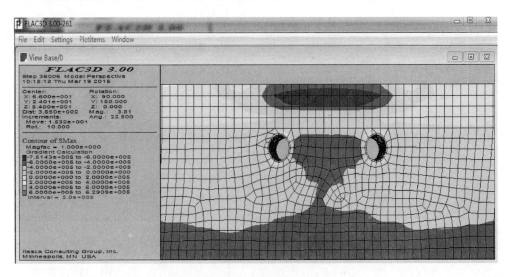

图 6.6-30　埋深 10m，净距 20m 最小主应力云图

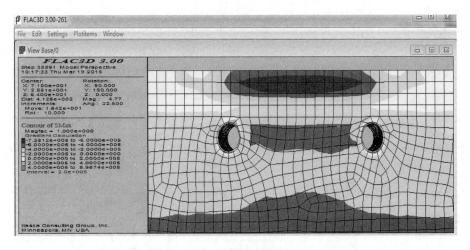

图 6.6-31　埋深 10m，净距 30m 最小主应力云图

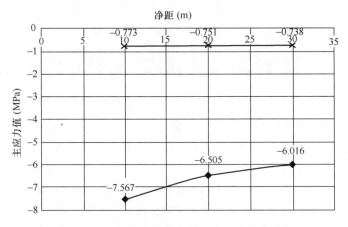

图 6.6-32　不同净距最大最小主应力变化趋势

异步开挖双洞沉降最大沉降值			表 6.6-3
	右洞最大沉降值（mm）	左洞最大沉降值（mm）	相差（mm）
异步 6m	14.521	14.276	0.245
异步 12m	14.517	14.281	0.236
异步 18m	14.485	14.282	0.203

由表 6.6-3 的数据可以看出，先行开挖的右洞最大沉降值略大于左洞 0.2～0.3mm，这是因为右洞开挖时应力重新分布，当左洞开挖到右洞之前的进程时，再次对右洞的平衡进行扰动，使右洞再次应力重分布，故而先行开挖的右洞最大沉降值大于后行开挖的左洞。其次，随着掌子面异步开挖的距离增大，左右洞的沉降差值也会有略微的减小，因为掌子面距离较远时，开挖的扰动将减小，但变化值很小，可以忽略其影响。

通过对最大最小主应力云图 6.6-33～图 6.6-40 的比较分析可以得出：

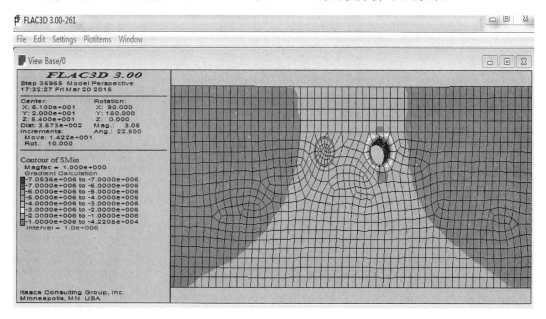

图 6.6-33　单洞开挖最大主应力云图

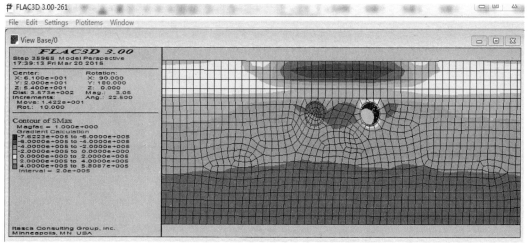

图 6.6-34　单洞开挖最小主应力云图

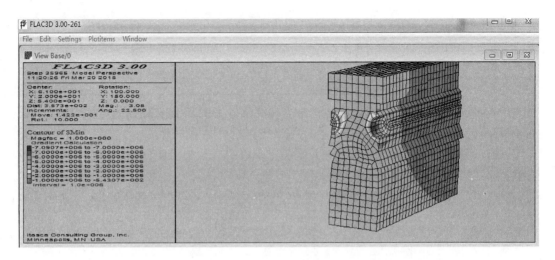

图 6.6-35　埋深 10m，异步间距 6m，最大主应力云图

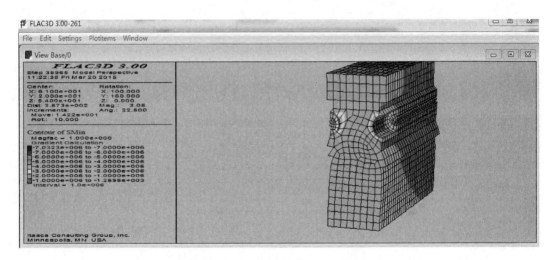

图 6.6-36　埋深 10m，异步间距 12m，最大主应力云图

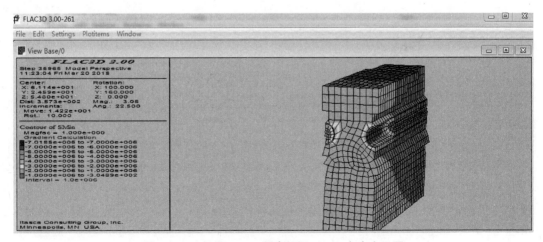

图 6.6-37　埋深 10m，异步间距 18m，主应力云图

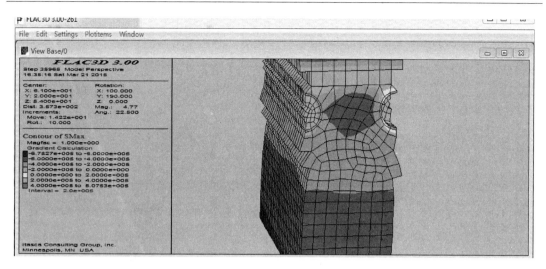

图 6.6-38　埋深 10m，异步间距 6m，最小主应力云图

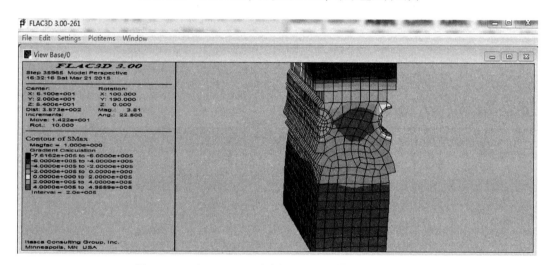

图 6.6-39　埋深 10m，异步间距 12m，最小主应力云图

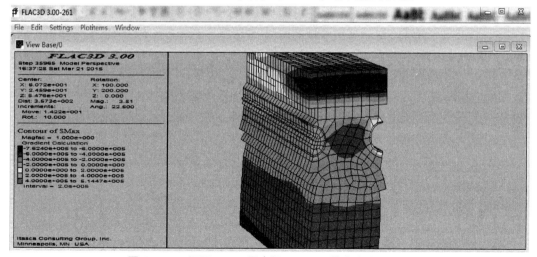

图 6.6-40　埋深 10m，异步间距 18m，最小主应力云图

1）右洞隧道管片的最大主应力主要分布在掌子面处隧道腰部两侧，均为负值，在附近没有左洞隧道出现之前同一横断面呈现对称趋势，但在左洞接近情况下，右洞隧道管片邻近左洞隧道一侧最大主应力有减小现象，但右洞隧道远离左洞隧道那侧管片最大主应力有所增大，这说明左洞隧道的新建使得右洞隧道管片的应力进行了重分布，改善了隧道内侧管片受力状态，但外侧管片应力有增大的趋势；

2）若只开挖右洞，最大主应力和最小主应力分别为 −7.054MPa 和 −0.762MPa，分别小于双洞开挖的 −7.567MPa 和 −0.735MPa。这说明左洞的开挖导致的已经开挖并稳定的右洞再次应力重分布，对原有的开挖产生影响。从图中可以看出左洞开挖后，右洞受压范围明显增大，且在靠近双洞中心线一侧拱肩处出现应力集中，开挖后的左洞在靠近双洞中心线一侧拱肩处出现应力集中，最大应力值随异步开挖的掌子面间距的增大而略有减小。

3）不管是先行开挖的右洞还是后行开挖的左洞，随着异步开挖双洞掌子面间距的不断增大，最大主应力和最小主应力都有略微的减弱，说明掌子面间距越大，双洞相互扰动作用越小。对于不同埋深的异步开挖最大最小主应力分析可知，埋深对双洞异步开挖的扰动影响几乎为 0。且掌子面异步距离为 6m 和 12m 时最大最小主应力的差值较大，而掌子面距离为 12m 和 18m 时最大最小主应力的差值较小，由此推断，当异步距离继续增大时，双洞开挖的相互扰动逐渐减小，其极限状态为单洞分别开挖。

6.6.5　红旗河沟车站数值分析技术

（1）三维地质模型建立

为了更好地展现三号线红旗河沟站地下隧道的工程地质条件，建立了包含拟建场地周边区域的地下三维地质模型，将地质成果以真三维的方式加以直观显示，更加快速、准确地将真实地质情况传达给工程设计和施工的相关技术人员。

三维建模的平面范围包含了拟建场地周边约 50m 范围内区域。三维地质建模的原始数据主要为该项目中实施的勘察钻孔。建模软件采用自主研发的工程地质三维建模软件 GeomodMaster3D。红旗河沟隧道三维地质如图 6.6-41 所示。

（2）数值分析计算

基于上述三维地质模型，利用典型剖面数据构建数值计算模型，该模型底部采用固定约束，左右两边只约束水平方向位移。红色箭头表示房屋荷载作用位置与大小，荷载考虑左边 3 层楼，右边 3 层楼，按每层 20kPa 加载，如图 6.6-42 所示。

数值模型结果（图 6.6-43）表明，本车站设计采用暗挖施工，由于车站跨度大，洞高过高，洞顶覆岩厚度仅为 0.26 倍洞跨，且两侧建筑密集，正上方为城市干道，岩层近于水平，在开挖过程中洞顶围岩易坍塌。隧道上面应力存在突变现象，有偏压现象存在。另外，由于该隧道顶、底部为砂岩，为硬质岩，而洞身为砂质泥岩，属于软质岩，围岩均匀性差，在不同岩层界面处极易出现应力突变或集中现象，影响洞壁围岩及初支结构的不均匀变形。隧道两侧高建筑竖向位移为 −0.180m 左右，拱顶附近竖向位移为 −0.200m 左右，隧道两边拱腰附近横向位移为 0.014m 左右。综合分析显示，隧道开挖后，洞周变形严重，两侧建筑竖向位移均超过允许变形值；隧道中部围岩为软岩，偏压，洞室中部收敛变形超过规范允许收敛值。

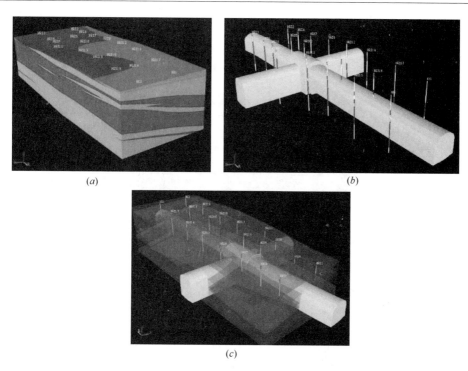

(a)

(b)

(c)

图 6.6-41 红旗河沟隧道三维地质模型

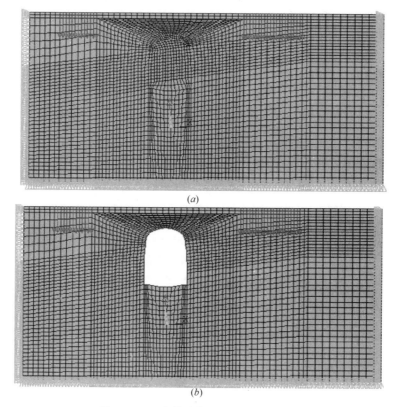

(a)

(b)

图 6.6-42 隧道结构开挖前后网格模型

（a）未开挖；（b）开挖后

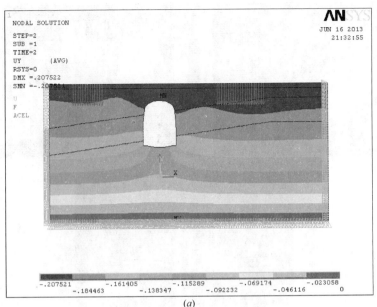

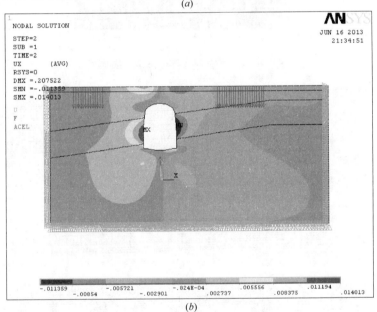

图 6.6-43 结构开挖后累计位移云图（m）

（a）竖向位移；（b）横向位移

6.6.6 建新坡隧道数值分析技术

采用有限差分法三维数值模拟分析评价地下立体交叉小净距隧道的相互影响，详见图 6.6-44。

数值模拟分析表明（图 6.6-45、图 6.6-46），隧道开挖后，塑性变形区主要位于八一隧道和向阳隧道的上部和下部围岩，最大塑性区域宽约为 2.5m，沿隧道方向塑性区大小变化不大；建新坡隧道与八一隧道、向阳隧道间的岩体基本上处于塑性状态，下部围岩的

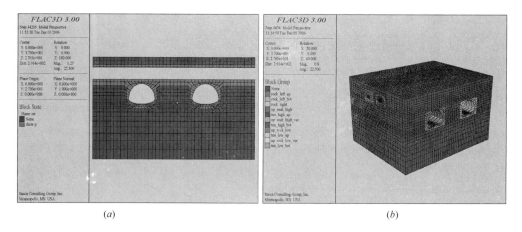

图 6.6-44 开挖后隧道交叉处围岩塑性区图

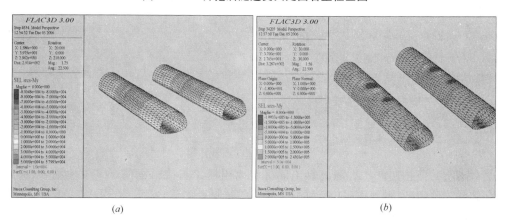

图 6.6-45 隧道开挖前后结构纵向弯矩对比

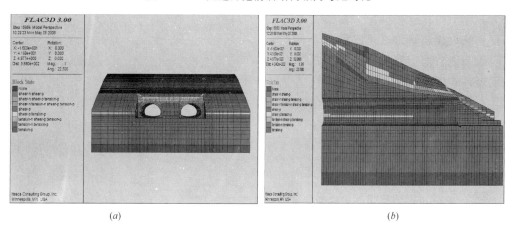

图 6.6-46 隧道开挖后洞口仰坡段岩土体屈服状态

塑性区与隧道开挖前相比基本没有变化；拟建隧道的施工对既有隧道（八一隧道、向阳隧道）在交叉段局部的围岩塑性区、纵向弯矩有较明显的影响，但由于引起既有隧道发生破坏的主要原因是不均匀隆起，交叉段的局部会出现衬砌裂缝现象。

6.7 边坡治理中的有限土体支挡

6.7.1 有限土压力的工程类型

（1）稳定岩石边坡（第一类）

当挡墙后土体破裂面以内有较陡的稳定岩石坡面时，应视为有限范围填土情况计算主动土压力，如图 6.7-1 所示。重庆地区挡墙中的有限土体多为此种形式，本节中将此类型定义为第一类型有限土体。

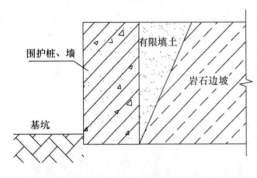

图 6.7-1 第一类型有限土体

（2）基坑回填（第二类）

在填方区修挡墙，若填方区土的上顶面土的宽度大于填方区土体的破裂面在上顶面的宽度，则该填方区的土体可按现行土压力理论计算其土压力；若填方区土的上顶面宽度小于填方区土体的破裂面在上顶面的宽度，则该填方区土的土体为有限土体。有限土体的压力与挡墙的形式、材料有关系，总的说来与挡墙和土体的接触面的粗糙程度有关。越粗糙，土体与挡墙间的摩擦力就越大，毛石砌筑的接触面就比现浇混凝土的接触面粗糙。与接触面的形式——俯斜、仰斜、竖向有关系，俯斜的接触面的土压力小于仰斜的接触面的土压力。有限土体的土压力与土体本身的性能有关，性能越好，土压力就越小。有限土体的土压力与背后的稳定边坡有关系，这个边坡可以是建（构）筑物，也可以是自然边坡，自然边坡又有岩石边坡与土体边坡之分。本节中将此类型定义为第二类型有限土体。

（3）临近建筑基坑（第三类）

随着节能省地型建筑政策的不断深化，城市建筑密度不断加大，工程建设不断向地下空间发展，在深基坑工程中，拟开挖基坑工程往往距已有的建筑物比较近，且大多数建筑物都存在超越主体建筑外边线很大范围的地下室。那么，在拟开挖深基坑工程与已有建筑物地下部分之间形成有限宽度的土体，如图 6.7-2 所示，作用在拟建基坑支护结构上的主

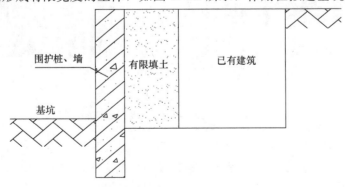

图 6.7-2 第三类型有限土体

动土压力属于有限土体的土压力。此种形式有限土体主要在沿海城市或内陆土质地基城市基坑中出现，在以重庆为代表的山地城市基坑中更多以岩墙的形式出现，本节中将此类型定义为第三类型有限土体。

6.7.2 有限土压力的计算方法及分析

（1）稳定岩石边坡（第一类）

重庆地区有限土体多为挡墙后土体破裂面以内有较陡的稳定岩石坡面的情况，《建筑边坡工程技术规范》GB 50330—2013 修订时提出了相应的计算方法，本方法主动土压力是按挡墙后有较陡的稳定岩石坡情况下导出的。陡倾的岩层上的浅层土体十分容易沿层面滑落，而成为当前一种多发的滑坡灾害。因而稳定岩石坡面与填土间的摩擦角取值十分谨慎。本条中提出的建议值是经验值，设计者根据地区工程经验确定。

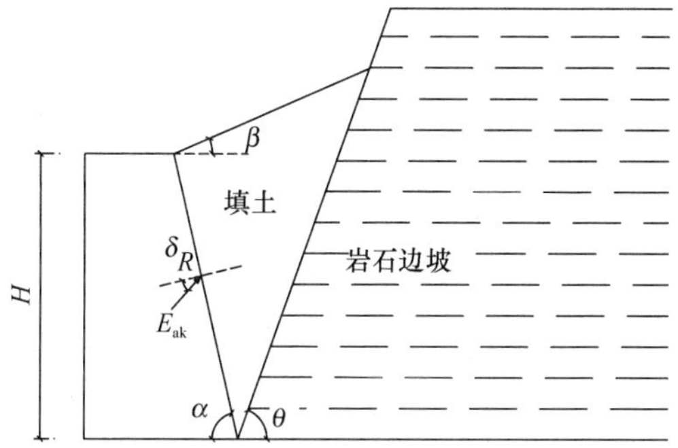

当挡墙后土体破裂面以内有较陡的稳定岩石坡面时，应视为有限范围填土情况计算主动土压力（图 6.7-3）。有限范围填土时，主动土压力合力可按下列公式计算：

图 6.7-3 有限范围填土时土压力计算

$$E_a = \frac{1}{2}\gamma H^2 K_a \qquad (6.7\text{-}1)$$

$$K_a = \frac{\sin(\alpha+\beta)}{\sin(\alpha-\delta+\theta-\delta_r)\sin(\theta-\beta)}\left[\frac{\sin(\alpha+\theta)\sin(\theta-\delta_r)}{\sin^2\alpha} - \eta\frac{\cos\delta_r}{\sin\alpha}\right] \qquad (6.7\text{-}2)$$

式中：θ——稳定岩石坡面的倾角（°）；

δ_r——稳定且无软弱层的岩石坡面与填土间的内摩擦角（°），宜根据试验确定。

通过实例对第一类型有限土体分析得出，有限土体产生的主动土压力并不是一直小于按半无限假定计算的土压力值。在本文简单实例中，当 θ 在 30°～75°之间时，按有限土体计算的侧向土压力基本比按半无限土体计算的侧向土体大，且最大值在 50°附近。在实际的工程项目设计时，处于这种有限土体形式下的基坑设计或边坡设计需特别注意，如按半无限土体假定计算，主动土压力会偏小，存在安全隐患。

（2）基坑回填（第二类）

同时，第二类型有限土体挡墙墙背填土性质对有限土体主动土压力也有较大影响，通过计算分析得出，随着填土黏性的减小，有限土体产生的主动土压力逐渐减小。因此，对于墙背填料选择砂土将比黏性土更好。

（3）临近建筑基坑（第三类）

近来虽然一些文献中也对有限土体情况下的土压力进行了研究，但其结果各有其优缺

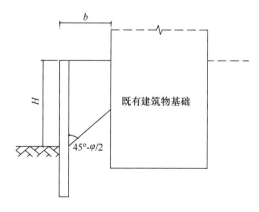

图 6.7-4 计算有限土压力的模型简图

点。运用实际案例对其进行计算分析，最终认为王文杰、李峰分析的土压力分布力更接近于实际有限土的实际分布，适用于第三类土压力计算。

参考《深基坑开挖中有限土体土压力计算方法探讨》，竖向力 σ_z 的计算式为：

$$\sigma_z = (\gamma/A) - [(\gamma/A) - (q + c \cdot \cot\varphi)]e^{-Az} - c \cdot \cot\varphi \qquad (6.7\text{-}3)$$

支护结构墙背主动土压力即为：

$$\sigma_x = k_0\sigma_z = \frac{\mu}{1-\mu}\sigma_z \qquad (6.7\text{-}4)$$

参考《基坑工程有限土体主动土压力计算分析研究》，可得有限土体主动土压力计算公式为：

$$
\begin{aligned}
E_a &= \Big\{ \Big[\frac{1}{2}\gamma b(2H - b\tan\theta) + qb \Big] - \Big[k(2H - b\tan\theta) + \frac{cb}{\cos\delta\cos\theta}\sin(\theta - \delta) + \\
&\quad \frac{cb}{\cos\delta}\frac{\cos(\theta - \delta - \varphi)}{\sin(\theta - \varphi)} \Big] \Big\} \frac{\sin(\theta - \varphi)}{\cos(\theta - \delta - \varphi)} \\
&= \Big[\Big(\frac{1}{2}\gamma b - k \Big)(2H - b\tan\theta) + qb \Big]\frac{\sin(\theta - \varphi)}{\cos(\theta - \delta - \varphi)} - \frac{cb}{\cos\delta} \\
&\quad \Big[1 + \frac{\sin(\theta - \delta)\sin(\theta - \varphi)}{\cos\theta\cos(\theta - \varphi - \delta)} \Big]
\end{aligned}
$$

通过实例对第三类型有限土体计算分析得出，如果采用朗肯土压力计算基坑侧壁土压力会使土压力偏大较多，造成一定不必要的浪费。同时，有限土体的侧向土压力还是比较大的，在设计时如果不予以考虑，会偏于不安全。当 H 值一定时，随宽度 b 的增加，有限土体土压力的计算值变化逐渐趋近于朗肯主动土压力。

6.7.3 有限土体支挡结构形式的应用

（1）第一类有限土体支挡结构形式的应用

重庆市勘测院总部生产基地，位于重庆市北部新区高新园大竹林组团 O 标准分区 011-5（部分）地块，建设用地面积为 9735m²，用地呈矩形，北临战斗水库，交通便利。其西侧为顺系公司用地，与勘测院公共红线，勘测院室外场平高程 301.3m，顺系高程 302.5～308.42m 不等，高差为 1.2～7.1m 不等，平均高度约 5m，边坡长 98m，选用代表性断面 3-3′ 对其进行分析计算，代表性断面如图 6.7-5 所示。

该段边坡高 5m，原始地层为砂质泥岩，现根据岩体破裂角，按照 1：0.5 坡率即 63°坡角开挖，喷锚防护，边坡稳定。根据规划，需要对其进行支挡工程设计。本边坡符合有限土体运算条件。

方案一：若设置锚杆挡墙支挡。

土压力计算如下：

$\theta = 63° = 1.1\text{rad}$，$H = 5\text{m}$（$\theta$ 为稳定岩石坡面的倾角）

$\alpha = 90° = 1.6\text{rad}$，$c = 0\text{kN/m}^2$

$\beta = 0° = 0.0\text{rad}$，$q = 20\text{kN/m}^2$

$\delta = 10° = 0.2\text{rad}$，$\psi = 30° = 0.5\text{rad}$

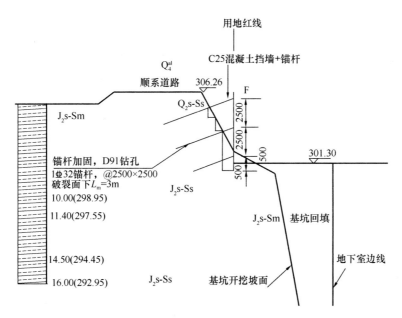

图 6.7-5 挡墙横断面图

$\delta_r = 21° = 0.4\text{rad}$，$\gamma = 19\text{kN/m}^3$

$\eta = 2C/(\gamma H) = 0.000$

$k_a = \sin(\alpha+\beta) \times [\sin(\alpha+\theta) \times \sin(\theta-\delta_r)/\sin 2\alpha - \eta\cos\delta_r/\sin\alpha]/[\sin(\alpha-\delta+\theta-\delta_r) \times \sin(\theta-\beta)] = 0.402$

$E_{ak} = 0.5\gamma H^2 K_a = 95.5\text{kN/m}$

锚杆挡墙计算如下：

锚杆间距：$S_x = 2.5\text{m}$ $S_y = 2.5\text{m}$

锚杆所受水平拉力标准值：$H_{tk} = S_x \times S_y \times e_{hk} = 123.8\text{kN}$

荷载分项系数：$\gamma_Q = 1.3$

锚杆倾角：$\alpha_1 = 20 = 0.3\text{rad}$

锚筋抗拉工作条件系数：$\xi_2 = 0.69$

锚杆轴向拉力标准值：$N_{ak} = H_{tk}/\cos\alpha_1 = 131.7\text{kN}$

锚杆轴向拉力设计值：$N_a = \gamma_Q H_{ak} = 171.3\text{kN}$

锚筋抗拉强度设计值：$f_y = 360\text{MPa}$

锚筋抗拉强度标准值：$f_{yk} = 400\text{MPa}$

一级边坡重要性系数：$\gamma_0 = 1.1$

锚杆钢筋截面所需计算面积：$A_s = \gamma_0 N_a/(\xi_2 f_y) = 758\text{mm}^2$

锚杆钢筋选用：1 根 32mm 锚杆，HRB400 钢筋，

实际锚杆钢筋截面面积：$A_s = 804\text{ mm}^2$

方案二：若设置重力式挡墙支挡。

宜设置仰斜式挡墙支挡，大样图如图 6.7-6 所示。

主要参数为：$H = 5000\text{mm}$，$h_j = 550\text{mm}$，$h_n = 280\text{mm}$，
$b = 1250\text{mm}$，$b_j = 230\text{mm}$，$B_d = 1410\text{mm}$，$m = 0.25$，$n = 0.20$，

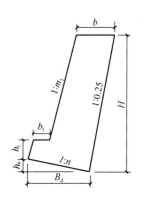

图 6.7-6 仰斜式挡墙
大样图

$V=6.22m^3$，同时开挖石方 $V_1=4m^3$，回填土 $V_2=2m^3$。

方案三：设置锚杆＋混凝土墙支挡

对原有斜坡开挖台阶清表，素混凝土与岩面胶结，按照圬工摩擦系数 0.4 考虑，挡墙墙背与斜坡面不存在下滑力。水平推力按照有限土压力保守考虑，按照以上间距设置锚杆。锚杆间距：$S_x=2.5m$，$S_y=2.5m$；C25 混凝土墙体积：$V=4m^3$。

对三种处理措施对比如表 6.7-1 所示。

三种方案对比表   表 6.7-1

方案	措施	主要工程量	造价估算（元）	优缺点比较
方案一	锚杆挡墙	锚杆 500m，钢筋混凝土 150m³，回填 250m³	365000	施工较繁琐，工期较长
方案二	重力式挡墙	挖方 400m³，C25 混凝土 622m³，回填 200m³	358100	施工简便，需与顺系企业协调
方案三	锚杆＋C25 墙	锚杆 500m，C25 混凝土 400m³	345000	施工简便

以上表格按照工程造价综合单价考虑，比较可知，锚杆加 C25 混凝土挡墙造价略低，施工简便易控制，对周边环境和企业无影响，为该边坡支挡的最优方案。

（2）第二类有限土体支挡结构形式的应用

重庆市勘测院总部生产基地南侧挡墙，与顺系企业共用红线。原始地貌为砂质泥岩，高程约 303m，勘测院设计场平高程 301.3m，地下室底高程 284.0m，基坑按照约 1：0.3 坡率即 76°坡角开挖，喷锚防护，边坡稳定。

现勘测院建筑主体基本形成，需要对该基坑进行回填，土的重度为 $19kN/m^3$，基坑深度约 17m，属于本节描述的第二类有限土体类型。主要的支护形式有排桩支护、锚杆挡墙和重力式挡墙等。

基坑回填后，顺系场平设计高程比勘测院高约 8m，即基坑回填后还需修建 8m 高环境挡墙。根据《重庆市勘测院总部生产基地环境挡墙工程施工图设计》可知，在有限土体范围段，挡墙的设计主要采用重力式挡墙＋锚杆＋翼墙基础的组合形式，如图 6.7-7 所示。

1）回填材料对有限土体主动土压力的影响

根据《建筑边坡工程技术规范》GB 50330—2013 中第 6.2.8 条，采用不同的回填土参数，计算出主动土压力，分析填土性质对有限土体主动土压力的影响，并对实际施工进行指导。回填土重度按照 $\gamma=19kN/m^3$ 计，分别取四组土的黏聚力 c，内摩擦角 φ，土对挡土墙墙背的摩擦角 δ 和稳定且无软弱层的岩石坡面与填土间的内摩擦角 δ_r 值，见表 6.7-2。

有限土体不同填土参数产生的主动土压力   表 6.7-2

编号	$\delta_r(°)$	$\delta(°)$	$c(kN/m^2)$	$\varphi(°)$	$E_{ak}(kN/m)$
1	6	6	12	15	990.4
2	10	8	8	20	919.6
3	15	10	4	25	843.8
4	21	12	0	30	766.7

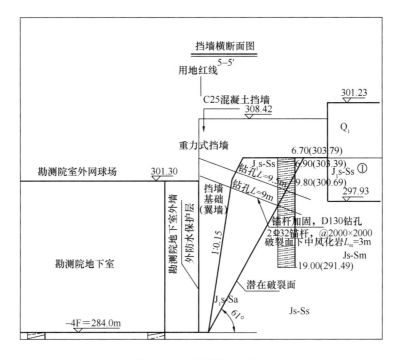

图 6.7-7 挡墙横断面图 2

由表 6.7-2 和图 6.7-8 可以看出，随着填土黏性的减小，有限土体产生的主动土压力逐渐减小，因此，对于墙背填料选择砂性土将比黏性土更好，这验证了当初基坑设计的正确性，对于实际的工程项目具有良好的指导作用。

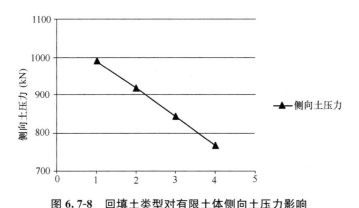

图 6.7-8 回填土类型对有限土体侧向土压力影响

2) 环境挡墙加锚杆及翼墙基础支挡结构形式

按照勘测院采用砂性土回填，基坑回填土压力为 $E_a = 766.7 \text{kN/m}$，采用地下室外侧剪力墙支挡，即在建筑结构设计时候，必须考虑基坑回填土的有限土压力的影响。

基坑回填后，由于与顺系之间环境挡墙的修建，对地下室外墙有一定影响，必须对其进行支挡设计。按照折算重度法，将填土重度为 γ 的有限宽度土体折算成等效重度为 γ' 的半无限土体重度。换算后的重度为 17.38kN/m^3，可以按照半无限土体计算主动土压力。8m 高环境挡墙及填土以荷载作用于基坑回填土之上，由《建筑边坡工程技术规范》GB

50330—2013 第 6.3.3 条计算得到主动土压力如下：

$\varphi = 30° = 0.5\text{rad}$，$H = 17\text{m}$，$\alpha = 90° = 1.6\text{rad}$，$C = 0\text{kN/m}^2$

$\beta = 0° = 0.0\text{rad}$，$q = 172\text{kN/m}^2$，$\delta = 12° = 0.2\text{rad}$，$\gamma = 17.38\text{kN/m}^3$

$\eta = 2C/(\gamma H) = 0.000$，$k_q = 1 + 2q\sin\alpha\cos\beta/[\gamma H\sin(\alpha+\beta)] = 2.164$

$k_a = \sin(\alpha+\beta)\{k_q[\sin(\alpha+\beta)\sin(\alpha-\delta) + \sin(\varphi+\delta)\sin(\varphi-\beta)] + 2\eta\sin\alpha\cos\varphi\cos(\alpha+\beta-\varphi-\delta)2\text{SQRT} < [k_q(\sin(\alpha+\beta)\times\sin(\varphi-\beta) + \eta\sin\alpha\cos\varphi)][k_q(\sin(\alpha-\delta)\sin(\varphi+\delta) + \eta\sin\alpha\cos\varphi)] > \}/[\sin2\alpha\sin2(\alpha+\beta-\varphi-\delta)] = 0.661$

根据平面滑裂面假定，主动岩土侧向压力合力标准值可按下式计算：

$$E_{ak} = 0.5\gamma H^2 k_a = 1659.3\text{kN/m}$$

由结果可知，增加环境挡墙后，对地下室外墙的土压力为基坑常规回填土压力的 2.15 倍，若全部作用在地下室外墙上，将会造成很大的不利影响，这在地下室设计时应特别考虑，否则将存在安全隐患。为保证地下室结构的安全，对环境挡墙采用特殊的支挡结构形式支护。即：新增挡墙采用重力式挡墙形式，其水平力采用拉应力锚杆平衡，同时为了保证挡墙的基础承载力及减少作用在地下室基础的土压力，在挡墙下设计竖向翼墙作为重力式挡墙基础。挡墙基础（翼墙）厚度 50cm，C30 混凝土浇筑，间距约 2.8m 一道，作用于基岩上，其将有限土体上部竖向填土荷载传到下部稳定基岩，从而有效地减小新建环境挡墙对地下室外墙结构的荷载作用。

（3）第三类有限土体支挡结构形式的应用

沿海某城市新修一大厦基坑开挖，基坑开挖深度 10m，距离既有建筑水平距离 6m，既有建筑地下室底深 10m，基坑边长 100m，土层全部按均质的黏性土考虑，土层物理力学参数为重度 $\gamma = 19\text{kN/m}^3$，黏聚力 $c = 11\text{kPa}$，内摩擦角 $\varphi = 16°$，地面超载 $q = 20\text{kN}$，$\delta = 10°$，取单位宽度分别压力及有限土压力公式计算，朗肯土压力 $E_a = 488.5\text{kN}$，有限土压力 $E_a' = 337.5\text{kN}$。

运用等重度法对其进行反算，其余条件不变情况下，重度 $\gamma = 19\text{kN/m}^3$ 有限土可等效于 $\gamma' = 13.66\text{kN/m}^3$ 半无限土。分别对其进行支挡结构设计。计算发现，由于基坑深度大，土体稳定性差，排桩支挡悬臂高度大，若单一利用排桩支挡，半无限土和有限土体均难以满足整体稳定和抗倾覆稳定的要求，需要设置支撑或者锚固。若邻近无建筑影响，可以采用锚固的方式进行，但是由于邻近建筑限制，有限土体只能采用增加内支撑的形式支护。为便于比较，下面进行排桩加内支撑支挡进行经济技术比较。

第三类有限土体支挡结构工程量表 表 6.7-3

土体类别	基坑长度	桩径	桩间距	桩长	冠梁	钢支撑	桩体积	冠梁体积	钢支撑
单位	m	m	m	m	m×m	mm×mm	m³	m³	kg
半无限体	100	1	1.4	15	1×0.8	300×12	841	80	26621
有限土体	100	0.8	1.2	14	0.8×0.6	200×10	586	48	14789

从上表看出，采用排桩加内支撑能有效地对基坑有限土体进行支挡。与按照半无限土支挡比较，按照有限土体支挡：排桩节约 32%，冠梁节约 40%，钢支撑节约 45%，总工程量节约约 35%。

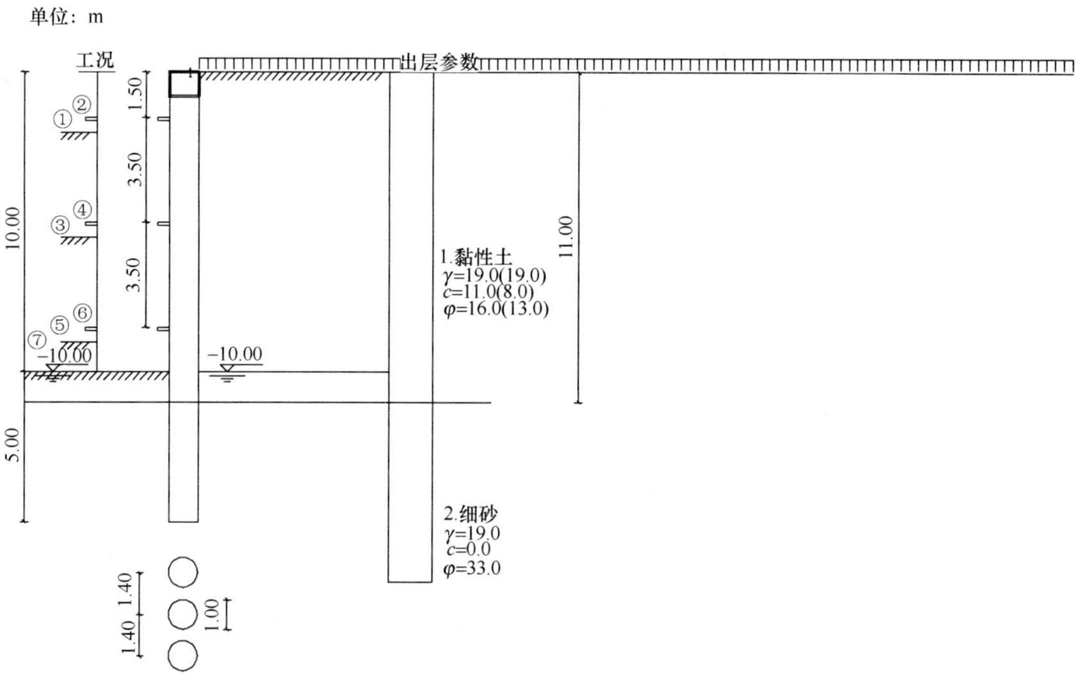

单位：m

图 6.7-9 第三类有限土体支挡结构计算图示

(4) 有限土体支挡结构形式应用总结

目前，常见的边坡支护结构包括：各种排桩、锚杆挡墙、重力式挡墙、支撑围护结构、钢板桩、地下连续墙、土钉支护技术和应用在软土地区的搅拌桩技术，以及他们的组合形式等。重庆地区临近岩石的基坑，主要支挡形式为排桩、锚杆挡墙和重力式挡土墙等，而对于沿海等土质地区，常见的支护形式为钢板桩、地下连续墙和排桩等。

不同类型的有限土体其土压力有其自身的特点和分布形式，各类支挡结构形式也有相应的原理、特点及适用范围，现对有限土体支护结构的选型列表见表 6.7-4。

各类有限土体特点和支挡结构形式适用范围   表 6.7-4

有限土		支挡结构		
类型	特点	形式	适用范围	
第一类	稳定岩石边坡挡墙	土压力受填土性质及稳定岩石角度影响大，先支挡再填土	重力挡墙 适用于较矮的边坡	适用于高度不大于 8m 边坡
			锚杆挡墙 适用于较高的边坡	适用于稳定岩质边坡倾角较陡的边坡，较缓时会造成锚杆较长或角度较大，且填土过多有次应力
			排桩 适用于较高的边坡	应用较灵活，悬臂较高时与锚杆配合使用
第二类	基坑回填	同上	地下室外墙	基坑开挖时应设计好坡形坡率，做好地下室结构设计

续表

有限土		支挡结构		
类型	特点	形式		适用范围
第三类	邻近建筑基坑	土压力比朗肯土压力小，支护空间受外侧既有建筑影响	钢板桩	适用于较浅的基坑	1. 适于基坑侧壁安全等级一、二、三级；2. 悬臂式结构在软土场地中不宜大于5m；3. 排桩适用于可采用降水或截水帷幕的基坑；4. 当地下水位高于基坑底面时宜采降水排桩加截水帷幕或地下连续墙；5. 当基坑深度较大时宜于内支撑配合使用
			连续墙	适用于较浅的基坑	
			排桩	适用于较深的基坑	
其他	双排桩	前排桩受力可能为有限土压力	双排桩		适用于较深基坑，当锚拉式、支撑式、悬臂式不适用时可采用双排桩
	小间距隧道	形成岩墙	对拉锚杆		小间距隧道，岩质邻近建筑基坑

　　当有限土的周边环境条件、土层形状、基坑深度等不同时，可在不同的部位采用不同的支护形式，支护结构选型应考虑结构的空间效应和受力特点采用有利支护结构材料受力性状的形式，在实际工程中更多的是多种形式的组合形式。

6.8　小结

　　（1）围岩级别及相应力学参数的确定是隧道工程勘察一项十分重要的工作，它直接关系到隧道支护设计方案与工程预算等，尤其是在近年来山地城市大量轨道交通隧道工程建设的背景下，建立适用于本地区的围岩分级标准，具有重要的社会与经济价值。目前现行的规范标准，如《铁路隧道设计规范》、《锚杆喷射混凝土支护技术规范》及《工程岩体分级标准》等，都存在着针对性不强、划分标准不够科学、分级过于保守、造成工程浪费等情况。针对这些问题，从重庆地区围岩工程地质特点及工程建设需求入手，以定性法与定量法相结合为指导，综合考虑地质因素和工程因素，构建了基于岩体基本质量 BQ 值的隧道围岩分级标准，并针对一些特殊地质条件，如地下水影响、砂泥岩互层等，提出了相应的解决方案，最终还提出了各级围岩的推荐力学参数值。该研究成果是国家、行业标准本地化的一次有益实践，是围岩理论研究在重庆山地城市的落地与升华，是提高工程勘察质量、降低工程建设成本的有力支撑。该成果已纳入《重庆市轨道交通工程勘察与测量规范》，将在重庆地区推广使用，可为同行提供理论指导和实践借鉴。

　　（2）危岩体在山地城市中分布广泛，严重威胁着人们生命财产与城市基础设施的安全，正确评价危岩体稳定性及变形特征，是防治方案设计的基础，是工程勘察工作的关键环节。针对传统调查方法不能对危岩体空间特征进行准确描述，常规计算方法边界条件过于简化，计算结果偏差较大等一系列问题，在前述危岩体三维地形数据获取的基础上，利用三维激光扫描技术获取危岩体结构面产状及三维模型，为后续数值模拟计算奠定了基础；以滑塌式危岩体（佛图关危岩）和倾倒式危岩体（北碚龙凤大道危岩）为分析对象，利用 UDEC 离散元模型实现了危岩体失稳过程的动态模拟，利用 Midas GTS 有限元模型再现了危岩体的应力及应变分布情况，评价成果可定量评价危岩体的发展趋势和变形阶段，可直接服务危岩体防治措施设计。同时，在综合调查与评价的基础上，实现了危岩体资料表格化，更加直观地显示了该危岩体的关键信息。

（3）传统钻孔取芯法在综合地质信息获取上存在着一些缺陷，如在取芯困难部位，仅能依靠岩芯样品推测地层厚度、产状及裂隙等构造信息，即使是能够取得较完整的钻孔岩芯，它也会失去其原位信息，同时失去岩样在钻孔中的构造、断裂和产状等数据，将会降低地质解译精度，进而影响地质勘察的质量，尤其是对于滑坡工程地质勘察，深部地质信息的缺失，如裂隙分布情况、潜在滑动面位置及工程地质特征等，将会严重影响滑坡稳定性分析与评价。针对上述问题，首先利用孔内成像技术，准确获得裂隙（结构面）的分布、方位和规模，滑坡滑动带深度，性状、岩溶发育（地下水位）等情况，并利用自主开发的"钻孔结构面分析程序"，实现了岩体结构面的精细化描述，包括结构面发育情况、优势结构面获取、裂隙发育密度统计等内容。在此基础上，构建了滑坡体的三维模型，并利用 FLAC 3D 模型，实现了各种工况条件下，滑坡体变形破坏特征及稳定性状况的准确评价，为该滑坡体的防治工程设计提供了可靠的勘察资料。

（4）"岩溶隧道涌突水灾害危险性评价"成果基于隧道灾害控制与安全施工的迫切需求，针对西南山地城市岩溶隧道施工中涌突水灾害超前预报失之准绳、灾害频发的现状，从灾害的形成条件及控制因素研究出发，强调岩溶水赋存和运移环境对隧道工程的控制作用，采用灾害危险度评价的影响因素综合评判模型，建立了立足于山地城市特殊地质环境和复杂岩溶水文地质条件下长大深埋岩溶隧道施工中的涌突水灾害危险性评价系统，重点探讨了评价指标的量化取值方法，确定了各评价指标的权重。同时，还利用信息相对准确的涌突水灾害点作为样本，对评价系统的可靠性进行了验证，结果显示了该评价系统的可靠性比较高。同时遵循"技术可行、经济合理、重点保护环境"的原则，提出了相应危险级别的岩溶涌突水防治措施，确保地质施工人员在施工中做到有备而战，减少和降低灾害发生时的生命及财产损失。

（5）隧道施工建设对地下水环境的影响研究技术。以轨道交通 1 号线中梁山隧道为例，由于隧址区的地质勘查工作有限，暂无水文地质试验的资料数据，未获取岩体渗透系数等水文参数，为了正确的选择隧址区水文地质参数，首先根据已有成渝高速公路隧道的水文监测资料进行模拟，再以经过其验证的参数作为本次轨道交通 1 号线中梁山隧道模拟的基础。运用三维数值模拟软件 Visual Modflow 模拟不同条件下隧道开挖对隧址区地下水造成的影响。模拟结果不仅真实、直观，而且可以动态展示隧道开挖前、排水期、堵水期及建成后的水位变化情况，为后期隧道施工期影响范围的圈定及隧道施工方式的选择提供了有力依据，也是对传统解析法分析结果缺陷的有利补充。研究结果表明，拟建成渝客专歌乐山隧道采用较好的堵水措施，需要约 190 天地下水可恢复至施工前状态，经综合判断，建议该隧道施工采用堵水的建设方式。

（6）针对山地城市复杂的地下隧道工程特点，在准确获取岩土体参数及建（构）筑物信息的基础上，采用多种数值分析手段解决了复杂条件下的建新坡隧道上跨八一隧道和向阳隧道所形成的小净距浅埋隧道的相互影响、建新坡浅埋隧道初支结构与围岩的共同作用及对上部建筑地基稳定性的影响、红旗河沟车站隧道超大断面隧道的可行性及其对相邻建

（构）筑物的影响等岩土工程分析技术难题，分析和预测了拟建轨道交通与周边环境的相互影响问题，并提出了切合实际的围岩分级、地基持力层建议、边坡坡率与地质灾害防治措施，为设计和施工提供了准确评价及合理建议。该成果作为项目重要组成部分，已获得2015年度重庆市科技进步一等奖（《山地城市大断面浅埋立体交叉地下轨道交通建造关键技术与应用》）。

（7）针对山地城市边坡工程的特点，以有限土体为研究对象，总结了有限土体的三种常见类型及计算方法，并提出了相应的支护形式建议。重庆地区的有限土体主要为第一类型有限土体以及基坑中出现的第二类有限土体，常用的支护形式为排桩、锚杆挡墙和重力式挡墙等；沿海城市或土质地基地区多为第三类型有限土体，主要的支护形式为钢板桩、连续墙、内支撑和排桩等。对于具体的实际工程项目，应结合周边环境条件和实际情况，以安全、功能和经济为指导方针，综合考虑，选择出合适的支护形式。在形式的设计中，并不局限于某种特定形式，可以是多种形式的组合。同时，根据特定环境，可以对形式进行改进以满足实际需求。

第7章 工程勘察信息化

近年来，我国经济发展和城市化进程越来越快，城市人口剧增、工程建设频繁、地质灾害频发、地下水资源紧缺等问题日益突出，对城市地质环境造成了巨大压力，各种城市地质问题已成为影响城市安全、制约城市可持续发展的主要因素之一。采用信息化手段，开展岩土工程勘察，加强城市地质信息的管理与服务，已成为国内外城市发展的迫切需求和明显趋势，对于从工程建设源头上减少工程地质灾害、保障工程建设安全有重要的积极意义。

工程勘察成果，本质上是要为工程规划建设提供数据服务、知识服务，采用信息化的技术手段，能够有效提升勘察成果完整性、时效性、直观性和准确度。因此，工程勘察信息化具有急迫的行业需求和广阔的应用场景。

云计算、物联网、大数据、互联网＋等信息技术的大发展，为勘察信息化建设带来了新的机遇。工程勘察将通过大数据、云服务、工程勘察全过程的信息化来提高行业的管理水平，促进行业技术进步。国内已经有一些勘察设计企业乘着信息技术发展的东风，依托自有数据资源，通过生产自动化、管理信息化、服务网络化、产品智能化，有效地提高了勘察服务质量、管理效率、企业竞争力，同时，还通过技术创新、提升科技含量、提供增值服务，将产业链延伸至工程建设的全过程。

岩土工程勘察信息化建设中，仍然存在诸多问题。首先，工程勘察内外业工作还没有实现信息化全覆盖；其次，传统数据管理模式未实现对工程勘察资料的统一存储、适时更新及信息挖掘；第三，地下空间信息（包含工程勘察信息）大多未进行统一管理、共享及应用；第四，结合山地城市地质特点的精细化工程勘察信息服务模式还有待研究。

为顺应当前城市地质信息化发展趋势，克服现有工程勘察信息化建设中存在的诸多弊端，需要针对山地城市特点，利用互联网、云计算、大数据、地理信息、BIM等技术，对岩土工程勘察数据的采集、建模、存贮、管理、可视化及网络化服务的全过程开展深入的信息化挖掘。

7.1 岩土勘察内外业一体化

7.1.1 概述

外业数据采集是岩土工程勘察的前端基础性工作，其准确性、采集效率以及与内业系统的衔接便利性，是岩土工程勘察信息化建设的工作重点。然而，当前岩土勘察内外业工作还没有实现信息化全覆盖。现有的工程勘察作业，大多采用传统纸质记录的工作模式，工作量大，在内业资料整理时还需要将外业纸质记录进行转录，比较容易出错，效率相对低下。

为破除上述困扰外业数据采集及内外业高效衔接等方面的发展难题，行业已尝试开展诸多思考和探索。总体解决思路，就是要搭建岩土勘察内外业一体化系统，实现工程勘察全流程信息化覆盖。亦即：外业基于平板电脑，实现野外填图、钻孔编录、原位测试、水文地质调查等信息收集和处理，通过互联网技术，实现外业数据实时上传、内外业信息无缝对接；内业实现勘察数据模板化整理、自动校正、勘察报告智能编写、专家知识库建设以及项目生产状况的统计分析；通过内外业一体化系统，改进传统纸质工作模式，实现岩土勘察内外业的一体化、智能化，切实提升工作效率和质量。

7.1.2　系统总体架构

系统采用 ORM（Object Relational Mapping）框架，分为三层：视图层（Presentation Layer）、控制层（Domain Layer）、数据流层（Data Layer）。在这种结构下，用户通过移动端 APP 访问系统，极少部分事务逻辑在视图层实现，主要事务逻辑在控制层实现，能满足用户在任何时候、任何地点、用任何移动端设备都可以使用本系统提供的功能和服务，同时也有效地保障了数据安全。

岩土勘察内外业一体化系统架构图如图 7.1-1 所示。

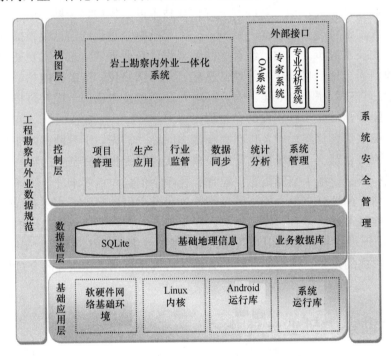

图 7.1-1　岩土勘察内外业一体化系统总体架构图

（1）基础应用层

基础设施层是整个系统运行的基础环境，它包括 Linux 内核、Android 运行库和系统运行库以及基础网络环境。

（2）数据流层

包括 SQLite、基础地理信息数据库和业务数据库。SQLite 是一款轻型的数据库，是遵守 ACID 的关系型数据库管理系统，它占用资源非常低，在移动设备中只需占用很少的资源，保证了系统运行的稳定可靠。基础地理信息库采用 Arcgis10.1 sde＋Oracle11g 的方式实现，为整个系统提供基础地理信息数据服务。

（3）控制层

控制层主要实现岩土勘察内外业数据采集的综合应用。系统根据业务功能需求进行抽象和细分，分为 PC 端系统和移动端系统。PC 端系统主要实现业务数据同步，地图二、三维展示和统计分析报表。移动端系统主要包括项目管理工作台、生产工作台、系统管理三个部分。

（4）视图层

视图层完成控制层与用户的交互。各个功能根据各类用户的需求不同，调用业务应用实现应用目标。并实现了和其他业务系统和专业系统的功能对接。

7.1.3 外业采集子系统

外业采集子系统利用基于 Android 系统的智能平板移动终端设备，辅助生产人员在工程勘察现场作业时，能够完成钻孔编录、原位测试、取样等外业数据生产，主要包括项目管理工作台、生产工作台、系统管理三个部分。

图 7.1-2 外业现场数据采集

（1）项目管理工作台

对项目信息进行管理，包括项目信息的增删改查、项目状态的管理；对人员信息的管理，包括人员信息的增删改查等；对项目相关信息进行查询，包括项目进度、项目属性等信息的查询，如图 7.1-3 所示。

（2）生产工作台

1）钻孔编录

利用平板电脑，外业直接进行钻孔编录，录入钻孔信息，包括：钻孔编号、取样（岩样、土样、水样）、钻孔坐标（X、Y）、钻孔高程、设计高程、钻孔深度、土层深度、分层信息等。系统在后台数据库根据输入的信息进行新的钻孔创建，创建的同时会根据属性校验规则判断输入的属性是否正确，如图 7.1-4 所示。

2）原位测试

系统在后台数据库根据选择的钻孔编码和原位测试类型进行外业测试数据的采集创建，包括：动力触探试验、标准贯入试验、抽水试验和压水试验。

图 7.1-3　项目管理工作台

图 7.1-4　钻孔编录子模块

3）专题属性管理

对数据模板属性进行维护和编辑功能，包括新增、修改、删除，属性字段名、属性中文名、属性数据类型、属性是否允许修改、属性是否在地图标注弹出框中显示、属性是否必选、属性字段长度限制、属性校验规则等。

7.1.4 内业处理子系统

（1）项目管理

依托地理信息系统背景地图，展示岩土勘察内外业作业数据，包括项目位置、钻孔位置等信息。以空间索引为向导，逐级展开作业数据详情。

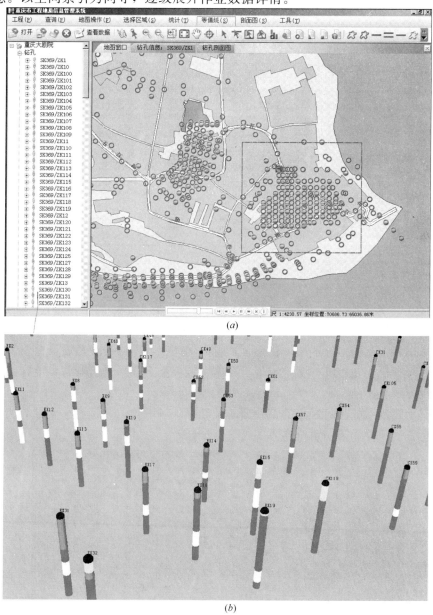

(a)

(b)

图 7.1-5 通过二、三维数据结合方式展示钻孔作业详情

同时，还可实现项目进度管理、质量管理和经营管理，如图 7.1-6 和图 7.1-7 所示。

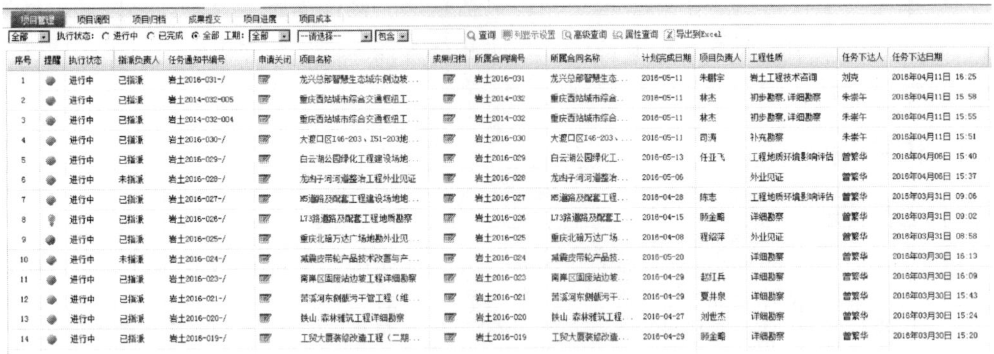

序号	提醒	执行状态	指派负责人	任务通知书编号	申请关闭	项目名称	成果归档	所属合同编号	所属合同名称	计划完成日期	项目负责人	工程性质	任务下达人	任务下达日期
1		进行中	已指派	岩土2016-031-/		龙兴总部智慧生态城东侧边坡...		岩土2016-031	龙兴总部智慧生态...	2016-05-11	朱鹏宇	岩土工程技术咨询	刘克	2016年04月11日 16:25
2		进行中	已指派	岩土2014-032-005		重庆西站城市综合交通枢纽工...		岩土2014-032	重庆西站城市综合...	2016-05-11	林杰	初步勘察，详细勘察	朱崇午	2016年04月11日 15:58
3		进行中	已指派	岩土2014-032-004		重庆西站城市综合交通枢纽工...		岩土2014-032	重庆西站城市综合...	2016-05-11	林杰	初步勘察，详细勘察	朱崇午	2016年04月11日 15:55
4		进行中	已指派	岩土2016-030-/		大渡口区I46-203、I51-203地...		岩土2016-030	大渡口区I46-203、...	2016-05-11	司涛	补充勘察	朱崇午	2016年04月11日 15:51
5		进行中	已指派	岩土2016-029-/		白云湖公园绿化工程建设场地...		岩土2016-029	白云湖公园绿化工...	2016-05-13	任亚飞	工程地质环境影响评估	曾繁华	2016年04月06日 15:40
6		进行中	未指派	岩土2016-028-/		龙凼子河河道整治工程外业见证		岩土2016-028	龙凼子河河道整治...	2016-05-06		外业见证	曾繁华	2016年04月06日 15:37
7		进行中	已指派	岩土2016-027-/		M5道路及配套工程建设场地地...		岩土2016-027	M5道路及配套工程...	2016-04-28	陈志	工程地质环境影响评估	曾繁华	2016年03月31日 09:06
8		进行中	已指派	岩土2016-026-/		L73路道路及配套工程地质勘察		岩土2016-026	L73路道路及配套工...	2016-04-15	顾金鹏	详细勘察	曾繁华	2016年03月31日 09:02
9		进行中	已指派	岩土2016-025-/		重庆北碚万达广场地勘外业见...		岩土2016-025	重庆北碚万达广场...	2016-04-08	程绍萍	外业见证	曾繁华	2016年03月31日 08:58
10		进行中	未指派	岩土2016-024-/		减震皮带轮产品技术改善与产...		岩土2016-024	减震皮带轮产品技...	2016-05-20		详细勘察	曾繁华	2016年03月30日 16:13
11		进行中	已指派	岩土2016-023-/		南岸区国际站边坡工程详细勘察		岩土2016-023	南岸区国际站边坡...	2016-04-29	赵红兵	详细勘察	曾繁华	2016年03月30日 16:09
12		进行中	已指派	岩土2016-021-/		苦溪河东侧截污干管工程（维...		岩土2016-021	苦溪河东侧截污干...	2016-04-29	夏井泉	详细勘察	曾繁华	2016年03月30日 15:43
13		进行中	已指派	岩土2016-020-/		铁山 森林雅筑工程详细勘察		岩土2016-020	铁山 森林雅筑工程...	2016-04-27	刘世杰	详细勘察	曾繁华	2016年03月30日 15:24
14		进行中	已指派	岩土2016-019-/		工贸大厦装修改造工程（二期...		岩土2016-019	工贸大厦装修改造...	2016-04-29	顾金鹏	详细勘察	曾繁华	2016年03月30日 15:20

图 7.1-6 项目进度管理

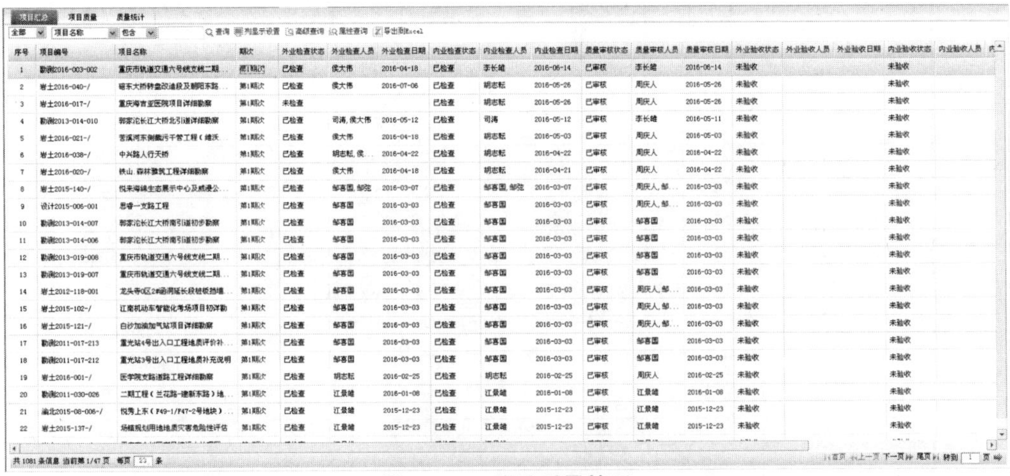

序号	项目编号	项目名称	期次	外业检查状态	外业检查人员	外业检查日期	内业检查状态	内业检查人员	内业检查日期	质量审核状态	质量审核人员	质量审核日期	外业验收状态	外业验收人员	外业验收日期	内业验收状态	内业验收人员	内
1	勘测2016-003-002	重庆市轨道交通六号线支线二期...	第1期次	已检查	侯大伟	2016-04-18	已检查	李长雄	2016-06-14	已审核	李长雄	2016-06-14	未验收			未验收		
2	岩土2016-040-/	磁东大桥转盘改造段及朝阳东路...	第1期次	已检查	侯大伟	2016-07-06	已检查	胡志耘	2016-05-26	已审核	周庆人	2016-05-26	未验收			未验收		
3	岩土2016-017-/	重庆海吉亚医院项目详细勘察	第1期次	未检查			已检查	胡志耘	2016-05-26	已审核	周庆人	2016-05-26	未验收			未验收		
4	勘测2013-014-010	郭家沱长江大桥北引道详细勘察	第1期次	已检查	司涛, 侯大伟	2016-05-12	已检查	司涛	2016-05-12	已审核	李长雄	2016-05-11	未验收			未验收		
5	岩土2016-021-/	苦溪河东侧截污干管工程（维沃...	第1期次	已检查	侯大伟	2016-04-18	已检查	胡志耘	2016-05-03	已审核	周庆人	2016-05-03	未验收			未验收		
6	岩土2016-038-/	中兴路人行天桥	第1期次	已检查	胡志耘, 侯...	2016-04-22	已检查	胡志耘	2016-04-22	已审核	周庆人	2016-04-22	未验收			未验收		
7	岩土2016-020-/	铁山 森林雅筑工程详细勘察	第1期次	已检查	侯大伟	2016-04-18	已检查	胡志耘	2016-04-21	已审核	周庆人	2016-04-22	未验收			未验收		
8	岩土2015-140-/	悦来海绵生态展示中心及感受公...	第1期次	已检查	邹喜国, 邹弦	2016-03-07	已检查	邹喜国, 邹弦	2016-03-07	已审核	周庆人, 邹...	2016-03-03	未验收			未验收		
9	设计2015-006-001	思睿一支路工程	第1期次	已检查	邹喜国	2016-03-03	已检查	邹喜国	2016-03-03	已审核	周庆人, 邹...	2016-03-03	未验收			未验收		
10	勘测2013-014-007	郭家沱长江大桥南引道初步勘察	第1期次	已检查	邹喜国	2016-03-03	已检查	邹喜国	2016-03-03	已审核	邹喜国	2016-03-03	未验收			未验收		
11	勘测2013-014-006	郭家沱长江大桥南引道初步勘察	第1期次	已检查	邹喜国	2016-03-03	已检查	邹喜国	2016-03-03	已审核	邹喜国	2016-03-03	未验收			未验收		
12	勘测2013-019-008	重庆市轨道交通六号线支线二期...	第1期次	已检查	邹喜国	2016-03-03	已检查	邹喜国	2016-03-03	已审核	邹喜国	2016-03-03	未验收			未验收		
13	勘测2013-019-007	重庆市轨道交通六号线支线二期...	第1期次	已检查	邹喜国	2016-03-03	已检查	邹喜国	2016-03-03	已审核	邹喜国	2016-03-03	未验收			未验收		
14	岩土2012-118-001	龙头寺0区2#涵洞延长段桩板挡墙...	第1期次	已检查	邹喜国	2016-03-03	已检查	邹喜国	2016-03-03	已审核	周庆人, 邹...	2016-03-03	未验收			未验收		
15	岩土2015-102-/	江南机动车智能化考场项目初详勘	第1期次	已检查	邹喜国	2016-03-03	已检查	邹喜国	2016-03-03	已审核	周庆人, 邹...	2016-03-03	未验收			未验收		
16	岩土2015-121-/	白沙加油加气站项目详细勘察	第1期次	已检查	邹喜国	2016-03-03	已检查	邹喜国	2016-03-03	已审核	周庆人, 邹...	2016-03-03	未验收			未验收		
17	勘测2011-017-213	重光站4号出入口工程地质评价补...	第1期次	已检查	邹喜国	2016-03-03	已检查	邹喜国	2016-03-03	已审核	邹喜国	2016-03-03	未验收			未验收		
18	勘测2011-017-212	重光站3号出入口工程地质补充说明	第1期次	已检查	邹喜国	2016-03-03	已检查	邹喜国	2016-03-03	已审核	邹喜国	2016-03-03	未验收			未验收		
19	岩土2016-001-/	医学院支路道路工程详细勘察	第1期次	已检查	胡志耘	2016-02-25	已检查	胡志耘	2016-02-25	已审核	周庆人	2016-02-25	未验收			未验收		
20	勘测2011-030-026	二期工程（兰花路-建新东路）地...	第1期次	已检查	江景雄	2016-01-08	已检查	江景雄	2016-01-08	已审核	江景雄	2016-01-08	未验收			未验收		
21	渝北2015-08-006-/	悦秀上东（F49-1/F47-2号地块）...	第1期次	已检查	江景雄	2015-12-23	已检查	江景雄	2015-12-23	已审核	江景雄	2015-12-23	未验收			未验收		
22	岩土2015-137-/	场镇规划用地地质灾害危险性评估	第1期次	已检查	江景雄	2015-12-23	已检查	江景雄	2015-12-23	已审核	江景雄	2015-12-23	未验收			未验收		

图 7.1-7 项目质量管理

(2) 行业监管

通过采用岩土工程内外业一体化系统，可以辅助工程勘察行业监管，监管部门可以足不出户做到对项目实施进度、实施成果、实施有效性和真实性进行监管，监管的手段可以有如下几种方式：

根据移动终端系统实时采集的钻孔岩芯及钻探现场图片，并结合移动端的实时空间位置进行分析，确保外业第一手资料真实可靠。

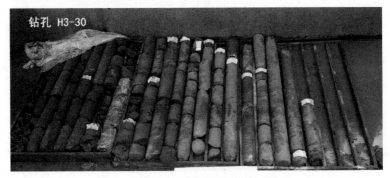

图 7.1-8 勘察现场照片

通过采用 GPS 定位功能，可以对移动端采集的用户空间位置进行轨迹回放，可以确认外业人员是否到实际现场作业，避免弄虚作假。

图 7.1-9 轨迹回放

（3）智能输出报表

输出岩土勘察数据需要产出的各种统计分析报表，如钻探地质编录表、钻孔抽水试验记录表、钻孔压水试验段记录表、岩、土、水样试验委托书。

（4）数据同步

主要包括与 OA 系统、专业勘察软件和移动终端的数据同步。

与 OA 系统对接。PC 端系统需要与办公系统进行项目信息数据同步。

与专业勘察软件同步。PC 端系统需要将外业作业成果数据同步到内业专业勘察软件系统中。

与移动终端系统同步。PC 端系统需要将项目信息同步到移动端系统，待移动端数据生产完成再同步回 PC 端系统。

7.1.5 应用效果

岩土勘察内外业一体化系统，实现了内业、外业一体全流程信息化覆盖，从外业地质填图、钻孔编录、原位测试、水文地质调查，到内业数据自动整理、图表自动生成、勘察报告智能编写，实现了岩土勘察内外业作业流程的无缝衔接，从数据获取、数据处理、数据输出完全实现无纸化、智能化和一体化；通过内外业一体化系统，建立了基于时空约束的岩土勘察外业监管机制，采用移动终端，实时记录岩土勘察外业的地质调查、钻探等实务工作的空间位置和采集时间，从技术层面杜绝了外业工作造假，保证了第一手资料的真实性。

7.2 工程地质数据库

7.2.1 总体思路

城市建设积累的大量工程地质数据，如果不按照一定标准进行统一管理，随着资料数量及规模的不断扩大，仅仅只是一堆孤立、分散的工程勘察报告。不仅难以支持历史相关工程勘察资料的查找，还容易造成重复地质钻探，带来巨大的社会经济资源浪费，更加无法进一步提取更多的有益地质信息。总之，传统数据管理模式未实现对工程勘察资料的统一存储、适时更新及信息挖掘。

为此，前人的众多研究，已经开始致力于制定统一的工程勘察数据标准，将各种工程勘察资料严格按标准进行整理和归一化；在统一的地理坐标基准下，将孤立、分散工程勘察资料，通过空间地理定位建立空间联系，使得分散的资料在空间上形成一个有机整体；并随着工程建设不断扩展、录入新的勘察资料，实现勘察数据库的动态更新。

此类工程地质数据库的建设实践，早在 20 世纪 80 年代就已开始。随着计算机软硬件技术和信息科技的不断发展，工程地质数据库管理系统也从命令行、窗体化图形界面的小程序，发展到了基于 mapgis、leadingGIS、bentley 等成熟商用软件平台进行的功能定制。全国众多城市（重庆、济南、北京、常州、济南、郑州等）也都结合本地实际，先后开发了区域性的工程地质数据库，并开展了实际工程应用。

在收集整理城市基础工程地质资料的基础上，集合城市建设进程中各个岩土工程勘察项目中的各类数据资源并不断更新，整合全市工程勘察行业相关历史数据，建立统一的重庆市城市工程地质信息数据库，实现重庆市主城区基础地理信息、钻孔、剖面、地质图、地质灾害、岩土测试、三维地质模型、文档报告等海量异构工程勘察数据的统一存储和行业应用。同时，基于工程地质数据库，开展大数据分析探索，实现了岩土工程力学参数信息的深度挖掘。

7.2.2　工程地质数据标准

城市工程地质数据涉及范围广泛，主要包含钻孔、剖面、地质图、地质灾害、岩土测试等地质信息与地理信息，数据内容要素包括三维空间位置、基本属性信息和地质属性信息。各类数据跨越多个专业领域、涉及单位众多、建设总量大，而且资料来源各异。为保障数据的规范性和一致性，支持数据库建设及后期应用服务，方便相关系统和工程的有机整合，需要建立工程地质数据统一标准，从数据采集、数据制作、信息分类和数据入库等环节着手，规范地质数据采集的流程、处理步骤和技术要求。

（1）空间参考系

平面和高程系统应与城市坐标系一致。

（2）地质编录标准

制定了地质编录的数据标准，对重庆市区域地层进行了详细厘定及划分，制定了地层编码。

地层划分表　　　　　　　　　　　　　　　　　　　　　表 7.2-1

编号	代号	岩性	编号	代号	岩性
1	Q_4^{ml}	人工填土	6	Q_4^{eol}	风积层
2	Q_4^{al}	冲积层	7	Q_4^{del}	滑坡堆积层
3	Q_4^{pl}	洪积层	8	Q_4^{col}	崩积层
4	Q_4^{dl}	坡积层	9	Q_4^{el+dl}	残坡积层
5	Q_4^{el}	残积层	10	Q_{4al+pl}	冲洪积层

续表

编号	代号	岩性	编号	代号	岩性
11	Q_4^{col+el}	崩积残坡积层	30	J_{2S}^{1-4L}	侏罗系上沙系庙组第一段
12	Q_4^{col+dl}	崩坡积层	31	J_{2S}^{1-4S}	侏罗系上沙系庙组第一段
13	Q_3^{al}	冲积层	32	J_{2S}^{1-3L}	侏罗系上沙系庙组第一段
14	Q_2^{al}	冲积层	33	J_{2S}^{1-3S}	侏罗系上沙系庙组第一段
15	Q_1^{al}	冲积层	34	J_{2S}^{1-2L}	侏罗系上沙系庙组第一段
16	J_3^P	侏罗系蓬莱镇组	35	J_{2S}^{1-2S}	侏罗系上沙系庙组第一段
17	J_3^S	侏罗系遂宁组	36	J_{2S}^{1-1L}	侏罗系上沙系庙组第一段
18	J_{2S}^{3-3L}	侏罗系上沙系庙组第三段	37	J_{2S}^{1-1S}	侏罗系上沙系庙组第一段
19	J_{2S}^{3-3S}	侏罗系上沙系庙组第三段	38	J_{2xs}^2	侏罗系下沙系庙组第二段
20	J_{2S}^{3-2L}	侏罗系上沙系庙组第三段	39	J_{2xs}^1	侏罗系下沙系庙组第一段
21	J_{2S}^{3-2S}	侏罗系上沙系庙组第三段	40	J_{2X}	侏罗系新田沟组
22	J_{2S}^{3-1L}	侏罗系上沙系庙组第三段	41	J_{1-2Z}	侏罗系自流井组
23	J_{2S}^{3-1S}	侏罗系上沙系庙组第三段	42	J_{1z}	侏罗系珍珠冲组
24	J_{2S}^{2-2L}	侏罗系上沙系庙组第二段	43	T_{3xj}	三叠系须家河组
25	J_{2S}^{2-2S}	侏罗系上沙系庙组第二段	44	T_{2l}	三叠系雷口坡组
26	J_{2S}^{2-1L}	侏罗系上沙系庙组第二段	45	T_{1j}	三叠系嘉陵江组
27	J_{2S}^{2-1S}	侏罗系上沙系庙组第二段	46	T_{1f}	三叠系飞仙关组
28	J_{2S}^{1-5L}	侏罗系上沙系庙组第一段	47	P_{2C}	二叠系长兴组
29	J_{2S}^{1-5S}	侏罗系上沙系庙组第一段	48	P_{2L}	二叠系龙潭组

岩性的划分及编码详细规定如表 7.2-2 所示。

岩性划分及编码　　　　　　　　　　　表 7.2-2

岩性名称	岩土代号	岩性名称	岩土代号
耕土	gt	淤泥质粉土	ynzft
杂填土	ztt	黏土	nt
素填土	stt	粉质黏土	fznt
冲填土	ctt	粉土	ft
淤泥	yn	黏质粉土	nzft
淤泥质黏土	ynznt	砂质粉土	szft

岩性名称	岩土代号	岩性名称	岩土代号
泥炭质粉土	ntzftf	中砂岩	zsy
粉质土	fzt	砂砾岩	sliy
粉砂	fs	粗砂岩	csy
细砂	xs	粉砂岩	fsy
中砂	zs	硅化砂岩	ghsy
粗砂	cs	空洞	kd
砾砂	ls	稍密卵石	smls
圆砾	yl	中密卵石	zmls
角砾	jl	密实卵石	msls
卵石	lsh	疏松卵石	ssls
碎石	ss	泥质砂岩	nzsy
漂石	ps	砂质泥岩	szny
块石	ks	新近沉积	xjcjt
砾石	lis	新填土	zzp
砾类土	llt	砂性土	xjcj
卵石土	lst	软砂岩	rsy
漂石土	pst	软泥岩	rny
黏性土	nxt	有机质土	yjzt
残积土	cjt	红黏土	hnt
软泥岩	rny	次生红黏土	cshnt
水	s	凝灰岩	nhy
泥质粉砂岩	nzfsy	泥岩	ny
粉砂质泥岩	fszny	页岩	yy
砂岩	sy	泥灰岩	nhy1
石灰岩	shy	煤岩	my
白云岩	byy	软弱夹层	rjc
石英岩	syy	软砂岩	rsy

（3）区域地质综合柱状图

通过对重庆市区域地质研究，确定了区域地质综合柱状图如图 7.2-1 所示：

地层综合柱状图

地层系统				代号	编号	柱状图	厚度(m)	岩性描述
系	统	组	段					
第四系	全新统			Q_4^{me}	1		0~65	人工堆积层： 由黏性土和砂泥岩块石、碎石、砖块、煤渣、瓦砾和生活垃圾组成。在城市建成区广泛分布，厚度1~5m，个别填方场地厚达65m
				Q_4^{al}	2		0~22	河漫滩冲积层： 小溪流沟谷多由黏性土、粉土和细砂组成，两江漫滩多由细砂和卵石层组成。厚度一般3~5m，个别地段厚度超过20m
				Q_4^{pl}	3			
				Q_4^{dl}	4		0~8	残积层： 由紫褐色黏性土，砂泥岩碎石和局部砂岩强风化形成的细砂组成，厚度一般1~3m，局部厚5~8m
				Q_4^{el}	5			
				Q_4^{eol}	6			
				Q_4^{del}	7		0~30	崩坡积层： 主要分布于陡峭岸坡，为紫褐色黏性土和砂泥岩块石组成，厚度起伏大，岩土界面陡
				Q_4^{col}	8			
				Q_4^{de+dl}	9			
				Q_4^{al+pl}	10			冲洪积层：由黏性土、粉土、细砂和卵石组成
				Q_4^{col+el}	11			崩坡积层： 主要分布于陡峭岸坡，为紫褐色黏性土和砂泥岩块石组成，厚度起伏大，岩土界面陡
				Q_4^{col+dl}	12			
	上更新统			Q_3^{al}	13		0~22	阶地冲积层： 分布于各级阶地，一般上部为黄褐色粉土和黏性土，厚度0~14m。下部由粉土、细砂及卵石组成，I级阶地还发育江北砾岩层，厚度0~15m
	中更新统			Q_2^{al}	14			
	下更新统			Q_1^{al}	15			
侏罗系	上统	篷莱镇组		J_3P	16		>150	以紫红色泥岩为主，夹灰白色、浅灰黄色长石石英砂岩。底部为浅灰色厚层长石石英砂岩，即"篷莱镇砂岩"
		遂宁组		J_3S	17		268~469	以砖红色、鲜红色泥岩为主，偶夹浅灰白色、紫红色长石石英砂岩。上部夹绿灰色水云母黏土岩。底部为灰色或砖红色长石石英砂岩，其下常出现透镜状钙质角砾岩
	中统	上沙溪庙组	第三段	J_{2S}^{3-3L}	18		68	紫红色泥岩夹紫灰色砂质泥岩，含少量钙质结核
				J_{2S}^{3-3S}	19		10~15	紫灰色中粒厚层状长石石英砂岩夹1~2m紫色泥岩
				J_{2S}^{3-2L}	20		68	紫红色泥岩夹薄层泥质粉砂岩及钙质泥岩
				J_{2S}^{3-2S}	21		5~15	紫灰色中厚层中细粒长石石英砂岩，局部夹泥质砂岩
				J_{2S}^{3-1L}	22		71	紫红色泥岩夹薄层粉砂岩及砂岩透镜体，含钙质结核
				J_{2S}^{3-1S}	23		10~20	暗紫棕色、灰黄色及灰色中粒长石砂岩（鹅岭砂岩），相对稳定

图 7.2-1 地层综合柱状图（一）

地层综合柱状图

（续）

地层系统				代号	编号	柱状图	厚度 (m)	岩性描述
系	统	组	段					
侏罗系	中统	上沙溪庙组	第二段	J_{2S}^{2-2L}	24		29~118	暗紫红色泥岩夹粉细砂岩及长石砂岩
				J_{2S}^{2-2S}	25		10~20	暗紫色、灰白色中细粒至粗粒中厚层长石石英砂岩
				J_{2S}^{2-1L}	26		43	暗紫红色泥岩夹长石砂岩
				J_{2S}^{2-1S}	27		5~20	灰色厚层细粒长石石英砂岩
			第一段	J_{2S}^{1-5L}	28		50	紫红色泥岩夹泥质粉砂岩及薄层长石砂岩
				J_{2S}^{1-5S}	29		5~15	黄色灰色厚层状长石石英砂岩，钙、泥质胶结
				J_{2S}^{1-4L}	30		8~61	紫色泥岩夹粉砂岩及长石砂岩
				J_{2S}^{1-4S}	31		10	灰色薄至中厚层状长石石英砂岩，泥质胶结
				J_{2S}^{1-3L}	32		32~121	紫红色泥岩夹泥质粉砂岩及薄层细砂岩，含钙质结核
				J_{2S}^{1-3L}	33		10~20	灰黄色中至细粒中厚层状长石石英砂岩，钙泥质胶结
				J_{2S}^{1-2L}	34		57~84	紫色泥岩夹泥质粉砂岩，砂岩，泥岩不等厚互层
				J_{2S}^{1-2S}	35		10~20	灰色、黄灰色细粒中厚层状长石石英砂岩，局部粉砂岩
				J_{2S}^{1-1L}	36		30~83	紫色泥岩夹分砂质泥岩及薄层砂岩，局部含钙质结核，微细水平层理发育
				J_{2S}^{1-1S}	37		28~63	紫灰色中厚层细粒长石石英砂岩(嘉祥寨砂岩)夹2~3层紫色泥岩
		下沙溪庙组	第二段	J_{2XS}^{2}	38		150~259	紫红色泥岩，砂质泥岩，中部为黄绿色页岩，页岩中含叶肢介化石，局部夹紫红色长石砂岩
			第一段	J_{2XS}^{1}	39		33~48	黄灰色厚层长石砂岩(关口砂岩)，下部夹紫红色泥岩
		新田沟组		J_{2X}	40		114~223	灰黄色、灰绿色页岩、泥岩，粉砂岩夹长石石英砂岩，顶部有杂色泥岩
	中下统	自流井组		J_{1-2Z}	41		172~312	泥岩、砂质泥岩、钙质泥岩，页岩夹泥灰岩、介壳灰岩、石英砂岩
	下统	珍珠冲组		J_{1Z}	42		122~244	下部厚层石英砂岩夹砂质泥岩，上部杂色泥岩、砂质泥岩夹石英砂岩、页岩
三叠系	上统	顺家河组		T_{3Xj}	43		333~566	厚层块状砂岩夹页岩含煤系地层
	中统	雷口坡组		T_{3L}	44		33~99	中厚层块状灰岩，白云质灰岩夹泥质灰岩，角砾灰岩，底部水云母黏土岩
	下统	嘉陵江组		T_{1j}	45		383~696	中厚层块状灰岩、白云岩、泥质灰岩夹生物碎屑灰岩、角砾灰岩
		飞仙关组		T_{1f}	46		314~380	块状灰岩、泥质灰岩与钙质泥岩、页岩互层
二叠系	上统	长兴组		P_{2C}	47		99~104	灰色泥质灰岩、生物灰岩、白云质灰岩，含燧石结核，团块及条带
		龙潭组		P_{2L}	48		120~142	杂色页岩，泥岩，粉砂岩夹硅质、泥质灰岩及含煤建造

图 7.2-1 地层综合柱状图（二）

（4）数据表结构

工程地质数据库内主要数据表包含如表 7.2-3 所示，限于篇幅，各个数据表具体结构略。

主要数据表清单 表 7.2-3

序号	表名称	序号	表名称	序号	表名称
1	附件地图属性表	18	施工单位	35	风化数据
2	参加工程关系表	19	用户权限表	36	可塑性
3	工程地质特征	20	注册岩土师	37	孔径表
4	工程信息表	21	固结试验表	38	水位表
5	勘察报告	22	固结试验项目表	39	土层表
6	剖面线属性	23	颗分试验	40	岩芯采取率
7	工程设计参数据表	24	颗分试验项目	41	标贯表
8	工程审查记录	25	膨胀率	42	波速表
9	地层信息表	26	常规实验	43	动探试验
10	数据表配置表	27	三轴试验表	44	静探试验
11	字段名汉字对照表	28	三轴试验项目表	45	裂缝密度
12	字段取值对照表	29	湿陷性	46	旁压测试
13	工程参加人员	30	水质测试	47	旁压测试项目
14	地质灾害点	31	水质测试项目	48	十字板剪切实验
15	工程建设单位	32	直剪试验表	49	渗透系数
16	勘察单位	33	直剪试验项目表	50	透水率实验
17	设计单位	34	潮湿度	51	钻孔信息表

（5）成果视觉颜色

按照时代地层及岩性地层进行各地层的颜色标准制定。地质数据各地层元素按照时代地层或岩性地层所对应的颜色标准进行着色。

1）时代地层

时代地层是指根据地层的沉积时代进行的地层划分，如侏罗纪、白垩纪等。

时代地层的颜色对照，参照《地质图用色标准及用色原则（1：50000）》DZ/T 0179—1997。

2）岩性地层

岩性地层是指根据岩性进行的地层划分，如砂岩、泥岩等。

根据重庆市主城区范围内的主要岩性地层，制定了若干岩性的颜色标准，见表7.2-4。对于表中未规定的岩性，可参照《地质图用色标准及用色原则（1：50000）》DZ/T 0179—1997。

主要岩性地层颜色标准 表 7. 2-4

岩性	颜色 RGB	颜色示例
素填土	143，48，117	
杂填土	219，126，2	
淤泥	64，62，63	
砂质泥岩	226，0，70	
泥岩	173，1，53	
砂岩	173，172，158	
泥质砂岩	214，181，154	
灰岩	0，71，128	
页岩	85，0，136	

（6）地质纹理符号

地质对象的纹理，根据岩层的岩土性质，并参照地质人员惯用的地质符号进行规定。对于地质界面、钻孔分层、剖面填充、三维地层模型表面，其纹理可参照《区域地质图图例（1∶50000）》GB 958—99 制作。纹理图案还可根据上文中岩性地层颜色标准进行着色。

7.2.3　海量多源异构地质数据建库及集成管理

海量多源异构地质数据，包括基础地理数据、基础地质数据、大范围区域地质三维模型、大范围工程地质三维模型、海量钻孔信息，多尺度地质灾害评估数据以及大量的调查报告、文档、图片等信息。以上各类数据由于其获取方式、生产单位的不同，均采用较为分散的方式进行存储和利用。针对分散的海量异构地质数据，选取适合的数据库结构，对上述地质数据进行综合建库，以实现对海量多源异构地质数据的集成管理。

（1）多源异构数据集成

对所涉及的现状数据、勘察数据和其他相关数据，首先进行收集、整理等相关基础工

作；由于项目所涉及的数据的多源异构
性，需要对原始数据进行相关数据处理，
对有效数据进行提取、对数据格式进行转
换；完成数据处理后，根据数据类型、数
据集成和应用需求，进行数据建库；完成
数据建库后，通过构建数据集成中间件和
发布数据服务的方式，对海量多源异构数
据进行数据集成；最终应用系统通过获取
数据集成中间件数据或获取数据服务的方
式实现多源异构数据的应用。技术架构如
图 7.2-2 所示。

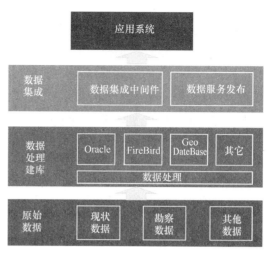

图 7.2-2 技术架构图

（2）数据组织

根据数据来源和数据类型，同时结合
系统集成管理的特点，将海量多源异构数
据划分为元数据库、空间数据库、非空间数据库。多源异构地质数据库按表 7.2-5 进行数
据组织。

多源异构地质数据库组织　　　　　　　　　表 7.2-5

数据库		内容组成
元数据库		地理信息元数据
		地质信息元数据
空间数据库	二维数据库	二维地理空间数据
		二维工程矢量数据
		二维地质灾害评估数据
		其他二维矢量数据
	三维数据库	三维地形数据
		三维区域地质模型
		三维工程地质模型
		三维钻孔数据
		三维地下管线模型
		三维地下建（构）筑物数据
		其他三维模型
非空间数据库		工程属性数据
		地质灾害评估属性数据
		其他二维矢量属性数据
		钻孔属性数据
		建筑属性数据
		文件数据

（3）空间索引

高效的三维空间索引是实现海量空间数据快速检索的关键技术。通过空间索引，能够迅速了解图层图元信息，加快地下空间三维分析过程，提高渲染动态调度效率，是整合多源数据的核心技术。使用多类型混合的三维空间索引方法，采用由粗到精的多层索引和多级过滤，实现地下空间三维空间数据的快速、准确查询和三维分析。

项目研究了基于全局优化和三维聚类分析的动态三维 R 树空间索引方法，并基于此顾及 LOD 管理扩展了三维 R 树索引结构。具体实现是首先通过格网索引作为一级索引实现快速定位，然后使用改进的 R 树索引作为二级索引实现三维目标基于 LOD 的精确查找。

该方法有如下三个实施步骤：

1）节点选择。利用先自下而上、后自上而下的节点选择算法搜索叶节点以插入目标元组。该算法能够在全树范围内寻找最优的叶节点，避免节点重叠导致的选择失误问题，而且启用综合考虑节点重叠、覆盖和形状等因子的评价标准，保证插入目标后节点形状合理。

2）节点分裂。有条件地采用二变三的节点分裂算法，将上溢节点和重叠最严重的兄弟节点重组为三个小节点，其中采用三维空间聚类算法，启用综合考虑节点重叠、覆盖和形状等因子的分裂评价标准，使得分裂后兄弟节点形状规则、尺寸均匀和重叠减少。

3）顾及多细节层次功能。基于步骤 1 和步骤 2 生成的良好树形，对 R 树结构实施扩展以实现多细节层次功能，R 树中间层允许包含目标索引元组，采取科学合理的原则将重要目标自动地分配至 R 树的上层节点中。

7.2.4　工程地质大数据分析

随着信息技术的飞速发展，大数据（Big data）时代已经来临，吸引了越来越多的行业关注。工程地质数据库中，本身就蕴含了岩土工程力学参数大数据，基于此开展大数据分析，提取重庆市主要地层的岩土层数，将具有十分重要的意义。

（1）岩石抗压强度大数据分析

岩石单轴抗压强度是工程勘察中最基本的岩体力学参数之一，已广泛应用于岩石地基设计、隧洞围岩分类、岩体质量分级、土石开挖分级和岩石地基验收中。重庆市区约 70% 面积坐落于侏罗系中统沙溪庙组地层之上，利用重庆市工程地质数据库，研究沙溪庙组地层岩石单轴抗压强度具有十分重要的意义。从工程勘察的实践出发，通过对重庆市主城区广泛出露的沙溪庙组岩石抗压强度的分析和对软化系数的研究，建立了饱和抗压强度与天然抗压强度之间的转换关系。

1）试验数据与采样点

沙溪庙组通常可分为泥岩和砂岩两大类。从工程地质数据库中选取沙溪庙组地层中多个重大工程（空间上均匀分布）的试验数据，共收集中风化岩样 2986 组（泥岩 2005 组、砂岩 981 组），天然和饱和抗压强度的总有效试验数据 8958×2 个。

《岩土工程勘察规范》规定岩石的坚硬程度按饱和单轴抗压强度进行划分，其大数据分析结果见图 7.2-3。

2）抗压强度分析

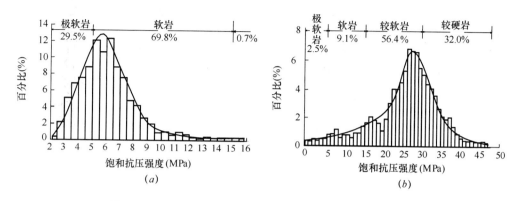

图 7.2-3 重庆沙溪庙组地层岩石饱和抗压强度概率密度图

（a）泥岩；（b）砂岩

令 x 为天然抗压强度，y 为饱和抗压强度，课题分析表明，转换公式为乘幂形式时，曲线相关性最好，由此构建函数表达式为 $y = ax^b$，a、b 为待定参数。

沙溪庙组中砂岩和泥岩间岩相具有渐变性，相应强度也具渐变性，因此，泥岩和砂岩抗压强度的函数表达式可进行统一求解。典型拟合图如图 7.2-4 所示，经验公式分析见表 7.2-5。

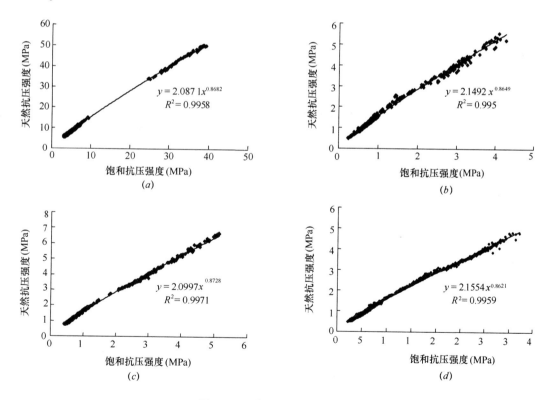

图 7.2-4 岩石抗压强度散点图

（a）3s 号工程；（b）6 号工程；（c）14 号工程；（d）17 号工程

沙溪庙地层抗压强度经验公式（$y = ax^b$）　　　表 7.2-6

工程编号	岩样组数	a	b	相关系数 (r^2)	$a+b$
1	71	2.154	0.860	0.9967	3.014
2	60	2.146	0.859	0.9964	3.005
3	212	2.087	0.868	0.9958	2.955
4	143	2.156	0.863	0.9942	3.019
5	115	2.097	0.871	0.9955	2.968
6	153	2.149	0.865	0.9952	3.014
7	40	2.177	0.854	0.9964	3.031
8	93	2.212	0.849	0.9956	3.061
9	95	2.141	0.864	0.9986	3.005
10	102	2.318*	0.839*	0.9894	3.158*
11	319	2.141	0.865	0.9948	3.006
12	78	2.144	0.861	0.9938	3.005
13	61	2.190	0.855	0.9961	3.045
14	230	2.100	0.873	0.9982	2.973
15	62	2.114	0.865	0.9968	2.979
16	134	2.122	0.865	0.9967	2.987
17	395	2.154	0.862	0.9976	3.017
18	111	2.229	0.850	0.9853	3.079
19	256	2.095	0.875	0.9952	2.969
20	256	2.148	0.861	0.9940	3.009
平均值		2.145	0.862	0.9951	3.007
标准差		0.039	0.007		0.032
变异系数		0.018	0.008		0.011
最大值		2.229	0.875		3.079
最小值		2.087	0.849		2.955

3）参数分析

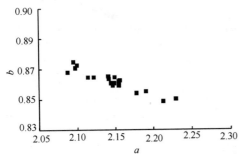

图 7.2-5　*a-b* 散点图

a 和 b 分布关系如图 7.2-5 所示，图中 a、b 值为 20 个样本分析结果，母本的置信区间采用 T 双侧分布进行计算，分析数据见表 7.2-7。

95% 保值率和样本 $N=20$ 时，概率系数 $t_a = 2.09$，a 和 b 的极限误差（ε）计算结果分别为：$\varepsilon_a = 2.09 \times 0.039 / 20^{0.5} = 0.018$，$\varepsilon_b = 2.09 \times 0.07 / 20^{0.5} = 0.003$。

相应置信区间：$a \propto (2.127, 2.163)$，$b \propto (0.859, 0.865)$。

经验公式分析数据　　　　　　　　　　　　　　表 7.2-7

指标内容	a	b
平均值	2.145	0.862
标准差	0.039	0.007
变异系数	0.018	0.008
最大值	2.229	0.875
最小值	2.087	0.849

4）经验公式

取 a、b 平均值时，沙溪庙地层中风化岩石抗压强度的经验公式为

$$y = 2.145x^{0.862} \text{ 或 } x = 0.413y^{1.16} \tag{7.2-1}$$

5）误差统计与分析

① 根据经验公式（7.2-1），对计算值和试验值之间的误差统计如下：泥岩，相对误差大于 10% 的仅占样本（6015 个数据）的 2.5%，误差 5%～10% 占样本的 18%，误差小于 5% 的占样本 79.5%。砂岩，相对误差大于 10% 的仅占样本（2943 个数据）的 2.1% 且全部在极软岩区间，误差 5%～10% 的占样本的 15.1%，误差小于 5% 的占样本的 82.8%。

② 通过工程划分的 187 个单元进行的统计，平均值和标准值的相对误差统计结果分别如下：泥岩，平均值的相对误差≤2% 的概率为 82.6%，≤5% 的概率约 95%；标准值的相对误差≤2% 的概率为 87.8%，<5% 的概率约 98%。砂岩，平均值的相对误差≤2% 的概率为 87.2%，≤5% 的概率约 95%；标准值的相对误差≤2% 的概率为 82.6%，<5% 的概率约 95%。

6）工程意义

以前对岩石抗压强度的研究主要是对影响岩石抗压强度的因素进行研究，未涉及软化系数和抗压强度之间关系的研究。在大数据的支撑下，从工程勘察的实践出发，通过研究岩石抗压强度和软化系数的关系，建立了重庆市区沙溪庙组岩石饱和抗压强度与天然抗压强度之间的经验关系，以后，只需要岩石天然抗压强度和饱和抗压强度的其中一组数据，便可通过经验公式进行单值匹配和平均值、标准值的计算。

（2）岩石抗剪强度大数据分析

按现行岩石试验的国家规范，岩石抗剪强度是基于莫尔-库伦准则获取的，但实际上岩石破坏包络线为曲线。重庆市区 70% 区域分布沙溪庙组岩石，利用岩石抗压和抗拉强度确定的抗剪强度与试验值存在较大的差异。引入抗剪强度修正系数，并在重庆市工程地质数据库大数据的支撑下，通过大数据分析反演抗剪强度修正系数，建立沙溪庙组抗剪强度的经验公式。

1）抗剪强度公式推导

如图 7.2-6 所示，曲线 1 为莫尔包络线，包络线与极限莫尔圆相切，根据莫尔强度理论，最小主应力 $\sigma_3 = 0$ 时，最大主应力 $\sigma_1 = \sigma_c = EG = 2EF$；最大主应力 $\sigma_1 = 0$ 时，最小主应力 $\sigma_3 = \sigma_t = CE$。拟合直线（直线 2）与 τ 轴交于 A 点，根据现行岩石试验规范，此

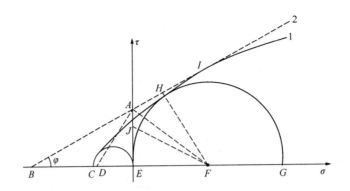

图 7.2-6　莫尔包络线

时$\angle ABC=$内摩擦角 φ，$AE=$黏聚力 c。

① 黏聚力 c 的求解：过 A 点作线段 AF 的垂线 AD，根据 $\triangle ADF$ 各边的几何关系可导出 $AE^2 = DE \cdot EF$，令 $DE = 2x^2 \cdot CE = 2x^2 \cdot \sigma_t$，$x$ 为黏聚力修正系数，则 $AE^2 = c^2 = DE \cdot EF = 2x^2\sigma_t \cdot \sigma_c/2 = x^2\sigma_t\sigma_c$，故

$$c = x(\sigma_t\sigma_c)^{0.5} \tag{7.2-2}$$

② 内摩擦角 φ 的求解：过圆心 F 作直线 2 的垂线 HF，则 $\angle EFH = 90° - \varphi$。过 F 点作 $\angle EFH$ 的角平分线，交 σ 轴于 J 点，则 $\angle EFJ = 45° - \varphi/2$。令 $JE = 0.5y/x \cdot AE = 0.5y/x \cdot c$，$y$ 为内摩擦角修正系数。有如下几何关系式：$\tan(45° - \varphi/2) = \tan\angle EFJ = JE/EF = 0.5y/x \cdot AE/EF = y(\sigma_t/\sigma_c)^{0.5}$ 即：

$$\tan(45° - \varphi/2) = y(\sigma_t/\sigma_c)^{0.5} \tag{7.2-3}$$

2）采样点与试验数据

利用重庆市工程地质数据库，本次采集的数据汇集了重庆市位于沙溪庙组地层中 15 个重大工程 402 组数据，这 15 个工程分布位置涉及重庆主城区 7 区；工程类型包括 7 个公租房（含超高层建筑 311 栋）、6 条市政道路、1 条城市地铁、1 座跨江大桥；所在的构造部位涉及背斜 6 处、向斜 8 处；岩层的倾角变化范围 2°～65°。

统计样本中泥岩 φ 值、c 值各 245 个单值，相应 σ_c、σ_t 各 245×3 个单值；砂岩 φ 值、c 值各 157 个单值，相应 σ_c、σ_t 各 157×3 个单值。

3）修正系数 x、y 的确定

将样本数据平均值代入式（7.2-2）和式（7.2-3）进行计算可反算出抗剪强度的修正系数。泥岩修正系数 x 的平均值 1.07，修正系数 y 的平均值 2.53；砂岩修正系数 x 的平均值 0.9，修正系数 y 的平均值 2.09。x、y 的变异系数均小于 5%。

除变异小外，计算结果还表明：修正系数 x、y 为随机分布，同一岩性 x、y 的大小与岩石强度变化无明显关系，可进行置信区间估计，按 95% 保证率进行统计，泥岩修正系数的置信区间：$x \propto (1.052，1.088)$，$y \propto (2.473，2.587)$；砂岩修正系数的置信区间：$x \propto (0.846，0.954)$，$y \propto (2.037，2.143)$。

4）抗剪强度经验公式

以 x、y 平均值作为代表值，重庆市区沙溪庙地层抗剪强度的换算公式如下：

① 泥岩：$c = 1.07(\sigma_t\sigma_c)^{0.5}$；$\tan(45° - \varphi/2) = 2.53(\sigma_t/\sigma_c)^{0.5}$

② 砂岩：$c = 0.9(\sigma_t\sigma_c)^{0.5}$；$\tan(45° - \varphi/2) = 2.09(\sigma_t/\sigma_c)^{0.5}$

5）工程意义

工程意义在于，单轴抗压强度试验和抗拉强度试验所要求的岩块少，试验费用相对较低，获取数据较为容易。在重庆市区沙溪庙组岩石中，计算得出的岩石抗剪强度平均值，其相对误差一般小于10％，因此可推广应用到工程实践中去。

7.2.5　应用效果

通过建立工程地质数据库，整合了城市建设进程中的岩土工程勘察数据资源并不断更新。基于工程地质数据库，开展大数据分析探索，实现了岩土工程力学参数信息的深度挖掘。依托日益丰富的工程地质数据资源，辅助了岩土勘察及地质灾害评估，每年节约钻探进尺，每年节约了大量的地质调查及钻探成本。基于工程地质数据库开展大数据分析，进行岩土工程参数信息的深度挖掘，实现了岩石抗压强度、抗剪强度的直接换算，有效节约了岩石工程参数的获取成本。

7.3　城区地下空间集成管理

7.3.1　总体思路

现代城市的发展必然是一个"上天入地"的立体化过程。交通、商业、仓储、管线等均是现代城市利用地下空间的各种模式，只有有效地利用地下空间，才能大幅度提高城市土地资源的利用效率。城市地下空间的开发和利用是城市经济发展和城市空间发展的客观需要。1991年召开的城市地下空间会议通过了《东京宣言》，提出了"21世纪是人类开发利用地下空间的世纪"。随着人类经济发展和人类文明的不断进步，城市地下空间的合理开发和利用已经成为全球各个国家及地区日益重视的课题，欧美及日本等国家地区较早在这一领域进行了积极的探索和建设。近半个世纪以来，随着经济的发展和城市的需求，我国也在这一领域取得了快速发展。

在工程勘察中，地下空间信息是不可或缺的重要环境信息。由于历史原因，且缺乏资料汇集汇交的制度和平台，城市地下空间信息（包含工程勘察信息）广泛分散在国土、建委、规划、人防等部门，无法进行统一管理，无法实现城市地下空间信息的跨部门共享，更不能利用这些信息开展深入细致的工程应用。

具体来说，将针对城区地下空间信息分散、管理混乱、标准缺失、应用困难等问题，在地下空间三维数据的生产、管理、可视化及应用服务等方面突破，实现对城市地质、地下管线、地下建（构）筑物等主要地下空间对象的分类、编码、建模、集成、管理与可视化应用，为城市规划、勘察、设计、施工及应急抢险提供一体化全过程服务，切实提高地下空间管理及应用服务水平，提升工程勘察能力，拓展外延服务。

7.3.2　技术路线

为促进地下空间信息化建设及科学化管理，充分借鉴国内外优秀三维平台和图形引擎的技术架构和思路，结合实际，在地下空间数据统一标准、地下空间统一建模流程/框架、地下空间数据库组织与管理、海量三维地下空间数据自适应可视化、插件式行业集成应用等方面进行技术攻关，并形成相应的管理工具和软件引擎，为地下空间数据收集、建模、管理、发布、应用各环节提供了解决方案。总体技术路线如图 7.3-1 所示。

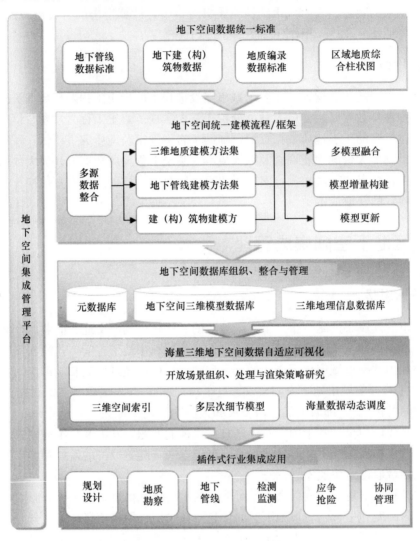

图 7.3-1　地下空间集成管理平台技术路线图

7.3.3　地下空间数据统一标准

平台地下空间数据涉及广泛，主要包含地质、地下管线、地下建（构）筑物三大类，数据内容要素包括三维空间位置和基本属性信息。这三大类数据跨越多个行业专业领域、涉及单位众多、建设总量大，而且资料来源各异。为保障平台数据的规范性和一致性，确保平台数据的统一质量，支持平台数据库建设及后期应用服务，方便相关系统和工程的有机整合，需要建立地下空间数据统一标准，从数据采集、数据制作、信息分类和数据入库等各环节着手，规范平台数据采集的流程、处理步骤和技术要求。经高度总结和提炼，形成了包含地下管线、地下建（构）筑物、地质编录数据标准及区域地质综合柱状图的地下空间数据统一标准体系，用于指导项目的数据建设。

7.3.4 地下空间统一建模流程/框架

地下空间数据来源广泛、类型众多、载体各异、时间跨度大。地质数据包括钻孔、剖面图、地质图等；管线数据包括管点、管段及其属性；地下建（构）筑物数据既包括常规工程测量得到的平面图、竣工资料中的建筑基础信息，还可能包括激光扫描得到的点云数据。项目建立了基于多源数据和多方法集成的地下空间统一建模流程/框架，对收集整理的多源数据进行整合、编码及规范，然后根据数据的特点选取适当的建模方法进行三维模型构建。框架提供了可扩展的三维建模接口，以支持适应新数据特点的建模方法的加入。对于各种方法创建的地下空间三维模型，框架实现了多模型之间的融合方法，以布尔操作为基础，解决模型之间可能出现的数据不一致。

7.3.5 地下空间数据库组织与管理

建立三维数据库是实现地下空间数据集成管理及应用的基础。由于地下空间三维数据量大、结构复杂、数据模型各异，业界尚无一套成熟的技术实现其组织、整合与管理，客观上阻碍了地下空间信息化的推广和应用。课题组从地下空间的海量多元异构数据管理方面进行了深入研究。

（1）数据组织

按照数据来源、更新机制和应用方式的区别，将三维数据库划分为三维模型数据库、三维地理信息数据库和三维元数据库，解决了长期以来三维仿真和三维地理信息泾渭分明，难以同时应用的问题，完成了海量多元异构数据的有效组织（如表7.3-1）。

三维数据库组织   表 7.3-1

序号	数据库	内容组成
1	三维模型数据库	地质模型、地下管线模型、地下建（构）筑物模型、纹理数据库
2	三维地理信息数据库	地形栅格数据、影像栅格数据、三维点、线、体块数据
3	三维元数据库	图层级元数据、要素级元数据

（2）数据整合与管理

基于开源关系数据库 FireBird，开发数据转换与管理工具，实现三维数据库的整合与管理。具体工具包括：

1）三维模型数据：开发三维模型数据的格式转换工具、模型 LOD 自动生成工具、模型入库与管理工具、模型空间索引生成工具。将不同格式的三维模型文件转换为渲染引擎支持的格式，并存放到关系数据库中。

2）地形栅格数据和影像栅格数据：开发形成栅格数据瓦块分割工具、海量小文件打包工具，用于将大块的地形和影像数据切割成金字塔小块，实现海量大地形效果。

3）三维点、线、体块数据：以 Multipatch 类型存储在数据库字段中，开发形成数据导入和管理工具。

4）元数据：针对上述三维数据，分别提供图层级和要素级元数据浏览和管理工具。

7.3.6　海量三维地下空间数据自适应可视化

海量三维地下空间数据为可视化引擎带来了巨大的负载，为保障可视化的流畅及专业应用的顺利进行，研究了海量三维地下空间数据自适应可视化方法。对海量三维地下空间数据进行组织，建立了多层次细节模型和高效的三维空间索引，研究了开放场景组织、处理与渲染策略，在三维场景中实现了海量数据的自适应动态调度及实时交互，如图 7.3-2 所示。

图 7.3-2　海量三维地下空间数据自适应可视化

7.3.7　插件式行业集成应用

基于平台高度灵活的架构，支持客户端软件的界面配置，并实现了插件式的功能扩展。基于基础渲染平台 API，面向行业应用开发了专业工具集，并通过配置方式快速集成到客户端软件上。通过规划设计、地质勘察、地下管线、检测监测及协同管理工具集，实现了多专业应用，为跨部门地下空间信息化协同管理、分析及决策提供了良好的基础，如图 7.3-3 所示。

图 7.3-3　规划设计行业应用

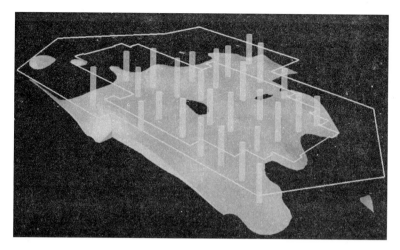

图 7.3-4 地质勘察行业应用

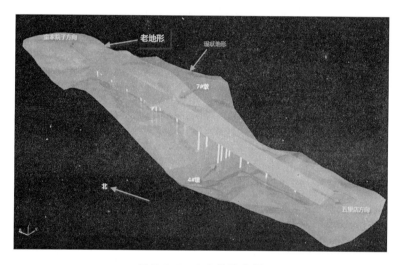

图 7.3-5 应急抢险应用

7.3.8 应用效果

地下空间信息集成管理平台，有效支持了城市地质、地下管线、地下建（构）筑物等主要地下空间对象的分类、编码、建模、集成、管理与可视化应用，为数字城市三维地下空间数据提供了从生产、管理、服务发布到应用的全方位解决方案，开辟了基于三维地理信息系统地下空间可视化集成管理的新途径，有效提升了工程勘察信息化水平。

7.4 基于多源地质信息的工程勘察 BIM

7.4.1 研究现状

BIM（Building Information Modeling）是"建筑信息模型"的简称，最初发源于 20

世纪 70 年代的美国，由美国乔治亚理工大学建筑与计算机学院的查克伊士曼博士（Chuck Eastman）提出："建筑信息模型整合了几何模型信息、建筑的功能及能力要求、建筑的施工进度、建造工艺以及一系列建筑在全生命周期中所需的信息"，并于 2002 年由欧特克公司正式提出，目前已经在全球范围内得到业界的广泛认可，被誉为工程建设行业实现可持续设计的标杆。

作为一种理念或思想，BIM 是信息化技术在建筑业的直接应用，它以建筑工程项目的各项相关信息数据作为模型的基础，进行建筑模型的建立，通过数字信息仿真模拟建筑物所具有的真实信息。BIM 的应用，可以帮助实现建筑信息的集成，从建筑的设计、施工、运营，直至建筑生命周期的终结，各种信息始终整合于一个三维模型信息数据库中，设计团队、施工单位、建筑运营部门和业主等各方人员可以基于 BIM 进行协同工作，避免了信息孤岛的存在，有效提高效率、节省资源、降低成本、实现绿色科技与建筑融合的目标。

现阶段的 BIM 研究，主要局限于建筑和结构等专业，对于与建筑密切相关的岩土工程勘察信息模型的研究，行业内才刚起步。任何建（构）筑物均是在特定的场地上进行建造和使用的，岩土工程勘察提供的建设场地相关信息显然应该是 BIM 数据库中的一个重要的组成部分。鉴于场地岩土工程条件对于项目决策、方案选择、设计施工和工程造价有重大的影响，因此，针对整合了建设场地的岩土工程勘察信息和各种岩土工程数据作为勘察设计全生命周期数据的勘察信息模型（后称勘察 BIM）开展应用研究，显然是很有必要的，能够帮助从源头提升建筑全生命周期安全水平，规范、促进和提高 BIM 技术在勘察中的应用，提升勘察行业信息化水平，提高工程勘察设计质量和工作效率，实现建设工程的精细化勘察信息服务。

7.4.2　总体思路

重庆是典型的特大山地城市，具有地形起伏大、地层褶皱发育、地质条件复杂等特点，其工程勘察、地质信息管理需考虑山地城市的特殊性，针对特定工程开展精细化的地质分析，为工程建设的设计方、施工方、监理方、业主等各参建单位提供详细、真实、直观的三维地质信息服务及技术支持，建立精细化工程勘察，将具有重要的意义。总之，结合重庆山地城市地质特点的精细化工程勘察信息服务还有待研究。

通过深入分析研究重庆特殊地形地貌及地质特征，利用 BIM 技术，建立起重庆市勘察 BIM 构建方法体系，借助三维地质建模和可视化，综合展现三维地质信息，基于勘察BIM，开展精细化的地质分析、信息传递及协同设计，切实提升工程勘察成果价值，保障工程建设安全。

7.4.3　工程勘察 BIM 构建方法

针对建筑 BIM 的构建，目前已有较多的专业软件可完成。例如法国达索 Dassault 的 Caitia、美国 RobertMcNeel 的犀牛 Rhino、匈牙利 Graphisoft 公司的 ArchiCAD、美国 Autodesk 公司的 Revit 系列、美国 Bentley 公司的 Architecture 系列三维建筑设计软件等。而针对勘察 BIM 的构建，目前还缺乏专门的设计软件，大多是从上述软件进行二次开发，利用建筑相关的相似族库来模拟三维地质对象。

工程勘察 BIM 的构建，是要将岩土工程勘察所涉及场地内的地形、钻孔、剖面、地层、地下水等反映工程地质信息的主要几何对象进行三维建模，并且模型中几何对象所蕴含的各类地质信息、岩土参数等非几何信息也依附在合理的地质实体上。

在工程勘察 BIM 的构建过程中，地形、地下水、地层面可利用三维空间曲面进行模拟，剖面可利用三维空间折面进行表达，钻孔一般是采用三维柱状体进行模拟，这些地质对象的信息模型建立相对较简单。而类似三维地层等封闭的三维地质体的构建，如果要做到复杂地质情况的真实模拟，往往需要较多的人工交互，在现有 BIM 软件中建模的工作量较大。

为此，特别针对复杂三维地质体模型的构建，开展了深入的建模方法研究，开发具有自主知识产权的勘察 BIM 建模软件进行三维地质体模型的构建，建立了基于多源数据和多方法集成的统一建模框架。

（1）基于多源数据和多方法集成的统一建模框架概述

城市工程地质数据来源广泛、类型众多、载体各异、时间跨度大。项目建立了基于多源数据和多方法集成的统一建模流程/框架，对收集整理的多源地质数据进行整合、编码及规范，然后根据数据的特点选取适当的建模方法进行地质模型构建。如果地质数据以钻孔为主，则宜选取钻孔建模方法；如果地质数据以剖面为主，则宜选择剖面建模方法，进一步还需要根据剖面的空间展布情况，选择采用平行剖面建模、交叉折剖面建模和网状剖面建模等方法；如果原始地质数据类型多样或者地质情况复杂，则宜选取多源数据统一建模方法。框架提供了可扩展的三维地质建模接口，以支持适应新数据特点的地质建模方法的加入。

框架中集成的三维地质建模方法均为业界及相关研究领域中较为先进实用的方法，保持了与国内外建模方法研究成果的同步性。重庆作为典型的特大山地城市，具有地形起伏大、地层褶皱发育、地质情况复杂等特点，框架中部分方法（如钻孔成套建模方法）特别针对山地城市地质特点进行设计及完善，形成了创新性的山地城市三维地质建模方法研究成果。

对于各种方法创建的三维地质模型，框架实现了多模型之间的融合方法，以布尔操作为基础，解决模型之间可能出现的数据不一致。为了建立大区域高精度三维地质模型，框架中实现了三维地质模型的区块式增量构建方法，同时支持地质模型的动态构建及更新。基于多源数据和多方法集成的统一建模流程/框架如，图 7.4-1 所示。

（2）钻孔建模方法

利用钻孔数据构建三维地质模型，该方法主要包含如下六大步骤：赋地层编号、定义主 TIN、地层面（水平层面）插值、地层面求交、调整地层面高程值以及缝合成体。

上述方法能够解决利用钻孔数据自动建立无断层三维地质结构模型的难题，但有一个必要前提，就是要求钻孔数据为已经解译完毕的标准化资料。钻孔解译是第一步，即为钻孔上的地层分界点赋予地层编号。钻孔自动建模算法要求这些编号从钻孔顶到底全是递增的或递减的，不允许出现重复和逆序排列。

明镜等（2009）提出了基于层位标定的钻孔数据快速解译方法，不仅在三维环境中为解译者提供直观的辅助工具，还能够加入他们的思想，以交互解译的方式按照解译者认为合理的方案完成钻孔解译工作。

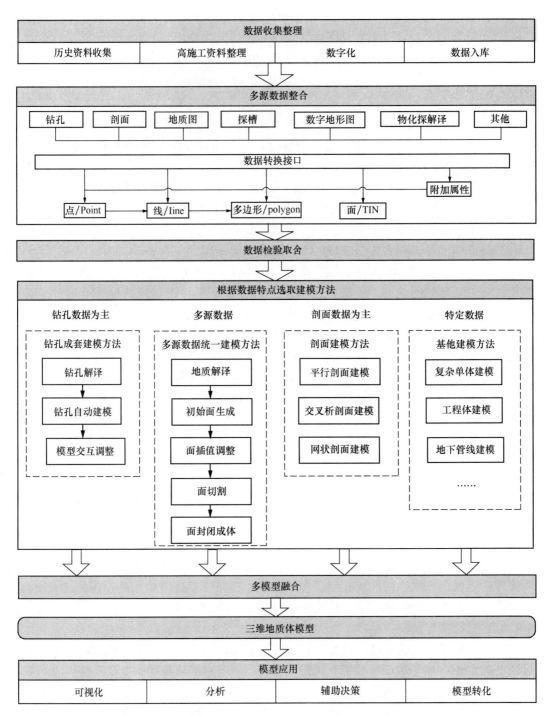

图 7.4-1　统一建模流程/框架

（3）平行剖面建模方法

利用平行不相交的一系列剖面进行三维地质模型构建，地质体的生成以剖面间轮廓线连接方法为基础。在剖面间形态差别较小时，能够很好地构建三维地质模型。

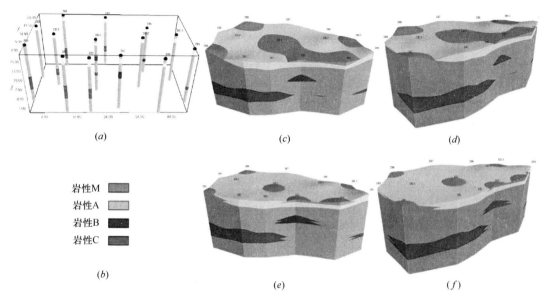

图 7.4-2　钻孔建模方法

（a）原始钻孔；（b）图例；（c）按解译方案一建立的模型（一）；（d）按解译方案一建立的模型（二）；
（e）按解译方案二建立的模型（一）；（f）按解译方案二建立的模型（二）

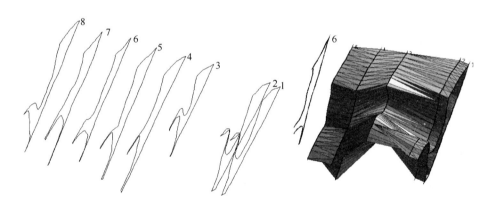

图 7.4-3　平行建模方法示意图

（4）网状剖面建模方法

利用一系列相交形成网状的剖面进行三维地质模型的构建。全建模区域的地质体生成进一步划分为各网格剖面内三维模型的生成及网格之间模型的拼接。比起平行剖面建模方法具有更多的控制数据及更高的建模精度。

（5）多源数据一般建模方法

将多源原始建模数据抽象为点、线、面，以三维曲面的生成、编辑、调整、交切、封闭来驱动整个建模流程，是较为通用的一般化建模方法。基于多源数据的一般建模流程见图 7.4-5。

首先，将抽象为点、线、面的各种原始数据导入到建模系统之中。在对导入的建模数据进行观察和理解的基础上进行初步的地质解释，以加入额外的地质信息和人工经验、辅

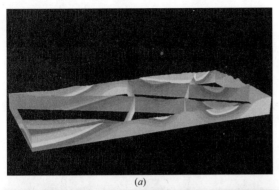

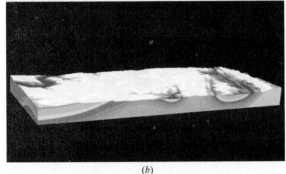

图 7.4-4 交叉建模方法示意图

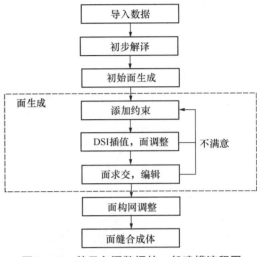

图 7.4-5 基于多源数据的一般建模流程图

助层位的标定以及各空间对象之间的对应连接。通过初步解译，提取相关的原始数据，通过直接三角剖分等方法，创建初始的面模型。然后，在初始面的基础上，通过添加若干约束和调用 DSI 插值算法的方式，迭代地改变面的形态，直到生成的地质界面达到用户满意。如果面之间存在相交，还需要进行相交地质界面的切割和编辑，去除多余的部分面。最后，调整相邻面的构网，将各个地质界面拼接形成封闭体数据。

需要说明的是，由于该建模流程是一个较为开放的流程，上面的流程描述只是一个概略性的说明。之所以"开放"，是因为其中的某些步骤的实现不仅仅只有一种方法。例如，从两条轮廓线生成一个初始的地质界面时，可以采用轮廓线同步前进的构面方法，也可以采用基于约束线的直接三角剖分方法，以后还可能添加其他的特定方法。正因为如此，很难对建模流程的具体过程加以详细说明，在实际建模时应当对具体问题进行具体分析，以选用合适的建模工具，加快建模速度。

基于多源数据的一般建模方法虽然可作为对复杂地质建模的最终解决方案，但是对建模用户具有较高的要求。用户应当在理解该建模方法基本思想的基础上，按照以上纲要性的建模流程开展建模工作，同时，在建模过程中存在多种可选方法时，选取最合适的建模工具，才可以又快又好地完成建模。

结合网状剖面建模的思想，提出了基于多源海量数据的三维地质模型区块式增量构建方法。由于各个剖面网格独立进行模型构建，并且可以实现相邻剖面网格之间三维模型的无缝拼接，因此，可以对整个建模区域进行模型增量构建。在已经建立好三维模型的外部增加必要的新的剖面资料，就可以对老的模型进行外扩和复用。由此实现了地质模型的动态构建及更新，并能够支持大区域高精度三维地质模型构建的增量构建及更新。

（6）多源数据融合

利用不同的建模方法建立的多类型空间数据三维模型，它们之间还需要通过模型融合，才能够形成一个统一的合理的三维模型，且能够保证各个地质体之间的数据一致性。多模型的融合，主要利用体布尔运算来实现。在实际中，可以利用复杂单体的建模方法来建立形状特异的三维地下室模型，然后通过体布尔算法，将其融入到围岩地层模型中，形成统一的三维地质结构体模型，避免出现三维模型的空间交叠。此外，在地下交通设计中，地下车站的三维模型和周围区域的三维地质模型也可以通过模型的融合来建立更加逼真的可视化效果，同时也能辅助实际工程设计与施工。

对类型各异、分步广泛的空间数据三维模型进行整合集成，遵循统一的地理坐标框架，将其放置到统一三维场景之中，既要保证模型各组成部分的相对位置真实准确，也需保证模型的绝对位置与实际情况保持一致。

对于不同 BIM 软件建立的建筑、勘察 BIM 模型，利用通用数据格式作为交换的中间格式，将不同 BIM 模型置于同一软件平台、统一坐标基准下，支持参与工程建设的多个专业之间的协同工作和信息共享，为开展专业分析提供基础。

7.4.4　基于勘察 BIM 的地质分析

在勘察 BIM 的基础上，能够将建设场地在不同勘察阶段，通过各种勘察手段所获得的测绘、勘察、岩土工程设计、建筑工程方案等空间信息数据整合在一起，实现勘察成果的三维数字化，并开展各种类型的地质分析，实现勘察成果的精细化管理。

以重庆巴南龙洲湾公租房工程勘察项目为例，基于勘察 BIM 的地质分析可以实现对钻孔、剖面、三维地形、地上三维建筑、三维矢量等工程地质信息与地理信息的集成管理及三维可视化。如图 7.4-6 所示。

基于钻孔建立的三维地质建模效果如图 7.4-7 所示。

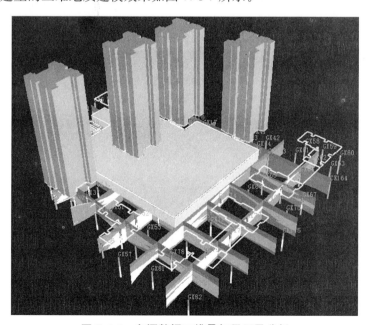

图 7.4-6　多源数据三维叠加显示及分析

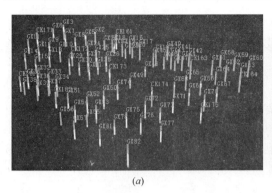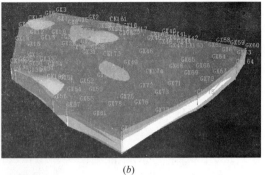

(a)　　　　　　　　　　　　　　(b)

图 7.4-7　基于钻孔的三维地质建模

支持多种工程地质数据及地理信息数据的地上一体化展示，如图 7.4-8、图 7.4-9 所示。

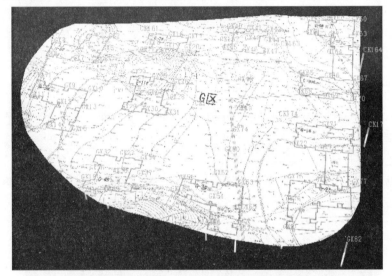

图 7.4-8　钻孔数据与三维地形图耦合显示

图 7.4-9　三维地质、地形、地面公租房耦合显示

可在工程勘察信息模型的基础上，开展剖面切割、虚拟基坑开挖等三维分析，有效辅助实际地质问题的直观交流及科学决策，其效果如图 7.4-10～图 7.4-12 所示。

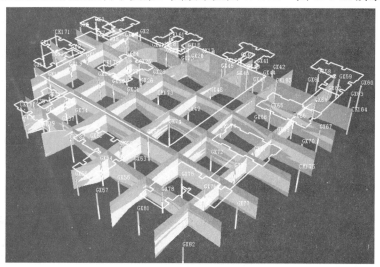

图 7.4-10　地质剖切效果与勘察钻孔、建筑物平面轮廓线耦合分析

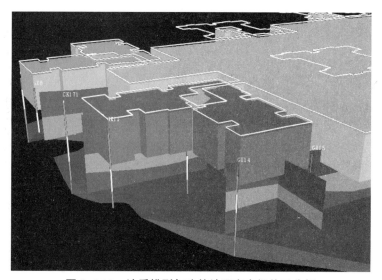

图 7.4-11　地质模型与建筑地下室空间关系分析

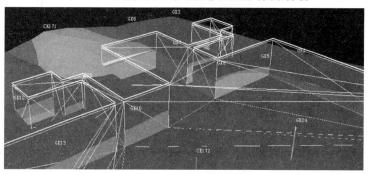

图 7.4-12　地下室基坑虚拟开挖分析

7.4.5　应用效果

基于多源地质信息构建工程勘察 BIM，并开展地质分析，精细化服务工程建设。勘察 BIM 的构建，考虑了重庆特殊地形地貌及地质特征，为工程建设的设计方、施工方、监理方、业主等各参建单位提供了详细、真实、直观的三维地质信息服务及技术支持，切实提升了工程勘察成果价值，保障了工程建设安全。

7.5　小结

本章介绍了工程勘察信息化发展趋势，将高新信息技术手段应用到岩土工程勘察数据的采集、建模、存贮、管理、可视化及网络化服务的全过程。研发了岩土勘察内外业一体化系统，实现工程勘察全流程信息化覆盖；建立工程地质数据库，支持工程勘察数据统一存储及信息提取；构建城区地下空间信息集成管理平台，开展了地下空间信息的集成管理、共享及应用；探索勘察 BIM 构建方法及地质分析应用，实现了工程勘察精细化服务。通过多项工程勘察信息化关键技术研究及整合应用，整体上实现了工程勘察的信息化、一体化、智能化、精细化，取得了良好的社会及经济效益。

第8章 建设工程全生命周期运用

建设工程全生命周期涵盖项目决策阶段、设计阶段、施工阶段、运营阶段，全过程需要勘察、设计、施工、运维等多专业高效的协同工作，以指导工程项目的顺利实施。为满足建设工程全生命周期运用的需求，克服现有工程勘察、设计、施工、运维阶段建设中存在的诸多的弊端，针对重庆特大山地城市特点，利用物联网、航测遥感、大数据、地理信息、云服务平台、自动化监测等技术，对建设工程全生命周期中的各个环节，从以下方面开展研究工作：

（1）构建岩土工程勘察、设计、施工和运维协同一体化模式，服务工程勘察全生命周期；

（2）建设岩土工程三维辅助设计系统，提高岩土工程设计阶段的工作效率；

（3）针对基于时序 DInSAR 的隧道开挖引起的地表形变监测研究；

（4）建设工程安全监测云服务平台，满足工程安全运营的需求。

8.1 岩土工程三维辅助设计

8.1.1 概述

计算机辅助设计平台把设计师们从圆规和直尺作图的时代解放出来，使得设计行业在近年来得到飞跃性的发展，岩土工程设计也不例外。但是随着计算机辅助设计平台在岩土工程设计中全面深入地应用，这种传统的二维设计平台的不足之处也日益突现。由于我国现代化建设的迫切需要，岩土工程设计将进一步与工程实际相结合，三维辅助设计技术的发展应用在中国掀起了又一场新的技术革命。

传统 CAD 二维制图在岩土工程勘察设计中存在一定的问题，主要是二维地形图当中的地形线表现形式比较单一，同时对于所表现地形起伏的一些状况主要是依靠一些专业勘察人员所进行讲解的分析来完成。对于地形图当中的不同建筑构件，其主要表现形式不够形象和立体。通常情况下，并不是所有专业人员都需要另配一些图示来查看所有绘图中所表示的各种建筑构件。对于有些没有完全经过统一建筑构件所标示的图件，需要做一些较为特殊的标记；然而，不同专业在进行协调与变更中，容易产生一定的误解，而且还容易产生偏差。

岩土勘察信息化技术的发展让整个工程勘察设计行业发生革命性的重大转折，特别是从勘察信息的建模到建筑的全生命周期建设管理。岩土工程三维辅助设计能够有效辅助整个勘察建筑施工行业的主要环节，提高了项目全生命周期的信息化管理程度。岩土工程三维辅助设计作为一种新技术工具，其强大的信息共享能力、协同工作能力、专业任务能力等，在项目实践中所起到的作用正在日益地显现。

8.1.2　关键技术

(1) 三维地质建模

三维地质建模是利用地形、钻孔、剖面等基础地理、地质数据,结合断层面等复杂构造信息,应用平行或交叉折剖面建模方法,依次经过约束面建模、地质界面建模、曲面插值与光滑、封闭成体五个步骤的处理,构建出工程地质、新生界、基岩等不同特点的三维复杂地质体结构模型,然后通过插值和可控的光滑算法对模型进行拟合优化处理,并对模型进行检查和校验,发现模型中的错误和不符合现实的情况;然后,利用样品点物化实验属性数据,通过四面体、最近邻、距离反比、趋势面、克里格等多种插值方法形成真三维地质体。

(2) 三维可视化与空间分析

三维地学可视化的研究主要体现三维数据场的体绘制和实时真实感绘制方面。真实感绘制注重三维裁剪、LOD、光照渲染、纹理映射以及实时绘制等方面。

三维可视化引擎运用数据与表现相分离的策略,达到了通过对数据节点的管理来控制场景数据的绘制,提供了钻孔、剖面、地形图、地质体等多种数据的一体化绘制,以及丰富便捷的用户交互操作。同时,可以对三维结构和属性模型进行体积、表面积量算,三维等值线、等值体生成,任意形状的开挖、推进、剖切等可视化分析功能,进一步观察与分析地质体内部的情形。

(3) 工程应用数值模拟集成

数值模拟是解决岩土工程问题的有效手段,它已越来越多地应用于岩土体稳定性、岩土工程设计和岩土工程基本问题分析中,数值模拟方法的出现和不断发展是一种必然。

工程场地适宜性分析、岩土稳定性等问题是一个非常复杂的力学问题,建立三维岩土工程模型的最终目的在于对设计方案进行评价,从而实现从"可视"到"可算"的转变。依靠二维 GIS 的空间分析功能也可以进行相关专业模型的应用,比如可以进行工程水力学计算、边坡稳定性、渗流、降水沉降等分析,但是大多只能进行二维定性分析。若要实现基于力学原理的数值模拟,如有限元分析、极限平衡分析、FLAC 分析等则十分困难,因为此类软件的三维建模与空间分析功能比较薄弱,而直接使用数值模拟软件的,前处理过程又十分复杂繁琐,不适宜城市岩土工程区域直接应用。

进行岩土工程三维辅助设计,构建三维地质体与工程对象模型,并将其应用到岩土工程数值分析,对方案进行预估和评测,将分析成果以三维的形式进行展现,能够给人以更加直观和清晰地认识,为岩土工程应用提供决策,更好地服务于工程建设。

8.1.3　岩土工程三维辅助设计在初勘设计中的应用

岩土工程中勘察设计的目标是按照工程建设的要求,查明工程地质条件,而剖面图等二维图纸只是一种表达方式,具有很强的专业性。但二维图纸并不是最好的表达方式,只是当前技术条件下,比较成熟的方式,三维地质模型在表达上有着明显的优势,随着技术的进步,也会逐渐普及。基于岩土工程三维辅助设计能够通过发现二维图纸下的错误,提升对滑坡不良地质等专业性判断的水平,通过对三维地质模型的剖切实现任意剖面出图以及减少不同专业的沟通难度。

根据《岩土工程勘察规范》GB 50021—2001 中，结合岩土工程中勘察设计阶段需要进行的可行性研究勘察、选择和确定工程场地的工作要求，工程勘察设计工程师能够利用地理信息技术、三维可视化技术，并同传统的岩土工程勘察、工程设计技术手段相结合，在三维可视化平台上，对工程拟建场地进行虚拟踏勘，并结合场地踏勘，必要时进行一些勘探和工程地质测绘工作，对拟选场址的场地基本情况进行初步认识，达到对工程场地进行初步设计的目的。

岩土工程三维辅助设计在勘察设计的应用重点包含以下两个方面，三维工程场地虚拟踏勘和三维工程场地方案比选。

（1）三维工程场地虚拟踏勘是在完成工程场地相关地质、水文条件、地质灾害等资料的收集整理后，将其与三维地理信息系统中的工程拟建场地的基础地理空间信息融合集成，在三维场景中直观反映拟建场地基本情况。通过三维辅助场地认识的方式能够提高工程勘察设计工程师对于场地的认识、提高资料的利用效率、减轻外业调查工作任务，保障项目场地初步设计的工期进度和可靠性。

在实际操作中，通过三维工程场地虚拟踏勘，能够首先了解拟建场地的基本地势地貌，了解场地的地形起伏和场地周边是否存在水系、绿地、自然保护区等工程建设时需要重点关注和保护的地理因素，以便对拟建场地有全面的认识，如图 8.1-1 所示。

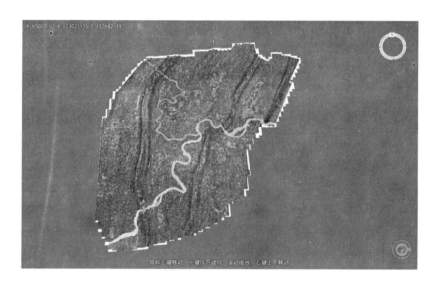

图 8.1-1　地形三维模型

通过三维虚拟踏勘还能在三维场景中直接对拟建场地的面积、高差、坡度等关键数据进行量测，得到相关数据支撑图 8.1-2；通过集成融合场地大范围地质概况，可以了解拟建场地是否存在大的地质褶皱、地质断层等潜在影响场地建设和后期工程建筑安全的地质情况图 8.1-3；还能根据拟建场地水文地质资料，模拟拟建场地内的水文地质条件，构建并在三维场景中集成三维水文地质模型，直观反映拟建场地的水文地质情况图 8.1-4；根据收集的拟建场地地质灾害分布资料，在场地三维基础地形上叠加融合地质灾害数据，直观反映拟建场地周边地质灾害情况，指导工程勘察设计图 8.1-5。

（2）三维工程场地方案比选是通过综合多个拟建场地的场地地形、基础地质条件、水

图 8.1-2　拟建场地面积

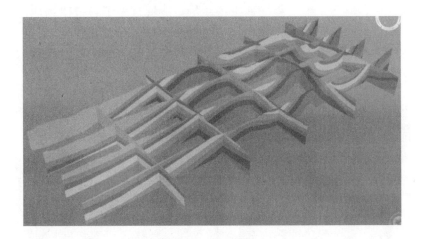

图 8.1-3　地质概况

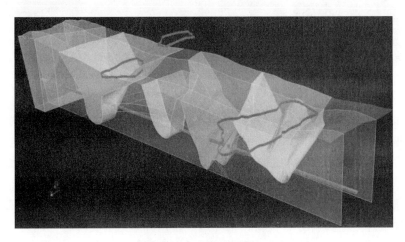

图 8.1-4　水文地质情况

图 8.1-5 地质灾害分布情况

文地质条件、地质灾害分布等基础资料，在三维场景中场地条件进行定性和定量综合比较，利用三维可视化技术辅助选出项目建设场地的最优方案。

图 8.1-6 最终工程场地方案

8.1.4 岩土工程三维辅助设计在详勘设计中的应用

岩土工程三维辅助设计，由于三维可视化的直观性，信息查询的便利性以及精细化开挖方量的获取。使得岩土工程专业人员可以更为准确地判断不同方案的优劣，也更容易说服对方案有决定作用的非专业人士。该方式同样能够服务于详细设计，可以更为方便地计算分析和出图。基于三维地质模型具备了几何信息和属性信息，可以很方便地形成二维或三维的岩土分析模型，避免在不同软件中的重复交互，设计人员可以把更大的精力投入到计算模型和参数的合理调整。

三维辅助工程勘察钻孔设计，是在完成场地初步设计，初步选定工程建设场地后，结合进一步的场地工程地质、地下管线、地下建构筑物等资料，利用三维可视化技术辅助进

191

行拟建场地的工程勘察钻孔设计。

三维辅助勘察的重点内容包括以下两个方面，场地三维地质情况模拟和三维辅助钻孔设计。

（1）场地三维地质情况模拟，首先是在已有的城市工程地质钻孔数据库基础上，选取拟建场地周边已进行钻孔采样的工程地质钻孔数据，查询记录钻孔的位置、柱状图、岩土性质、分层厚度等属性信息，在三维场景中模拟钻孔的三维形态和分层关系，直观认识场地周边钻孔情况见图 8.1-7、图 8.1-8。

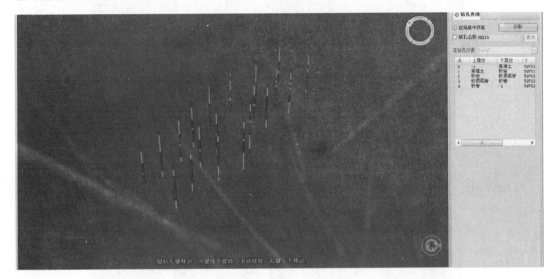

图 8.1-7　已有钻孔数据

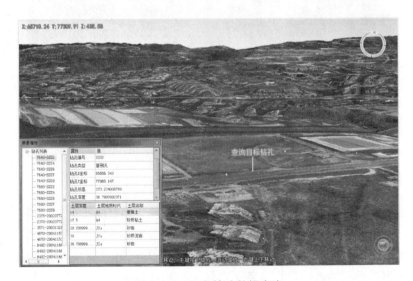

图 8.1-8　已有钻孔数据查询

该系统还能基于已有钻孔数据，利用基于多源数据构建拟建场地的三维工程地质模型，直观反映拟建场地地下的地质岩层分层情况图 8.1-9。

最终，还能结合数值模拟软件，对地形模型和周边场地、建筑、桩基等进行数值模拟

图 8.1-9　工程地质三维模型

分析，得到相应岩土工程参数，指导工程详勘设计和后续工程建设，见图 8.1-10、图 8.1-11。

图 8.1-10　地质模型与周边建构筑物关系

（2）三维辅助钻孔设计，是在拟建场地三维工程地质模型的基础上，通过三维可视化分析，模拟钻孔采样的结果，同时考虑钻孔和地下管线、地下建（构）筑物的碰撞检测，有效避免实际钻孔工作中可能造成的工作失误，更为有效地辅助工程勘察钻孔设计，见图 8.1-12。

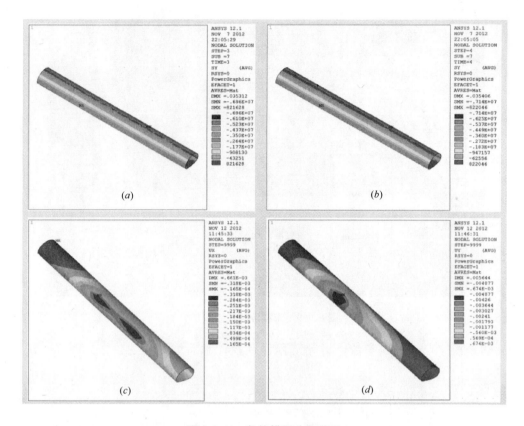

图 8.1-11 数值模拟分析结果

（*a*）隧道修建完成时衬砌竖直方向应力图；（*b*）已修建筑物荷载下衬砌竖直方向应力图；
（*c*）已建筑物荷载下隧道衬砌竖直方向位移图；（*d*）已修建筑物荷载下隧道衬砌水平方向位移图

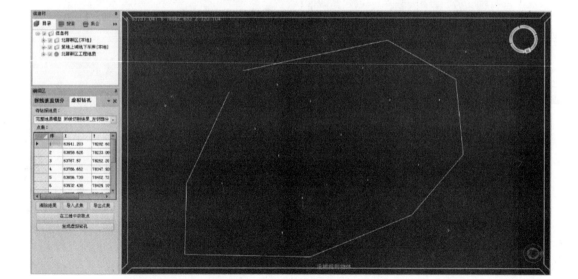

图 8.1-12 辅助勘察钻孔设计

8.1.5 岩土工程三维辅助设计在场地设计中的应用

岩土工程三维辅助设计能辅助场地设计的进行。该方法能够为工程场地总平面的布局设计提供便利，能够为施工组织的交流提供直观形象的背景。对于场地优化模拟分析，能进行土方开挖及填筑的模拟，并提供工程量，便于模拟运输及存放位置和存放量；还可以进行基坑支撑围护方案模拟，桩基施工模拟。

（1）三维辅助基坑设计是在工程拟建场地的三维地形模型和三维地质模型基础上，根据工程场地建设范围、场地条件、地下埋设管线、地下建（构）筑物等情况，辅助进行基坑开挖的范围、深度等参数进行分析，并在三维场景中进行直观展示，指导后续设计工作如图 8.1-13 所示。

图 8.1-13 三维辅助基坑设计

（2）三维辅助桩基选点设计是在场地三维地质模型基础上，结合地面建筑工程的设计需求、桩基规格、桩基数量、桩基分布要求，通过对工程地质的地层分布、地貌地形特征、地质构造和岩土介质稳定性的明确认识，结合各类地下要素情况、地层力学参数等特性，进行桩基选点设计，并生成拟建场地的桩基模型如图 8.1-14、图 8.1-15 所示。

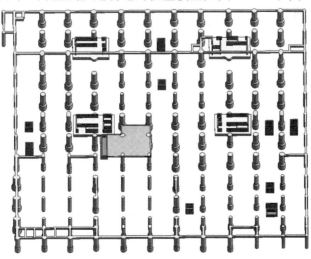

图 8.1-14 三维辅助桩基设计

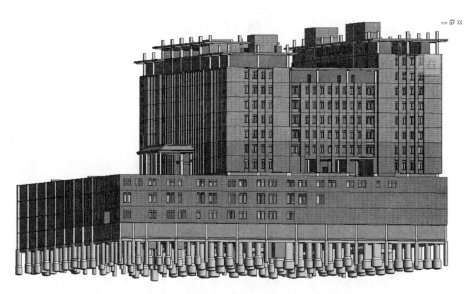

图 8.1-15　桩基效果

（3）三维辅助场地优化设计是在拟建场地内通过采用土石方平衡方法，实现一个场地内土石方量的自动平衡。为进一步解决面向工程的自动平衡，场地内土石方平衡采用目标量平衡方法（即土石方量以一个可能非 0 挖填方量为目标）。三维辅助场地优化设计采用面向对象的土石方计算方法，即每个单元格网都是一个对象，它包含了单元格的节点、单元格的土石方量、单元格的性质、各节点设计高和地形高、节点的性质等信息。另一方面，场地也保存了设计信息，可能通过参数化调整的方式来实现场地设计标高的快速调整。

对一个场地的土石方进行初始化后，就可以得到原始土石方量与目标土石方量之间的差值如图 8.1-16 所示。在场地内土石方自动平衡技术的基础上，实现工程的土石方自动

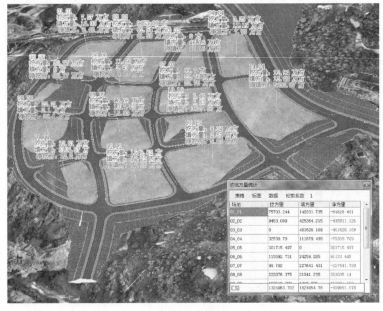

图 8.1-16　三维场地土石方优化设计

平衡就可以转化为如何分配土石方的问题。可以借鉴平差的思想，对每个场地赋予一个权重值，以对其进行土石方差量分配见图 8.1-17。

图 8.1-17 三维场地土石方优化后效果

8.2 施工期安全监测（地下工程施工地表形变监测）

8.2.1 概述

（1）监测背景

重庆市位于长江上游，四川盆地东南部山地丘陵区，其地表长期经受强烈的风化作用，变得松散破碎，地质灾害相伴发生。近年来城市建设发展极为迅速，隧道越岭开挖、地下空间、轨道交通等重大工程建设的数量日益增多，大量地下工程打破了地下应力平衡，加上近年不断修建的高楼大厦以及过往车辆产生的强烈震动等因素，最终导致了地质结构发生变化；同时，人防工程开挖后，在空气、水分等因素的作用下，地面下的岩石受风化的影响之后其强度也会降低，长期作用下容易导致形变发生。如解放碑曾多次发生地面塌陷，究其原由主要是大量地下建筑纵横交错，有古老的防空洞、地下沟道，还有近年来修建的停车库、地下商场等。自然地质的松散加上过多的人为作业势必会导致地表形态发生变化。

为了能够确定重庆地区的易引发地表形变的敏感区域，降低由于地下工程施工造成地表形变对城市规划建设的不利影响，亟须开展地表形变的全面监测工作；通过开展地表形变监测，可以有助于了解施工建设过程中所存在的安全隐患，探测重庆隧道穿山开挖导致地面塌陷情况，并对其进行预警。

（2）监测方法

目前，地表形变监测常规技术主要有水准测量、GPS、三角高程测量等。这些方法都是依据所观测的一些离散点信息拟合整个区域的情况，拟合精度极易受到离散点信息准确性的影响，并且有些方法需要测量员亲临现场，测量周期长。某些情况下有一定的难度和危险性，而且获取的是离散点的形变量，监测范围较小，无法在宏观上把握沉降趋势，针对这一局限性采用时序 DInSAR 技术来解决。该技术特色是：1）SAR 影像能穿云透雾，可全天候监测；2）监测范围大，能从宏观把握形变趋势；3）监测点密度大，可达 2000～3000 个点/km²；4）影像获取间隔短，能用于应急监测。

（3）技术路线

监测技术路线主要围绕地表形变信息提取及形变解译结果分析展开，主要技术路线如图 8.2-1 所示。

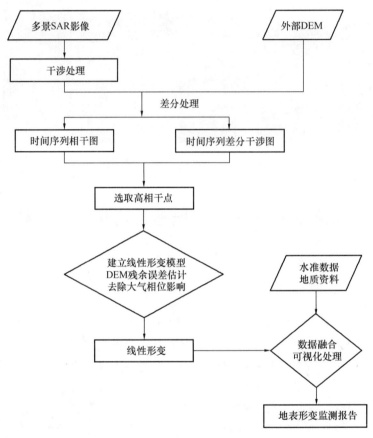

图 8.2-1　技术路线

（4）技术难点

1）重庆地区地形起伏大，树木茂盛，城市发展变化大，时空失相干严重，对 SAR 影像精配准和相位解缠的处理是一项挑战。

2）重庆以"雾都"著称，虽然 SAR 影像能穿云透雾强度信息清晰可见，但相位信息类似于 GPS 信号会受到对流层干扰产生大气延迟相位。

3）重庆作为地形复杂的山地城市，低分辨率的 DEM 难以满足山地城市高精度监测形变的需求。

8.2.2　关键技术

（1）高相干点优选技术

针对山地城市低相干的难点，将永久散射体和正射影像以及 SAR 影像采用"基于核

Fisher 分类与冗余小波变换的多聚焦影像融合方法"进行叠加分析，再通过辐射纠正和地理编码即可优化高相干点的选取，有效提高了高相干点选取的准确性，减少相位解缠误差影响，如图 8.2-2 所示。

(a)   (b)

图 8.2-2 高相干点优选

(a) 优化前；(b) 优化后

（2）基于改进 SIFT 算法的 SAR 影像精配准技术

为了解决重庆山地城市相干性低、影像配准困难的问题，提出了一种基于改进的目标特征信息的 SIFT（尺度不变特征变换）配准算法，辅助 SAR 影像的配准，可有效提高配准精度，减少相位解缠误差提高监测精度，辅助 SAR 影像的配准，可有效提高配准精度在 0.1 个像素以内，满足精确配准的需求，如图 8.2-3 所示。

(a)   (b)

图 8.2-3 配准处理

(a) 传统配准；(b) 改进配准

（3）综合运用 GNSS 三星定位技术基线精化处理技术

为了减小大气对干涉基线解算的影响，利用 BDS、GPS、GLONASS 三种卫星信号，实现了三星组合定位如图 8.2-4 所示，集成运用静态、RTK、PPP 测量技术提高了建筑

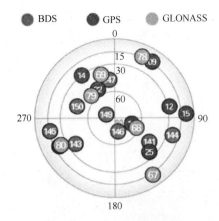

图 8.2-4　三星组合定位

密集区控制测量精度。可有效通过控制点精化干涉基线解算结果，将残差基线的估计值加到初始基线中获得改进后的基线估计，使干涉基线解算得到精化，有效减少了大气相位和轨道误差的影响，如图 8.2-5 所示。

（4）基于高相干点的时序 DInSAR 形变反演技术

为进一步削弱差分干涉的各项误差影响，采用拟合轨道面的方法对轨道误差进行削弱、根据大气相位的空域的低频特性，采用在空间上实施高斯低通滤波处理，移除"形变信号"中上的高频部分，图 8.2-6 是对其中一组数据进行滤波的前后对比图。由于残差在影像中所占比重很小，所有影像滤波前后，大部分地区不会有明显

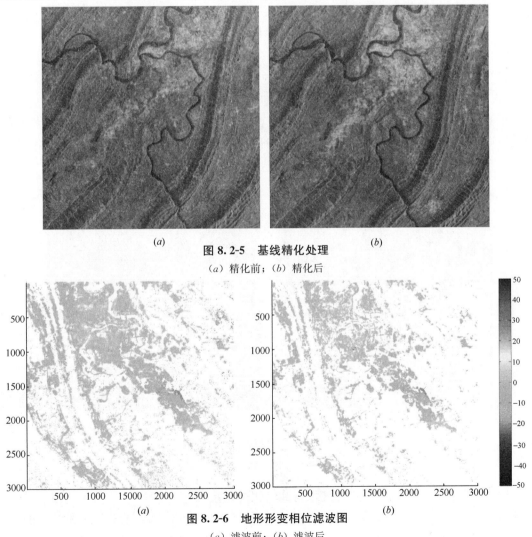

图 8.2-5　基线精化处理

（*a*）精化前；（*b*）精化后

图 8.2-6　地形形变相位滤波图

（*a*）滤波前；（*b*）滤波后

的变化并通过阻尼最小二乘算法估计 DEM 残余误差，从而有效获取毫米级精度的地表形变监测。通过时序 DInSAR 技术对常规的两轨差分干涉结果进行基于高相干点的时间序列分析，首次实现了重庆主城区大范围高精度高密度形变监测。

（5）多源数据有机融合技术

引入高精度 DEM 优化差分干涉形变监测结果，充分利用似大地水准面精化成果对时序 DInSAR 监测结果进行校正，获取全测区的绝对形变量，并与同期高等级水准结合，对时序 DInSAR 技术监测精度进行验证如图 8.2-7 所示，从而有效确定形变中心与形变速率。

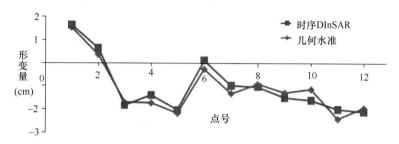

图 8.2-7　时序 DInSAR 与几何水准结果验证

8.2.3　应用效果

为深入探究形变成因，将时序 DInSAR 监测得到的形变信息与 4D 产品有机结合，充分利用已有的地质水文等相关资料，并结合水准观测成果，通过形变可视化进行形变解译分析，如图 8.2-8 所示。

根据形变结果分析可知图 8.2-9，重庆主城区内绝大部分地区比较稳定，但也有局部地区地表出现了沉降，这些区域主要有：在江北机场附近局部地区累积形变量最大约为 −33.5mm，在鱼嘴片区局部地区累积形变量约为 −21.4mm，蔡家片区局部形变约为 −18.1mm，北碚新城区形变量约为 −18mm。这一部分是由于重庆大规模的规划建设使得山地变成经济开发区，大面积回填土所导致的沉降。如图 8.2-10 所示，如鱼复片区将原本的山地、农田变为经济开发

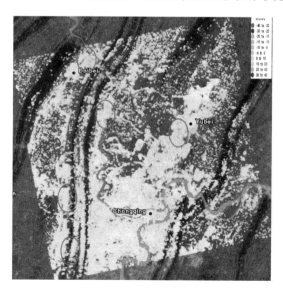

图 8.2-8　形变叠加图

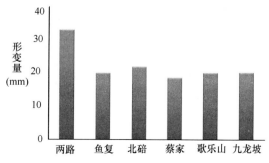

图 8.2-9　形变量统计图

区。图 8.2-10（*a*）是 2009 年的地形图，图 8.2-10（*b*）是 2012 年的正射影像图。

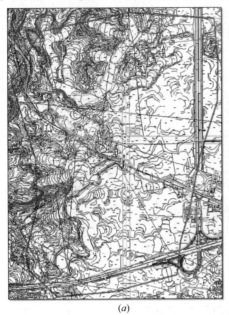

（*a*）　　　　　　　　　　　　　　　　（*b*）

图 8.2-10　鱼复片区形变情况

其次，中梁山隧道以及大学城隧道都有较为明显的形变，超过 15mm，如图 8.2-11 和图 8.2-12 所示。这是由于人为因素如采煤或开凿隧道导致岩溶地下水大量排泄所形成。地下水的突然大量排放，致使水动力条件急剧改变，其具体表现：一是地下水位迅速降低，二是在降落漏斗范围内，水力坡度突然增大，流速加快。其后果减少了对岩土体的浮力，增强了地下水流对原有洞穴、溶隙、裂隙中堆积充填土层、岩屑、碎块石等潜蚀、冲蚀以及液化作用，导致隧道开挖扰动区地基掏空引发形变。针对这种情况，可结合形变监测结果中划出的范围重点确保地表水的下渗，同时应注意雨季前疏通地表排水沟渠，降雨季节时刻提高警惕，加强防范意识，发现异常情况及时躲避。

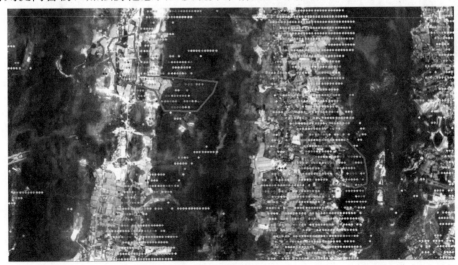

图 8.2-11　中梁山隧道形变叠加图

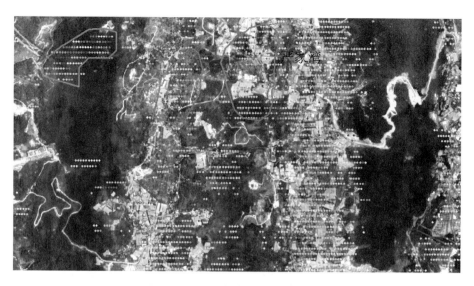

图 8.2-12　大学城隧道形变叠加图

8.2.4　小结

利用高分辨卫星、航空等多源影像，基于时序 DInSAR 技术可有效实现大范围毫米级精度地表形变监测。相较于传统测量方法，其具有高密度、高精度、短周期等特点，可有效地提高效率，降低成本。

同时，针对城镇化建设进度快、山地区域地形起伏大导致时空相干性差的技术难点，研究了相应的优化方法，填补了从宏观角度监测地表形变的空白，提高了山地城市地表形变监测精度，实现了对大范围回填土、隧道穿山开挖、矿山开采等地下工程施工产生的地表形变进行实时有效监控，同时有助于掌控城市建设过程中存在的安全隐患、助力重大工程施工建设与规划、服务地质灾害防治等多个方面。

8.3　运营期安全监测（建筑工程安全自动化监测）

8.3.1　概述

运营期监测是指综合采用多种数据采集、处理、分析技术，对投入运营使用的各种建（构）筑物获取各类监测数据，如运营环境、外部荷载、结构响应、动力特性、特殊设备和结构表观病害等，然后有针对性地开展运营期的安全评估分析工作，最终为建（构）筑物的运维养护提供数据支撑，为病害诊断提供可靠依据，为延长建（构）筑物服役年限提供决策支持，是城市运营保障的重点工作之一。

现阶段运营期监测技术水平处于一个高速发展的阶段，从传统人工监测为主已逐渐发展至以集光电、通信、计算机于一体的自动化监测时代，如测量机器人、全球导航定位系统（Global Navigation Satellite System，GNSS）、合成孔径雷达干涉（Synthetic Aperture Radar Interferometry，InSAR）、三维激光扫描技术等（图 8.3-1）已基本取代了传统光学经纬仪监测技术。同时，传感器感知技术在运营监测领域的应用也日趋成熟，如各种振弦式、光纤光栅式、电阻电容式、压力式、响应式传感器就被用来获取温度、应力、风速、振动等监测数据。各个行业的工程师、专家学者均利用上述多种技术在对桥梁、水利、轨道交通、市政设施等工程开展运营监测工作，并取得了极为显著的效果，这些监测资料可以提高人们对大型复杂结构的认识，为今后类似工程提供设计和建造依据。

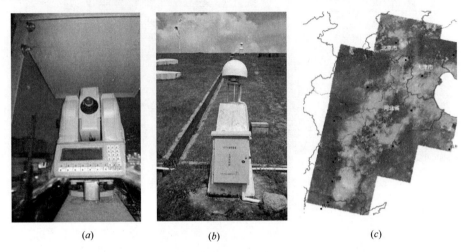

(a)　　　　　　　　　*(b)*　　　　　　　　　*(c)*

图 8.3-1　几种监测技术示意图

（*a*）测量机器人；（*b*）GNSS 监测站；（*c*）InSAR 监测成果

8.3.2　监测技术

根据重庆山地城市建筑工程的特点，有特色地开展了技术研究与攻关工作，对实际工程中较为常用的监测技术介绍如下：

（1）测量机器人监测

测量机器人是一种自动搜索、跟踪、辨识和精确照准目标并获取角度、距离、三维坐标以及影像等信息的智能型电子全站仪。该设备集成现代多项高精技术于一体，通过CCD影像传感器和其他传感器度对现实世界中的"目标"进行识别，迅速执行分析、判断和推理、实现自我控制，并进行自动照准、读数。

以测量机器人为测站原点、垂直方向为 Z 轴、水平为 XY 平面的右手空间直角坐标系下，利用空间极坐标定位原理求定监测点的空间直角坐标（X，Y，Z）如下：

$$
\begin{aligned}
X &= s \cdot \cos\beta \cdot \cos\alpha \\
Y &= s \cdot \cos\beta \cdot \sin\alpha \\
Z &= s \cdot \sin\beta + \frac{1-k}{2R} \cdot s^2
\end{aligned}
\tag{8.3-1}
$$

式（8.3-1）中，α、β 分别是水平角和垂直角；s 是斜距；k 是大气折光系数；R 是地球曲率半径。Z 的第二项是球气差的影响，当距高较短时，该项可忽略。

根据误差传播定律，监测点坐标分量精度指标为：

$$
m_X^2 = (\cos\beta \cdot \cos\alpha)^2 \cdot m_s^2 + \left\{\frac{s \cdot \sin\alpha \cdot \cos\beta}{\rho}\right\}^2 \cdot m_\alpha^2 + \left\{\frac{s \cdot \sin\beta \cdot \cos\alpha}{\rho}\right\}^2 \cdot m_\beta^2
$$

$$m_Y^2 = (\cos\beta \cdot \sin\alpha)^2 \cdot m_s^2 + \left\{\frac{s \cdot \cos\alpha \cdot \cos\beta}{\rho}\right\}^2 \cdot m_\alpha^2 + \left\{\frac{s \cdot \sin\beta \cdot \sin\alpha}{\rho}\right\}^2 \cdot m_\beta^2$$

$$m_Z^2 = \sin\beta^2 \cdot m_s^2 + \left\{\frac{s \cdot \cos\beta}{\rho}\right\}^2 \cdot m_\beta^2 + \left\{\frac{s^2}{2R}\right\}^2 \cdot m_\kappa^2 \qquad (8.3\text{-}2)$$

对于高精度仪器，测距固定误差为 1mm，比例误差为 1ppm，测角精度为 0.5。忽略球气差影响，用 $\alpha = 45°$、$\beta = 20°$、$s = 100\text{m}$ 代入式（8.3-2），得：$m_X = 0.69\text{mm}$，$m_X = 0.69\text{mm}$，$m_Z = 0.41\text{mm}$。

基于单站的监测模式在实际工程中应用较多，从上述计算分析可得出，该技术方法可以满足亚毫米级监测精度要求，适应于各种建（构）筑物工程的安全监测工作。在特殊工程如水利大坝工况环境下，监测区域广，监测点布设复杂，需要利用多测站相结合的监测模式来提高工作效率，根据现场条件可布设成形变监测网，通过多余重复观测条件来提高监测数据成果精度和可靠性。

（2）振弦式传感监测

振弦式传感器是通过测定钢弦振动频率随钢丝张力变化，获取振动频率信号。该技术具有抗干扰能力强，对电缆要求低，有利于传输和远程测量的特点，广泛应用获取建（构）筑物的结构、环境、形变参数。该技术可对建（构）筑物的应变、位移、角度、压力、拉力等多种物理量信号采集。

振弦式传感器主要由振弦、激振与拾振线圈、保护外套和线圈电缆等部分组成，其中，振弦式传感器主要信号检测单元，单线圈振弦式传感器简化物理模型如图 8.3-2 所示。

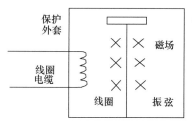

图 8.3-2 单线圈振弦式传感器简化物理模型

当被测量（如位移）发生变化时，由转换元件引带动振弦发生等效刚度的变化，导致振弦的固有频率发生变化，从而通过测量振弦固有频率的变化，即可得知被测物理量（如位移）的变化。

由振弦机械振动的固有频率推导得出振弦对应测量物理量的大小，即振弦式传感器工作的数学模型，如式（8.3-3）所示：

$$L = K(f_r^2 - f_0^2) + A \qquad (8.3\text{-}3)$$

式中 L 为振弦式传感器测量物理量；f_r 为振弦自振频率；f_0 为零点自振频率；K 为常数，与传感器材料与结构有关；A 为温度补偿量。

由振弦式传感器工作数学模型式可以看出，振弦传感器测量精度与振弦自振频率灵敏度有关，微小的测量物理量变化将导致振弦固有频率的变化。为分析振弦式传感器测量精度，以振弦式裂缝计为例进行分析，若被测信号量变化为 Δl，引起振弦共振频率变化为 Δf，且满足振弦式传感器工作的数学模型，即：

$$L + \Delta l = K\left[(f_r + \Delta f)^2 - f_0^2\right] + A \qquad (8.3\text{-}4)$$

由式（8.3-3）、式（8.3-4）可得出被测信号变化 Δl，表示为：

$$\Delta l = K(2f_r\Delta f + \Delta f^2) \qquad (8.3\text{-}5)$$

通常振弦裂缝计 f_r 一般在 2500Hz 以上，若 Δf 变化量小于 1Hz，则被测信号量 Δl 可近似表示为：

$$\Delta l \approx K \times 2f_r\Delta f \tag{8.3-6}$$

以某振弦式裂缝计为例，成型振弦材料系数数量级大致为 4×10^{-5}，振弦固有频率范围 f_r 大致在 2500Hz 左右，通常振弦采集器频率变化量 Δf 测量精度可达到 0.5Hz 测量精度，由式得出 Δl 的测量精度满足：

$$\Delta l \approx K \times 2f_r\Delta f \approx 4\times10^{-5}\times2\times2500\times0.5\approx0.1\text{mm} \tag{8.3-7}$$

即振弦式裂缝计振弦测量分辨率可实现亚毫米精度监测精度要求。目前，大部分生产厂商振弦传感器出厂标称精度达到 0.1%FS，以振弦裂缝计为例，100mm 量程裂缝计测量精度达到 0.1mm，满足大部分工程现场裂缝监测要求。

(3) 远程激光监测

建（构）筑物体量大、结构日趋复杂，工作空间狭小，观测条件受限，给安全监测带来了更多的挑战。非接触式激光测距技术利用高精度测距传感器进行距离测量，在一维形变监测精度上可达毫米级，具有部署灵活、安装方便、可扩展性强等特点。该技术可将蓝牙、RS485 等多种通信技术进行集成，可在工程现场实现自组网，在隧道工程监测中应用尤其方便。

激光测距的原理是利用电磁波的直线传播和波速稳定的特性，通过测出光通过两点之间的时间进行测距的过程。根据不同的测时方法，激光测距的基本方法可以分为脉冲法测距、相位法测距以及干涉法测距。

1）脉冲法测距

脉冲激光测距是指利用射向目标的激光脉冲测量目标距离的一种距离测量仪，其基本原理是通过测定激光在待测距离上往返所经历的时间（飞行时间），然后由测得的时间通过下式求出距离：

$$D = CT/2n \tag{8.3-8}$$

其中，D 为待测距离，T 为往返测量点与待测物间距离所用时间，C 为激光在空气中传播的速度（假设已设置测量的环境参数），n 为测量时大气折射率。在脉冲式激光测距中，只要测量出激光发射与接收的时间间隔、受环境因素影响的大气折射率、环境参数及激光传播速度，就可以求出待测距离。脉冲式激光测距的基本原理如图 8.3-3 所示。

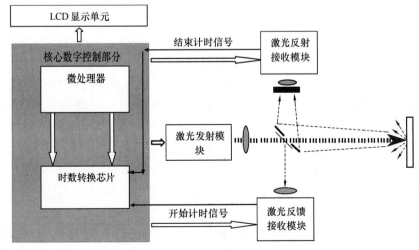

图 8.3-3　脉冲法激光测距原理图

激光测距设备对准测量目标发送光脉冲，光脉冲在经过光学镜头时，一束被透镜前的平面镜反射，进入激光反馈计时模块，经光电转换及放大滤波整流后，电平信号送入时间数字转换芯片的开始计时端；另一束激光脉冲经过透镜压缩发散角后，开始飞行，遇到目标障碍物后发生漫反射，部分激光返回到激光接收处理电路，同样地，经过光电转换及放大滤波整流后，所形成的电平信号送入时间数字转换芯片结束计时端，即完成整个测量过程。

2）相位法测距

相位法激光测距技术，是采用无线电波段频率的激光进行幅度调制并测定正弦调制光往返测距仪与目标物间距离所产生的相位差，根据调制光的波长和频率，换算出激光飞行时间，再计算出待测距离。该方法一般需要在待测物处放置反射镜，将激光原路反射回激光测距仪，由接收模块的鉴波器进行接收处理。也就是说，该方法是一种有合作目标要求的被动式激光测距技术。如图 8.3-4 所示。

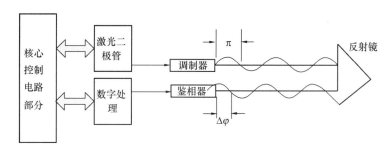

图 8.3-4 脉冲法激光测距原理图

设调频率为 f，波长为 $\lambda = c/f$，式中 c 是光速，光波从发射器到反射镜的相移可表示为：

$$\varphi = 2m\pi + \Delta\varphi = 2\pi(m + \Delta m) \tag{8.3-9}$$

式中 m 是零或正整数，Δm 是小数，$\Delta m = \Delta\varphi/2\pi$。

两点之间的距离 L 为：

$$L = ct = c\varphi/(2\pi f) = \lambda(m + \Delta m) \tag{8.3-10}$$

式中，t 表示光由发射到接收所需的时间。如果测得光波相移 φ 表达式中的整数 m 和小数 Δm，就可以由式（8.3-10）确定出被测距离 L，所调制光波被认为是把"光尺"，即波长 λ 就是相位式激光测距仪度量距离的一把尺子，相位法激光测距仪可以准确地测量半个波长内的相位差，因此测量精度高，可达到亚毫米级别。

3）干涉法测距

干涉测距法也是一种相位法测距。该测距法不是通过测量激光调制信号的相位来测定距离的，而是通过测量激光光波本身的干涉条纹变化来测定距离。这是它和相位测距法的区别。因为光波波长很短，而且激光的单色性使其波长值很准确，所以距离分辨率可达半个激光波长，一般在微米量级。利用现代技术还可以把干涉条纹细分到 1%，因此干涉法测距的精度极高，能够实现亚毫米级别的距离测量。激光的单色性又使其光波带宽极窄，增加了光的相干长度，从原理上讲，测程将大大提高。

（4）图像监测技术

激光具有方向性好、发散度小等特性，故被广泛应用于航空航天、武器系统以及光学测量和检测仪器中，将激光这种特性引入到安全监测中来，建立一个激光光斑漂移图像监测技术方法，该方法在稳定体和变形体上分别安装激光发射装置和成像装置，通过固定拍照的方式对不同时点的激光光斑图像进行采集，检测从形变体上投射到稳定体上的激光光斑中心位置的变化，从而进一步得出激光光束在空间上的形变体的位移变化量。激光光斑中心能否准确定位决定了测量精度的高低，在该激光光斑漂移测量系统中，对投射到标靶上的激光光斑中心进行精确定位是保证测量精度的关键与核心，提高激光光斑漂移测量系统的测量精度，可以从硬件和定位算法两方面来提高测量定位的精度。由于该检测基于像素级别的漂移变化，因此理论上可达亚毫米级的精度。

如图 8.3-5 所示，A 为工作基点载体，B 和 C 为变形体，在 A 上安装激光发射装置，在 B 上安装图像采集装置和激光发射装置，在 C 上安装图像采集装置，其中 A 与 B 之间的距离为 S_1，B 与 C 之间的距离为 S_2。

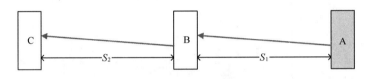

图 8.3-5　变形监测示意图

由于 A 为工作基点载体，认为 A 是稳定的，B 和 C 则会产生沉降或者平移。当 B 和 C 产生形变后，布置在 B 和 C 上的成像装置所解析出的激光斑的位置则会产生变化，其差值经过数学换算后则为 B 和 C 的位移量。假设 B 相对于 A 的位移量为 H_{BA}，C 相对于 B 的位移量为 H_{CB}，则 C 相对于 A 的位移量为：

$$H_{CA} = \frac{S_1}{S_1 + S_2} \times H_{BA} + \frac{S_2}{S_1 + S_2} \times H_{CB} \qquad (8.3\text{-}11)$$

采用数字图像处理技术对变形体上激光光斑的位移量进行检测和计算，其流程包括：灰度化（a）—＞二值化（b）—＞搜索角点（c）—＞变换纠正（d）—＞搜索光斑（e）—＞求解光斑中心坐标（f）这几个步骤，如图 8.3-6 所示。

1）阈值分割

图像的阈值分割就是将图像上的点的灰度置为 0 或 255，也就是将整个图像呈现出明显的黑白效果，使图像变得简单，而且数据量小，有利于图像的进一步处理，能凸显出感兴趣的目标的轮廓如图 8.3-7 所示。

激光光斑图像背景的灰度值一般比较低，且变化较平缓，激光光斑的灰度值一般比较高，相对于激光光斑图像背景，其灰度值变化较剧烈。一般可通过设定阈值来分割激光光斑图像背景和激光光斑。常用的阈值设定方法有固定阈值法和自适应阈值法。固定阈值法采用单一阈值对图像进行处理，其阈值常通过实验标定来得到，但实验条件与实际应用条件有差别，因此通过实验标定得到的阈值并不是最优的。自适应阈值法根据实际激光光斑图像进行阈值计算，具有很强的灵活性，可以提高激光光斑图像分割性能如图 8.3-6 所示。采用自适应阈值法，其计算公式可表示为：

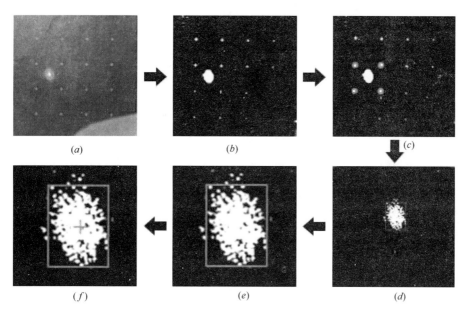

图 8.3-6　光斑坐标提取流程

$$V = R_{\text{avg}} + k \times \sigma \qquad (8.3\text{-}12)$$

式中，V 为自适应阈值的计算结果；R_{avg} 为图像灰度平均值；σ 为图像灰度的均方差；k 为常值，一般取 5 至 15 之间的数字，经实验分析得 K 值取 6 比较合适。若设激光光斑图像为 J，大小为 $m \times n$，图像在像素点 (i, j) 的灰度值为 $J(i, j)$，则有：

$$\begin{cases} R_{\text{avg}} = \dfrac{\sum_{i=1}^{m} \sum_{n=1}^{n} J(i, j)}{m \times n} \\ \sigma = \sqrt{\dfrac{\sum_{i=1}^{m} \sum_{n=1}^{n} \left[J(i, j) - R_{\text{avg}} \right]^2}{m \times n - 1}} \end{cases} \qquad (8.3\text{-}13)$$

图 8.3-7　图像灰度化处理

2）搜索角点

采用 NCC 模板匹配识别算法来对背景图像中的十字丝标定角点进行搜索定位，这是一种基于统计学计算两组样本数据相关性的算法，其取值范围为 [−1，1] 之间，而对图像来说，每个像素点都可以看成是 RGB 数值，这样整幅图像就可以看成是一个样本数据的集合，如果它有一个子集和另外一个样本数据相互匹配，则它的 NCC 值为 1，表示相关性很高；如果是－1，则表示完全不相关。基于这个原理，第一步就是要进行数据的归一化处理，公式如下：

$$\tilde{f} = \frac{f-\mu}{\sigma} \tag{8.3-14}$$

式（8.3-14）中，f 表示像素点 P 的灰度值，μ 表示窗口所有像素的平均值，σ 表示标准方差，假设 t 表示模板像素值，则完整的 NCC 计算公式表示如下：

$$NCC = \frac{1}{n-1} \sum_{x,y} \frac{(f(x,y)-\mu_f)(t(x,y)-\mu_c)}{\sigma_t \sigma_c} \tag{8.3-15}$$

式（8.3-15）中 n 表示模板的像素总数，$n-1$ 表示自由度。具体实现步骤如下：

① 获取模板像素并计算均值与标准方差、像素与均值 diff 数据样本；

② 根据模板大小，在目标图像上从左到右，从上到下移动窗口，计算每移动一个像素之后窗口内像素与模板像素的 NCC 值，与阈值比较，大于阈值则记录当前窗口所在位置；

③ 根据得到的位置信息，使用红色矩形标记出模板匹配识别的结果；

④ 计算所识别出的区域中心坐标，即为十字丝标记点的中心坐标。

3）变换纠正

由于影像采集角度问题，所得图像并不是正摄图像，因此需要进行图像的几何纠正。本节采用间接法，如图 8.3-8 所示。从空白图像阵列出发，依次计算每个像元在原始图像中的位置，公式为：

$$\begin{cases} x = G_x(X,Y) \\ y = G_y(X,Y) \end{cases} \tag{8.3-16}$$

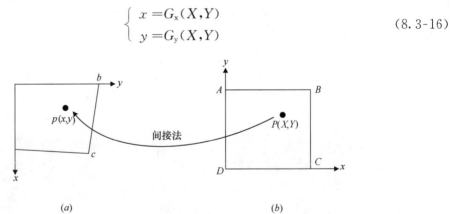

图 8.3-8　间接法图像几何纠正
（a）原始影像；（b）纠正后影像

采用多项式构建坐标变换的关系式，二元多项式可采用一次阶、二次、三次、…、n 次。

$$\begin{cases} x = a_0 + (a_1X+a_2Y) + (a_3X^2+a_4XY+a_5Y^2) + (a_6X^3+a_7X^2Y+a_8XY^2+a_9Y^3) + \cdots \\ y = b_0 + (b_1X+b_2Y) + (b_3X^2+b_4XY+b_5Y^2) + (b_6X^3+b_7X^2Y+b_8XY^2+b_9Y^3) + \cdots \end{cases} \tag{8.3-17}$$

式 8.3-17 中，(x, y) 表示某像元的原始图像坐标，(X, Y) 表示纠正后同名点的地图坐标，a_i, b_i 为多项式的系数（$i=0, 1, 2\cdots$）该多项式的求解常用最小二乘法，即使多项式的拟合值与样本（控制点）值间的残差平方和最小。

由于校正前后图像分辨率变化、像元点位置相对变化引起输出图像阵列中的同名点的灰度值变化，因此需要对同名点进行重采样。本节采用双线性内插法，即使用投影点周围 4 个相邻像元灰度值，并根据各自权重计算输出像元灰度值，公式如下：

$$g_{x'y'} = \frac{p_1 g_1 + p_2 g_2 + p_3 g_3 + p_4 g_4}{p_1 + p_2 + p_3 + p_4} \qquad (8.3\text{-}18)$$

式（8.3-18）中，$g_{x'y'}$ 表示输出像元灰度值，g_i 表示相邻像元点 i 的灰度值，g_i 表示像元点 i 对投影点的权重（常用 i 到投影点距离的倒数定权）。

4）搜索光斑

目前，比较常见的激光光斑中心定位算法有 Hough 变换法、质心法、带阈值的质心法、高斯拟合法、圆拟合法、空间矩法等。由于光斑经过成像后为类圆形状，本节采用 Hough 变换的基本思想，将图像的空间域变换到参数空间，用边界点满足某种参数形式来描述图像中的曲线，通过积累阵列进行累加。积累阵列中峰值对应点的信息即为所求。对于类圆监测 Hough 变换，令 $\{(x_i, y_i) \mid i = 1, 2, \cdots, n\}$ 为图像中圆周上点的集合，而 (x, y) 为集合中的一点，它在参数坐标系 (a, b, r) 中方程为：

$$(a - x)^2 + (b - y)^2 = r^2 \qquad (8.3\text{-}19)$$

该方程表示圆锥面，即：图像中每一点映射到参数空间中为一个圆锥面。同一个圆周上的点对应的圆锥面簇相交于参数空间上某一点 (a_0, b_0, c_0)，这个点对应于图像中的圆心坐标 (a_0, b_0) 及圆的半径 r_0，标准 Hough 变换（Standard Hough Transform，SHT）先将圆的方程 $(a - x)^2 + (b - y)^2 = r^2$ 改写成极坐标形式：

$$\begin{cases} a = x - r \cdot \cos\varphi \\ b = y - r \cdot \sin\varphi, \ \varphi \in [0, 2\pi) \end{cases} \qquad (8.3\text{-}20)$$

再根据像素点的梯度信息进行边缘检测得到边缘图像。在边缘图像中，将参数 φ 和 r 以各自的量化间隔为步长遍历其取值范围，得到与边缘像素点距离为 r 的点 (a, b)，同时在三维积累阵列 $A(a, b, r)$ 中进行投票。运算结束后，局部极值处的坐标信息对应圆的参数。

搜索到光斑的类圆形状后，求取该区域的图形重心作为当前光斑位置信息，由于该计算是在图像坐标系中计算完成，所得位置信息为像素单位，需要转换到实际度量单位。假设成像板的分辨率大小为 F（单位：像素/寸），光斑中心像素坐标系坐标为 x，y（单位：像素），转换为度量单位后中心坐标为 X，Y（单位：mm），则有：

$$\begin{cases} X = 33.3 \cdot x/F \\ Y = 33.3 \cdot y/F \end{cases} \qquad (8.3\text{-}21)$$

8.4　重大基础设施安全监测云平台

8.4.1　概述

信息化系统是安全监测工作的重要组成部分，信息系统可以实现对数据采集、处理、分析、成果输出过程的全自动化、智能化，有效节约人力成本，提升管理服务效率。信息化系统设计思路也随着技术的进步在不断升级，尤其是仪器设备的智能化水平不断提高，也促进了信息化系统的智能化，从最先的单机离线服务系统逐步发展到多机在线服务系统，伴随着近几年互联网技术的快速发展，结合智能终端和移动互联网的"云＋端"一体化监测系统也在初步出现。

在总结既有工作经验基础上，开展了基于云计算、物联网、大数据的监测平台的总体设计与研发实现。该平台充分集成了云计算、大数据等先进技术，并遵循跨平台开放体系框架，面向各种监测设备及信息化系统提供数据共享接口，设计了规范化、标准化的数据采集、处理、存储体系，最终实现了监测数据在线处理、实时计算、信息发布。平台从工程实际需求出发，面向不同行业，不同工程提供统一的监测数据管理服务，通过在市政桥梁、大型场馆、轨道交通等大型工程示范应用，验证了该平台领先的设计理念和高可靠性。目前，平台在线服务项目有百余项，并通过网络信息服务中心、智能终端应用向政府部门、管理单位、业主单位、社会公众提供安全监测信息化服务。

8.4.2 总体框架

平台的总体设计架构见图8.4-1，包括分为5个层级的内容：数据服务层，平台基础服务层，应用服务层，门户服务层，用户展现层。

数据服务层：提供数据存储、管理、分析服务功能，是整个平台的底层核心，也是数据平台的基础部分。该层采用分布式部署架构，支撑数据的分布式存储与获取，适应海量数据管理需求。

平台基础服务层：提供平台级别的安全、消息服务总线、异常管理、缓存服务及控制服务等。平台安全包括数据安全与应用安全、对数据边界、用户权限、访问控制进行统一化管理。消息服务总线用于分布式系统服务间的并行控制，服务间的数据获取和中转依赖消息服务总线开展。缓存服务主要用于数据的内存和数据缓存工作，以提高数据访问效率。异常管理和控制服务用于平台的稳定性支撑工作。

应用服务层：提高数据平台的数据集成、视频监控、数据监控、分析、可视化应用等服务。数据集成将设施现场传感数据进行在线收集、整理、存储。视频监控服务是对视频传感器获取的影像数据进行存储、并提供实时播放服务。数据监控、分析、可视化应用服务是对设施安全监测与控制领域开展的数据深度处理工作，根据相关配置参数对设施展开实时监控、预测预报及分析评估工作。

门户服务层：在应用服务层的基础上，开展安全监测业务门户系统建设工作。门户服务层主要开展平台层级的用户管理、权限管理、资源管理工作，以及业务相关的视频管理、设备管理、设施管理等。

用户展现层：面向终端用户提供基于网络的服务平台，该层将测绘地理信息领域相关技术相融合，提供基于地图、平面、三维的多种可视化展现平台，为政府管理与决策提供更好的支撑。

平台架构设计遵循了以下基本原则：

（1）统一的应用接口的规范

在本平台中，结合应用的分布式架构以及具体业务外围应用的多样性，以及未来的应用集成的可扩展性，与其他行业应用系统的兼容与集成。采用建立统一的应用服务接口的

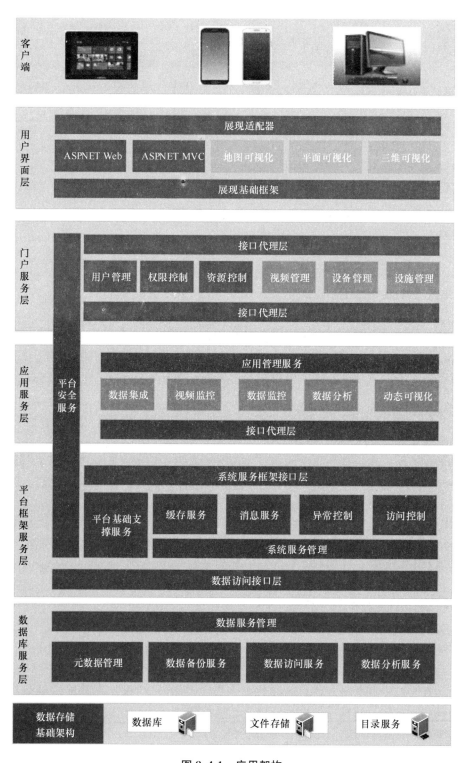

图 8.4-1 应用架构

模式，使得应用服务能够专注在生产系统相关的业务上，通过统一的工厂化接口模式，规避多种外围应用对于业务服务的无序混乱的访问模式。为系统的扩充建立标准化的工业接口层。

（2）应用系统级服务化的组件设计

由于各个应用的业务模式没有统一，业务系统的操作流程较为繁杂，采用基于应用分离和业务敏捷的要求，对生产业务、系统基础组件和报表分析进行细粒度组件服务化设计，实现平台内部应用以及平台外围的平滑沟通。

（3）统一构建数据交换总线

基于数据模型和数据规范的统一的建设思路，将负责数据处理内置化，通过总线的统一和接口服务暴露，为应用服务和外部数据交换提供标准化的数据交换模式。并且通过数据交换总线的设计来满足未来大数据并发的统一监管和调度。这部分在未来实施中将花费较多的人力来建立数据的标准规范以及数据交换总线。

（4）独立封闭化的数据交换与管理层

由于各类数据源的数据标准不统一，导致数据提取与存储的多样性和复杂性。针对这种现状，本平台通过建立独立的数据交换与管理服务层来负责数据清洗，转化的隔离，避免其他数据来源对其的数据干扰。

（5）统一数据收集适配器的构建

针对各个监测对象中的数据采集设备不统一，采集的数据源不统一的现状，本平台通过构建统一的"注入式"适配器采集总线，兼容不同类型的采集数据源，以及为系统在未来的全行业推广降低复杂度，降低维护和开发成本。

8.4.3　平台特点

（1）海量数据处理框架

建筑工程类型复杂，如轨道交通、市政桥梁、大型场馆等，在监测内容分类和监测数据特征上存在明显差异，尤其是数据采样频率间隔不一，需设计适应性强的数据框架。平台通过在工程现场部署实时数据库，进行离线数据存储、备份，适应工程现场实时监控需求，在数据中心部署分布式数据存储架构，将实时数据库、关系数据库、文档数据库部署在不同存储环境中，显著提高数据能力，也可应对后续平台动态扩容需求。通过分布式数据处理框架和大数据平台建设，平台在面对智能感知终端、多终端用户并发访问的能力显著提升。

（2）跨平台系统设计

平台运行的硬件环境有嵌入式系统、智能移动终端、工业控制系统、个人 PC 客户端，服务模式有网络服务端、专属客户端。为将上述不同平台、不同用户连成一个整体，采用跨平台系统框架设计，支撑不同环境的应用开发。平台将数据传输、处理、信息发布等核心功能部署成专属服务资源运行在数据中心，采用 SOA 框架对外提供服务，增强了平台的数据处理效率、搭建了互联网环境下的数据集成、处理、信息发布平台。该框架下对第三方平台的数据集成、开放共享更为便利。

（3）智能化数据处理

平台集成数据种类多、规模大，在数据处理及成果输出过程中，通过参数化配置进行数据处理流设计，实现了数据从采集、存储、分析、处理到发布的全自动化。以数据分析服务资源为依托，将对象模型、处理参数预置到各个监测对象与监测项目，实现从采样数据到特征提取、趋势分析、预测预报、安全评估的智能化处理。智能化数据处理包括三个阶段：基于点状时序数据的实时监控预警为基础；基于结构的分类处理为核心；建立了监测对象的宏观评估决策机制。

（4）数据共享开放服务

平台实现了从数据层到平台层的共建共享。在数据层面，授权用户可实时访问数据处理分析的成果，包括实时监控数据，分析评估结论，数据成果报告等；在平台层面，第三方平台可通过数据集成共享接口将进行数据接入，享用平台的数据存储、分析、挖掘服务，同时，平台面向政府部门、管理单位提供数据开放，辅助应急指挥决策，监管工程质量、保障基础设施运维与养护。

（5）大数据云服务体系

平台作为建筑工程全生命周期管理的重要环节，建设了面向公众、建设单位及管理部门的信息化服务体系。依托课题组的公众地图服务，虚拟可视化、数据可视化等技术，将工程监测数据以多种可视化形式进行展现，实现了从宏观到微观的多尺度管理。不同层级用户均可通过互联网及时访问，查询建设项目的实时监测成果、为管理决策提供支持。

8.4.4　平台展示

平台主页如图 8.4-2 所示，左侧为平台提供的业务功能区，右侧为业务展现区。通过左侧的业务功能区进行各项业务的办理，如资源配置、数据导入及展现、用户权限管理、数据报表等。

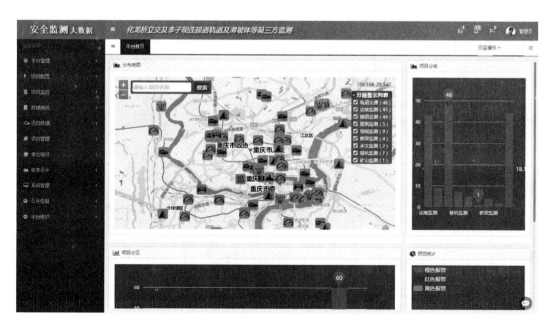

图 8.4-2　平台主页

设备监控如图 8.4-3 所示，显示在线的监测工作站信息，包括项目，负责人，远端 IP 地址，网络状态（红色离线、绿色在线），离线技术等。

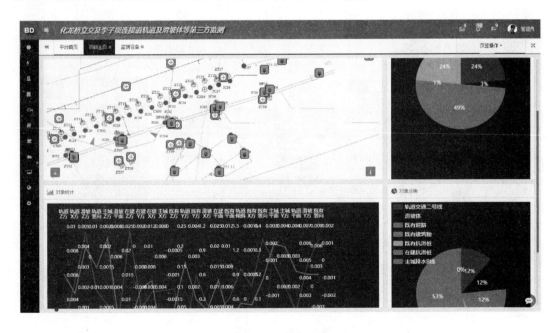

图 8.4-3　设备监控

项目主页（图 8.4-4）：中间为项目的点位分布图，不同样式代表不同类型监测点；右侧为项目统计信息，包括测点分类统计，对象分类统计；正下方为项目实施以来不同对象各个监测项的最大变化量、最小变化量及统计方差等信息。

图 8.4-4　项目主页

项目运行日志（图 8.4-5）：详细记录了项目实施以来的各种异常、预警、文件交换、邮件推送等信息。

图 8.4-5 运行日志

文档系统（图8.4-6）：对项目实施过程中形成的各种设计成果、报告成果、图片成果进行分类归档，便于平台用户管理、维护及调阅。

图 8.4-6 文档系统

8.4.5 应用效果

平台在运营过程中形成了丰富的建设工程施工及运营监测数据成果，针对该数据成果的工程反馈设计为后续类似项目实施可提供极具价值的建设经验。目前，平台运营以来已服务于重庆市轨道交通、水利、市政等多个行业的工程建设项目，累积服务项目百余项，取得了极为显著的经济、社会效益。

8.5　小结

（1）岩土工程三维设计系统建设面向工程勘察设计和测绘地理信息行业的特点和需求，在工程勘察、设计、应用管理等多方面进行了深入研究和应用实践。针对建设工程全生命周期应用管理，实现了地理空间数据、工程勘察设计数据在海量三维场景中的集成共享；通过岩土工程三维设计系统实现了地上地下一体化管理，建立了基于三维环境的工程勘察设计、调整、评估、优化的信心模型；构建的三维工程勘察设计方法，针对三维工程勘察设计、三维市政设计、三维建筑规划交互设计，实现了在三维地理空间环境下的工程地质勘察、三维道路、场地和管线一体化协同设计及建筑工程辅助设计。

（2）基于时序 DInSAR 技术的隧道开挖地表形变监测，针对山地城市特点利用时序 DInSAR 技术进行形变反演。通过实测水准数据对比分析 DInSAR 形变结果，其精度达到毫米级，并将监测结果进行可视化分析，结合主城区 1m 分辨率的 DEM 和 0.1m 分辨率正射影像划分形变严重区域，并利用 1∶2000 地形图和相关地质资料进行形变解译，结果证明时序 DInSAR 结果与实际情况具有很好的一致性。

（3）重大基础设施安全监测技术体系将传感器、物联网技术、工程监测技术有机融合，显著提高了数据获取的准确性、多样性；物联网技术的充分应用，将监测工作的时效性显著提高，从事后监测转变为及时监测；通过自主软硬件产品的研制与建设，不同技术的整合应用，提高了在不同工程状况下的适应性，也节省了投资。

（4）重大基础设施安全监测云平台，在运营过程中形成了丰富的建设工程施工及运营监测数据成果，针对该数据成果的工程反馈设计为后续类似项目实施可提供极具价值的建设经验。目前，平台运营以来已服务于重庆市轨道交通、水利、市政等多个行业的工程建设项目，累积服务项目百余项，取得了较为显著的经济、社会效益。

第9章 越岭隧道工程勘察实录

9.1 项目概况

重庆市轨道交通一号线是重庆市城市规划中东西向大容量公共交通系统，其中重庆市轨道交通一号线（沙坪坝～大学城）段起于沙坪坝站，终点为大学城站，全长约 20.18km。中梁山隧道是连接城市中心和大学城的控制性工程，为双碑北站～赖家桥站区间的一部分，两侧与高架线路连接，全长 4.33km，是目前我国城市轨道交通领域拟建最长隧道，属特长越岭隧道。

中梁山隧道为单洞双线轨道专用隧道，如图 9.1-1 所示。隧道全长 4330m，除起点段呈弧形外，总体呈直线形，前进方向由东向西。该隧道纵坡呈"人"字坡，里程 K23＋805～K23＋900 段设计纵坡 3‰、里程 K23＋900～K26＋650 段设计纵坡 27‰、里程 K26＋650～K28＋135 段设计纵坡 -3‰，进洞口轨顶设计高程 231.967m、里程桩号 K26＋650 处轨顶设计高程 305.904m（隧道最高点）、出洞口轨顶设计高程 302.047m，进、出洞口线路标高相差约 70m，最大纵坡 27‰，隧道最大埋深约 270m，除洞口段外均为深埋隧道。

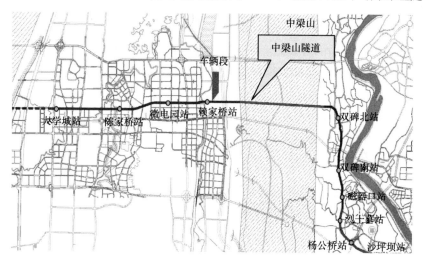

图 9.1-1 中梁山隧道线路平面图

中梁山隧道毛洞跨度 11.34～14.50m，净宽 9.60～11.96m，最大净高 8.7m，分别在隧道进、出洞口设置 1 号、2 号通风竖井。隧道按新奥法原理设计，采用复合式衬砌结构，钻爆法施工，设计使用年限为 100 年。

中梁山隧道 2009 年 3 月开工，如图 9.1-2 所示经过近三年的工程建设，于 2011 年 12 月进行土建工程竣工验收。工程自 2012 年 12 月 20 日投入运营至今，已安全运营四年多，中梁山隧道周边建筑及地面无异常、结构完好。

图 9.1-2　中梁山隧道进洞口

9.2　自然地理及工程地质条件

9.2.1　自然地理条件

(1) 行政区划及交通现状

中梁山隧道地处重庆市沙坪坝区，进洞口位于双碑镇的远祖桥小学附近，出洞口位于陈家桥镇的西永陈家湾一带，勘察期间交通不方便，仅有便道或低等级公路可达现场。

(2) 气象

隧址区属中亚热带季风气候区，气象特征具有空气湿润，春早夏长、冬暖多雾、秋雨连绵的特点，年无霜期349天左右。多年平均气温为17.8℃，多年平均相对湿度为79%。区内以降雨为主，雪、冰雹少见，降雨多集中在4~9月，其降雨量最高达866.2mm，占年降雨量的76%。雾日平均30~40天，最多达148天，多年平均相对湿度80%，绝对湿度17.6毫巴。多年年平均降雨量为1141.8mm，最大年降雨量达1378.3mm（1983年），多年平均最大日降雨量99.2mm，2007年7月17日，遇百年不遇的特大暴雨，日降雨量达266.7mm。

(3) 水文

隧址区受长江和嘉陵江切割，区内水系以过境河流长江及其支流嘉陵江为骨干，分别自西南、西北两侧流入，至重庆市朝天门汇合后向东出境，嘉陵江北碚段高程约190m；次级支流一般发育于各中、低山区域，明显受构造控制，多属树枝状水溪，局部也形成羽毛状水溪，主要有小安溪河、壁山河、梁滩河、御临河等，大体上沿北东—南西向发育，多在岩性相对软弱之丘陵区蜿蜒，其中离隧道较近的梁滩河高程277m；更次一级的溪流在区内发育普遍，其特点一般是发源于各低山区，横切低山斜坡流向丘陵区，源近流短、沟窄坡陡。

隧址区内基本无常年性河流。背斜两翼有大小冲沟分布，如东翼的石堰沟，大雨时单沟流量可达 100L/s，旱季时断流。

隧道顶岩溶槽谷内多分布小型水库及水塘，构成了特殊的岩溶槽谷半封闭的地表水系，横向沟谷形成的冲沟（溪沟）为季节性冲沟，未见常年性溪流，故地表水与地下水交替变化快，大气降水迅速沿浅部岩溶转化成地下水，一部分经浅表岩溶管道循环以泉水方式排泄地表，一部分向深部岩溶管道运移。隧道顶分布的地表水体主要为西侧槽谷的余家湾水库和东侧槽谷的上、下堰塘。余家湾水库（水面高程 482m 左右）面积约 5.6 万 m^2，蓄水约 39 万 m^3，为周边居民生活用水；上下堰塘因渝怀铁路歌乐山隧道施工（2003 年竣工）而成干塘。

区域资料显示，区内水系分属长江水系和长江支流的嘉陵江水系，地面分水岭在白市驿一带；隧址区位于分水岭的北侧，地表水向北往侵蚀基准面嘉陵江排泄。

9.2.2 工程地质条件

（1）地形及地貌

隧址区地貌的发育受构造和岩性的控制明显，地势西高东低，属四川盆地东部平行岭谷区，背斜成山，向斜成谷，山高谷深，岭谷相间。中梁山为狭窄的条状山脉，作北北东向延伸，与地质构造线方向一致，海拔高程 300～1000m，顶部常见一山二岭或一山三岭，间以石灰岩槽状谷地。隧址区属中部构造低山区，根据地貌特征又可细分为进洞口丘陵区、东麓低山区、岩溶槽谷区、西麓低山区、出洞口丘陵区 5 段，地面高程 228～543m。

（2）地质构造

隧址区位于川东南弧形地带，华蓥山帚状褶皱束东南部，中梁山隧道近东西向穿越观音峡背斜（图 9.2-1），背斜东翼产状 85°～100°∠30°～70°，西翼产状 264°～270°∠45°～85°，嘉陵江组下段灰岩组成背斜轴部，须家河组砂岩组成背斜两翼，地势陡峭。构造线多呈 NNE～SSW 向，无断层；节理（裂隙）发生与构造运动密切相关，主要以走向 NEE～SWW 和走向 NW～SE 两组较发育。

根据调查，中梁山背斜轴在走向上是波状起伏的，轴部平缓宽广，石盘湾—团山堡—青杠林一带为背斜轴部，轴部宽度大约 200m；形成轴部的嘉陵江组 1 段地层内柔皱比较发育，轴部岩层产状变化大，其倾向主要为东西向、倾角 0°～5°，背斜轴部发育小柔皱（图 9.2-2），其轴向为 N50°～60°，岩体较为破碎。

背斜轴部发育裂隙：J_1：45°∠69°；J_2：247°∠75°（间距条/0.5m，隙面平直），J_3：340°∠70°（间距条/1m，隙面平直），J_2、J_3 为共轭"X"节理。

背斜东翼须家河组岩层发育裂隙：J_4：270°～274°∠25°～32°，J_5：175°∠41°，J_6：10°∠70°，隙面平直，间距 2 条/3m。

出口段珍珠冲组岩层发育裂隙：J_7：180°∠78°，J_8：240°∠30°，J_9：87°∠27°。

经整理，背斜东翼主要发育有 3 组节理 J_4（J_7）、J_5、J_6；背斜轴部主要发育 3 组 J_1、J_2、J_3，其中 J_2 和 J_3 为共轭节理；背斜西翼在珍珠冲组地层内测得 3 组节理 J_7、J_8、J_9，如图 9.2-3 所示。

根据勘察，中梁山背斜地层产状西翼陡，甚至在西翼的自流井组、珍珠冲组地层内出现部分直立倒转现象（里程 K27+280 左 30～40m 的水井湾一带）；区域资料显示背斜西

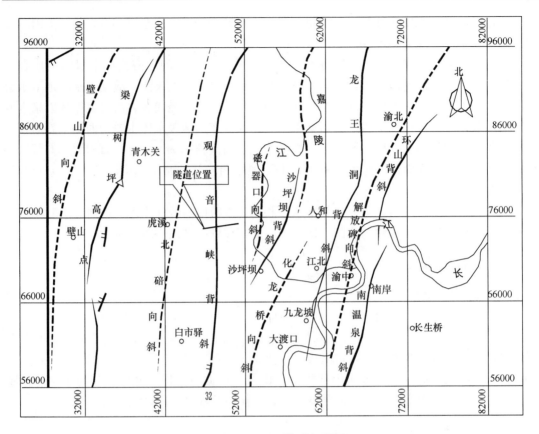

图 9.2-1　隧址区构造纲要图

图 9.2-2　背斜轴部发育小柔皱

翼有断层发育（本次勘察隧址区未发现断层）。当燕山期晚期近东西方向的区域应力施加在本区域时即形成观音峡背斜，应力持续作用，东侧应力大于西侧应力，致使背斜东翼产状缓而西翼产状陡以至倒转，形成不完全对称的背斜，在轴部形成张性裂隙，在翼部内表

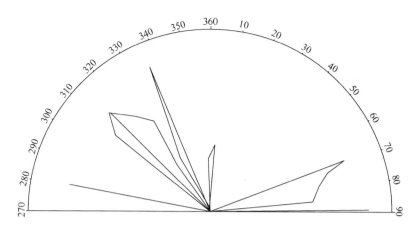

图 9.2-3　隧址区裂隙走向玫瑰花图

现为压扭,特别在柔性含泥岩类、泥灰岩里表现出较为强烈的层间挤压、揉碎特征。在后期重力地质作用下,表层陡倾、直立硬质岩石的倒转程度还可能加剧。

（3）地层岩性

中梁山隧道沿线出露地层主要为第四系崩坡积土、粉质黏土、黏土;以及侏罗系的下沙溪庙组、新田沟组、自流井组、珍珠冲组和三叠系的须家河组、雷口坡组、嘉陵江组地层,根据区域资料推测隧道开挖在背斜轴部还可能出现飞仙关地层。隧址区的岩层以碳酸盐岩为主,约占岩层的 60%;泥质岩和砂岩为次,约占隧道所遇岩层的 40%。

（4）水文地质条件

中梁山隧道沿线地面约 70% 基岩出露,30% 为红黏土覆盖区,覆盖层厚度小,含水微弱。碳酸盐岩分布于隧道中部槽谷区,砂、泥岩互层的陆相碎屑岩分布于东西两边的低山区。

根据调查,如图 9.2-4、图 9.2-5 隧址槽谷区宽约 2km,背斜轴部为近南北向的谷地中部微凸起的地面地下分水岭,其东西两侧可分为东西两个槽谷,特点如下:槽谷东西对称发育,地形上东高西低;受隧道北侧渝怀铁路歌乐山隧道施工影响,东槽谷岩溶水漏失,显示上下岩溶水联系紧密;西槽谷地下水未受影响,显示上下岩溶水联系不紧密;东槽谷地下水位低,西槽谷地下水位高。

图 9.2-4　高程 500m 以上的岩溶大厅

图 9.2-5　第二层岩溶漏斗

1）地下水含水岩组

富水性受地形地貌、岩性、岩溶及裂隙发育程度控制。第四系厚度小，覆盖少，含水微弱；三叠系、侏罗系的页岩、泥岩等为相对隔水层；三叠系、侏罗系的砂岩为基岩裂隙水含水层；三叠系雷口坡组、嘉陵江组、飞仙关组灰岩为岩溶水富水层。

① 第四系松散孔隙含水岩组

隧道进出口附近、槽谷内第四系残坡积、崩坡积松散块石土、碎石土、黏性土内的孔隙水。富水程度受控于松散堆积物的岩性、厚度、分布位置和地形切割破坏等条件，一般含水性差，水量贫乏，受大气降水影响明显。

② 碎屑岩孔隙裂隙含水岩组

基岩风化带网状孔隙、裂隙水：赋存于珍珠冲组砂岩和泥岩中的浅层地下水，分布于里程 K24＋120～K24＋470 及 K27＋650～K27＋900，地表偶见泉水出露，属于弱含水层。

基岩孔隙裂隙水：赋存于须家河组砂岩的地下水。背斜轴部张裂隙较发育，有一定数量的裂隙水，预计隧道通过此层虽无大股的地下水涌水，但可能有滴水或小股水涌出。

③ 碳酸盐岩裂隙岩溶含水岩组

岩溶含水岩组为三叠系雷口坡组、嘉陵江组及飞仙关组灰岩。其中雷口坡组与嘉陵江组为测区主要岩溶含水岩组，顶底均为页岩所隔，地表呈狭长槽谷，地下水由南向北运动，地下岩溶水丰富；区域资料显示飞仙关灰岩岩溶发育，富含岩溶水。

地下水受大气降雨和地下岩溶管道（或暗河）侧向补给，隧址区沿线大气降水较丰沛，地下水补给条件良好。一般情况下，第四系松散层含孔隙水，砂岩含孔隙裂隙水（主要为裂隙水），碳酸盐岩含裂隙岩溶水，泥岩为相对隔水层。松散层的孔隙水对隧道基本无影响。根据调查，煤窑通道的出水量小，孔隙裂隙水不会对隧道施工造成大的影响，对施工影响最大的是碳酸盐岩裂隙岩溶水。

2）储水构造

隧址区所在中梁山为不对称的构造侵蚀低山，中梁山地表及地下水一级分水岭位于本隧道以南 20km 左右，分水岭以北向嘉陵江排泄，分水岭以南向长江排泄。二级分水岭为三条近于南北向的地表、地下分水岭，即：两翼非碳酸盐岩形成的高耸地形，以及槽谷中部隆起隔离带。隧址区基岩裸露，地表溶隙、溶缝、溶斗、落水洞等进水空隙发育。含水岩组的地下水富水性受地形地貌、岩性及裂隙发育程度控制。地下水受大气降雨和地面池塘水体渗漏补给，隧道沿线大气降水丰沛，地下水补给、排泄条件良好。

隧址区总体属于背斜储水构造，有两个碳酸盐岩含水层、两个厚层砂岩含水层，以及背斜核部飞仙关灰岩岩溶含水层，构成相互之间径流补给不很明显的五个相对独立的储水构造单元。

3）地下水的补给、径流和排泄

根据区域资料，本区碳酸盐岩岩溶水集中出现于背斜隆起轴线与核心地带，碎屑岩孔隙裂隙水分布于背斜周边和向斜地区。中梁山地下水分水岭位于本隧道以南 20km 左右，分水岭以北向嘉陵江排泄，分水岭以南向长江排泄，根据地表分水岭确定的汇水面积约 $20km^2$。主要由大气降雨对地下水进行补给。根据调查，见表 9.2-1

在本隧址区的西槽谷，上层岩溶地下水流向呈现多方向性，地下水由北向南：新店子—燕儿洞—余家湾水库—巴县水库，并从背斜西侧沟谷排出，这种情况如前所述是由于岩溶发育的继承性，局部保留了前期地下水径流的特点；地下水由南向北：如天池—牵牛洞—金刚坡收费站，亦从背斜西侧排出；地下水由南东向北西排泄：从大干池—廖家店（财贸校）—金刚坡收费站排出。下层岩溶水由于含水管道的呈层性分布决定了下层地下水主要沿岩层走向（南北向）分别向两江排泄，隧道区属径流区，地下水主体流向由南向北。

调查发现，拟建隧道通过的槽谷区地形地貌上可分为东、西槽谷，建井口渝怀铁路（2003 年竣工）时，东槽谷内的井泉水、岩溶水等被疏干，据当地人介绍：凌云水库也曾瞬时疏干，后经采取了封堵措施，井泉水又有所恢复。而西槽谷在修建渝怀铁路的过程中没有出现过上层岩溶地下水漏失情况，另外，通过对附近已竣工隧道地下水排泄情况调查了解到，暴雨时，西侧洞口排水量增加不明显，东侧洞口排水量增加明显（为平期的 2～3 倍）。上述情况也说明东西槽谷存在各自独立的地下水体系，东槽谷地下水浅部与深部联系密切，西槽谷地下水深部与浅部联系小。

隧址区第一层地下水雨季排泄量统计表　　　　　　表 9.2-1

排泄点		测流日期	流量（m³/d）	合计（m³/d）
背斜东翼	凌云水库	2008.8.29	3363	16420
	杨柳湾水库	2008.8.29	1054	
	石堰沟	2008.7	8640	
背斜西翼	巴县水库	2008.8.27	5184	7709
	金刚坡收费站	2008.8.29	2525	

结合本次调查、勘察分析，拟建隧道位于岩溶水垂直分带中的深部循环带内，在隧道施工可能遇到的主要工程地质问题是突水，其特点是流量较大、压力高，有突泥，危害较大。

（5）地震

根据《中国地震动峰值加速度区划图（1/400 万）》、《中国地震动反应谱特征周期区划图（1/400 万）》，拟建场地设计基本地震动峰值加速度 0.05g，场地地震基本烈度为 6 度。

根据《建筑抗震设计规范》，中梁山隧道洞身段穿越于基岩中，其剪切波速大于 500m/s，属 I 类场地，为建筑抗震有利地段；进洞口里程 K16＋342.275～K17＋007 段、出洞口里程 K16＋342.275～K17＋007 段土层厚度 3～4.9m，粉质黏土等覆盖层一般为中软土，厚度＞3m，属 II 类场地，为建筑抗震一般地段。I 类场地设计特征周期为 0.25s；II 类场地设计特征周期为 0.35s。

（6）不良地质及特殊岩土

拟建隧道沿线范围未发现断层、滑坡、危岩和崩塌等不良地质现象。主要的不良地质及特殊岩土有以下几个方面：

1）隧址区岩溶比较发育，可分为东、西两大槽谷区，各有其岩溶泉出露。东区槽谷以上、下堰为代表，西区槽谷以余家湾水库为代表，其地下水的补、径、排自成一体。在隧道开挖过程中可能遇到地下暗河、溶洞等。

2）在三叠系上统须家河组地层出现了软弱夹层（软砂岩），岩质极软、胶结差，手易捏碎。

3）中梁山背斜西翼构造应力强烈，使地层形成了直立岩层，硬质岩石表现为破碎，软质岩石表现为塑性变形、常出现厚度增厚尖灭现象、在地表受重力作用可见岩层局部倒转现象，但此现象仅出现在浅表部位，深埋隧道围岩正常。

4）在三叠系下统嘉陵江组存在石膏岩地层，为软质岩类的软岩，具有易溶性、膨胀性和腐蚀性。

（7）岩溶泉水漏失及岩溶塌陷

隧道区域岩溶比较发育，可分为东、西两大槽谷区，各有其岩溶泉出露。东区槽谷以上、下堰为代表，西区槽谷以余家湾水库为代表，其地下水的补、径、排自成一体。据了解，井口渝怀铁路的修建使东槽谷区的所有井泉点水位下降成为干泉，上下堰漏失干枯，但西槽谷井泉点未出现明显改变。调查表明，在本拟建隧道区附近 4～6.5km 内有 3 条已建隧道，隧道施工后对地下水有疏干现象，但地表尚未发现因地下水疏干而引起的地表岩溶塌陷现象。

9.2.3　主要的工程地质问题

中梁山隧道横穿观音峡背斜，工程地质条件复杂，存在石膏岩、煤层瓦斯、采空区、软弱夹层、陡坡危岩等不良地质及特殊性岩土，岩溶、采空区突泥、涌水严重，石膏岩腐蚀性、膨胀性强烈；岩溶地下水漏失可能导致地表严重的岩溶塌陷，主要存在以下工程地质问题：

（1）顺层滑塌

中梁山隧道进、出洞口洞门仰坡坡向与岩层层面倾向基本一致，层面为外倾结构面，开挖后洞门仰坡易沿层面滑塌。

（2）煤层及采空区

根据勘察，三叠系上统须家河组 T_{3xj}^1、T_{3xj}^3、T_{3xj}^5 地层为泥岩、砂质泥岩夹薄层粉砂岩、炭质页岩、薄煤层或煤线，对应隧道里程为 K24＋530～K24＋575、K24＋690～K24＋725、K24＋890～K24＋946、K27＋230～K27＋410、K27＋533～K27＋565 和 K27＋690～K27＋707，煤系地层以软质岩为主，围岩性状差，易垮塌，同时伴随涌水和局部地段瓦斯浓度加大等地质问题。

（3）软弱夹层

根据钻探揭示，在三叠系上统须家河组地层钻探中，出现了软弱夹层（软砂岩），岩质极软、胶结差，手易捏碎，钻探岩心呈砂状，相应推测至隧道部位为里程 K27＋702～K27＋706、K27＋715～K27＋720 段。

（4）石膏岩层

隧址区在三叠系下统嘉陵江组 T_1j^2 中发现有灰岩夹为石膏岩层，为极软岩，具有易溶性、膨胀性和腐蚀性，对混凝土有腐蚀性，且易出现膨胀变形。

（5）岩溶及突水、突泥

隧道施工将破坏原有的水文地质条件，改变原有地下水径流、排泄条件，隧道掘进过程中，穿越岩溶发育地段时，可能会产生突发性涌水、突泥现象，危害大。

（6）地表和地下水漏失、枯竭

中梁山隧道开挖将对槽谷区的地表、地下水产生较大的影响，可能造成现有井、泉流量减少或漏失，甚至枯竭，使水库丧失部分或全部供水水源。

（7）岩溶塌陷

隧道开挖大量涌水，导致地下水位迅速下降，造成大面积的地表岩溶塌陷，危及人身财产安全。如随着渝怀铁路歌乐山隧道的修建，2008年中梁镇普照寺水库发生5处直径2～10m的地面塌陷灾害。本隧道与上述隧道均处于中梁山地区，工程地质条件、水文地质条件与上述隧道类似，中梁山隧道的施工建设也不可避免的会产生类似的问题。

9.3 勘察测试技术手段

9.3.1 大范围带状地形图测量

由于轨道交通一号线中梁山隧道工程规模大，工期紧张，场地呈狭长形带状纵切主城区范围，工程地质条件复杂。为快速准确获取场地内地形和地物信息，辅助该工程的选址、勘察、设计与施工，课题组克服了主城区建筑物密集区航空摄影的难题，快速获取并制作了待建设区域及其周边1∶2000比例尺地貌和土质、植被、居民地、管线、交通、水系及附属设施等各类地形要素信息，为科学、准确地工程选址、勘察、施工等提供了有利的数据支撑。

地形图能够反映待建区域地貌和土质、植被、居民地、管线、交通、水系及附属设施等各类地形要素信息（图9.3-1～图9.3-4）。

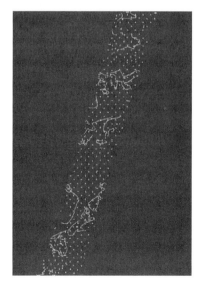

图 9.3-1　测区植被信息

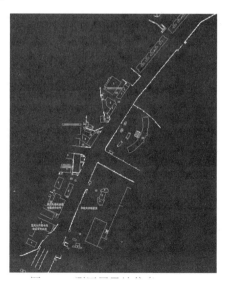

图 9.3-2　测区居民地信息

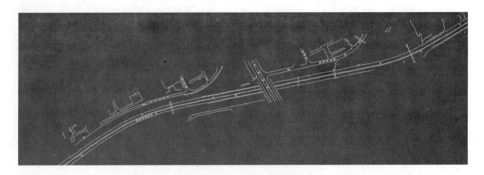

图 9.3-3　测区交通信息

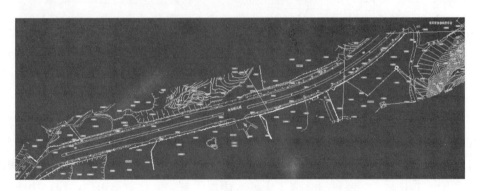

图 9.3-4　测区 1∶2000 地形图

9.3.2　越岭隧道精密控制测量

根据技术方案，在中梁山隧道洞口两端布设 GPS 控制点，隧道内部采用自动化测量技术测量精密导线网得到精密导线点平面坐标，采用直接水准测量和精密三角高程测量组合方法测得隧道内精密水准点高程。

从隧道内通过出渣洞接测到已知 GPS 控制点上以及在隧道内形成闭合环时，存在部分精密导线点的长边和短边相邻，且短边边长较短的情况，由于脚架对中和角度观测等误差，采用常规照准棱镜方法水平角测量精度难以保证。为了提高短边导线测角精度，在导线观测点上竖立一根细针，观测时照准针尖进行读数。此方法能够达到短边水平角观测精度，满足精密导线观测精度的要求。

图 9.3-5　隧道内导线边方位角测量

由于中梁山隧道属超长隧道，精密导线长度和测站数远远超过规范要求，离隧道两端已知点越远，精密导线点坐标精度就越低，不能满足精密控制的要求。采用高精度陀螺全站仪 GYROMAT 3000（最高测量精度为 3.24s）在隧道中部测量两条导线边的坐标方位角，加强了精密导线的方位控制（图 9.3-5）。

在中梁山隧道精密导线测量中，未加陀螺仪方位角之前，最弱点点位中误差为9mm，最弱相对点点位中误差为2mm，加入陀螺全站仪测量方位角改正后，最弱点点位中误差为5mm，最弱相对点点位中误差为1.3mm，高精度陀螺全站仪坐标方位角测量不仅提高导线横向贯通的精度，同时也验证了精密导线测量成果的可靠性。

9.3.3　深埋隧道不良地质体探测及三维地质建模

轨道交通一号线中梁山隧道地表海拔高程260～702m，隧道埋深252～300m，通过采用大地电磁测深法，在隧址区布设高密度测点。中梁山隧道地层陡倾，且有一定的变化，在本项目中，采用阻抗张量分解法对采集的大地电磁测深信号进行处理，有效消除了陡倾岩层对大地电磁测深信号的干扰；同时采用物探异常有效甄别技术，突出了地下水富集区异常，有效查明了地下水富集区的范围。

采用大地电磁测深方法在中梁山深埋隧道探测中，探测成果有效地反映了深埋隧道的不良地质体的形态及空间展布位置，成功揭露了5处大的地下水富集区（最大一处2万吨/天）、8处岩溶充泥区，2处背斜核部破碎带、3处断层破碎带。为设计单位优化设计方案、减小工程造价提供了翔实的资料，为施工单位科学化、精细化组织施工。控制施工风险提供了可靠的资料。在地质环境极端恶劣的情况下，深埋隧道施工过程中未出现隧道塌方、涌水、涌泥等安全事故，为保障人民生命财产安全施工打下了坚实的基础。轨道交通1号线中梁山隧道开挖现状表明，利用物探信号处理技术，能有效提高物探成果的精度和准确性（图9.3-6）。

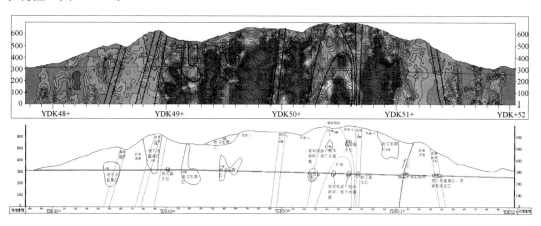

图9.3-6　中梁山隧道大地电磁测深探测成果图

同时，在工程地质测绘、钻探与物探的工作基础上，为了直观地反映勘察区域内的地形、地层、地质构造与拟建隧道之间的空间关系，对隧址区进行了三维地质模型的建立（图9.3-7）。

9.3.4　基于孔内成像的深层地质信息获取

（1）隧道结构面发育情况

岩体中不同类型的结构面因其发育特征不同对隧道工程围岩所产生的影响效应不同，对于长大越岭隧道工程而言，深部结构面的发育特征影响着洞室围岩的稳定性，但其影响

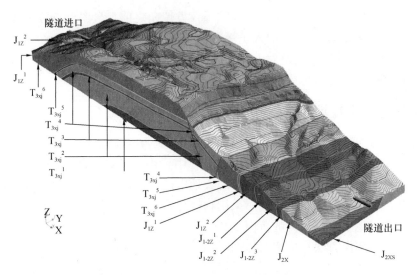

图 9.3-7　中梁山隧道三维地质模型图

效应因结构面类型和发育程度的不同而产生较大的差别，因此对深部结构面的分类及其发育特征的研究具有非常重要的意义。为查明中梁山隧道范围内结构面发育情况，课题组对重要的控制性钻孔实施了钻孔全景成像，表 9.3-1 所示为 CK68 号钻孔的裂隙面统计结果。

中梁山隧道 CK68 号孔结构面孔内成像测试成果　　　　　　　　　表 9.3-1

结构面名称	顶部标高（m）	底部标高（m）	影响长度（m）	倾向（°）	倾角（°）	属性描述
破碎带	389.79	388.25	1.54	113	79	岩体破碎，可见空洞
破碎带	386.79	386.27	0.52	103	80	岩体破碎，网状裂隙发育，裂面光滑，裂隙开口 1～3mm，岩屑充填
层面	384.51	384.05	0.45	97	78	
裂隙 1	382.62	382.37	0.25	110	70	闭合裂隙，裂面粗糙
裂隙 2	381.59	381.53	0.06	258	35	裂隙开口 0～2mm，裂面粗糙，无充填
裂隙 3	380.38	380.01	0.37	85	76	闭合裂隙，裂面光滑，层面裂隙
裂隙 4	379.61	379.08	0.53	99	80	裂隙开口 0～2mm，裂面光滑，无充填
裂隙 5	379.29	378.84	0.45	92	78	裂隙开口 0～2mm，裂面光滑，无充填
裂隙 6	378.85	378.64	0.21	180	67	闭合裂隙，裂面光滑
裂隙 7	378.33	378.02	0.32	102	73	闭合裂隙，裂面光滑，层面裂隙
裂隙 8	377.75	377.40	0.34	85	75	闭合裂隙，裂面光滑，层面裂隙
层面	376.48	376.00	0.47	87	79	
裂隙 9	373.97	373.87	0.10	244	46	裂隙开口 0～1mm，裂面粗糙，无充填
裂隙 10	373.07	372.99	0.08	208	40	裂隙开口 0～1mm，裂面粗糙，无充填
裂隙 11	372.43	372.08	0.36	101	75	闭合裂隙，裂面光滑，层面裂隙
裂隙 12	372.34	371.29	1.05	113	85	裂隙开口 0～1mm，裂面粗糙，无充填

结构面 名称	顶部标高 （m）	底部标高 （m）	影响长度 （m）	倾向 （°）	倾角 （°）	属性描述
层面 13	369.91	369.43	0.48	99	79	
层面 14	367.03	366.45	0.58	94	81	
层面	365.52	365.08	0.44	95	78	
层面	356.94	356.41	0.53	93	80	
裂隙 15	350.41	350.35	0.05	213	29	闭合裂隙，裂面粗糙
裂隙 16	349.64	349.56	0.08	231	41	闭合裂隙，裂面光滑
层面	346.95	346.67	0.28	103	73	
层面	340.11	339.79	0.32	90	74	
裂隙 17	338.70	338.62	0.09	65	44	闭合裂隙，裂面光滑
裂隙 18	336.41	336.39	0.02	217	13	闭合裂隙，裂面光滑
裂隙 19	330.11	330.09	0.02	163	9	闭合裂隙，裂面光滑
裂隙 20	329.98	329.90	0.08	102	42	闭合裂隙，裂面光滑
裂隙 21	329.92	329.81	0.11	108	51	闭合裂隙，裂面光滑

通过 CK68 号钻孔成像结果的统计分析（图 9.3-8），将该孔主要岩层的层面、发育的裂隙及其他不良地质体发育情况总结如下：

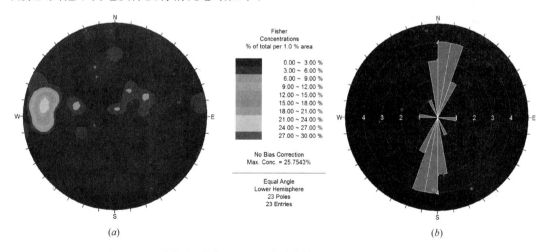

图 9.3-8　中梁山隧道 CK68 号孔的优势裂隙倾向及倾角玫瑰花图

1）CK68 孔所揭露岩体主要发育 2 组裂隙：①倾向 83°～103°，倾角 75°～80°；②倾向 201°～231°，倾角 31°～41°。

2）CK68 孔所揭露岩体发育有 2 处破碎带，其标高分别为 386.27～386.79m 和 388.25～389.79m。

（2）岩层倒转情况分析

中梁山隧道 24 号孔孔深 119～152m 段（图 9.3-9），岩芯主要呈中长柱状，局部呈短柱状或块状，中长柱状岩芯可量取岩体倾角，其倾角为 65°～72°，由于岩芯已经离开岩体

图 9.3-9　中梁山隧道 24 号孔孔深 119～152m 岩芯照片

的原生位置，通过岩芯不能量取岩层倾向。

利用钻孔成像技术，可以直接获取孔壁岩体性状，如图 9.3-10 所示，中梁山隧道 24 号孔孔深 127～150m 段裂隙密集发育，层面结构清晰。在孔深 127～139m 段，地层倾向为 260°～280°，倾角为 65°～72°；在孔深 139～150m 段，地层倾向为 90°～110°，倾角为 65°～72°。钻孔全景成像图反映出地层孔深 139m 附近，地层倾向发生明显倒转。

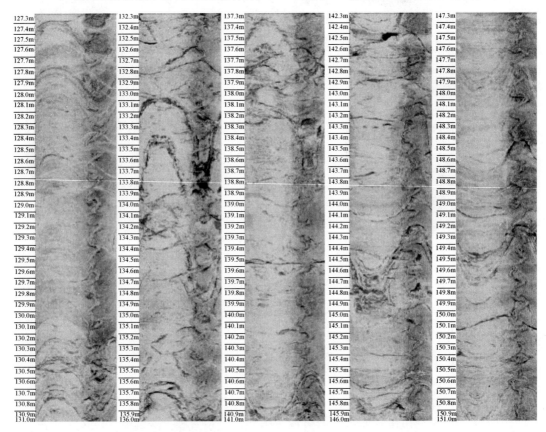

图 9.3-10　中梁山隧道 24 号孔孔深 127～150m 段孔壁图像

（3）深部地下水发育情况

由于地应力及区内存在多层相对隔水层的原因，受其阻隔作用，地下水位不断升高，形成高水头，当隧道揭穿相对隔水层时，地下水将成喷射状涌出。但是，传统测试手段，难以获取地下水出露的具体位置。利用钻孔成像技术，对中梁山隧道CK72钻孔进行了测试，测试录像显示，地下水在132m深度处从裂隙中渗出（图9.3-11）。

总的来说，运用钻孔成像技术，可以直观地揭露了深埋隧道的深部裂隙发育性状，及孔内地下水渗漏位置，成像结果对于确保轨道一号线中梁山隧道的施工进度与施工安全有重要的实际意义，同时，可以为同类越岭隧道的设计与施工提供依据。

9.3.5 隧道施工地表形变 DInSAR 监测

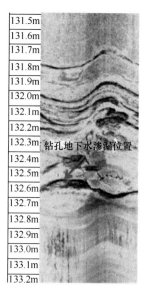

图 9.3-11 钻孔地下水渗漏位置

利用高分辨卫星、航空等多源影像，针对城镇化建设进度快、地形起伏大导致时空相干性差的技术难点，优化时序 DInSAR 技术，实现对地下工程开挖产生的地表形变进行实时有效监控。相较于传统测量方法，其具有高密度、高精度、短周期等特点，可有效地提高效率、降低成本。

本项目收集并处理了 2011 年 5 月至 2013 年 5 月的 12 景 SAR 数据，得到了重庆市主城区的干涉图和各种形变等值线图，并结合水准观测成果进行分析。结果表明，轨道交通一号线中梁山隧道施工导致岩溶地下水大量排泄，歌乐山局部区域形变量约为－20mm，中梁山隧址区附近地表形变超过－15mm（图9.3-12 和图9.3-13）。

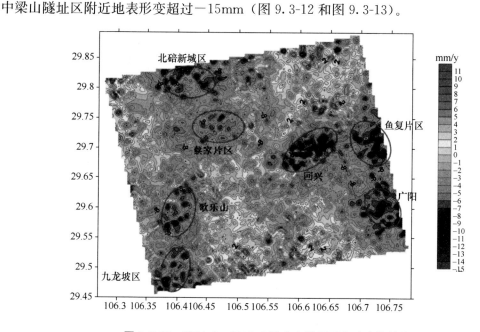

图 9.3-12　2011.5～2013.5 重庆主城区形变速率等值线

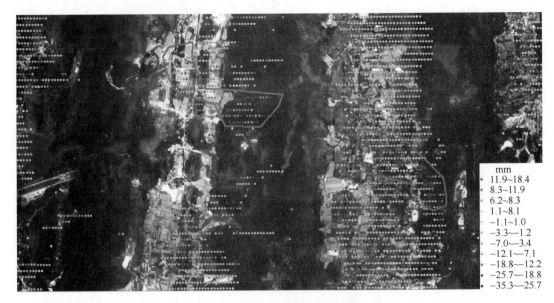

mm
● 11.9~18.4
● 8.3~11.9
● 6.2~8.3
● 1.1~8.1
● −1.1~1.0
● −3.3~1.2
● −7.0~3.4
● −12.1~7.1
● −18.8~12.2
● −25.7~18.8
● −35.3~25.7

图 9.3-13　中梁山隧道地表形变情况

9.4　工程地质分析与措施建议

9.4.1　煤层与瓦斯

隧址区内的三叠系上统须家河组 T_{3xj}^1、T_{3xj}^3、T_{3xj}^5 含薄煤层或煤线，相应隧道里程为 K24＋530～K24＋575、K24＋690～K24＋725、K24＋890～K24＋946、K27＋230～K27＋410、K27＋533～K27＋565 和 K27＋690～K27＋707 段，煤系地层以软质岩为主，围岩性状差，易垮塌，同时伴随涌水和局部地段瓦斯等问题。

勘察有针对性地布置了 ZK6、ZH9、ZH10 共 3 个钻孔准备采样进行瓦斯测试，但 3 个钻孔的煤系地层中无明显可测试的煤层。根据工程类比：对既有的几条中梁山隧道施工情况调查（表 9.4.1），中梁山隧道开挖中，在穿越须家河地层时瓦斯涌出量均比较小，其上限值多在 0.2～0.4 m^3/min 之间，开采须家河组煤层的矿井瓦斯涌出量也在 0.3 m^3/min 以下，"渝合公路尖山子隧道"勘察显示常压下无瓦斯可解析，煤层的瓦斯压力（相对）可以视为近似于 0，须家河组各煤层不存在瓦斯突出危险；须家河组煤系地层围岩（除煤层、煤线外）本身不含瓦斯，也不具备局部积存大量瓦斯的条件，气体组分中仅含微量的 CH_4 和 CO_2。隧道穿越煤层时，估计瓦斯涌出量在 0.1～0.3m^3/min 的范围，最大将不会超过 0.5m^3/min 的上限值。

瓦斯浓度测定统计表　　　　　　　　　　表 9.4-1

测定地点	测定日期	瓦斯浓度（%）	瓦斯浓度（m^3/min）
渝合公路尖山子隧道	1999 年		0.1～0.3
渝怀铁路歌乐山隧道出口平导	2001 年	0.02～0.1	0.08～0.394

测定地点	测定日期	瓦斯浓度（%）	瓦斯浓度（m³/min）
渝怀铁路歌乐山隧道出口正洞	2002 年	0.02～0.06	0.08～0.24
成渝公路中梁山隧道出口右线	1991 年	0.017～0.03	0.07～0.22
成渝公路中梁山隧道出口左线	1991 年	0.011～0.032	0.08～0.22
郭家沟煤矿	1999 年	0.05	0.023
三溪口煤矿	1984 年	0.07	0.302

措施建议：加强对煤系地层围岩性的超前支护；穿煤时瓦斯含量低，瓦斯压力小，其瓦斯涌出量应不大于 0.5m³/min，不存在煤与瓦斯突出危险，要求施工中必须严格按照"煤矿安全规则"采取严密的安全措施，加强施工通风和瓦斯监测，确保人员和机具安全。

9.4.2　采空区

三叠系上统须家河组 T_{3xj}^1、T_{3xj}^3、T_{3xj}^5 含薄煤层或煤线，隧址区外 300～800m 有两个煤窑洞口，洞口均已封闭，煤窑开采年代久远，关停并转时间较长，无法收集文图资料，根据调查访问，掘煤方式为在须家河组二、四段砂岩内开洞进入一、三段顺层开采，煤层厚 0.1～0.4m，可能形成的采空区宽 2～3m。

措施建议：对采空区，在地面采用 EH4 大地电磁法进行勘探，结合已开挖揭露的地质情况，对未开挖部分进行比对修正。

9.4.3　石膏岩层

三叠系下统嘉陵江组 T_{1j}^2 中发现有灰岩夹为石膏岩层，分布在隧道里程 K25＋115～K25＋155、K27＋067～K27＋097 段；T_{21} 地层同样含石膏、盐溶角砾岩易溶蚀，分布里程 K25＋005～K25＋300、K26＋976～K27＋236。石膏盐岩为极软岩，具有易溶性、膨胀性和腐蚀性，对混凝土有腐蚀性，且易出现膨胀变形。

措施建议：在施工中对 T_{1j}^2 中石膏岩段为围岩易坍塌，应及时支护，并进行隔水防潮处理，同时加强衬砌及进行防腐处理；对 T_{21} 中石膏、盐溶角砾岩易溶蚀，施工中进行超前钻探，采集石膏、盐溶角砾岩进行岩石腐蚀性分析。

9.4.4　岩溶及突水、突泥

隧址区岩溶的发育受岩性与构造控制，主要发育在背斜两翼三叠系雷口坡组和嘉陵江组地层中。雷口坡组岩溶主要发育在底部白云质灰岩与嘉陵江组灰岩接触部位，岩溶形态有溶洞、溶孔、溶蚀裂隙。嘉陵江组岩层中岩溶发育形态有岩溶洼地、岩溶漏斗、落水洞、溶洞、溶蚀裂隙等。岩溶发育极不均匀，最大的有数十米高的溶洞，如燕儿洞、硝厂坪溶洞，小至数毫米的溶隙和溶孔。岩溶槽谷地面下深度 200m 以上岩溶较发育，以下有随深度增加而减弱的规律。岩溶发育受地质构造控制，以顺层发育为主，并且集中在可溶岩与相对不溶岩接触带附近，岩溶水主要顺岩溶管道顺纵向流动，排泄于横向沟谷，局部顺穿层裂隙发育，岩溶水顺裂隙面排泄于纵向沟谷中。

隧道施工将破坏原有的水文地质条件，改变原有地下水径流、排泄条件，隧道掘进过程中，穿越岩溶发育地段（雷口坡组与须家河组、雷口坡组与嘉陵江组、嘉陵江组与飞仙关组、飞仙关组三段与四段接触面以及雷口坡组、嘉陵江组岩溶发育地段），可能遇到大小不等的溶孔、溶洞及其破碎带，会产生突发性涌水、突泥现象，危害大。

措施建议：中梁山隧道岩溶发育具有不确定性和管道岩溶可能产生大量突泥、涌水而带来的危害性，施工中必须进行超前地质预报，以减少或避免因突泥、涌水而造成人员及设备损伤（表 9.4-2）。

超前地质预报方法

表 9.4-2

超前地质预报手段		预报内容	预报频率
短距离超前预报	地质素描	对开挖面围岩类别、岩性，围岩风化变质情况，节理裂隙、产状，断层分布和形态，地下水等情况进行观察和测定后，绘制地质素描图，通过对洞内围岩地质特征变化分析来推测开挖面前方的地质情况	每次开挖后进行
	超前炮孔	每次掘进开挖钻孔时，拱顶部位布设 5～7 孔超长炮孔，短距离探测掌子面的地质及含水情况	每次掘进开挖钻孔时
中长距离超前预报	TSP 技术	溶洞、暗河、破碎带、裂隙发育带、软弱围岩等	每隔 100m 探测一次
	地质雷达周边探测	重点进行隧道周边的地质体探测，查找隧道周边隐伏的岩溶、暗河、地质破碎带及其他不良地质体，防止开挖通过时，隧道顶板、底板及侧壁出现灾害性的突水突泥	每隔 30m 探测一次
	水平超前钻孔	施工中将超前钻孔作为主要的探测手段，用以验证超前地质预报的精度，并直接探测涌水压力，瓦斯突出压力及其含量。水平超前钻孔按隧道全长进行探测，孔径 108mm	每次钻孔深度 200m，必要时进行取芯分析
	红外线探水	根据围岩红外辐射场强度的变化值来确定掌子面前方或洞壁四周隐伏的含水体	每隔 30m 探测一次

9.4.5　地表和地下水漏失、枯竭与岩溶塌陷

隧道区域岩溶比较发育，可分为东、西两大槽谷区，井口渝怀铁路的修建使东槽谷区的所有井泉点水位下降，上、下堰漏失干枯，但西槽谷井泉点未出现明显改变。实际调查东槽谷区受既有隧道疏排作用影响，地表泉点已消失，地下水漏失已使居民生活用水改用自来水；西槽谷地下水受南北两侧既有隧道开挖的影响较小，一号线中梁山隧道在岩溶西槽谷段埋深 165～220m，其掘进开挖将对槽谷区的地下水会产生较大的影响，在地面出现井、泉流量减少或漏失，使余家湾水库短时间出现漏水或干涸、影响当地居民的正常生活。

据调查：（1）襄渝铁路隧道施工时，采用了以排为主的施工原则，随着导坑中大量岩溶水的涌出，出现地表水漏失。该隧道于 1971 年 1 月动工，10 月开始出现水井干枯，水位下降，1972 年 4 月地表 130 口水井中有 48 口被疏干，其余井泉水位下降，影响范围 3

～3.5km，其中强烈疏干影响范围0.8～1.4km，总面积约11km²；（2）成渝高速中梁山隧道于1993年12月贯通至今，邻近区域开始出现水井干枯，水位下降；渝怀铁路歌乐山隧道及其复线（新兰渝铁路隧道）的施工导致南侧的普照寺水库严重漏失，普照寺水库于1958年修建，1964年扩大改造，最深12m左右，经调查，铁路隧道修建前常年有水，修建后约2年后出现干枯现象，雨季水位较大，旱季水位较小，目前11、12月份水库水深仅1.0m。

隧道开挖大量涌水，导致地下水位迅速下降，造成大面积的地表岩溶塌陷，危及人身财产安全。如随着渝怀铁路歌乐山隧道的修建，2008年中梁镇普照寺水库发生5处直径2～10m的地面塌陷灾害。本隧道与上述隧道均处于中梁山地区，工程地质条件、水文地质条件与上述隧道类似，中梁山隧道的施工建设也不可避免的会产生类似的问题。隧道开挖中，余家湾水库地面出现岩溶塌陷坑与勘察报告预测的岩溶塌陷十分吻合。

措施建议：鉴于已建隧道在施工过程中给地表生态环境带来的影响，建议加强对地下水环境的保护措施，参照渝怀铁路歌乐山隧道的工程经验，建议该隧道建成后平均排水量不超过$1m^3/m \cdot d$。地下水处理原则：以堵为主，限量排放，防排结合，综合治理；施工措施为：根据超前地质预报和掌子面出水量的大小进行全断面径向注浆或超前帷幕注浆，做到"先探水、预注浆、后开挖、补注浆、再衬砌"。

9.4.6 隧道的外水压力

新田沟组、自流井组：以泥岩为主，为相对隔水的泥岩地层，地下水量较小，水压力较低，二衬背后的积水能及时排泄因此隧道二衬不考虑承受水压力。

珍珠冲组、须家河组的砂岩和煤层，水量较大，根据相关经验公式计算确定衬砌承受0.5MPa水压力。

雷口坡组、嘉陵江组和飞仙关组地层地下水压力高，易出现突水，最大静水压力为1.8MPa，根据如下公式折减后，确定衬砌承受1MPa水压力。

9.4.7 隧道涌水量预测

（1）比拟法

渝怀铁路中梁山隧道进口高程265m，出口高程295m，单面斜坡；襄渝铁路中梁山隧道进出洞口高程约290m左右，平洞；渝遂高速大学城隧道进口高程约301m，"人"字坡。拟建隧道呈"人"字坡，长4330m，进出洞口高程231.967～302.047m，其水文地质条件与上述隧道的条件基本相同，具有可比性，收集的实测水量见表9.4-3。

既有隧道收集实测水量汇总表   表9.4-3

隧道名称	竣工时间	雨洪期	平常期
渝遂高速中梁山隧道	2006年	21572m³/d	9676m³/d
渝怀铁路中梁山隧道	2003年	11945m³/d	约10000m³/d
襄渝铁路中梁山隧道	20世纪70年代初	24000m³/d（资料）	13400m³/d（资料）

勘察期间的实测水量见表9.4-4。

既有隧道详勘实测水量汇总表 表 9.4-4

隧道名称	测流时间	流量（m³/d）	备 注
渝遂高速中梁山隧道	2008.9.4	3471	
渝怀铁路中梁山隧道	2008.9.11	6526	
襄渝铁路中梁山隧道	2008.9.10	6538	未下雨，流量偏小

襄渝铁路隧道涌水量实测资料 表 9.4-5

日期	1972.6.28	1979.9.8	1980.7.31～8.1	1981.7.2～7.17	1982.6.1	1983.8.24
涌水量（m³/d）	12000	17890	54100	47200	51600	24000
备注			均为暴雨后流量，1983 年后流量基本维持不变			

襄渝铁路隧道和渝遂高速大学城隧道相距约 150m，可视为一个隧道且位于地下水径流的上游区，取两隧道实测最大流量 10009m³/d（表 9.4-5）来作为拟建隧道的计算涌水量。按工程经验，施工期间最大涌水量取 1.5 倍，即 15013.5m³/d；雨洪期最大涌水量取 2.5 倍，即 25022.5m³/d。

（2）地下径流模数法

地下水径流模数值参考区域水文地质报告（重庆幅），不同的地层选用不同的径流模数值：新田沟组地层 $M=0.2$，自流井组地层 $M=0.2$，珍珠冲组地层 $M=0.2$，须家河组组地层 $M=3.12$，嘉陵江、雷口坡组地层 $M=10$，飞仙关组 $M=21$，计算公式如下式：

$$Q = 86.4M \cdot F \tag{9.4-1}$$

式中：Q——地下水径流量（m³/d）；

M——地下径流模数（L/s·km²）；

F——含水层出露面积（km²），拟建隧道距南端分水岭 13km，地下水径流长度 13km。计算成果见表 9.4-6。

地下水径流模数法涌水量计算表 表 9.4-6

序号	分段里程	地层	Q（m³/d）
1	K23+805～K23+898	东翼 J₂x，出露宽度 93m	20.9
2	K23+898～K24+181	J₁₋₂z（自流井组），宽度 283m	63.6
3	K24+181～K24+460	J₁z（珍珠冲组），宽度 279	62.7
4	K24+460～K25+169	东翼 T₃xj，宽度 709m	2484.6
5	K25+169～K26+112	东翼 T₂l、T₁j，宽度 943	10591.8
6	K26+112～K26+172	核部 T₁f，宽度 60m	1415.2
7	K26+172～K27+137	西翼 T₂l、T₁j，宽度 965m	10838.9
8	K27+137～K27+737	西翼 T₃xj，宽度 600m	2102.6
9	K27+737～K27+911	J₁z（珍珠冲组），宽度 174m	39.1
10	K27+911～K28+052	J₁₋₂z（自流井组），宽度 141m	31.7
11	K28+056～K28+135	西翼 J₂x，宽度 82m	18.4
合计			27669.4

取用值：依据南侧隧道的入渗系数 0.6 计算平常期涌水量，$Q=$（27669.4−10009）×0.6=10596m³/d

注：襄渝铁路隧道、渝隧高速隧道两者总出水量为 10009m³/d。

（3）大气降水入渗法

地下水渗流系数 λ 值参考区域水文地质报告（重庆幅）选用，不同的地层选用不同的渗流系数 λ 值：新田沟组地层 λ=0.1，自流井组地层 λ=0.1，珍珠冲组地层 λ=0.13，须家河组组地层 λ=0.16，嘉陵江、雷口坡组地层 λ=0.3，飞仙关组 λ=0.20。计算公式如下式：

$$Q = 2.73 \cdot \lambda \cdot h \cdot F \tag{9.4-2}$$

式中：Q——地下水径流量（m^3/d）；

F——含水层出露面积（km^2）；

h——多年平均降雨量，本区为1222mm。计算成果见表9.4-7。

大气降水渗入量法涌水量计算表 表 9.4-7

序号	分段里程	地层	Q（m^3/d）
1	K23+805～K23+898	东翼 J_2x，出露宽度93m	403.3
2	K23+898～K24+181	$J_{1-2}z$（自流井组），宽度283m	1227.3
3	K24+181～K24+460	J_1z（珍珠冲组），宽度279m	1573.0
4	K24+460～K25+169	东翼 T_3xj，宽度709m	4919.8
5	K25+169～K26+112	东翼 T_2l、T_1j，宽度943m	12269.0
6	K26+112～K26+172	核部 T_1f，宽度60m	520.4
7	K26+172～K27+137	西翼 T_2l、T_1j，宽度965m	12555.3
8	K27+137～K27+737	西翼 T_3xj，宽度600m	4163.4
9	K27+737～K27+911	J_1z（珍珠冲组），宽度174m	981.0
10	K27+911～K28+052	$J_{1-2}z$（自流井组），宽度141m	611.5
11	K28+056～K28+135	西翼 J_2x，宽度82m	355.6
合　计			39579.6

取用值：依据南侧隧道的入渗系数0.6计算平常期涌水量，$Q=(39579.6-10009)\times0.6=17742.3m^3/d$

（4）隧道涌水量建议

上述三种方法计算的隧道涌水量结果都比较接近，其中比拟法和地下径流模数法的结果更为接近和合理，与调查和勘察结论也基本吻合，据此确定的隧道各段涌水量值见表9.4-8。

隧道涌水量预测表 表 9.4-8

序号	分段里程	地层	隧道最大涌水量（m^3/d）			涌水位置	涌水方式	施工期渗水量 [L/min·10m]
			平常期	施工期	雨洪期			
1	K23+805～K23+898	东翼 J_2x	8.0	12.0	20.0	砂岩粉砂岩裂隙水	均匀渗流	0.90
2	K23+898～K24+181	$J_{1-2}z$	24.3	36.5	60.9	砂岩粉砂岩裂隙水	均匀渗流	0.90
3	K24+181～K24+460	J_1z	24.0	36.0	60.0	砂岩段孔隙裂隙水	均匀渗流	0.90

| 序号 | 分段里程 | 地层 | 隧道最大涌水量（m^3/d） | | | 涌水位置 | 涌水方式 | 施工期渗水量 [L/min·10m] |
			平常期	施工期	雨洪期			
4	K24+460～ K25+169	T_3xj	951.5	1427.2	2378.7	砂岩段孔隙裂隙水	均匀渗流	13.98
5	K25+169～ K26+112	东翼 T_2l、T_1j	4056.1	6084.2	10140.3	溶隙、角砾状灰岩、膏盐段	呈大股状涌水，有些地段呈喷射状涌出，伴有泥沙并有可能引起地表漏水	44.81
6	K26+112～ K26+172	核部 T_1f	542.0	812.9	1354.9	溶隙、溶洞	呈大股状涌水，有些地段呈喷射状涌出	94.09
7	K26+172～ K27+137	西翼 T_2l、T_1j	4150.7	6226.1	10376.9	溶隙、角砾状灰岩、膏盐段	呈大股状涌水，有些地段呈喷射状涌出，伴有泥沙并有可能引起地表漏水	44.80
8	K27+137～ K27+737	西翼 T_3xj	805.2	1207.8	2013.0	砂岩段孔隙裂隙水	均匀渗流	13.98
9	K27+737～ K27+911	J_1z	15.0	22.5	37.4	砂岩段孔隙裂隙水	均匀渗流	0.90
10	K27+911～ K28+052	$J_{1-2}z$	12.1	18.2	30.3	砂岩粉砂岩裂隙水	均匀渗流	0.90
11	K28+052～ K28+135	西翼 J_2x	7.1	10.6	17.6	粉砂岩内孔隙裂隙水	均匀渗流	0.89
合　计			10596	15894	26490			

注：隧道涌水量平常期取"地下水径流模数法涌水量"计算值，施工期间最大涌水量取平常期的 1.5 倍，雨洪期最大涌水量取平常期的 2.5 倍。

9.4.8　地下水水质类型及腐蚀性

初步勘察阶段在 CK37、CK38 钻孔各取须家河地层水样一组，并在渝遂高速大学城隧道出洞口左侧排水道内取水样一组；详细勘察阶段在进出洞口段 ZK2、ZK11、ZK14 钻孔及洞身 ZK5、ZK7、ZK9 钻孔中共采集 7 组地下水样，水文地质调查中共采集 16 组地表井泉水样。

拟建隧道范围的地下水、地表水对混凝土无结晶类腐蚀性、分解类腐蚀性、结晶分解类腐蚀性。但收集资料显示：襄渝铁路水质分析结果表明，须家河组煤系地层具有强腐蚀性（强结晶类、分解类腐蚀性）。因此，建议施工期间进一步对须家河组地层采水样进行水质分析，核实腐蚀性。

第10章 跨江大桥工程勘察实录

山地城市桥梁的特点，一般处于河流上游，河流切割深，地形坡度大。由于长期受到河流侵蚀作用的影响，环境工程地质条件也受到了河流发育历史的制约。在岸坡外缘常形成了一些卸荷带、滑坡、崩塌等不良地质现象和地质体，岸坡稳定性相对较差。另一方面，城市发展往往沿河而建，桥梁地段常常经济发达，人口稠密，环境条件复杂，是山地城市桥梁的另一大特点。

工程勘察也受到河流影响，需要大量水上钻探。与陆上钻探相比，水上钻探施工过程中，受水位、流速、风力以及航行船舶等因素的影响，尤其是在重庆"两江"及其支流中，由于江水流速快、水位变化大以及过往船只的影响，钻探平台容易移动或被撞，造成套管弯曲、折断，有时还会受到洪水的威胁；在设备或操作方面，钻探平台的抛锚、定位、起锚、起下套管受深水急流、水位涨落的影响，往往存在一定的安全风险。因此，水上钻探的技术工艺与安全管控，对于山地城市跨江大桥等涉水项目工程勘察工作至关重要。

10.1 菜园坝大桥工程勘察实录

10.1.1 工程概况

重庆菜园坝长江大桥（图 10.1-1）起点位于渝中区两路口中山三路，经建新坡、菜园坝南区干道，于江心洲珊瑚坝西部跨越长江至长江南岸苏家坝。桥长 1986m，桥面宽 52.00m，双向 8 车道桥梁，桥面高程 235.00～252.00m。常年洪水位高程 181.00m，桥面比常年洪水位高 54.00～71.00m。具典型的山区特大桥梁的特征。大桥桥型方案为：中承式钢管筋混凝土系杆拱桥。引桥 21 个桥墩，跨度 48～102m 不等，主桥 2 个桥墩，主桥跨径 420m。

渝中区两路口、中山三路及菜园坝地区是重庆城市繁华区，分布有重庆火车站、重庆汽车总站等公共交通设施，是重庆市主城区公共交通聚集地，区内中山三路，南区路、滨江路等城区干道交错纵横，是重庆市主城区的交通枢纽和门户，该区人口稠密，交通发达。南岸区坝一带主要为工业区。环境条件极其复杂。

10.1.2 工程地质条件

(1) 地形地貌

菜园坝长江大桥段长江近东西向发育。属堆积—侵蚀河谷地貌。河谷阶地以基座阶地为主，横断面开阔呈不对称"U"形，具壮年期河谷地貌特征，北岸岸坡低缓，发育阶地、河漫滩与江心洲等地形，为堆积岸。南岸岸坡较陡，堆积层不发育，显基座阶地特征为冲刷岸。菜园坝长江段江水水位涨落幅度很大，达 20 余米，江面宽度受江水水位涨落

图 10.1-1　菜园坝长江大桥

影响显著。以致枯水期江面宽 300～400m，平水期江面宽 600m，洪水期江面宽可达 1000m 以上。

大桥拟建区北岸建新坡（K0+000～K0+160）为长江古侵蚀岸坡，坡顶高程 252m，相当于长江Ⅳ级阶地，坡脚高程 198m，高差 55m。坡面经人工改造，基岩零星出露，斜坡呈折线形，宏观坡角 25°～30°。菜园坝段（K0+160～K0+500）地形平坦，高程 195～200m，是长江Ⅰ级堆积阶地，原始地形平坦，前缘呈 10°～20°的缓坡与河漫滩相连。现因修建立交桥、外滩商城和长途汽车站等建筑，顶面被堆填改造成折线，并在外缘修建河堤。

珊瑚坝河漫滩和河槽段（K0+500～K1+500），河漫滩与岸坡相连，宽度约 600m，高程 164～167m，地表以冲积卵石、砾石和砂为主，地形平缓。河漫滩南部为长江主河槽，宽 300～400m，漫滩与河槽平缓过渡，地形略向南侧河槽倾斜。河槽深约 12m，高程 152～164m。

南岸苏家坝段（K1+500～K1+720）属基座阶地，地面平坦开阔，微向河床和下游倾斜，地面高程 195～198m。阶地前缘阶坡较陡，坡角 30°～40°，阶坡下部基岩出露，阶地后缘与侵蚀斜坡相连。缓坡形态向北倾向江面。

铜元局段（K1+720～K1+986），为长江侵蚀岸坡，呈侵蚀、剥蚀浅丘地貌形态，丘坡宽缓开阔。经人类活动改造，呈阶状平台，地势总体趋势北低南高，宏观坡度角 10°～25°。

（2）地层岩性

菜园坝长江大桥区地表分布第四系堆积层。下伏基岩层为一套强氧化环境下的河湖相碎屑岩沉积建造。基岩由多层砂岩——砂质泥岩不等厚的正向沉积韵律层组成，以紫红色、暗紫红色泥岩、粉砂质泥岩和黄灰色、灰色薄至厚层状细粒长石砂岩为主。出露的地层由上而下依次可分为第四系全新统填土层（Q_4^{ml}）、冲积层（Q_4^{al}）、粉质黏土（Q_4^{al}）和侏罗系中统沙溪庙组（J_2s）沉积岩层。按岩（土）层新老关系分述如下：

1）第四系全新统（Q_4）：

① 人工填土（Q_4^{ml}）

主要分布于北岸菜园坝—建新坡一带的老城区。灰褐色，灰黑色，由黏性土，建筑垃圾，生活垃圾，砂、泥岩块石等组成。结构稍密—中密，堆积时间 10～50 年，厚度 10～30m。

② 冲积层（Q_4^{al}）

分布于菜园坝长江Ⅰ级阶地和珊瑚坝河漫滩一带。

菜园坝Ⅰ级阶地冲积层：底部为灰色—灰褐色砂、卵石层，卵石含量一般 50％～60％，卵石粒径 30～80mm，磨圆度较好，分选性一般。结构稍密—中密。上部为黄色，黄褐色，灰褐色黏性土，软塑—可塑状，质均匀，局部地段腐殖质含量较度，呈淤泥质土。冲积层厚度 10～20m。

珊瑚坝漫滩相冲积层：灰色，灰褐色，由砂卵石组成，卵石含量 60％～70％，卵石粒径 30～100mm，结构稍密—中密。厚度 7～12m。

苏家坝Ⅰ级阶地冲积层，上部为黄色，黄褐色黏性土，软塑—可塑状。下部为砂、卵石层，卵石含量 50％～60％，一般粒径 30～50mm，局部地段砂卵石已胶结。厚度 5～15m。

③ 残坡积层（Q_4^{el+dl}）

紫褐色，黄褐色，可塑—硬塑状。厚度 0～3m，分布于两岸斜坡。

2）侏罗系中统沙溪庙组（J_2s）

砂质泥岩：紫色，紫红色，粉砂泥质结构，厚层状构造。表层强风化带厚度 1～2m。该层是大桥拟建区的主要地层，全区均有分布。

砂岩：灰色，灰黄灰，细粒结构，厚层状构造，泥—钙质胶结。主要矿物成分有：石英、长石。主要呈薄层状或透镜体夹于砂质泥岩中。

（3）地质构造

菜园坝长江大桥拟建区位于川东南弧形构造带，华蓥山帚状褶皱束东南部的次一级构造，构造骨架形成于燕山期晚期褶皱运动，构造线呈北北东走向，构造形态向北逐渐收敛向南撒开，受地应力作用相对微弱，场地内未发现断层通过。场地地质构造隶属龙王洞背斜东翼近轴部，岩层呈单斜产出。岩层走向北东 40°～60°，倾向南东，岩层倾角 5°～15°。

北岸主要发育三组构造裂隙：①J_1组倾向 40°～50°，倾角 70°～80°，裂隙面闭合，无充填物，裂隙间距 2～3m；②J_2组倾向 320°，倾角 80°，裂缝宽 3～5mm，黏性土充填，裂隙间距大于 3m。③J_3组倾向 170°～185°，倾角 65°～85°，该组裂隙多因边坡卸荷而张开，并被后期风化物，块石、碎石及黏性土等充填。裂隙最大张开度可达 10～20cm。北岸裂隙多为陡倾裂隙，间距较大，发育程度为不发育。

南岸发育两组构造裂隙：①J_4组倾向 230°～250°，倾角 50°～70°，间距 1.50～2.00m。②J_5组倾向 310°～330°，倾角 60°～70°，间距 1.0～1.5m。南岸裂隙发育程度为不发育，岩体呈块状结构。

（4）水文地质条件

菜园坝长江大桥拟建区出露岩层为河湖相沉积岩，以泥质岩为主，水文地质条件简单。按含水介质和储水形式大桥拟建区地下水可分为两种类型：基岩裂隙水和松散岩类孔隙水。区内地下水的补给、径流、排泄条件受长江及地形条件制约，根据地下水的动力特征，可划分为河谷斜坡径流区和河漫滩径流排泄区两个水文地质单元。河谷斜坡径流区含水岩由泥岩中的砂岩夹层组成，含水层受相对隔水的泥岩限制，砂岩含水层中地下水的补给条件受限于围岩，不利于地下水赋存和接受补给，该区基本上属饱气带，地下水量十分有限。

河漫滩径流排泄区地下水位埋深浅，地下水的补给、径流、排泄有一定的规律，除少量地下水补给来源于斜坡地段的入渗水外，地下水的补给、径流、排泄条件主要受长江涨落制约，该区地下水与长江江水具互助关系，水量相对丰富，水质也受江水影响。地下水类型为 $HCO_3^- \cdot SO_4^{2-}\text{-}Ca^{2+}$ 型，地下水不具侵蚀性。阶地砂卵石层单位涌水量 $392m^3/$ 日 $\cdot m$，渗透系数 $K = 68.4m/$ 日。

（5）区域稳定性及地震

重庆地区有历史地震记录以来，重庆主城区地震震级多在 3 级左右，以浅源构造地震为主，震中主要分布于 500m 以下的基底断裂带上，或者位于基底断裂的交汇处，华蓥山基底断裂的地震震级沿断裂带方向有显著的差异，该断裂带及附近 5 级或 5 级以上地震主要分布于断裂带南段。重庆主城区地震震级多在 3 级左右。华蓥山基底断裂在重庆主城区周边有良好的应力释放机制。1989 年 11 月 20 日，在大桥拟建区北东约 40km 的统景发生了 5 级以上的地震。在大桥拟建区有震感。

场地抗震设防烈度为 6 度，场地设计基本地震动峰值加速度 $0.05g$，设计地震分组为第一组。场地属Ⅱ类场地，为建筑抗震一般地段，地震动反应谱特征周期为 $0.35s$。

场地内无滑坡、崩塌等不良地质现象，场地内主要为素填土、粉质黏土、卵石土；不存在粉土液化、震陷等岩土地震稳定性问题，岩土地震稳定。

10.1.3　环境地质特征及不良地质现象

重庆市菜园坝长江大桥位于长江河谷地区，地形、地貌主要受到长江侵蚀作用的影响，以致环境工程地质条件也受到了长江发育历史的制约。长江菜园坝段为第四纪更新世的古长江冲刷段。在拟建大桥区的长江上游 1200m 处，长江河槽既深且窄，江水流速相对较快，长江流至菜园坝河段，折向东流，对长江北岸建兴坡一带岸坡强烈侵蚀，在岸坡外缘部分地段形成了一些卸荷带，滑坡、崩塌等不良地质现象和地质体，岸坡稳定性相对差。晚更新世至全新世由于地壳运动，江岸抬升和长江下切，形成今日的菜园坝雏形。而更新世遗留的长江古冲刷岸坡也保留了下来，相关的不良质体随之经历了各自演变历史，以致在菜园坝一带发育了自己的特定的环境工程地质特征。

20 世纪 50 年代起，随着重庆市的经济发展和城市建设，菜园坝、两路口一带逐渐成为重庆市主城区的交通要道和枢纽，并经历了历史上几次规模较大的建设和改造。在改、扩建重庆火车站及相邻的工程中，不仅兴建了一批规模较大的地下工程，还进行了大范围的堆填改造。如菜园坝地下商城，"八一"隧道，"向阳"隧道等，近年又在菜园坝修建城市干线立交桥，长江滨江路，珊瑚公园等大型项目。除此之外，还在地下布设了电信、天然气、自来水等纵横交织的地下管线。这些项目的兴建使该地段环境工程地质条件日趋复杂。其中部分工程在施工中将该地段隐伏的滑坡、卸荷带等揭露出来，有的工程还对上述处于相对稳定状态的隐伏不良地质体产生了不良影响。如：菜园坝立交桥的施工开挖中，曾导致过建新坡滑坡两次发生局部滑移、变形活动。而大范围的深、厚填土体也成为此次兴建菜园坝长江大桥中的重要工程地质问题之一。

菜园坝建新坡一带受长江发育历史和自然环境条件决定，在工程地质稳定方面的隐患较多，属于工程活动敏感区。因此，工程活动必须维护斜坡地段原有平衡条件，避免导致业已沉寂的不良地质现象重新活动，引发新的不良地质问题。

南岸苏家坝一带岸坡较陡，是长江近、现代的冲刷岸。该区岩层反倾。受地形、地貌和长江冲刷作用影响，在岸坡边缘部分地段也分布有一些规模较小的卸荷裂隙和相伴发生的小型崩塌现象。

10.1.4 复杂水域条件水下地形图获取和水上钻探

众所周知跨江大桥勘察过程中，水下地形图是勘察必备的基础资料，水下地形图准确度对勘察成果有加大影响。而水下钻探的质量决定跨江大桥勘察的成败。因此，水下地形图获取和水上钻探质量保证是菜园坝长江大桥在勘察过程中的重点和难点。

（1）复杂环境的水下地形数据获取

菜园坝长江大桥位于长江上游，工程勘察首先必须查明水下地形条件。目前水下测量作业方式主要是船载 GNSS 与测深仪相结合的测量系统，然而所处长江上游具山区河流特征，水下地形起伏大、水涯线形态复杂、浅水或滩涂区域较多、礁石分布散乱、水上障碍物较多等特点，现有测量方式难以满足高精度快速测量的实际需求，且存在很大的安全隐患。这就要求我们摆脱传统，大胆创新，不断采用新技术来满足工程建设实践的需要。

1）基于 CQBDS 的水域平面定位技术

目前，主流的水下测量系统中的平面位置测量部分都采用 GNSS 定位技术，但绝大多数终端设备对 GPS 依赖程度非常大，采用的 VRS 虚拟参考站技术进行网络 RTK 测量，或者采用电台的形式发送差分信息。

CQBDS 的建设、空基增强技术的应用，解决了山地城市复杂环境中的水域平面定位问题。即使水域四周树林遮挡、河岸两侧山崖陡峭，也能有 4 颗以上的可见卫星，并且在通信网络未覆盖地区，通过 L-Band 卫星仍然能获取差分信息实现准确定位。

2）水下三维地形同步采集控制技术

高精度 GNSS 接收设备与多波束回声测深仪在作业过程中分别采集平面位置和水深数据，不利于测量成果的快速查看和应用。针对该问题，课题组研发了数据控制软件，该软件同时获取 GNSS 设备测量的水面三维数据和水深数据，通过测量时间点进行数据融合，实时匹配并储存水下地形三维数据。在某一个时刻，系统测量了水下一个点的深度和它在水平方向的位置，将足够多的水下测量点累积起来，则就可以得到一个较真实的水下地形地貌。

3）多技术集成的水域机器人系统

大型测量船、人工动力的测量手段，在山地城市水下测量工作中均受到很大限制。大型船只稳定性好，但是操作不灵活、吃水太深，在长江、嘉陵江及其支流有大量测量盲区；人工测量耗时费力，且安全无法保障。采用远程控制的水域机器人系统，可以较好地

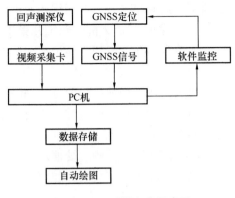

图 10.1-2　系统方案示意图

解决上述难题。

水域机器人（又称智能测量船、无人船测量系统）由无人船、自动导航模块、声呐探测模块、外围传感模块、岸基操控终端、导航及测量软件等部分组成，将 GNSS、传感器与智能导航控制等众多技术相结合，实现了水下地形测量的高精度、智能化、无人化、网络化，与传统作业方式相比，具有保障作业人员安全，成倍提升作业效率，提高测量精度等优点（图 10.1-2）。

水域机器人系统水深测量区间为 0.5～600m，在浅滩、礁石分布较多的区域可以广泛使用，大大减少了水下地形测量盲区。

4）内外业一体化的绘图系统

研发数据处理程序，与水域机器人数据采集系统对接。数据采集完成后，可以立即进行数据处理工作，现场绘制水下地形图，并可以根据设计参数现场进行工程选线、工作量计算等。

（2）水下钻探作业

北主桥墩位于珊瑚坝河漫滩，主桥墩由上游和下游两个平行排列的正方形分墩组成，每个分墩大小 24m×24m，分墩中心间距 51m。初步拟定桥面宽度约 31m，两个分墩上部相连，构成一个主墩。主墩荷载约 100000kN/墩，北主桥墩拟采用桩承台沉井基础，本次勘察涉及水域区钻孔共 22 个，具体情况见图 10.1-3。

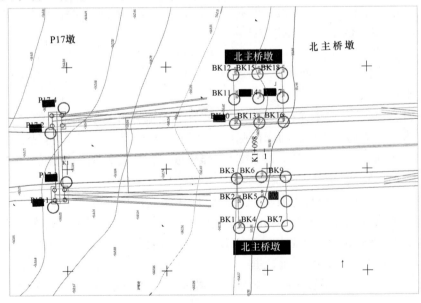

图 10.1-3　菜园坝长江大桥水上钻探分布图

菜园坝长江大桥在勘察过程中不可避免地布置了水上钻探工作。水上钻探的主要工艺流程为：钻探船的拼装→钻探船定位抛锚→钻孔定位→下保护套管→钻孔（试验）→封孔→起保护套管→起锚→钻船移位，需要重点解决的关键问题，包括钻探船定位抛锚和下入保护套管。首先，应综合考虑施工区的水文、气象、航运及航道等情况，周密考虑该水域的特点，做好施工计划，制定有效措施，设计和布置好锚泊作业安全装置，确保钻探工作安全顺利进行。其次，应根据水深、流速、覆盖层厚度与孔深等情况，正确选择保护套管与护壁套管的直径与厚度，并通过设置保险绳、定位绳、保护套管定位等步骤，提高深水区钻探定位精度和钻探效率。

1）水上钻探施工方案布置

工程需通过船舶进行水上施工作业的钻孔共有 22 个，分布于主桥墩角点四周，其中钻孔 BK1-ZK9 位于北主锚墩 P12 墩四周，钻孔 BK10-ZK18 位于北主锚墩 P2 墩四周，钻孔 P17-1～P17-4 于 P17 墩四周，各钻孔位置示意图见图 10.1-3。

根据钻孔位置关系示意图，各钻孔孔位均位于航道线外侧，其中钻孔 BK7～BK9，BK16～BK18 离长江南岸侧航道线最近，距离约为 80m，工程船定位抛锚后，锚与外侧航道线距离约为 60m，位于非航道区。

将两艘作业船驶到非主航道区，本次钻孔施工按照一侧靠航道，一侧远离航道的方式进行，即各钻孔施工顺序为：BK7～BK9；BK16～BK18；BK13～BK15；BK4～BK6；BK1～BK3；BK16～BK18；BK10～BK12；P17-1～P17-4，由专业测量人员放孔定位，在测量钻孔定位之前通知海事相关部门现场监督。

2）水上钻探的类型

水上钻探平台常用类型一般分为漂浮钻探平台和架空钻探平台。本次勘察采用单体钻船式水上钻探主要用在江河具备航运条件的水域进行水上钻探。

为保证水上钻探安全顺利进行，施工前应了解当地水文、气象、航运、航道等情况，周密考虑该水域的特点，做好施工计划，制定有效措施，设计和布置好锚泊作业安全装置，确保钻探工作安全顺利进行。

3）水上钻探平台的固定

勘察水上钻探平台一般选用 2 只铁驳船，两船载重量、长度与宽度应大致相等（表 10.1-1），船型要基本相同或相近，结构要牢固。考虑本区的水况条件，结合海事部门的意见以及钻探实践经验，本次作业钻孔位于长江两侧靠河岸处，为非主航道区。本次由定位船"合江工程一号"和"合江工程二号"进行定位作业。其中"合江工程一号"船宽 3.60m，"合江工程二号"船宽 4.0m，作业船总宽不超过 7m，对航宽占用较少。将 2 只船横排并连，中间留有一定的空隙，空隙大小间距为 0.6m。连接 2 船的材料用 8 根 12m 的 15 型工字钢横放在 2 船船面上。工字钢间距 1.0m 左右，再用直径 12.5mm 的钢丝绳从工字钢两端围箍船底，把铁船与工字钢牢固地捆在一起，在工字钢上铺设 50mm 厚的木板或竹跳板，钻船周围围设栏杆和栏绳。船头船尾用缆绳拴牢，增加钻船的稳定性，基本上保持均匀对称，本次勘察采用抛锚法固定（图 10.1-4）。

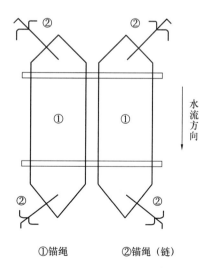

①锚绳　②锚绳（链）

图 10.1-4　抛锚法固定钻船

<table>
<tr><td colspan="2" align="center">作业船基本情况一览表</td><td align="right">表 10.1-1</td></tr>
</table>

船　　　名	吨位（t）
合江工程一号	30
合江工程一号	40

4）保护套管定位

钻探船确认定位稳定后，即可下入保护套管。无覆盖层的河床应用带钉管靴，防止套管沿岩面滑动。根据水深、流速、覆盖层厚度与孔深等情况，正确选择保护套管与护壁套管的直径与厚度。

保护套管下入采用单根连接法。将所要下入的套管按其编号逐根连接下入水中，直至计划深度。第 1 根套管长度为 4m 左右。江水较深时，长节套管可多下几根，江水较浅时，长节套管应适量少下。顶部应采用短节套管（长度 0.5～1.0m），以便江水涨落时接卸之用。

① 设置保险绳

下入第 1 节套管时，应在顶部接箍以下用活动铁环套牢，并拴好保险绳（12～15mm 柔心钢丝绳）。陆续下入每节套管时，均应套以活动铁环，穿入保险绳，直到下完全部套管，最后将保险绳固定在钻场上，这样即使套管折断，也可以避免套管丢失。

② 设置定位绳

根据水深、流速和拉引的位置，选择定位绳的规格、长度。定位绳一般均为两根，拴在保护套管柱的中间部位，与水平面的夹角为 45°左右。定位绳必须穿过船底拉向上游，固定在船头的系缆桩上，用以调整保护套管的垂直度，起到给套管定位的作用。

③ 定位绳、保险绳的设置见图 10.1-5。

④ 保护套管定位

保护套管下到底以后，可用地质罗盘或水平尺校正其垂直度，用立轴钻杆校正定位的准确性。必须确保管柱的垂直度，如有偏斜，应及时调整。

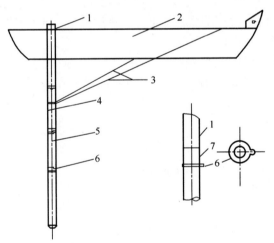

图 10.1-5　定位绳、保险绳的设置

1—保护套管；2—钻探船；3—定位绳；4—减压绳；
5—保险绳；6—铁环；7—接箍

（3）安全技术保障措施

1）保证措施

① 所使用的船只必须是经船舶检验合格且航行证件齐全，船员均具备资质且体质适宜。

② 与施工地海事主管部门联系共同研究制订水上航运和钻探的具体护航措施及应急方案，以备紧急情况发生。

③ 向海事部门申请，提前发布航运通告，施工期间服从海事现场监督管理。

④ 按海事总章的具体要求，在钻探平台、交通船只上设置醒目的工作信号。

⑤ 钻探船上每班设专职瞭望人员，加强警戒，利用长江水域专用频道提醒过往船只避让。

⑥ 严格挑选技术熟练钻探工人，作业前必须进行水上基本安全知识及安全操作规程教育，船上作业人员除穿戴好正常劳保用品外，另配救生衣1件/人，救生圈4~8只/船。

⑦ 船上应配备移动电话、高频或对讲机等通信设施，专人专护，确保通信畅通，注意收听天气预报，及早制定预防措施。

⑧ 恶劣气况（大风、大雨、大雾）停止作业。

⑨ 加强值班，注意与过往船舶联系。

⑩ 加强综合协调，确保工程顺利进行。

⑪ 对所有参加水上作业人员进行人身意外伤害保险。

2）防护性措施

① 钻探平台四周、塔上工作台周围均应设置安全栏杆。

② 机械传动装置必须戴防护罩，不得裸露。

③ 船两侧应放置足够的防碰物件，任何船只靠近钻探船时，船上值班人员应及时发出信号。

3）规定性措施

① 作业现场，必须正确穿戴合体的个人劳保用品，戴好安全帽，穿好救生衣。

② 人员在作业中必须严格遵守钻探安全操作规程，不得违章指挥，违章作业。

③ 作业人员服从统一指挥，遵守船员的各种规则，熟悉平台上规定的统一紧急信号，遇到问题及时援助解决。

4）定位、钻探的安全措施

① 定位船上的所有工作人员都必须戴安全帽，穿救生衣；

② 定位船两边尾部各佩戴有50m长尼龙绳的两个救生圈，作应急施救用；

③ 交通船要值安全班，应急救援时可救人、送伤员、加强过往船舶的联系，防止闯入施工区的事故发生；

④ 定位船抛锚定位时，防止航行事故的发生，穿越航道时横江让顺江，遵守规章；

⑤ 要加强过往船舶的联系，起锚的时间也尽量选在白天视线好，过船少的时候；

⑥ 大雾视线不好的情况不作业；

⑦ 抛锚时桅杆横杆下挂黑色的抛锚球一个，黑十字架一个，慢车旗一幅，甲板上小红旗表示锚缆方向；

⑧ 根据船舶内河避碰相关规则设置信号灯及警示标志，各标识的设置由专人、专职负责；

⑨ 定位船按规定显示灯号，让行船很远就能看见工程船，使航行的进出港船目测距离和抓紧调向，安全通过；

⑩ 参加的所有工作人员都必须穿救生衣，戴安全帽，作业人员系安全带，大家要加倍的重视安全，精心操作，保证施工的安全和船机设备的安全，杜绝事故的发生。

5）应急预案

① 走锚应急预案

配备应急定位锚及绳两套，当出现某方向走锚时，及时抛送备用锚，增加走锚方向拉力。

② 搁浅应急预案

a. 若遇船只搁浅，现场暂停生产，提出钻具，保护套管；

b. 交通船只立即到达搁浅船只旁；

c. 必要时停止施工，提出套管，人员撤离施工船只。

③ 防风应急预案

a. 风力小于 4 级时正常施工；

b. 风力达 4 级时将暂停施工。

④ 防浓雾应急预案

a. 能见度大于 500m 时正常施工；

b. 能见度小于 500m 时将暂停施工。

⑤ 发生险情应急预案

a. 正常保证安全通道畅通；

b. 宿船人员熟悉安全通道，熟悉自救程序；

c. 迅速发出遇险信号，所有人员穿好救生衣，到甲板集中；

d. 采取有效措施，沉着排除险情；

e. 将人员有组织地撤向交通船；

f. 特殊情况下应派人迅速放下救生筏，将人员撤向救生筏；

g. 自救同时发出求救信号，并迅速将险情报告海事急救中心；

h. 动员大家服从指挥，沉着冷静，等待救援。

⑥ 人员落水应急预案

a. 平台四周或船通道放置救生圈，随手可取；

b. 发生人员落水，迅速扔出救生圈，同时通知交通救援船；

c. 迅速发出求救信号，通知周围船只、过往船只援救。

⑦ 医疗求助应急预案

a. 船上备好救急用品；

b. 给伤病员迅速止血包扎处理；

c. 交通船迅速送伤员上岸；

d. 迅速将伤员情况报告给项目部、急救中心，派救护车在码头等待。

⑧ 火灾应急预案

a. 船上配备灭火器材且性能可靠；

b. 灭火器材应分布在易发火灾部位或通道边；

c. 作业人员应熟悉灭火器材的使用方法与放置位置；

d. 发现火情时应迅速用灭火器扑火；

e. 特殊情况下，人员迅速撤向安全船只——交通船、救生筏，并弃船。

⑨ 防浪损应急预案

a. 加强与过往船只的联系工作，使其能掌握好减速时机与减速程度，达到防浪损目的；

b. 若发生浪损时，及时将事故的详细情况告知海事部门；

c. 在等待救援的同时积极采用措施进行自救。

⑩ 防碰撞应急预案

a. 船上人员立即检查自身救生装置配备情况，立即穿戴好救生设备；

b. 第一时间检查有无人员落水或受伤，发现人员落水，同时启动人员落水预案分派人员开展救援，有人员受伤时对其进行简单包扎，等待专业救援的到来；

c. 记下对方船名，并对本船受撞击部位进行察看检查受损情况，做好笔录，并及时留下相关影像资料，将情况向上级领导和相关海事部门汇报，保护好现场及时采取有效措施进行抢救。

10.1.5 勘察工作情况

（1）勘察工作布置

勘察手段以钻探为主，结合工程地质测绘和岩石室内物理力学测试，辅以钻孔声波测试和水文地质试验以系统地查明岩土体的物理力学特征和水文地质条件，并在北桥台区增加倾斜钻孔，以查明卸荷带特征。

1）工程地质测绘

重庆市菜园坝长江大桥工程地质，在收集已有的区域地质资料和附近既有勘察资料的基础上进行详细测绘，测绘范围为线路中线两侧不小于200m，重点为对工程建设有影响的不良地质和特殊地质分布地段。工作用图采用较大比例尺的1：500地形图，成图比例1：1000，地层单位为段（岩层）、统（第四系地层），地层界限和地质观测点的图面位置误差不大于2mm，对大于1m的地质单元体均在图上表示。

2）机械岩心钻探

机械岩心钻探包括竖直钻孔和倾斜钻孔。

竖直钻孔主要查明地层结构，岩土的空间分布。通过取芯，判定岩土体的物理性质、状态。定性判定岩体的结构、构造，完整程度。倾斜钻孔用于查明，斜坡地段岩体裂隙发育状态，裂隙充填程度，卸荷裂隙发育程度，卸荷带宽度等。

3）钻孔声波测试

通过超声波在岩块和岩体内传播速度的差异，定量判断岩体的完整程度。

通过测试场地内地层的剪切波速，为建筑抗震设计提供动力学参数。判定场地土类别，判定场地类型。进而划分场地所属建筑地段。

4）岩石室内物理力学测试

岩石试验项目包括物理性质指标、单轴抗压强度试验、三轴抗剪强度试验、抗拉强度试验和变形试验。具体试验项目，根据拟建物性质结合岩性确定。其中桥梁地基所采集岩样主要进行单轴抗压强度试验，选取约1/4岩样变形试验。挖方边坡段岩样主要进行三轴抗剪强度试验、抗拉强度试验。岩石试验统计应按地质年代、地貌、岩性等的差异分段进行，并确保每段参与统计的样本数不少于9个。

5）水文地质试验

在不同的水文地质单元布置钻孔作抽水试验，了解不同区段地下水量及地下水渗透系数。并且分含水单元取地下水和地表水水样进行水对建筑材料的腐蚀性测试，对地下水位以上的岩土层，采样进行土壤对建筑材料的腐蚀性测试。

（2）工程地质分析评价

1）建新坡滑坡勘察

重庆市菜园坝长江大桥区周边不良地质现象主要是建新坡滑坡，该滑坡位于桥轴线上游 55m 处，滑坡为老滑坡，历史上发生过两次较大规模的滑坡活动。

据调查：1992 年 11 月在原菜园坝街道办事处前的南区路进行立交工程 1 号通道挖掘中，当基坑挖深至 5m 时，位于滑坡区的原菜园坝街道办事处大楼不仅出现了墙体开裂，同时还威胁到菜园坝立交桥工程的施工安全，迫使施工单位对建新坡滑坡前缘下部采取了条石堆载反压，阻止事态进一步恶化，并针对坡上，坡下出现的裂缝用水泥封闭防止水体渗入，此次滑坡经及时抢险，维护了建新坡滑坡的稳定性，使施工顺利进行。

1993 年 2 月同样在菜园坝立交桥工程 2 号地下通道与 1 号通道连接段施工中，当施工基坑挖掘至中等风化基岩附近时，又发生了地面人行道发生倾斜和引起原搬装公司大楼横墙开裂等局部活动现象，由于施工单位迅速采取反压和封闭滑坡裂缝等措施，再一次成功地防止了建新坡滑坡产生大范围活动。

经勘察，滑坡特征如下：

① 滑坡边界、规模和形态特征

滑坡东西宽约 120m，南北长 110m，滑体厚 6.0～19.5m，滑体体积约 10 万 m³，平面形态呈马鞍形。滑坡后壁为一坡高 4～6m，坡度角 50°～65°的陡壁，滑坡前缘已被阶地堆积物及南区路建而被掩埋，主滑方向约 180°。

② 滑体、滑床和滑移带特征

根据勘探调查，滑坡区上覆土层（滑坡体）为亚黏土与碎石、块石混合而成，石质含量 30%～70%，粒径差异悬殊，颗粒级配差。土层裂隙发育，土中块石自身也为众多裂隙切割，块碎石间呈点面接触为主，缝间为亚黏土充填。滑体底部为碎石与软塑状亚黏土组成。

滑床为基岩，岩体结构为块状，层状结构，裂隙不发育，且为陡倾裂隙，根据前缘抗滑桩施工调查及探井揭露，在岩面上连续分布一层厚 1～10mm 的软塑状黏土。探井揭露，滑移带厚 0.2～0.6m，物质组成颗粒相对滑体较小，为碎石与软塑状亚黏土组成，石质含量 25%～50%不等，粒径 20～70mm，底部为可塑～软塑状亚黏土。滑面确定系根据钻孔，探井和探坑等资料，经综合分析后确定。

③ 滑坡影响因素

滑坡区上部土体松散，利于水的下渗，而下伏基岩多为不透水的泥质岩，阻止水体下渗而在岩土分界面附近形成饱和土带，土体抗剪强度显著降低，为滑坡提供了物质条件。滑坡区基岩面外倾，坡度大，上部土体下滑分力大，而岩土分界面上土的抗剪强度低，阻滑力小。下滑力大于阻滑力，为滑坡产生提供了力学条件。在原菜园坝立交工程地下通道的施工中，在斜坡前缘挖方，破坏了斜坡原有平衡状态，是诱发滑坡局部活动的外部因素。

④ 滑坡稳定性评价

建新坡滑坡前缘已在原菜园坝立交桥施工时设置了抗滑桩支挡，并已经过 10 年的时间检验，滑坡现状稳定。若不在滑坡后缘加载，前缘切坡，并且加强地面排水，避免施工用水进入滑坡体，滑坡稳定。

2）卸荷裂隙带

根据收集和调查资料，在北桥台邻近的建筑工点，在东侧燕山宾馆和渝中房管局两路口市房工程基坑中发现卸荷带。卸荷裂隙倾向 $170° \sim 185°$，倾角 $65° \sim 85°$，最大张开度 $10 \sim 20cm$，为黏性土与碎石充填。

为了查明桥台区是否存在卸荷带，在北桥台区布设倾斜钻孔 3 个，以查明卸荷带发育情况。分析斜孔钻探成果，发现如下共同特点，进入基岩之后的 $10 \sim 13m$ 岩石裂隙较发育，再向深部，岩石完整，裂隙少或无，这一现象反映了桥台区岩体完整性规律。从另一角度说明斜坡外侧边缘的岩体节理裂隙相对较发育，在水平方向上对岩体影响深度 $13m$ 左右，目前裂隙带宽度约 $13m$。

3）工程地质评价

拟建桥墩 0～3 号属于古长江侵蚀岸坡，4～10 号墩属于长江 I 级阶地。0～3 号墩位于建新坡，为古长江侵蚀岸坡，坡向顺长江发育，斜坡走向近东西向，坡度角 $25° \sim 30°$；地表填筑土厚度 $1 \sim 12m$，下伏基岩以砂质泥岩为主夹砂岩。岩层产状平缓，无地下水露头，地下水微弱。斜坡上原有大量居民简易住宅，现已修建多级挡墙对表土进行支挡，岩土体现状稳定。由于斜坡受本身的地质、地貌发展历史和长江早期的冲刷作用的影响，桥墩区发育了建新坡滑坡和裂隙带等不良地质现象。建新坡滑坡位于桥轴线上游，菜园坝大桥的北桥台右幅从滑坡后部边缘通过，桥台和桥墩都不在滑坡范围内，大桥建设不会对滑坡体加载。各桥墩和桥台基础以稳定的基岩作持力层，大桥建设对建新坡滑坡的稳定无不利影响。在桥台区岩石中发育有裂隙带，裂隙带影响范围 $13m$ 左右，裂隙带影响范围内岩体完整性遭到一定程度破坏，岩体成块状或板状，裂隙带目前处于卸荷变形阶段，若不治理将恶化斜坡条件，对桥台不利。桥台区需对岩体进行锚固，锚固后可布设桥台。因此，拟建区基本适宜布设 0～3 号墩。4～10 号墩位于菜园坝，属于长江 I 级阶地，地形平缓，岩土稳定，无不良地质现象，适宜布设 4～10 号墩。

P11～P18 桥墩区属长江河漫滩。洪水期被淹没，枯水期宽阔平缓，略向江心倾斜，地面标高 $166 \sim 168m$。表层是冲积的砂卵石层，卵石含量 $60\% \sim 70\%$，结构中密—密实，厚度 $9.6 \sim 11.7m$；下伏基岩以砂质泥岩为主，砂岩呈薄层状或透镜体夹于砂质泥岩之中，岩层产状平缓，岩体完整。枯水期地下水位埋深浅，与江面基本持平，地下水与江水有互助关系。P11～P14 桥墩区无不良地质现象，工程地质条件良好，适宜布设桥墩。P11～P14 桥墩宜采用砂质泥岩作基础持力层，基础型式采用扩大基础。由于砂卵石层中地下水位埋深浅，地下水与江水水力联系密切。基坑开挖过程中，基坑施工面低于江面时，江水回渗对基础施工影响大，基坑施工应加强排水措施。

南桥台位于长江南岸斜坡中下部，地势南高北低。基岩仍以泥岩为主，有第三层砂岩出露，岩层产状平缓，倾向坡内，这种情况对边坡稳定有利。勘察表明场地岩土体稳定，无不良地质现象，适宜建设桥台。

10.1.6 小结

菜园坝长江大桥是连接重庆市渝中区和南岸区的交通枢纽，勘察除采用了地质钻探、物探、取样试验和地面测绘外，还进行了大量的原位测试（动力触探、抽水试验等），以及声波测试、水下地形测量等先进的手段和方法，详细查明了桥址场地工程地质条件。还针对特殊地段（建新坡滑坡）进行了专项勘察，对大桥不同地段分别进行了评价，提供了详细的设计参数，并结合场地的具体情况提出处置措施，为大桥的设计和施工提供了准确的工程地质依据，为大桥顺利建成提供了保证。

10.2　寸滩长江大桥工程勘察实录

10.2.1　工程概况

寸滩长江大桥（图 10.2-1）是主城快速路网中"六联络线"的重要组成部分，同时也是机场专用快速路的南段部分。大桥位于大佛寺长江大桥下游约 3 公里处，南起弹子石美心基地，跨越长江后，北接渝长高速跑马坪立交。寸滩长江大桥正桥全长 1.6km，包括跨江主桥和南北引桥两个部分。南北引桥总长 720m，采用连续箱梁结构，主桥则采用跨度 880m 的钢箱梁单跨悬索桥，这一数字刷新了之前青草背长江大桥 788m 的跨度之最，南北各设计一座重力式锚碇；同时，寸滩长江大桥也是一座极具巴渝文化风格的牌楼塔悬索桥，主塔造型将着重体现穿斗式建筑风格，展现浓郁的巴渝地方特色，南北桥塔分别高194.5m 和 199.5m，相当于 60 多层楼高，是重庆最高的桥塔。

图 10.2-1　寸滩长江大桥

相对于其他桥梁工程而言，寸滩长江大桥工程主要的工程地质难点是如何有效地获取锚碇基底摩擦系数和分析评价重力式锚碇深基坑的稳定性。

10.2.2　工程地质条件

桥址区地形起伏大，所经地段的地貌类型较多，沿线地貌形态可分为河谷侵蚀、堆积阶地貌和丘陵斜坡地貌；沿线出露的地层主要有第四系全新统人工填土层（Q_4^{ml}）、残坡积层（Q_4^{el+dl}）、冲洪积层，更新统冲洪积层（Q_3^{al+pl}），下伏基岩为侏罗系中下统的自流井组（$J_{1-2}z$），岩性以砂质泥岩为主夹薄层灰岩；桥址区位于环山背斜西翼，地质构造线走向 $10°\sim20°$，岩层倾向约 $280°$，倾角约 $42°$，沿线未发现断层通过，基岩内裂隙较发育，岩体呈块状结构，主要发育有两组构造裂隙。桥址区地下水主要为基岩裂隙水和第四系松散堆积层孔隙水，受大气降水和长江江水的补给，在枯水期，场地地下水位高于江水位，长江水接受地下水补给；在丰水期，长江水位高于地下水位，地下水接受江水补给。

10.2.3　勘察工作情况

（1）勘察工作布置

在本桥梁工程的勘察过程中，根据设计方案，分析桥梁工程受力特点，结合场地工程地质条件和设计要求，选取了综合勘探技术手段。在对场地进行工程地质和水文地质测绘的基础上，有针对性地布置勘探工作，勘探工作主要手段有：工程地质钻探、地球物理勘探、现场原位测试和室内试验等手段。

1）工程地质钻探：主塔墩钻孔根据设计方案跳桩布置钻孔，每墩布置钻孔 9 个，其中技术性钻孔占 1/2，技术性钻孔钻入中—微风化岩层 35m，一般性钻孔钻入中—微风化岩层 25m；锚碇区按间距 $20\sim25m$ 方格网布置钻孔，其中技术性钻孔约占 $1/3\sim1/2$，技术性钻孔钻入基础底标高下中—微风化岩石 $10\sim15m$，一般性钻孔钻入基础底标高下中—微风化岩石 $5\sim8m$。此外，在主塔墩、锚碇区基坑边坡外围 30m 范围内各布置 $2\sim3$ 个钻孔，钻孔深度按进入基坑开挖潜在破裂角以下 $2\sim3m$ 控制，并应进入中等风化岩层。引桥桥台钻孔根据桥台宽度布置勘探线 $1\sim2$ 条，每条勘探线上按照 $20\sim25m$ 的间距布置钻孔，其中技术性钻孔约占 1/2，技术性钻孔钻入中—微风化岩层 12m、一般性钻孔钻入中—微风化岩层 8m；独立柱形桥墩每墩布置 1 个钻孔，全部为技术性钻孔，钻孔钻入中—微风化岩层 15m；技术性钻孔兼作取样孔测试孔。

2）地球物理勘探：在两主塔墩、锚碇处各选 1 孔，南岸引桥 2 孔，北岸引桥 1 孔，共 7 孔进行全孔段剪切波测试，以查明场地土类别，评价地震效应；在两主塔墩、锚碇处及南引道高切坡处，选取部分代表性钻孔进行基岩段声波测井，以测定各风化层压缩波速度，求波速比及完整性指数，划分风化层及岩体完整程度。

3）原位测试：①人工填土及碎石类土采用重型动力触探试验及现场大重度试验；粉土及砂类土采用标准贯入试验以查明其均匀性、密实度及有关物理力学性质；②在南北锚碇区进行现场直剪试验，确定锚碇基底摩擦系数，为锚碇设计提供相关参数。

4）岩石室内试验：桥梁的技术性钻孔均作为岩样孔，采集岩样主要进行单轴抗压强度试验；其中寸滩大桥主桥墩、边墩按间隔 $5\sim8m$ 取岩样一组，进行单轴抗压强度试验，选取部分岩样做三轴抗剪强度试验及变形试验，高度大于 30m 的桥墩需取样做变形试验。高边坡技术性钻孔的一半作为取样孔，在坡顶下 1/3 坡高处取岩样进行三轴剪切和物理性质试验，在预计采样位置若遇岩性变化分层，则每层均应取样，岩石试验统计按地质年代、地貌、岩性等的差异分段进行，每段参与统计的样本数不少于 9 个。

5）水质室内分析：在不同的水文地质单元采集 3～5 组水样作室内简水析，以确定地下水类型和判别其对建筑材料的腐蚀性。

6）室内土工试验：黏性土一般进行天然含水量、比重、重度、界限含水量及强度试验、固结试验，在滑坡等不良地质地段加做饱和抗剪试验；砂类土及碎石类土进行含水量及颗粒分析、休止角试验，含水量试验，并结合原位测试确定其密度；对粉土中的黏粒含量进行测定。分段、分岩性进行土对钢结构、混凝土的腐蚀性测试。试验统计按时代成因、地貌单元、土性差异分段进行，样本数不少于 6 个。

(2) 现场直剪试验获取基底摩阻系数

寸滩长江大桥作为特大型跨江悬索桥，主跨达 880m，采用自锚式结构不能满足受力需求，同时南北两岸的地形起伏相对不大，也不宜采用隧洞锚固方式，因此采用重力式锚碇是比较合理的选择。

重力式锚碇作为悬索桥主要承载结构之一，主要是依靠其与基岩之间的摩阻力，负责将主缆拉力有效安全地传递给地基，并限制其水平位移在容许值内，确保整个悬索桥的安全。因此，锚碇基础混凝土与基岩之间胶结面抗剪强度参数的确定至关重要。然而，由于岩体岩性、风化程度、物质构成等差异决定了不同类别的岩体与混凝土之间胶结的接触面参数差异十分显著，这势必给工程的结构设计带来较大的困难。规范中虽然已经给定了各类岩体与混凝土之间摩擦系数的取值范围，但由于所处岩石基础的差异性很大，以及锚碇结构形式的不同，这仍给参数的选取带来了一定的盲目性与不合理性。参照其他行业规程，摩阻系数试验一般可采用抗剪断、抗剪、单点摩擦试验来确定重力式锚碇摩阻系数，本次勘察主要采用现场大型直剪试验来确定重力式锚碇摩阻系数。

本次直剪试验采用的主要试验设备（图 10.2-2）：①500kN 液压千斤顶、500kN 压力传感器和配备油泵 1 套；1000kN 液压千斤顶、1000kN 压力传感器和配备油泵 1 套；②百分表、磁性表座 4 套。

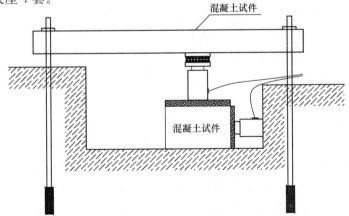

图 10.2-2　现场直剪试验示意图

根据现场实际情况，制备 1 组（5 个）混凝土试件，混凝土试件地面尺寸 50cm× 50cm，高度为 35cm。先在选定地点人工凿制成 70cm×80cm 的水平面，起伏差控制在 0.6～1.0cm 以内；混凝土的标号及配比与设计锚碇一致，按 C30 等级配置。浇筑前，将试点面清洗干净，在浇筑混凝土，现场将混凝土试体一次性浇筑完成，同时浇筑 2 个 150mm×150mm×150mm 标准试件。混凝土标准试件与混凝土试体在相同条件下养护，待达到设计的强度等级（C30）后开始试验。

试验加载及量测系统：现场摩阻试验系统由加载系统及量测系统组成，加载系统中正应力反力由"锚杆—钢梁"组成，剪应力反力以基坑后壁作为反力后座，正应力采用 1 个 500kN 的液压千斤顶提供，剪应力采用 1 个 1000kN 的液压千斤顶提供，现场试验时在混凝土试件侧面粘贴 4 个量测标点，2 个标点上安装竖直向百分表，2 个标点上安装水平向的百分表，用于监测混凝土试件剪切破坏过程中的位移变化情况。

试验步骤：现场试验方法采用平推法，剪切面面积 50cm×50cm，剪切方向与锚碇工程设计受拉的方向一致，按设计要求施加的最大正应力为 1.68MPa，按等差级数分配到每个试件，即每 1 组的 5 个试件所施加的最大正应力分别为 1.68MPa、1.34MPa、1.01MPa、0.67MPa、0.34MPa 见表 10.2-1。

各试件在不同正应力下接触面水平剪切应力（MPa）　　　　表 10.2-1

试件	试件 1 (0.34MPa)		试件 2 (0.67MPa)		试件 3 (1.01MPa)		试件 4 (1.34MPa)		试件 5 (1.68MPa)	
	峰值	滑动值	峰值	滑动值	峰值	滑动值	峰值	滑动值	峰值	滑动值
	0.62	0.54	0.8	0.8	1.08	0.95	1.44	1.30	1.85	1.44

原位摩阻试验流程：

1）首先进行混凝土与岩体接触面直剪试验。

2）根据各点的最大正应力分布情况，分 4～5 级加压，施加时采用时间控制，即加载后立即测读法向位移，5 分钟后再测读一次，直至加到预定的荷载，在最后一级加载时，当连续 2 次法向位移之差不大于 0.01mm 时，开始施加水平剪切荷载。

3）剪切荷载按预估的 8～10 级施加，当剪切位移增量为前级位移增量的 1.5 倍时，荷载级差减半。荷载施加的稳定标准采用时间控制，即加载后立即测读位移，5 分钟后再测读一次，直至加到试体被剪断。

4）在试体被剪断后，调整设备，采用上述同样的方法进行摩擦试验。

在各级正压力下，各测点实测剪应力与剪切位移结果见图 10.2-3。

试验结果分析：

1）直剪试验：对各试件直剪试验应力特征值直接进行线性回归分析，混凝土与基岩接触面直剪试验 τ-σ 曲线，见图 10.2-4，通过回归计算其极限摩阻系数 $f_{极限}$=0.904。

2）摩阻试验：对各试件摩阻试验结果峰值直接进行线性回归分析，摩阻试验 τ-σ 曲线见图 10.2-5，回归结果其滑动摩擦系数 $f_{滑动}$=0.69。

根据混凝土试件与基岩接触面的直剪试验所得的极限摩阻系数，按照《公路桥涵地基与基础设计规范》中关于试验极限值与容许值取值关系：$f_{摩}$=0.50$f_{极限}$，混凝土与基岩接触面的摩阻系数应为 $f_{摩}$=0.5×0.904=0.45。

根据混凝土试件与基岩接触面的摩阻试验所得的滑动摩阻系数，应除以抗滑安全系数 1.2 作为摩阻系数的最低控制界限，混凝土与基岩接触面的摩阻系数容许值 $f_{摩}$=0.69÷0.45=0.58。

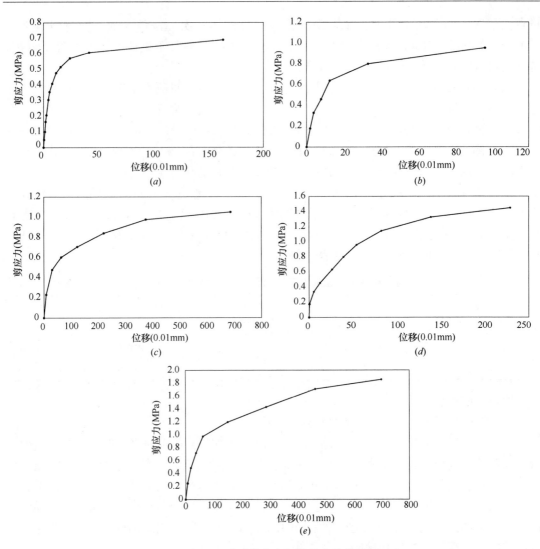

图 10.2-3　实测剪应力与剪切位移关系图

（a）正应力 0.34MPa；（b）正应力 0.67MPa；（c）正应力 1.01MPa；（d）正应力 1.34MPa；（e）正应力 1.68MPa

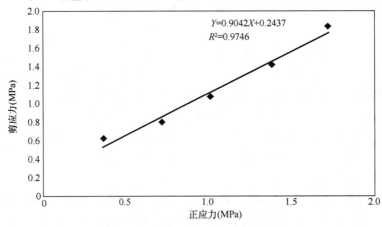

图 10.2-4　直剪试验 τ-σ 线性回归分析

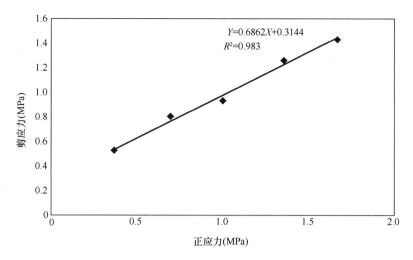

图 10.2-5 摩阻试验 τ-σ 线性回归分析

综合以上计算结果，混凝土与基岩接触面的摩阻系数应取小值，为 0.45。

10.2.4 工程地质评价

对于特大型跨江大桥，沿线工程地质条件一般比较复杂，工程地质评价的着眼点首先应放在场地的稳定性和适宜性方面，然后再是工程建设可能遇到的工程地质问题和可能诱发的地质灾害等。

作为本工程来讲，长江南岸已修建人工护岸，岸坡稳定；长江北岸为冲刷岸，覆盖层厚度总体较小，也无整体稳定性问题。因此本工程可能遇到的工程地质问题为锚碇深基坑的稳定性问题。

根据设计方案，锚碇基坑深度可达 42.0m，主要为岩质边坡。对于岩质深基坑，其稳定性评价一般采用定性分析和定量计算相结合的方法进行，定性分析采用极射赤平投影图来分析其稳定性，对于受外倾结构面控制的边坡，还应视其结构面形态采用平面或楔形体滑面来计算其稳定性。

锚碇东侧为顺向坡，边坡的外倾结构面为层面，边坡的稳定性差，建议采用坡率法进行顺层放坡开挖；西侧为反向坡，边坡的外倾结构面为裂隙面，边坡稳定性较差，坡顶有重要建筑——金雅迪厂房建议边坡采用放坡＋锚杆（索）挡墙的方式进行综合支挡；北侧边坡的外倾结构面也为裂隙面，建议按 1∶0.75 的坡率进行分阶放坡开挖；南侧边坡无外倾结构面，边坡的稳定性受自身强度控制。

从施工开挖情况看，勘察报告中所提出的工程措施建议均得到了采纳，基坑开挖过程中未发生险情，基坑边坡变形量也在控制指标之内。

10.2.5 小结

本次勘察通过精心组织，科学勘察，采用了包括工程地质测绘、钻探、物探及室内外测试在内的综合勘探手段，查明了水文地质、工程地质和环境地质条件，勘察报告内容翔实、全面，资料收集准确、细致，文字叙述清楚，参数取值有据，分析合理可信，图件清晰美观，全面反映了场地的水文地质、工程地质和环境地质条件，岩土参数合理可信，分析评价切合实际，勘察结论正确，建议合理可行。勘察报告在使用过程中，建议被采纳，勘察质量受到建设单位和设计单位的一致好评，确保了工程建设的顺利进行。

10.3　石门嘉陵江长江大桥工程运营期间监测实录

10.3.1　工程概况

重庆嘉陵江石门大桥（图 10.3-1）是我市标志性建筑之一，南起沙坪坝区重庆市肿瘤医院，向北连接江北区大石坝。主桥为独塔双索面预应力钢筋混凝土斜拉桥，共有 216 根斜拉索，索塔高 160m，其中桥面以上高为 114m，主跨跨径 230m，主桥长 780m，全桥总长 1096m，于 1988 年 12 月建成通车。

图 10.3-1　石门嘉陵江大桥

石门大桥是中国第一座采取索拉技术建成的跨江大桥，全长 716m，主桥为 200m＋230m 单索面独塔预应力混凝土斜拉桥，桥面全宽 25.5m，设 4 车道。墩高约 50m，塔柱自桥面以上高 113m，塔总高约 163m。拉索采用平行索布置，索距 7.5m，拉索最长达 230m。主梁为箱形断面，采用劲性骨架悬臂浇筑施工。引桥为预应力混凝土连续梁，采用顶推法施工。

10.3.2　工程地质条件

（1）地形地貌

石门嘉陵江大桥所经地段的地貌主要为河谷侵蚀、堆积阶地地貌区和构造剥蚀丘陵区。其特征如下：

1) 河谷侵蚀、堆积阶地区

石门嘉陵江大桥主桥区属嘉陵江河谷区。该段嘉陵江河流流向由北向南，河谷走向较平直，呈壮年期河谷地貌，河谷形态呈不对称"U"形河流，河谷及漫滩宽 300~500m，地面高程 156~200m。河床宽缓，地形坡角 0°~3°；两岸漫滩狭窄、平缓，地形坡角 3°~5°；岸坡较陡，坡角 15°~25°。

2) 构造剥蚀丘陵区

沿线其余地段属构造剥蚀丘陵区，原始地形起伏总体较小，多为浅丘地形，目前地势总体较平缓，地形坡角一般 5°~10°，地面多呈不规则的台阶状，地面高程 200~240m，地形相对切割深度一般 30~60m。

（2）地层及岩性

项目沿线出露地层有第四系全新统人工填土、粉质黏土和卵石层，侏罗系中统沙溪庙组地层。沿线的岩层为砂质泥岩和砂岩，砂质泥岩约占岩层的 30%；砂岩约占岩层的 70%。各地层及岩性现由新到老分述如下：

1) 第四系地层（Q_4）

①第四系全新统人工填土（Q_4^{ml}）

主要分布于左岸嘉陵路以下的岸坡中，基本上以素填土为主，堆填时间 10 年以上，厚度一般在 1.4~7.8m，最大厚度可达 10.90m，为江北滨江路修建时的弃土。主要由黏性土夹砂、泥岩碎块石组成，含少量建筑垃圾、卵石、炭渣，块石含量 5%~25%，粒径 200~1000mm，碎石含量 10%~30%，粒径 20~200mm，结构松散—稍密，稍湿—饱和。根据地区及相邻工程经验，素填土对钢结构、混凝土结构及钢筋混凝土结构中钢筋无腐蚀。

②第四系全新统残坡积粉质黏土（Q_4^{el+dl}）

主要分布于嘉陵江右岸的斜坡地带，紫色—黄褐色，一般呈软塑—可塑状，无摇振反应，干强度中等，含少量碎石，局部含块石，厚度一般 0.6~5.0m。

③第四系全新统冲积粉土（Q_4^{al}）

主要分布于嘉陵江岸坡一带，冲积成因，多呈灰黄色、灰色，稍湿—湿润，中密，摇震反应中等，局部砂粒含量稍高，底部多含腐木，干强度低，韧性低，无光泽反应，厚度一般 0~3m。

④第四系全新统砂卵石（Q_4^{al}）

主要由粉细砂和卵石组成。粉细砂，分布于漫滩表层，灰色，松散，厚度一般 0~1.0m；卵石层，卵石粒径一般为 10~150mm，含量 60%~75%，局部呈胶结和半胶结状态，磨圆度较好，以亚圆形为主，卵石的母岩成分以火成岩、变质岩为主，骨架间以细砂、粉质黏土充填，结构中密，厚度 1.5~2.8m，平均厚度 2.0m。

2) 侏罗系中统（J_2）

侏罗系中统沙溪庙组（J_2s）地层为一套强氧化环境下的河湖相碎屑岩建造，由砂岩——泥岩不等厚的正向沉积韵律层组成。

侏罗系中统沙溪庙组（J_2s）：为一套强氧化环境下的河湖相碎屑岩建造，由砂岩——泥岩不等厚的正向沉积韵律层组成。

砂岩：以青灰色为主，局部为紫灰色，中粗粒结构，薄—中厚层状构造，主要矿物成分为石英，次为长石，含少量云母及黏土矿物，为泥钙质胶结。岩体完整—较完整，属较硬岩，呈透镜体或中厚层状夹于砂质泥岩中分布在整个场地内，岩体基本质量等级为 Ⅳ 级。

砂质泥岩：紫红色，泥质结构，厚层状构造。岩体完整—较完整，属较软岩，分布于整个场地内，为桥址区的主要地层，岩体基本质量等级为 Ⅳ 级。

(3) 地质构造

拟建工程位于沙坪坝背斜西翼，岩层呈单斜状产出见图 10.3-2。岩层产状 290°∠7°，主要发育有两组构造裂隙，J_1：260°～270°∠40°～75°，裂缝宽 1～5cm，裂面平直、粗糙，贯通性较好，间距 1～2m，偶见钙质充填，结合差，属硬性结构面；J_2：320°～340°∠75°～85°，局部偶见翻转现象，间距 2～5m，裂缝宽 2～5cm，裂面平直、粗糙，贯通性好，结合差，属硬性结构面。

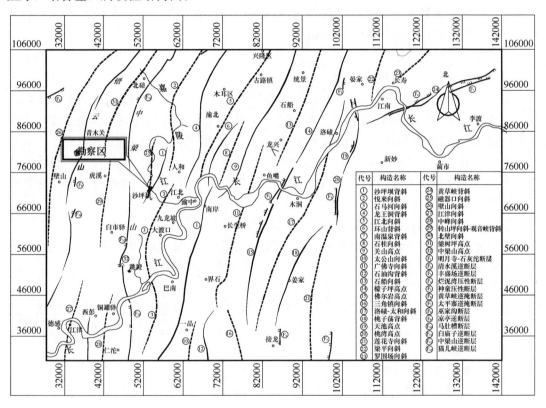

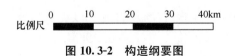

图 10.3-2　构造纲要图

(4) 水文地质

石门嘉陵江大桥拟建区出露岩层为河湖相沉积岩，以泥质岩为主，水文地质条件简单。按含水介质和储水形式地下水可分为两种类型：基岩裂隙水和松散岩类孔隙水。区内地下水的补给、径流、排泄条件受嘉陵江及地形条件制约，根据地下水的动力特征，可划分为河谷斜坡径流区和河漫滩径流排泄区两个水文地质单元。

河谷斜坡径流区含水岩由泥岩中的砂岩夹层组成，含水层受相对隔水的泥岩限制，砂岩含水层中地下水的补给条件受限于围岩，不利于地下水赋存和接受补给，该区基本上属饱气带。地下水量较小。

河漫滩径流排泄区地下水位埋深浅，地下水的补给、径流、排泄有一定的规律，除少量地下水补给来源于斜坡地段的入渗水外，地下水的补给、径流、排泄条件主要受嘉陵江涨落制约，该区地下水与嘉陵江江水具互助关系，水量相对丰富，水质也受江水影响。本次勘察期间，主桥墩地下水位在 172.72～173.05m。

10.3.3 监测工作布设

石门嘉陵江大桥作为连接沙坪坝区和江北区的交通要道，至今已服役近 30 年，一旦发生安全事故，必将带来巨大的经济损失，同时将产生非常不良的社会影响，因此建立合理、可靠、安全的长期监测系统非常必要。

（1）系统结构

已经布设的石门大桥自动化监测预警系统由服务器及其软件、客户端软件、监测现场的终端设备/传感器等组成。石门大桥的监测系统框图如图 10.3-3 所示。

1）监控中心及服务器

安装服务端软件系统、数据库，接收前端监测设备的监测数据，并对数据进行实时处理，进行数据存储并发布到客户端进行界面显示。

2）远程监测人员及客户端软件

通过客户端软件远程登录服务器进行实时监测、监测历史数据查询、生产报表等，对所负责的监测项目及设备进行维护。

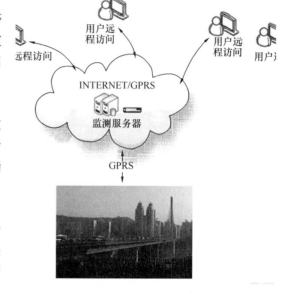

图 10.3-3　石门嘉陵江大桥远程监测系统示意图

3）监测设备

在石门大桥监测现场安装 GPS 设备、测斜仪、裂缝计、静力水准仪、振弦式数据采集器、串口遥测终端等监测设备，实现了大桥变形数据的实时采集，并通过 GPRS 无线网络上传到监控中心。

（2）监测项目及点位分布

一期既有的监测项目包括：中心一号塔塔顶及主跨两端水平位移监测，中心一号塔倾斜监测，主跨上下游挠度监测，主跨与南北端结合处伸缩缝监测。

1）中心一号塔塔顶及主跨两端水平位移监测

采用单频 GPS 监测终端，在石门大桥的中心一号塔塔顶部、主跨两端分别安装 1 台单频 GPS 移动站，进行水平位移的实时监测，监测点数量为 3 个，编号分别为 4_GPS 江北、5_GPS 桥顶、6_GPS 沙坪坝。在桥梁之外的稳定结构上安装 GPS 的基准站 1 台，编号为 GPS 基准站，为移动站提供参考数据。示意图如图 10.3-4 所示。

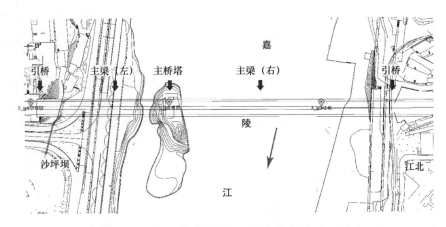

图 10.3-4　中心一号塔塔顶水平位移监测布点示意图

GPS 设备实时位移监测，数据输出频率为 1 秒钟一个数据，即 1Hz。每天每 8 个小时对实时数据进行一次平滑处理。平滑处理时间设置：00：00：00～08：00：00，08：00：00～16：00：00，16：00：00～24：00：00。

2）中心一号塔倾斜监测

采用固定式测斜仪对中心一号塔的 2 个方向的倾斜进行监测。使用 2 个固定式测斜仪，分别对桥墩的 X、Y 两个方向的倾斜进行监测，如图 10.3-5 所示。

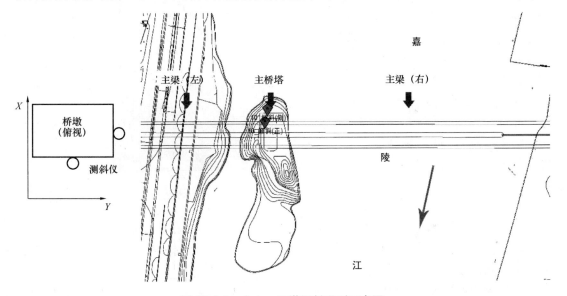

图 10.3-5　中心一号塔倾斜观测示意图

对中心一号塔进行倾斜监测，需要固定式测斜仪共 2 个，编号分别为 QX01，QX02。每日的监测频率为每 6 小时采集一次数据。数据采集设备使用串口遥测终端 1 台。

3）主跨上、下游挠度监测

沿在桥梁箱体内沿主跨布设静力水准设备，设备铺设在箱体内部侧面，上、下游 1/4 主跨、1/2 主跨、3/4 主跨处分别布设静力水准设备监测点位，在沙坪坝端引桥下的稳定挡墙上设置基准点，实时采集主跨挠度变化情况，挠度数据由数据采集器获取，通过

GPRS 将传送至监控中心。静力水准测量实施情况如图 10.3-6 所示。

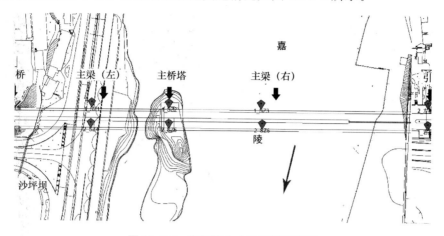

图 10.3-6 主跨静力水准测量示意图

4）桥面伸缩缝位移监测

采用振弦式测缝计对石门大桥桥面的伸缩缝进行裂缝位移的监测。振弦式测缝计跨接安装在伸缩缝的两侧。如图 10.3-7 所示。

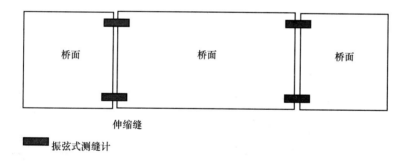

图 10.3-7 桥面伸缩缝观测示意图

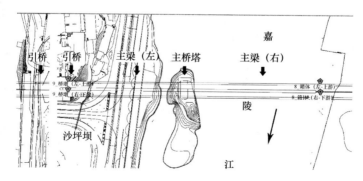

图 10.3-8 桥面伸缩缝观测点位分布图

项目对 2 个伸缩缝进行监测，共用振弦式测缝计 4 个，编号分别为 LF01-1，LF01-2，LF02-1，LF02-2。每日监测频率为每 6 小时采集一次数据。数据采集设备使用振弦式数据采集器 2 台，每处裂缝计附近各 1 台如图 10.3-8 所示。

（3）监测中心

石门大桥变形监测项目的服务器采用自行配置的高性能服务器，在服务器上安装有自动化监测预警系统的服务端软件和数据库。

在操作人员及业主相关人员的办公电脑上安装客户端软件。通过客户端软件远程访问服务器，可查看当前石门大桥的实时监测数据、历史数据，并可对现场设备进行参数设置。

（4）监测设备汇总

石门大桥变形监测项目的设备及传感器汇总见表 10.3-1。

表 10.3-1

石门大桥变形监测项目设备及传感器汇总表

序号	名　　称	数量	规格	备　　注
1	GPS 监测终端 MW＿SGPS 及其数据采集设备	4 套	单频	用于主塔塔顶、主跨两端水平位移监测，1 台作为基准站
2	MI600 固定式测斜仪	2 个	15°	用于 2 个桥墩的倾斜监测
3	VJ400-100 振弦式测缝计	4 个	100mm	用于 3 个桥面伸缩缝的监测
4	静力水准仪	8 台		用于主跨上下游挠度监测
5	静力水准附属设备	2 段	测程 1.5m	
6	振弦式数据采集器 MW＿VW	5 个		用于裂缝计、测斜仪、静力水准仪的数据采集
7	雨量计及采集设备	1 套		用于测量数据采集期间雨量变化

10.3.4　运营期间的监测

以往城市大型桥梁基本上都是采用传统手段进行人工定期监测，每次监测前都要进行交通管制，耗时耗力，严重影响市民出行。其检测监测结果往往受到环境条件、人工操作的影响，不能完全反映桥梁在不同交通状况下的运行状态。现在通过安装自动化传感设备，建立监测系统，将数据实时接入监控中心，就能实现对其运营状态的实时监测，并在运营状态出现异常时，及时发布预警信息，为管理决策提供科学依据。

石门嘉陵江大桥自 2013 年 8 月起启动远程自动化监测系统，目前已稳定运行近 4 年，采集了大量伸缩缝变化、桥梁主塔倾斜、平面位移、桥梁挠度等的监测数据如图 10.3-9 所示。

（1）环境荷载监测

环境荷载主要考虑风荷载、雨量荷载以及温度荷载，由于温度监测可与应力应变监测同时监测，因此只考虑前两方面内容。

风荷载一般采用风速仪测试，风速仪应安装在风荷载较大和受桥梁结构外形影响较小的位置，如桥塔顶部或桥面合拢段。

风速仪的选型应满足能测量脉动风，进行风谱分析，按照桥梁的设计风速确定精度和量程，可以适用于风吹雨淋环境，工作温度满足桥梁建设地点的冬季和夏季的最低和最高

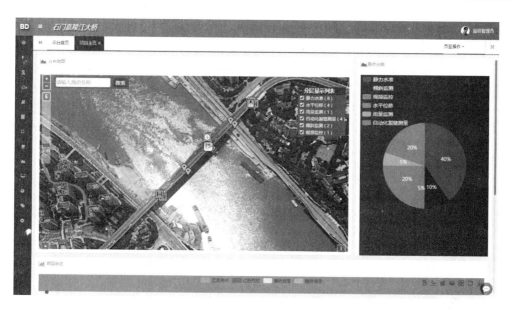

图 10.3-9 石门嘉陵江大桥监测点位分布图

温度如图 10.3-10 所示。

雨量荷载是环境荷载的重要内容，应安装在较空旷，便于准确收集雨量数据的地方，同时，需要周围环境比较干净，防止进水口滤网堵塞如图 10.3-11 所示。

图 10.3-10 自动化风速采集仪

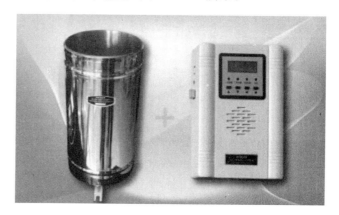

图 10.3-11 自动化雨量计

设备安装：拟在桥塔顶部安装风速仪、雨量计，共用一个数据采集模块，供电可沿用一期布设在桥顶的 GPS 供电线缆，数据采集模块安装在桥顶的工作室，采用壁挂式安装。

（2）应力监测

应力及斜拉索索力监测均属于局部性态变量监测，是用于掌握大桥在动静荷载作用下的结构应力和索力的变化情况，要求是能绝对测量，精度满足有关规范要求，最大量程与所用钢筋的极限应变相同或略高，工作温度满足桥梁建设地点的最低和最高温度要求，抗电磁干扰强，耐久性好。

应力监测项目拟选择基康的 BGK-4000 型振弦式弧焊型应变计（图 10.3-120，安装时，将仪器的两个端块用电弧焊焊接或使用螺栓固定在结构表面以监测桥梁结构的应变，内置温度传感器可同时测量结构温度。

标准里程	3000με
非线性度	直线：≤1%FS；多项式：≤0.1%FS
灵敏度	1με
温度范围	−20~+80℃
标　距	150mm
安装方式	表面安装

图 10.3-12　结构应力计及设备相关参数

应力应变点的安装位置为：主跨与引桥结合部位的桥墩和桥梁箱体处，桥梁箱体岸跨的 1/3，2/3，河跨的 1/2 处，上下游对称安装，如图 10.3-13 所示。

图 10.3-13　结构应力计布设分布图

图 10.3-14 是石门嘉陵江大桥 8 号箱体从 16 年 5 月至 17 年 3 月自动化裂缝测量的监测成果，在此期间，8 号箱体裂缝的变形范围从 −68.46mm（膨胀）至 46.30mm（收缩），处于安全预警阈值之间，整体安全。从图中可明显看出伸缩缝热胀冷缩的变化规律。随着温度的升高，桥梁箱体膨胀（16 年 5 月至 9 月），随着温度的下降（16 年 11 月至 17 年 3 月），桥梁箱体呈收缩趋势。

（3）索力监测

斜拉索是斜拉桥主要的受力构件，也是结构监测的重点。一方面它是支撑和传递桥面荷载的主要途径；另一方面，索力的变化对结构的整体受力状态有重要影响，反之也是结构受力状态或安全状况的直接反映。

斜拉索索力采集系统主要包括索力传感器、索力采集仪、信号传输系统、软件系统、后端处理平台等组成。

索力传感器用来拾取索力在荷载作用下的变化，将变化值通过电压输出，来反映索力的变化。本系统采用动测频谱法对索力进行监测，推荐传感器型号为 LC0166M 索力加速度计。索力自动化采集系统是一种采用微振动测量缆索拉力的自动化测量系统，对于两嵌

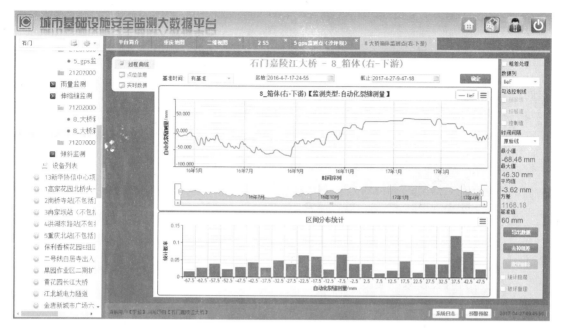

图 10.3-14 自动化裂缝测量监测成果

固且自由振动的弦（缆索），其张力与其自振频率（基频）的平方成正比，斜拉桥的拉索满足上述条件。根据上述理论设计的高集成度拾振模块，完成缆索多偕振动曲线的采集，通过频谱分析获得拉索基频，并由预先设置的缆索拉力系数求取缆索拉力，图 10.3-15 为项目的实物图。

(a)   (b)

图 10.3-15 索力采集器及索力动测模块

设备安装：根据 2006.11～2010.11 人工手动监测的索力检测报告，项目针对性地拟在索力变化较大的 RU2.1，RD10.1，RU.17.1，RD25.1 以及相对称的岸跨索上布设索力动测模块，如图 10.3-16 所示，并在合适位置布置数据采集设备。现场接电方便，均可沿用一期供电线路，通信采用光纤。

（4）视频监控

视频监控体积小，工作稳定，在一些风吹日晒的恶劣环境下，代替人力进行监控，对

图 10.3-16　索力计点位分布图

超载车辆进行监视，且不会出现的视觉疲劳等生理缺陷。桥梁监测中的应用视频监控非常必要，能为运营管理带来方便。

　　针对石门大桥是连接沙坪坝与江北区的交通要道，车辆繁多，嘉陵江船只穿行，视频监控可以保证在发生交通事故或者交通堵塞时，第一时间得到现场实施情况监控，并通知交警，解决问题。因此项目二期增加视频监控模块。

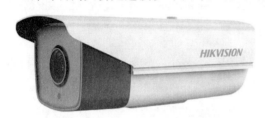

图 10.3-17　基于网络的视频监控设备

　　在沙坪坝南桥头布设的视频监控设备（图 10.3-17），可对桥梁的现场车流通行情况进行 24 小时不间断实时监控，图 10.3-18 为 2017 年 4 月 17 日的视频截图。从路面监测情况可以看出，桥面共 4 个车道，中间是桥梁拉索，采用平行索布置，从监控中可以看到，往江北方向的车行流量较大，桥面比较拥

图 10.3-18　沙坪坝桥头视频监控安装位置

堵，往沙坪坝方向车辆较少，交通状况正常。视频监控能直观的反映出桥梁实时运行状况，是业主和管理单位比较青睐的一种监测方式。

10.3.5　小结

勘察详细查明了沿线工程地质条件和地表水水位、流量、水质，以及补给、排泄条件与地下水的相互关系；查明了桥址区不稳定岸坡、隐伏的冲蚀深沟槽分布和特性，并提出了处理措施的合理化建议；论证了已建桥梁对新建桥梁的影响，并提出处理措施的合理化建议。对设计方案的优化、施工组织的设置等奠定了基础，加快了施工进度和施工效率；基于物联网的重大基础设施安全监测云服务平台实时高效的监测工作为项目建设提供了可靠的监测数据，对新建桥对已建桥梁的相互影响提供了可靠的技术支撑。

第 11 章 都市圈复杂环境条件下建筑工程勘察实录

受限于特殊的地形条件，山地城市的基础设施工程大多建设于"寸土寸金"的繁华城市地段，建（构）筑物密集，地表地质受人类活动扰动严重。随着城市建设的快速发展，各种轨道交通，地下空间项目日益增多，空间分布错综复杂。尤其是老城区的地下空间开发较早，地下管网和地下建（构）筑物类型多样、数量繁多、相互关系复杂。容易导致新建工程开挖与既有地下管网和地下建（构）筑物产生冲突，造成不良的经济和社会影响。随着城市建设的快速发展和地下空间开发利用为城市工程勘察带来新的挑战。长期受人类活动影响，都市圈复杂环境条件下的工程勘察，具有以下特点：

（1）人工填土分布广，成分复杂，均匀性差，分布不均，平面和纵面变化大；

（2）受人类活动影响，城区，尤其是老城区可能分布有人防洞、墓穴、菜窖、古井、鱼塘、暗河及地下文物古迹等；

（3）地下水水位及水质除大气降水外，主要受地表人类活动、排水系统完善程度及管网渗漏影响；

（4）建筑密度大，地下人防工程，地下车库，地下商场等地下建筑众多。轨道交通及市政道路的高速发展形成了错综复杂的地下交通体系；

（5）地下管线密集。各种雨、污水、给水、燃气、电力及电信繁多；

（6）人多车堵，施工难度大，安全文明施工要求高。

都市圈建筑工程勘察的主要难点在于：

（1）查明地下地层分布及地下水埋藏条件及腐蚀性的基础上，需要查清可能对拟建工程有影响的人防洞、暗河、墓穴及文物古迹等。

（2）城区内建筑密集，工程勘察工作应评价分析拟建工程与相邻建筑之间的相互影响，查明相邻建筑的基础及地下室等资料。对一些年代较久远的建筑，大多缺乏竣工资料，仅靠传统钻探及物探手段无法准确查明其基础分布情况。同时城区内大量存在的违规超线现象，私挖地下室的现场其竣工资料与实际地下室不符，勘察需核实其资料准确性。

（3）地下管线密集。在老城区由于历史原因，存在管理不善，管网资料残缺不全，管网杂乱分布，规律性差，频繁受人类活动改造造成管网埋藏深度不一，探测难度大。在新城区许多管网采用了许多新型材质，如墨铸铁管、PE管及PVC管等。这些采用新型材质的地下管网没有电磁信号或信号较弱，采用综合管网探测仪器难以探测。

（4）都市圈建筑工程勘察涉及的部门和人员极其繁复，所需要办理的手续众多。如道路及居民区施工占道、施工开挖、交通导改手续、园林施工手续、航道施工手续、轨道交通保护线内施工手续、高压走廊、燃气、输油管道保护线内施工手续等。需要到相关的交通、园林、城管、海事、航道、水利、人防、石油、电力、电信、燃气、供水及部队等部门进行沟通、协调。

本章将针对都市圈复杂环境条件下建筑工程勘察的问题，结合大量工程实践进行分析，探讨一套在都市圈复杂环境条件下的工程勘察体系与手段，以提高工程勘察的效率、降低工程勘察成本、减小工程勘察安全风险。

11.1　重庆塔工程勘察实录

11.1.1　工程概况

重庆塔项目为改建项目，曾设计为"重庆万豪国际金融中心"，塔楼高度约340m，功能为商业、办公和公寓，其商业裙房也是与老万豪酒店贴邻并连通；2006年完成施工图并建设了地下室及部分裙房，地下室埋深约24m。重庆塔项目将在全部拆除原有基坑内建筑后全新设计打造，整体定位为高端城市综合体，包括五星级酒店、单元式办公、甲级商务办公、高端购物中心，成为解放碑区域性乃至重庆市地标建筑。

项目建设用地面积9834.00㎡，总建筑面积270686.90㎡，计容面积209373.10㎡，容积率21.29；主体结构由一幢超高层主楼及商业裙房构成，设置八层地下室，地下室外墙局部存在错层退台，整体采用筏板基础。设计标高±0.000为249.000m，塔楼核心筒基底标高约为206.100m，裙楼基底标高约为209.100m。本项目基坑面积约为9100㎡，基坑周边边坡高度26.25～43.60m，为永久边坡，工程安全等级为一级。

项目基坑周边普通区域（非邻近地铁侧）各段边坡主要采用板肋式锚索挡墙围护形式，局部区域采用肋式锚索挡墙结合岩石植筋进行支护，采用逆作法实施；基坑临近地铁区域采用支护桩结合预应力锚索支护结构，局部区域结合岩石植筋进行支护，采用顺作法实施；在正式施工前，设计拟将周边废弃的人防洞室及临梯干道进行回填。

项目存在的主要技术问题有：

（1）既有地下室结构的拆除

本项目场地范围内存在原有五层地下室，边跨结构，需将原有地下结构拆除后加深开挖并新建八层地下室。基坑支护按照先支护后拆除的原则进行设计和施工。

（2）环境工程地质条件复杂

本场地周边环境极为复杂，基坑工程紧临轨道交通二号线较场口车站及区间隧道，解放碑环线及其附属结构、电力隧道、人防洞室、临梯干道、大量邻近高层及超高层建筑，以及市政道路和市政管线，环境保护要求高。

11.1.2　环境工程地质条件

重庆塔项目处于嘉陵江与长江侵蚀切割地貌的缓坡台地，该地段人类活动剧烈，原始地形已不复存在，现今的地形、地貌特征为后期人类改造后的结果，目前本项目原有地下室与地上裙楼现已部分拆除，待拆除完成后重建，地下室标高约225.90m，地下室底面上局部已施工的坑深度一般2～3m，最大深度一般可达7～8m，基坑坡顶的地面标高247.40～252.70m，相对高差约27m。

项目位于川东南弧形构造带华蓥山帚状褶皱构造束东南部，重庆向斜西翼近轴部。岩层呈单斜产出。岩层倾向100°～120°，岩层倾角5°～10°，优势产状110°∠7°，裂面起伏粗糙，结合一般。区内无断层，地质构造简单。据野外调查和收集相关资料，场地基岩中主要发育以下三组裂隙：

J1：310°～330°∠70°～85°，优势产状 320°∠75°，张性，裂隙部分张开 2～3mm，延伸 2～3m，偶有泥质充填，裂隙频率 0.5 条/m，局部 1 条/m。层间结合一般。

J2：30°～50°∠75°～85°，优势产状 40°∠78°，压扭性，间距 0.5～0.8m/条，裂面平直，裂面张开 1～3mm，延伸 3～5m，有泥质充填。层间结合一般。

J3：170°～190°∠60°～65°，优势产状 180°∠62°，裂面粗糙，局部有 5mm 厚的黏土充填。延伸长度 5～8m，间距 0.2～0.5m/条。层间结合一般。

项目位于重庆市渝中区，由青年路、民生路、民权路及已建英利国际金融中心、万豪酒店合围。基坑内部目前主要为尚未完全拆除的地下结构，基坑周边道路下则存在大量的市政管线，以及防空洞、解放碑地下环道、轨道交通 2 号线较场口车站及通往临江门的轨道交通区间隧道、电力隧道等复杂的地下建（构）筑物或设施，距离本工程基坑边较近，基坑周边环境极为复杂。重点调查的建（构）筑物见表 11.1-1 和表 11.1-2，具体位置如图 11.1-1 所示。

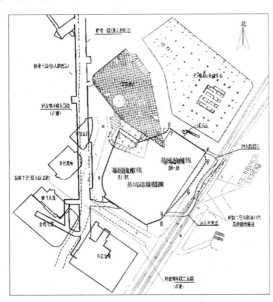

图 11.1-1　重庆塔平面位置示意图

周边重要建筑物简况一览表　　　　　　　　　　表 11.1-1

序号	建筑名称	相对平面位置	层数	地下室标高 (m)	基底标高 (m)	基础形式	基础持力层
1	万豪酒店	紧邻东北侧	混凝土 3～40/ －2F～－4F	241.8～ 235.5	240.3～233.3	独基、桩基	中风化基岩
2	英利国际金融中心	东北侧 8.0～9.6m	混凝土 56F/－5F	230.52	226.3～228.6	桩基础	
3	轨道交通二号线较场口站	东侧通过 －3F 相接	车站混凝土 3F	229～230	嵌入持力层 不小于 1.5m	独基	
4	合景大厦（和平路一号综合楼）	西南侧约 23m	混凝土 8～29F/ －5F	226.18	217.6～222.2		
5	青鸟大厦	西北侧约 36m	混凝土 14F/－2F	250.10	239.5	桩基础	
6	金塔大厦	西北侧 28m	混凝土 34F/－2F	244.45	242.7～244.8		
7	阳光星座	北侧约 25m	混凝土 28F/－2F	245	239～244.3		
8	丰德豪门	北侧约 25m	混凝土 19F/－1F	240.6～ 244.8	240.6～2244.8		

周边重要地下建（构）筑物简况一览表 表 11.1-2

序号	建筑名称	相对平面位置	洞室支护情况	横断面尺寸（m）		围岩岩性	掉块垮塌现象	岩体结构类型	地下水	稳定性
				洞高	洞跨					
1	临梯干道主洞	西侧3.0～35.4m	衬砌	5.6～7.0	5～15	砂岩	无	大块状	干燥	稳定
2	临梯干道支洞	西侧相接	衬砌	4.3	4.7～6.9	砂岩	无	大块状	干燥	稳定
3	轨道交通二号线较场口站折返线隧道	东侧6～13.5m	初衬和二衬	8～10	4.7～13.2	砂岩	无	大块状	干燥	稳定
4	解放碑环道主通道	西侧6～35m	在建	6.7～7.7	12.5～15.5	砂岩		大块状		
5	解放碑环道二支洞	西南侧9m	在建	4.0～4.4	5～7	砂岩		大块状		
6	1号人防洞室	东北侧相接	毛洞	1.2	2～2.5	砂岩	局部风化剥落	大块状	干燥	C20回填
7	2号人防洞室	东侧民权路段相接	毛洞	2.2～3.9	2.5～4.0	砂岩	局部风化剥落	大块状	干燥	C20回填

11.1.3 勘察工作情况

本工程的重点和难点有：（1）超限高基坑边坡的稳定性分析与评价；（2）近距离深基坑边坡施工对已建成轨道交通一号线较场口车站及区间隧道的影响评价；（3）超限深基坑开挖的稳定性及对周边建构（筑）物的影响评价，尤其是在建的解放碑环道的影响评价。

在充分收集、利用已有勘察资料的基础上，根据《岩土工程勘察规范》GB 50021—2001（2009版），依据场地工程地质条件，勘察外业工作以机械岩芯钻探为主，结合工程地质调查与测绘，辅以现场原位测试（包括剪切波、抽压水试验等），内业测试工作包括室内岩、土、水试验，进行综合勘察，以揭露场地工程地质条件、裂隙发育情况，查明场地岩、土、水的物理力学性质。

依据"勘察技术要求"，设计单位对拟建（构）筑物进行了钻孔布置，为施工图设计提供工程地质勘察资料和依据。

（1）工程地质调查与测绘

工程地质测绘比例尺为1：500，范围为本工程范围并外延周围界外50m。对影响场地稳定性的主要地质因素做重点观测，并适当加宽调查范围，调绘面积约0.05km²。

（2）勘探点布置原则及技术要求

本次勘探孔平面布置图由设计单位提供，经评价后，勘探点线间距结合场地按实际布置了48个钻孔作为本次勘察钻孔。

1）钻孔深度

主要根据场地地基岩质强度经验预判桩径大小，按规范要求设计地坪标高下5～8倍桩径控制的。根据业主方给出的柱轴力荷载塔楼框架柱轴力反算得其桩径约5m，结合桩嵌岩深度为 5d，并且探明桩底 3d 范围内无空洞、裂隙等不良地质现象，最后得出控制孔进入基底以下 45m，一般性钻孔进入基底以下 30m；同理可算得裙楼框架柱所需桩径约为 1m，控制性钻孔进入基底以下 15m，一般性钻孔进入基底以下 10m；一期塔楼框架柱所需桩径约为 2.5m，控制性钻孔进入基底以下 20m，一般性钻孔进入基底以下 15m。环境孔进入潜在滑动面（假想 45°）以下 3m。

2）取样工作

取样工作应保证每一地层均有足够的试验样品，各试验数据样本数应满足规范要求和数理统计要求，以保证所提出的岩土参数的可靠性和准确性，满足设计和施工要求。

各控制孔内均采集岩石试样进行室内试验，土层厚的地段应采集土样进行室内试验。

3）原位测试

剪切波测试：为了解场地类别，为建筑抗震设计提供动力学参数，在覆盖层分布厚度较大的区域，选择 3 个钻孔进行剪切波速测试。

声波测试：为了解场地内岩体的完整性及裂隙发育情况，选择 4 个钻孔进行声波测试。

抽压水试验：选择 2 个钻孔中做抽水试验、1 个钻孔进行压水试验，试验结束后采集水样做水质分析试验。

（3）任务完成情况

针对本工程的特点及勘察重点、难点，本次勘察在地质测绘、钻探、测试的基础上，加强了资料收集和以声波测试为主的工程物探工作。共计完成钻孔 48 个、钻探总进尺 2588.17m，利用进尺 241.34m，声波测试 7 孔。

在资料分析整理过程中，本次勘察根据工程特点和相应的测试成果，通过分析对比，把经验与理论有机结合，合理取值，提出了符合实际的工程设计参数；采用传统理论与有限元数值模拟相结合的分析方法对超限高基坑边坡的稳定性进行分析模拟，通过前后钻孔声波测试资料的分析对比，采用了包括工程类比法、二维和三维弹塑性有限单元法数值模拟分析在内的多种方法分析评价深基坑、超高层建筑荷载对轨道二号线较场口站及区间隧道的影响评价；提出了切合实际的边坡开挖及支护方案和地基、基础的建议，充分预见了施工中可能出现的工程地质问题；研制了工程场地三维地质模型，为设计提供了更加直观的可视化基础资料，并能通过施工揭露的实际情况进行动态更新，为动态化、信息法设计、施工提供了有力支撑。

11.1.4　工程勘察地质信息模型建立和应用

如图 11.1-2 所示，由于本项目场地位于重庆市渝中区高楼密集的商业区，周边地上地下建（构）筑物多（图 11.1-4），建设环境复杂，同时本项目场地还有一个烂尾楼，更对工程建设带来了难度。因此，本项目从前期开始，就利用工程勘察地质信息模型的技术手段进行了岩土工程勘察全流程的工作，辅助岩土工程实务工作。

采用的工程勘察地质信息模型辅助岩土工程勘察设计的工作流程分为四个阶段，分别是勘察方案阶段、外业采集阶段、内业处理阶段和应用服务阶段如图 11.1-3 所示。

（1）勘察方案阶段

该阶段主要通过虚拟踏勘和方案比选两个方面辅助进行勘察方案的设计。

图 11.1-2　施工场地现场照片

图 11.1-3　勘察 BIM 工作流程

图 11.1-4　重庆塔场地地面情况

通过在"集景-三维数字城市平台"中加载重庆塔场地周边相关的建筑、道路、地形等三维精细化模型，在通过点测量、距离测量、高度测量、面积测量等可视化分析工具，能够直观了解场地的情况。

同时项目还能通过加载相关地下轨道、隧道、车库、基坑、桩基础等信息，了解场地的地下现状情况，指导工程后续施工如图 11.1-5 所示。

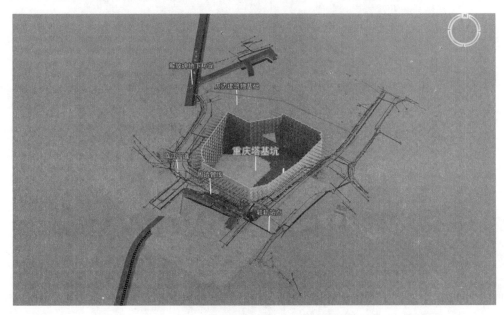

图 11.1-5　重庆塔场地周边地下现状情况

在原始钻孔资料的基础上，结合场地现场情况，项目组能够进行勘察设计方案的初步设计，并能对不同方案的勘察钻孔布设点位进行多方案的比选，选出最优方案如图11.1-6所示。

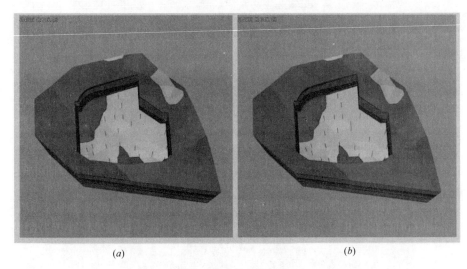

(a)　　　　　　　　　　　　　　　　　　　*(b)*

图 11.1-6　方案比选

（a）设计钻孔；（b）实际钻孔

（2）外业采集阶段

该阶段主要包括钻孔编录、原味测试、取样测试等，主要是通过自主研制的"岩土勘察外业采集系统"，能够实现外业钻孔编录和原位测试数据的无纸化记录和实时同步。

（3）内业处理阶段

该阶段主要包括内外业一体化系统内业处理和 BIM 建模两个步骤。

其中内外业一体化系统处理是通过自主研制的"勘察内外业一体化系统"，实现了外业钻孔编录和原位测试数据的无纸化记录和实时同步，同步的数据直接进入全市工程地质数据库，并可以在内业服务器上查询和打印报表，如图 11.1-7 所示。

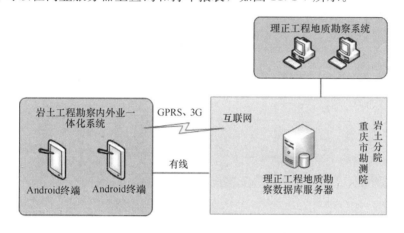

图 11. 1-7　勘察内外业一体化系统工作流程

BIM 建模同样是利用自主研发的"集景-三维地质建模软件"进行基于钻孔数据的工程场地区域的三维地质模型构建，和相关属性信息的赋值，如图 11. 1-8～图 11. 1-10 所示。

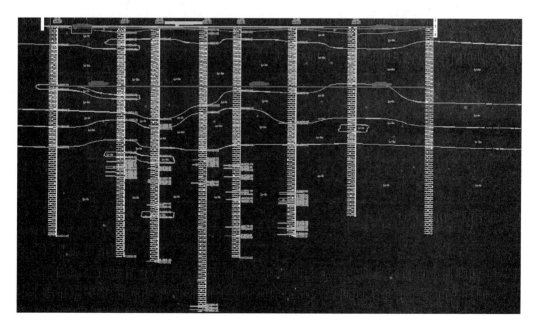

图 11. 1-8　钻孔数据处理

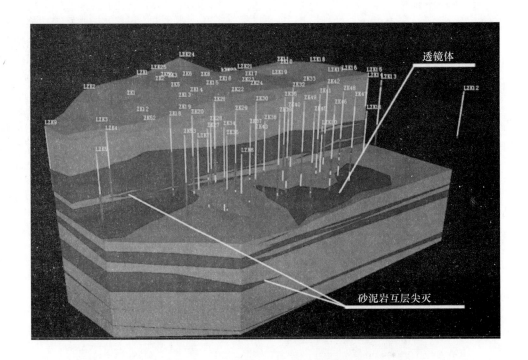

图 11.1-9　勘察 BIM 模型构建

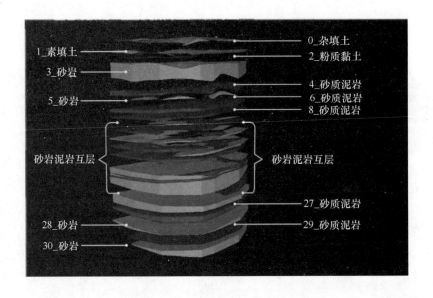

图 11.1-10　勘察 BIM 属性分析

（4）应用服务阶段

该阶段主要包括三维可视化集成展示、岩土设计、辅助施工等方面。通过将现状模型、设计方案模型和勘察 BIM 在"集景-三维数字城市平台"的综合集成，能够有效地提供岩土勘察设计及工程建设施工的服务应用，如图 11.1-11～图 11.1-14 所示。

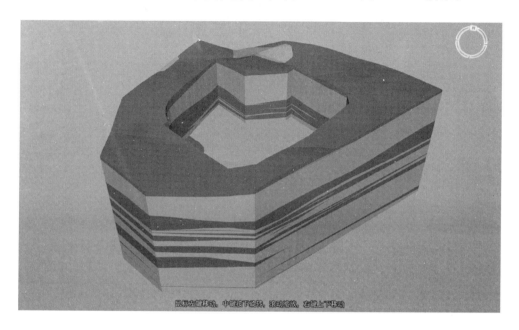

图 11.1-11　重庆塔工程地质模型集成效果

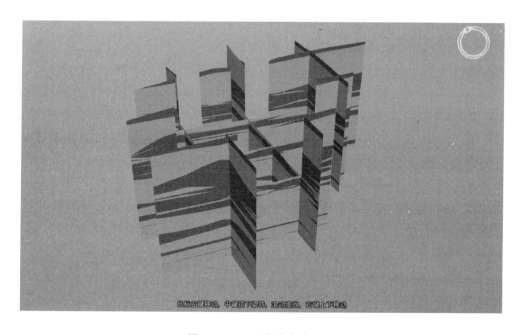

图 11.1-12　可视化切割分析

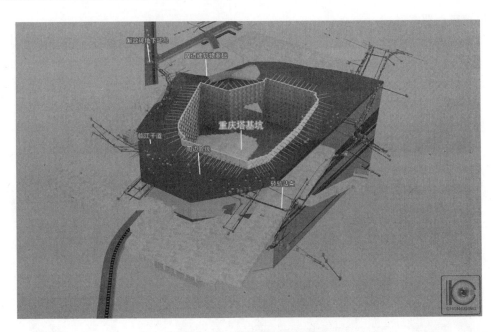

图 11.1-13　基坑桩基支护设计

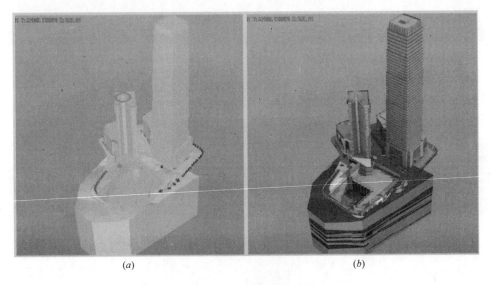

图 11.1-14　渲染对比分析

（a）渲染前；（b）渲染后

11.1.5　小结

　　根据施工建设验证，勘察资料展示的场地工程地质条件与实际吻合，工程分析符合实际，勘察质量优良。该工程于 2015 年 10 月开工建设，至今仍在进行施工，场地周边的建筑（构）物尤其是轨道交通二号线较场口站及区间隧道和周边相邻建（构）筑及地面无异常。

　　通过细致基础性工作和工程类比、计算机数值模拟分析、地质模型等勘察手段，本次勘察有效地克服了勘察难点问题，科学阐释了超限高基坑边坡的稳定性，预测了本工程深基坑、超高层建筑的施工建设对已建轨道交通二号线较场口站及区间隧道和相邻建（物）筑物的影响程度，并提出了合理的工程建议与岩土工程参数。

本工程勘察报告基础资料翔实、全面，文字叙述清楚，分析合理可信，图件准确美观，全面反映了场地岩土工程条件，参数取值合理可信，分析评价切合实际，结论准确，建议合理。本次勘察，充分体现了岩土工程理论导向、经验判断、实测实量、反演分析的理念，相关建议得到了设计、施工的采纳，为工程建设的顺利开展提供了坚实的基础资料，可作为类似条件下开展工程勘察的有益借鉴和参考的工程实例。

以精确的勘察报告作为支撑，对设计方案的优化、施工组织的设置等奠定了基础，不仅加快了施工进度和施工效率，有效地降低了施工期间对沿线附近居民生产生活的不利影响。

11.2 英利大坪商业中心工程勘察实录

11.2.1 工程概况

重庆英利大坪商业中心位于重庆市渝中区大坪，项目总用地面积28226m²，规划用地性质为商业、住宅，包括办公塔楼48F/−5F，住宅1号塔楼39F/−4F，住宅2号塔楼39F/−4F，住宅3号塔楼39F/−4F，住宅4号塔楼44F/−4F，住宅5号塔楼44F/−4F，住宅6号塔楼46F/−4F7栋超高层建筑及附属商业裙楼6F/−4F组成，建筑面积41万m³，建筑最大高度约210m。基坑边坡高度13.8～24.6m地下室连成整体，共四层，负一层为商业，负2～4层为地下车库。设计±0.000＝331.450m，设计地下室底层标高为307.100m；主楼（写字楼）柱最大轴力为80000kN（设计值），裙房（含地下室）柱最大轴力为30000kN（设计值），设计使用年限50年。

本项目勘察存在的主要问题为近距离深基坑边坡施工对隧道围岩的影响评价。

11.2.2 环境工程地质条件

拟建场地原地貌为构造剥蚀地貌，经后期人工改造，形成居民区，地势平坦，地面高程为318.0～332.0m，相对高差14m，场地分布的地层由新到老依次为第四系全新统及侏罗系中统溪沙庙组（J₂s）地层（砂岩、砂质泥岩互层分布）。

砂岩：灰白色、褐灰色，中细粒结构，钙质胶结，厚层状构造，矿物成分主要为长石、石英及云母片等。强风化厚度一般0.7m，质软，基坑内基本无强风化，中风化岩芯完整，多呈中柱状，场地内砂岩厚度较大，属较软岩，波速为3449～3709m/s，岩体完整性系数0.74～0.76，岩体较完整—完整，岩体基本质量等级为Ⅲ级。砂质泥岩：紫褐色，主要由黏土矿物组成，砂泥质结构，中—厚层状构造，局部夹少量砂质，通过钻孔揭露，砂质泥岩埋深较大，中风化岩体较完整，中等风化岩层岩芯多呈柱—中柱状，属软岩，岩波速为3324～3681m/s，岩体完整性系数0.72～0.79，岩体较完整—完整，岩体基本质量等级为Ⅳ级。

场地位于川东南弧形构造带华莹山帚状褶皱构造束东南部，化龙桥向斜东翼，岩层呈单斜产出，倾向 295°左右，倾角 8°左右，无断层通过，主要发育两组节理裂隙：J_1 裂隙倾向 23°～35°，一般为 30°，倾角 65°～85°，压扭性，裂隙间距 2～4m 不等，延伸 1～3m，结合一般，属硬性结构面；J_2 裂隙倾向 130°～150°一般为 135°，倾角 70°～80°，张性，裂隙较平直，裂隙间距一般为 2m 左右，延伸 3～5m，结合一般，属硬性结构面。

11.2.3 勘察工作情况

根据相关规范，本次勘察勘探点按拟建物角点和轴线结合初勘钻孔布置，建筑部分勘探点距约 15～25m，主体建筑钻孔深度为进入设计地下室底标高 18～23m 控制、裙楼钻孔深度为进入设计地下室底标高 12～14m 控制；边坡勘探线按 20～30m 间距布置，钻孔深度进入潜在破裂面以下 5～8m。共布置 46 个机械钻孔，其中控制性钻孔 23 个，一般性钻孔 23 个，控制性钻孔（兼取样孔）与一般性钻孔相间分布，利用初勘钻孔 8 个。完成钻探总进尺 1697.32m/46 孔，利用进尺 274.52m/8 孔，声波测试 7 孔。

11.2.4 基坑开挖对邻近地铁隧道的影响分析

项目（图 11.2-1）北侧为大坪正街，东侧与长江二路相邻，南侧为大坪支路，西侧现为老住宅区。轨道交通一号线从场地北侧通过，为单洞单线隧道，其中左线隧道净宽 11.60m，净高 8.88m；右线隧道净宽 5.88m，净高 6.20m，场地范围内隧道轨面标高为 304.343～304.492m。根据调查，该隧道施工基本完成，隧道围岩级别为Ⅲ级，采用钻爆法施工，复合式衬砌。根据本项目建筑方案设计，基坑开挖边线与隧道边线的最近水平距离只有 1.0m 左右。一阶边坡坡底与隧道拱顶的垂直距离为 5.8m。二阶边坡开挖线与隧

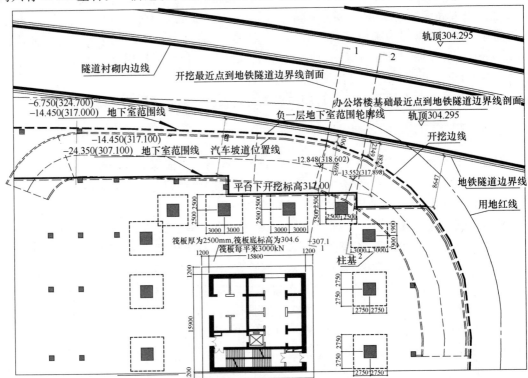

图 11.2-1 拟建建筑基坑与轨道交通 1 号线平面位置关系图

道边线最近水平距离为 8.6m，岩性上部为砂岩，下部为砂质泥岩（见图 11.2-2）。

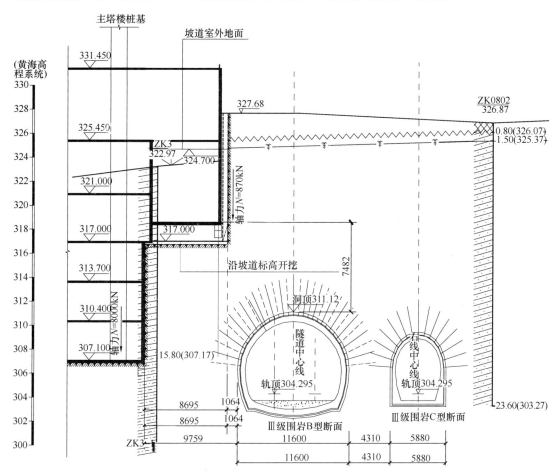

图 11.2-2 拟建开挖最近点到隧道外边界剖面图（1-1 剖面）

（1）二维有限元分析

因为轨道隧道纵向相对很长，横向相对尺寸较小，而且基坑与轨道隧道近于平行，因此计算按照平面应变问题处理。选取基坑边线距离隧道最近的 2-2 剖面进行建模计算。

岩体用平面实体单元六节点的三角形单元 PLANE182 模拟，隧道衬砌用梁单元模拟。有限元网格划分如图 11.2-3 所示，共 2284 个单元，4497 点。在隧道附近区域单元加密处理，单元密度满足精度要求。

边界条件：底部固定，左、右两侧水平约束，岩土体重力荷载通过设置重力加速度的方式模拟如图 11.2-4 所示。由于弹塑性材料最终应力和变形与加载历史有关，为了模拟真实状态，计算按照以下 5 个步骤来进行计算：

1）计算基坑未开挖时原始应力状态；

2）隧道开挖；

3）基坑开挖；

4）施加建筑荷载；

5）施加风荷载。

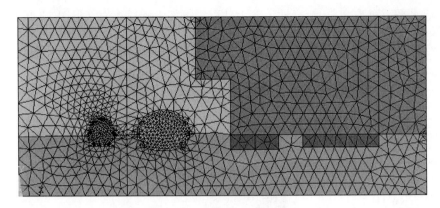

图 11.2-3 有限元网格划分

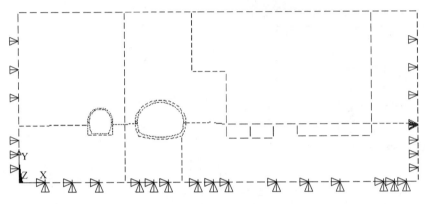

图 11.2-4 模型的边界条件设置

根据计算结果,基坑开挖后引起基坑底部岩体产生了向上的竖向位移 3.0mm,基坑侧壁岩体水平位移 1.4mm,最大位移矢量 3.2mm,出现了卸载回弹现象。基坑开挖卸荷引起隧道衬砌结构产生的位移矢量为 2.0mm。按此方案开挖后围岩没有出现塑性区。

将施加建筑荷载后的计算结果减去施加建筑荷载前的计算结果,得到修建房屋后引起的位移。可见,施加建筑荷载后引起基坑底部出现向下的位移,最大值为 17.8mm,引起隧道结构的位移 1.4mm。同时考虑基坑开挖和施加建筑荷载后引起基坑底部的最大位移为 14.9mm,引起隧道结构的位移 0.6mm。

施加竖向建筑荷载后,塑性区出现在基础底部两侧,但是范围有限。轨道隧道围岩没有出现塑性区。

(2) 三维限元分析

同样采用 ANSYS 根据建筑设计方案进行建模。岩体用三维实体单元 SOLID45 模拟,隧道衬砌用壳体单元 SHELL163 模拟,只是材料性质不同。所有单元需要事先画好。有限元网格划分如图 11.2-5 所示(基坑单元未显示出来),共 100648 个单元,16077 个节点。

由于弹塑性材料最终应力和变形与加载历史有关,为了模拟真实状态,计算按照以下 5 个步骤来进行计算:

1)基坑未开挖时原始应力状态;

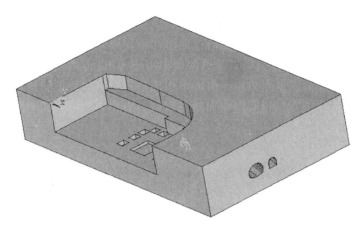

图 11.2-5　有限元模型

2）隧道开挖；

3）基坑开挖；

4）施加建筑荷载；

5）施加风荷载。

初始应力场是在地球自重作用下，没有开挖前存在的应力分布，在深度方向与埋深成正比。隧道开挖后的计算结果减去开挖前的计算结果，得到隧道开挖引起的变形和位移。基坑开挖后的计算结果减去开挖前的计算结果，得到基坑开挖引起的变形和位移分布。根据计算结果，基坑岩体开挖后，基坑底部出现卸荷回弹，引起岩体产生向上的位移，最大为 4mm，但引起隧道衬砌的位移最大值为 2mm。

建筑荷载引起基础底部出现向下的竖向位移达到 17mm，而隧道衬砌的位移最大为 1mm。

施加建筑荷载后，基础侧壁和底部出现塑性区，但范围较小。

用第四步的计算结果减去第二步的计算结果，得到考虑开挖和建筑荷载共同作用下引起的位移变化。可见，考虑基坑开挖和建筑荷载的共同影响，隧道衬砌的位移最大值为 1.1mm。

用第五步的计算结果减去第四步的计算结果，得到施加水平风荷载作用下引起的位移变化，根据计算结果，风荷载引起岩体出现水平位移，最大值为 1.1mm，隧道衬砌位移最大值为 0.6mm。

三维模型计算表明，隧道走向的最大拉应力为 2.75MPa（受拉为正，受压为负），量值非常小。按照《铁路隧道设计规范》TB 10003—2005 第 10.3.3 条裂缝计算公式对隧道裂缝进行计算表明，沿着隧道走向的最大裂缝宽度为 0.00006mm。满足要求。

11.2.5　小结

根据施工建设验证，勘察资料展示的场地工程地质条件与实际吻合，工程分析符合实际，勘察质量优良。该工程于 2010 年 3 月平场开工建设，至 2012 年 5 月工程主体完工，至今结构完好，轨道交通一号线隧道及周边相邻建（构）筑及地面无异常。

通过细致基础性工作和工程类比、计算机数值模拟分析，本次勘察有效地克服了勘察难点问题，科学阐释了钻爆法施工隧道对围岩及本工程场地岩体的影响，预测了本工程深基坑、超高层建筑的施工建设对已建隧道及相邻地面建筑的影响程度，得出了工程建设对周边建筑、隧道影响小、设计方案可行的结论，并提出了合理的工程建议与岩土工程参数。

本工程勘察报告基础资料翔实、全面，文字叙述清楚，分析合理可信，图件准确美观，全面反映了场地岩土工程条件，参数取值合理可信，分析评价切合实际，结论准确，建议合理。本次勘察，充分体现了岩土工程理论导向、经验判断、实测实量、反演分析的理念，相关建议得到了设计、施工的采纳，为工程建设的顺利开展提供了坚实的基础资料，可作为类似条件下开展工程勘察的有益借鉴和参考的工程实例。

在资料分析整理过程中，本次勘察根据工程特点和相应的测试成果，通过分析对比，把经验与理论有机结合，合理取值，提出了符合实际的工程设计参数，通过前后钻孔声波测试资料的分析对比，得出了钻爆隧道对周边围岩有扰动影响、岩石的完整性有所衰减的结论并提出相应的参数取值；采用了包括工程类比法、二维和三维弹塑性有限单元法数值模拟分析在内的多种方法分析评价深基坑、超高层建筑荷载对轨道一号线隧道的影响，提出了切合实际的边坡开挖及支护方案和地基、基础的建议。

第 12 章　其他山地城市特色工程勘察实录

12.1　五童路小石坝高架桥应急抢险工程勘察

12.1.1　工程概况

重庆市五童路小石坝高架桥桥梁总长 502.81m，为 3 跨一联或 4 跨一联钢筋混凝土预应力连续箱梁，分左右两幅，单幅桥宽 15m，桥梁跨径组合为第一联（30＋35＋35＋30）m＋第二联（34＋38.111＋34)m＋第三联（30＋35＋35＋30)m＋第四联（30＋35.5＋35.5＋29)m 预应力连续箱梁；设计荷载为城市-A 级，人群荷载 4.0kN/m²。

该桥于 2003 年竣工。2010 年 11 月 2 日，重庆市市政设施管理局巡查人员在巡查过程中发现五童路小石坝高架桥第二联第七跨伸缩缝严重变形，梁端出现 20cm 左右的水平位移，第二联第七跨梁端支座纵向和横向均出现约 8cm 的位移。为保障车辆行人安全，管理单位对道路交通实施封闭，如图 12.1-1 所示。

(a)

(b)

(c)

(d)

图 12.1-1　五童小石坝高架桥病害特征

12.1.2　环境工程地质条件

（1）地形地貌

场地属构造剥蚀浅丘地貌，高架桥路段原属剥蚀浅丘地貌，包括三浅丘和两冲沟，呈三丘夹两沟之势。K1+920 处有一河沟。场地地形起伏较大，地面高程从 245m 呈缓坡逐渐降至 220m，再呈缓坡升至 253m，最后从 253m 到 245m，直到 268m，相对高差最大 25m。

现状地面标高在 223～262m 间，高差约 39m。大致呈二级台阶，桥墩处土体表层有垂直边坡倾向的裂缝及和 7 号桥墩的相对垂直沉降，裂缝宽为 10～100mm，相对垂直沉降最大达 500mm。

（2）地质构造

拟建桥位区位于龙王洞龙背斜东翼，岩层呈单斜产出，岩层产状倾向 140°，倾角 18°，场地内及附近无断层通过，场地地质构造条件简单。

通过地面地质调查，在场地基岩中主要发育有二组构造裂隙，分述如下：

J_1：倾向 140°～160°，倾角 65°～80°，裂面平直，无充填，宽 1～2mm，延伸 1～2m。裂隙密度：2 条/m。

J_2：倾向 210°～225°，倾角 70°～80°，裂面平直，无充填，或有部分充填，宽 2～3mm，延伸约 2m，裂隙密度：1 条/m。

（3）地层岩性

场地出露地层自上而下分别为第四系全新统素填土和粉质黏土，下伏基岩为侏罗系中统新田沟组砂岩和泥岩。

1）素填土（Q_4^{ml}）：杂色，主要由砂、泥岩碎块石和黏性土等组成。骨架颗粒含量 30%～60%，粒径多为 20～2000mm，成分为泥岩和砂岩，呈强—中等风化状，稍湿，结构松散—稍密，厚度 2.10～19.10m。该层遍布场地，抛填，回填时间 6 年左右。

2）粉质黏土（Q_4^{el+dl}）：黄色—黄褐色，含少量碎石，主要呈硬塑状，呈中等压缩性。沟谷地带较厚。厚度 0.20～6.10m。

3）侏罗系中统新田沟组（J_2x）

根据钻探揭露和地质调查，基岩由砂岩和泥岩组成，结合断面图分述如下：

砂质泥岩（J_2x）主要为黄色，紫色，主要矿物成分黏土矿物和石英，泥质结构，厚层状构造。中等风化岩体裂隙较发育，岩石天然抗压强度 9.6～19.0MPa，饱和抗压强度 5.7～12.1MPa，为软岩，岩体基本质量等级为 V 级。

砂岩（J_2x）：灰色，黄色砂岩。主要矿物成分为石英、长石，细—中粒结构，厚层状构造，泥、钙质胶结。中风化岩体较完整黄色砂岩天然抗压强度 9.4～25.7MPa，饱和抗压强度 5.3～16.1MPa。灰色砂岩天然抗压强度 26.0～47.8MPa，饱和抗压强度 20.6～37.3MPa，岩体基本质量等级 IV 级。

根据钻探揭示，场地基岩表面普遍存在强风化层，厚度 0.40～2.0m，强风化层岩质软，岩芯破碎，呈块状。岩体基本质量等级为 V 级。

（4）周边环境条件

高架桥起止里程桩号：K1+772.000～K2+268.440。桥位区位于直线段，高架桥共设两桥台和十四个桥墩，在 K1＋819.505、K2＋055.116 与规划道路交叉，在 K2＋203.275 与渝怀铁路交叉。本次涉及 K2＋008.111 的 7 号墩，桥下为一冲沟，切割深度约 30m，两侧为弃土堆积区，地表无建（构）筑物如图 12.1-2 所示。

图 12.1-2 五童小石坝高架桥现场

12.1.3 抢险工程勘察评估

根据现场观察，桥下坡体变形特征主要表现为与坡面近于平行的拉张裂缝，桥墩前方的斜坡坡脚未出现挤出和隆起现象，后缘未见明显错动台坎，较为特殊的是 6 号墩后出现纵向裂缝。仅从地表看，目前坡体尚处于蠕动变形阶段，处于欠稳定状态。

桥梁周围原为沟谷斜坡地形，后期的大量填土堆积于斜坡上，在重力作用下产生了下滑力与阻滑力不平衡的现象，对桥墩产生了巨大的水平推力，是桥墩产生变形、危及桥梁安全的主要因素。

为了监测桥梁安全状况，为交通管理及桥梁处治提供依据，项目组利用工程综合勘察成套技术方法，启动多专业部门的协同、联动机制，在已有空间数据资源的基础上，采用变形监测、岩土勘察、桥梁检测、空间信息等综合勘察手段。

（1）变形监测

1）平面基准网的建立

在小石坝高架桥周边稳定区域布设平面基准点和高程基准点，如图 12.1-3 所示平面基准网采用 8 台 Trimble5800 GPS 接收机进行观测，观测方法及数据处理精度满足《卫星定位城市测量技术规范》CJJ/T 73—2010 要求；高程基准网采用 2 台 Leica DNA 电子水准仪按照二等水准要求进行观测，观测方法及数据处理精度满足《国家一、二等水准测量规范》GB 12897—2006 要求。

2）桥梁现状测量

对小石坝高架桥所有桥墩及桥台进行现状测量、1：500 现状地形图测量以及高架桥桥面线形测量。

3）桥梁变形监测

① 桥面平面位移点的埋设与观测

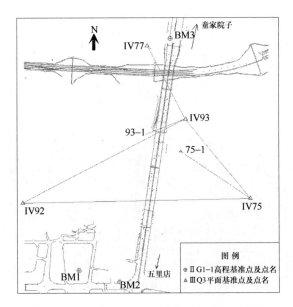

图 12.1-3　平面、高程基准点点位分布示意图

在小石坝高架桥桥面埋设平面位移点 16 点，分别位于大桥 2、3 联桥面东西两侧，共 8 对如图 12.1-4 所示。其点号按顺序编排，由南向北点号增加，西侧为奇数号，点名依次为：P1、P3、P5、P7、P9、P11、P13、P15；东侧为偶数号，点名依次为：P2、P4、P6、P8、P10、P12、P14、P16。

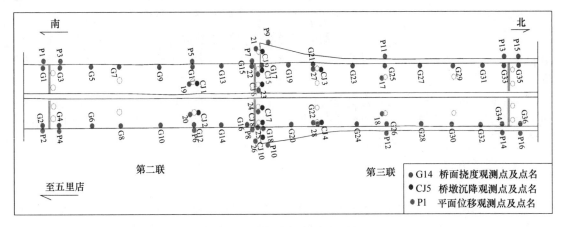

图 12.1-4　桥梁变形点分布示意图

② 桥墩平面位移点的埋设与观测

在小石坝高架桥桥墩埋设平面位移点 12 点，如图 12.1-4 所示，分别位于高架桥 2、3 联桥面下桥墩上（墩号为 6 号、7 号、8 号、9 号），点名分别为：P17、P18、P19、P20、P21、P22、P23、P24、P25、P26、P27、P28。观测时采用 TCA2003 全站仪，按变形观测二级精度要求进行观测。

③ 桥墩沉降点的埋设与观测

小石坝高架桥桥墩沉降点共 10 点，布设在 6 号、7 号、8 号号桥墩上，如图 12.1-4

所示，点名分别为：CJ1、CJ2、CJ3、CJ4、CJ5、CJ6、CJ7、CJ8、CJ9、CJ10。

④ 桥墩垂直度观测

为了解小石坝高架桥第 2、3 联桥墩的稳定性，对桥梁 5 号、6 号、7 号号墩采用水平角法进行垂直度观测。在大桥纵横轴方向上，距离桥墩约 15～60m 处分别布设一个相对稳定的测站点和后视点，采用 Leica TCR402 漫反射全站仪在测站点上设站，观测桥墩纵、横向顶、底两侧外切线之间的夹角（计算墩顶和底中线间的夹角用于计算纵或横向偏移），每个墩纵横向各观测 2 点如图 12.1-5 所示。

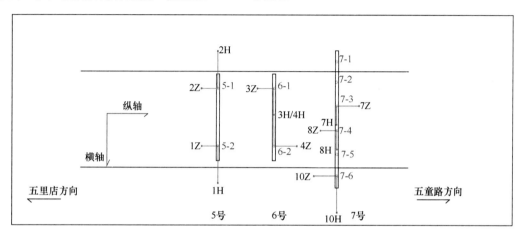

图 12.1-5　桥墩垂直度观测示意图

⑤ 桥面挠度点的埋设与观测

为了解小石坝高架桥桥面挠度变化情况，在桥梁第二联、第三联桥墩所对应的桥面布设桥面挠度点，在桥墩之间的桥面 1/2 处布设桥面挠度点，共布设桥面挠度点 36 点，点名分别为：G1～G36。

⑥ 伸缩缝变形点的埋设与观测

为了了解桥梁伸缩缝的变形情况，在小石坝高架桥第一联与第二联、第二联与第三联、第三联与第四联的伸缩缝两侧布设伸缩缝变形点，共埋设变形点 44 点，点名分别为：S1～S44，如图 12.1-6 所示。点位采用带"十"字丝的不锈钢"I"形标志。观测时每对点采用专用钢尺量测两次，每次两读数。伸缩缝量测数据读取至 0.1mm。两次读数差应小于 1mm，取平均值作为观测值。

4）监测结论

2010 年 11 月 5～11 日监测结论：小石坝高架桥桥墩、桥面平面位移较小，且变化无规律；桥墩无明显沉降变化；垂直度观测结果较稳定；桥面挠度无明显变化；第二联和三联间伸缩缝间距略有减小。采取封闭交通等措施后，本阶段小石坝高架桥处于基本稳定状态。

同时，在 2010 年 11 月 20～21 日对 7 号墩左侧填土斜坡进行了卸载处理，卸土之后桥梁变形情况如图 12.1-7 所示。结果显示，各墩在填土卸荷后均有一定回弹，表明桥墩的偏移与填土的侧向压力直接相关。

（2）岩土工程勘察

根据初步判定结果，桥梁的变形主要由填土堆载引起的。本次勘察采用钻探为主，辅

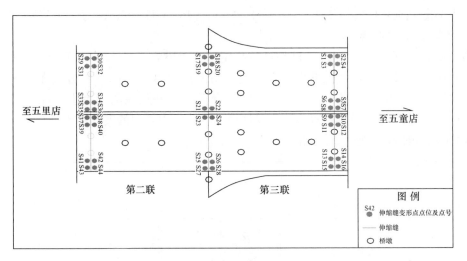

图 12.1-6　伸缩缝变形点分布示意图

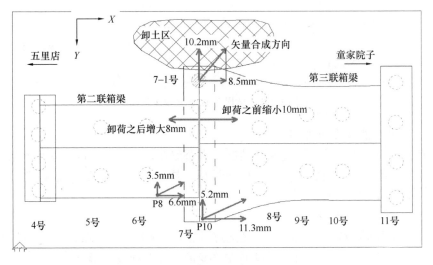

图 12.1-7　卸土后各墩变形汇总示意图

以探井、现场剪切试验以及室内土工试验，钻探采用单动双管取芯工艺，采用经验与三维数值模拟分析评估方法。

通过工程钻探手段、新老地形对比，并结合自主研发的 Geomod Master3D 三维地质建模软件，建立了五童路小石坝高架桥场地的三维地质模型，如图 12.1-8 所示。该模型显示，场地地形起伏较大，现状地面标高在 $223 \sim 262m$ 间，高差约 39m，6 号墩附近填土厚度约 20m。

根据岩土界面的剖面形态，在以岩土界面为潜在滑移面的模式下，按折线形滑动面，采用传递系数法进行计算，如图 1.2.1-9 所示。计算结果表明，见表 12.1-1～表 12.1-3，6、7、8 号桥墩下填土体为抛填成因，在自然状态下稳定系数为 $k=0.94 \sim 1.08$，处于不稳定状态，而桥墩则承担了一定抗滑作用，因而表现为桥墩变形和地表拉裂缝现象。填土体对 6、7 号桥墩存在较大的推力，分别为 $1124.68kN/m$ 和 $444.74kN/m$。

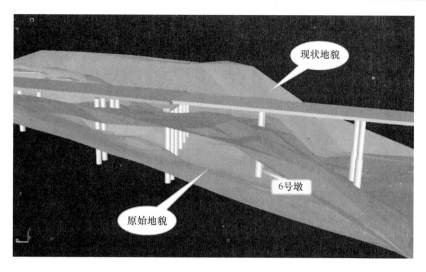

图 12.1-8 场地三维地质模型图

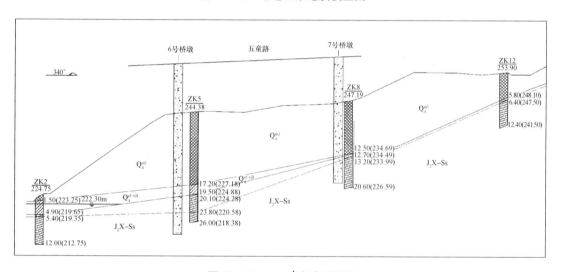

图 12.1-9 2—2′地质剖面图

1—1′剖面斜坡稳定性验算表　　　　　　　　　　　表 12.1-1

块段编号	重度 γ (kN/m³)	单块体积 V_i (m³)	重量 W_i (kN)	滑面长 C_i (m)	滑面倾角 θ (°)	黏聚力 c (kPa)	内摩擦角 φ (°)	抗滑力 R_i (kN)	下滑力 T_i (kN)	传递系数	稳定系数 K
1	22.0	1.60	35.20	2.67	60	27	7	30.48	74.25	0.63	
2	22.0	181.68	3996.96	36.77	15.6	27	7	1074.86	1465.48	1.00	
3	22.0	79.51	1749.22	12.43	27.5	27	7	807.70	526.12	0.98	
4	22.0	334.44	7357.68	24.38	20.5	27	7	2576.71	1504.46	0.99	
5	22.0	506.00	11132.00	24.31	17.5	27	7	3347.46	1959.95	0.97	
6	22.0	342.44	7533.68	16.15	8	27	7	1048.49	1352.07	0.99	
7	22.0	344.47	7578.34	19.45	4.5	27	7	594.59	1452.78	0.99	
8	22.0	110.96	2441.12	18.77	0.5	27	7	21.30	806.51		0.94

2—2′剖面斜坡稳定性验算表 表 12.1-2

块段编号	重度 γ (kN/m³)	单块体积 V_i (m³)	重量 W_i (kN)	滑面长 C_i (m)	滑面倾角 θ (°)	黏聚力 c (kPa)	内摩擦角 φ (°)	抗滑力 R_i (kN)	下滑力 T_i (kN)	传递系数	稳定系数 K
1	22.0	10.27	210.54	7.03	60	27	7	182.33	202.74	0.69	
2	22.0	96.41	1976.41	22.26	20	27	7	675.97	829.06	1.01	
3	22.0	302.9	6209.45	29.15	24	27	7	2525.61	1483.56	0.94	
4	22.0	151.14	3098.37	10.93	10	27	7	538.03	669.76	1.01	
5	22.0	582.54	11942.07	38.24	16	27	7	3291.68	2441.98	0.96	
6	22.0	339.98	6969.59	19.42	6	27	7	728.52	1375.41	0.98	
7	22.0	126.84	2600.22	20.3	1	27	7	45.38	762.92		0.98

3—3′剖面斜坡稳定性验算表 表 12.1-3

块段编号	重度 γ (kN/m³)	单块体积 V_i (m³)	重量 W_i (kN)	滑面长 C_i (m)	滑面倾角 θ (°)	黏聚力 c (kPa)	内摩擦角 φ (°)	抗滑力 R_i (kN)	下滑力 T_i (kN)	传递系数	稳定系数 K
1	22.0	1.84	40.48	3.5	60	27	7	35.06	96.99	0.75	
2	22.0	315.56	6942.32	24.38	25	27	7	2933.95	1430.81	0.93	
3	22.0	422.66	9298.52	30.94	10	27	7	1614.67	1959.75	1.00	
4	22.0	496.91	10932.02	30.33	11	27	7	2085.93	2136.53	0.97	
5	22.0	330.71	7275.62	36.11	3.2	27	7	406.14	1866.91		1.08

通过本次勘察，查明了场地工程地质条件，分析了场地和桥墩变形原因。从验算结果来看，桥梁周围原为沟谷斜坡地形，后期的大量填土堆积于斜坡上，在重力作用下产生了下滑力与阻滑力不平衡的现象，对桥墩产生了巨大的水平推力，是桥墩产生变形、危及桥梁安全的主要因素。而桥墩的存在，则阻滞了滑坡趋势，桥墩目前处于暂时平衡状态，但承受了较大水平推力。

图 12.1-10 采用桥检车对桥梁外观及结构进行检查

(3) 桥梁检测

经过对桥梁进行了详细的外观质量检查（主要包括纵向裂缝、横向裂缝、网状裂缝、露筋、锈蚀、桥墩裂缝、支座偏移）和混凝土强度检测，并对桥梁上部结构、下部结构和桥面系进行了分析（图12.1-10），最终形成综合评估结论：鉴于该桥左幅的 L7 号桥墩和右幅的 R7 号桥墩支座偏移较大、破损严重，已失去正常支承功能。根据

《城市桥梁养护技术规范》CJJ 99—2003 的规定，达到该类损坏程度时，直接将该桥定为 D 级；全桥各跨梁体混凝土开裂、露筋锈蚀、麻面翻砂等现象较为普遍，其中左幅第 6 及 12 跨、右幅第 9 及 12 跨病害相对较为突出，对桥梁结构安全及耐久性有一定影响见表 12.1-4。

支座病害表　　　　　　　　　　　　　　　表 12.1-4

墩柱编号	支座编号			支座偏移量（mm）		备注
				横向	纵向	
4 号墩	五里店方向	右幅	SW1	−5	−26	
			SW2	−5	−24	
			SW3	−5	−27	
			SW4	−3	−28	
			SW5	−4	−27	
		左幅	SW6	—	−14	支座横向未见明显偏移
			SW7	—	−12	支座横向未见明显偏移
			SW8	—	−13	支座横向未见明显偏移
			SW9	—	−11	支座横向未见明显偏移
			SW10	—	−12	支座横向未见明显偏移
	童家院子方向	右幅	ST1	−4	−120	
			ST2	−5	−100	
			ST3	−3	−110	
			ST4	−4	−120	
			ST5	−4	−110	
		左幅	ST6	−20	−90	
			ST7	−20	−90	
			ST8	−21	−80	
			ST9	−19	−80	
			ST10	−19	−85	
5 号墩	—	右幅	G1	—	—	支座未见明显偏移
		左幅	G2	—	—	支座未见明显偏移
6 号墩	—	右幅	G3	—	—	支座未见明显偏移
		左幅	G4	—	—	支座未见明显偏移
7 号墩	五里店方向	右幅	QW1	205	−125	支座橡胶垫
			QW2	221	−125	支座四氟板脱出
			QW3	220	−124	支座四氟板脱出
			QW4	225	−120	支座四氟板脱出
			QW5	225	−115	支座四氟板脱出

续表

墩柱编号	支座编号			支座偏移量（mm）		备注
				横向	纵向	
7 号墩	五里店方向	左幅	QW6	120	−42	
			QW7	120	−50	
			QW8	115	−46	
			QW9	120	−48	
			QW10	118	−45	
	童家院子方向	右幅	QT1	5	27	
			QT2	6	25	
			QT3	4	28	
			QT4	6	26	
			QT5	5	30	
			QT6	6	28	支座四氟板脱出
			QT7	4	25	
			QT8	5	28	
		左幅	QT9	−110	99	
			QT10	−104	96	支座四氟板脱出
			QT11	−95	91	
			QT12	−115	100	支座四氟板脱出
			QT13	−98	94	
			QT14	−104	91	支座四氟板脱出
			QT15	−99	96	
			QT16	−96	95	
8 号墩	—	右幅	G5-1	—	—	支座未见明显偏移
			G5-2	—	—	支座未见明显偏移
	—	左幅	G6-1	—	—	支座未见明显偏移
			G6-2	—	—	支座未见明显偏移
9 号墩	—	右幅	G7	—	—	支座未见明显偏移
	—	左幅	G8	—	—	支座未见明显偏移 0
10 号墩	—	右幅	G9	—	—	支座未见明显偏移
	—	左幅	G10	—	—	支座未见明显偏移

续表

墩柱编号	支座编号		支座偏移量（mm）		备注
			横向	纵向	
11号墩	五里店方向	右幅			
			SYW1	—	−10	支座横向未见明显偏移
			SYW2	—	−8	支座横向未见明显偏移
			SYW3	—	−11	支座横向未见明显偏移
			SYW4	—	−13	支座横向未见明显偏移
			SYW5	—	−12	支座横向未见明显偏移
		左幅	SYW6	—	−10	支座横向未见明显偏移
			SYW7	—	−11	支座横向未见明显偏移
			SYW8	—	−12	支座横向未见明显偏移
			SYW9	—	−10	支座横向未见明显偏移
			SYW10	—	−10	支座横向未见明显偏移
	童家院子方向	右幅	STW1	—	5	支座横向未见明显偏移
			STW2	—	3	支座横向未见明显偏移
			STW3	—	4	支座横向未见明显偏移
			STW4	—	6	支座横向未见明显偏移
			STW5	—	5	支座横向未见明显偏移
		左幅	STW6	—	4	支座横向未见明显偏移
			STW7	—	6	支座横向未见明显偏移
			STW8	—	5	支座横向未见明显偏移
			STW9	—	4	支座横向未见明显偏移
			STW10	—	5	支座横向未见明显偏移

注：1. 表中支座偏移方向指的是箱梁上的上支座相对于墩柱或盖梁上的下支座的偏移量；
　　2. 支座偏移量方向定义为上支座相对于下支座的移动方向为横向从桥梁左幅到右幅为正方向，纵向从五里店到童家院子为正方向。即：支座横向偏移量为正值表示上支座相对于下支座向右幅方向移动，为负值表示上支座相对于下支座向左幅方向移动；支座纵向偏移量为正值表示上支座相对于下支座向童家院子方向移动，为负值表示上支座相对于下支座向五里店方向移动。

（4）分析评估

将该桥梁的现状坐标与竣工图坐标对比，分析桥梁变形位移情况，结果如图12.1-11所示。

同时，结合三维地质模型分析，小石坝高架桥6、7号墩段填土厚度达16～18m，处于填土推力最大位置，桥梁位移方向与填土体主推方向基本一致，如图12.1-12所示。

并且，利用MIDAS CIVIL 2010分析软件进行桥梁结构分析，全桥共建立788个节点，716个梁单元，如图12.1-13所示。

结构验算表明（图12.1-14），全桥结构在土压力荷载作用下得到的结构位移，与实际观测的桥梁结构位移结果比较接近，也证明侧向土压力是产生桥梁结构位移的主要

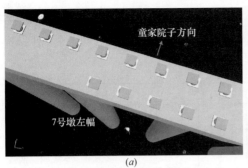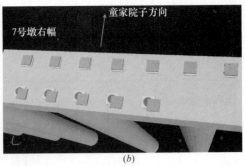

图 12.1-11　7 号墩支座位移

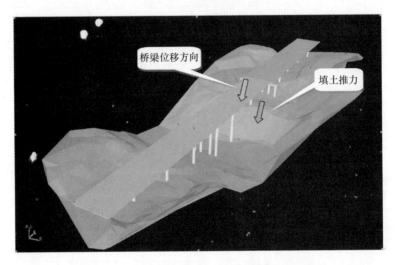

图 12.1-12　桥梁位移与填土体推力的关系示意图

图 12.1-13　桥梁结构有限元模型图

因素。

　　再者，对 5、6、7 号桥墩进行了安全性验算（图 12.1-15），结果表明，5 号墩满足现状受力要求；6 号墩、7 号左幅桥墩局部钢筋已经屈服，不满足安全使用需要。

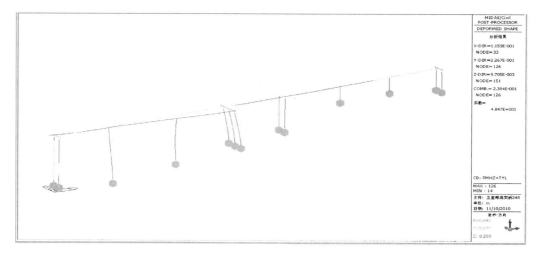

图 12.1-14　结构整体位移图

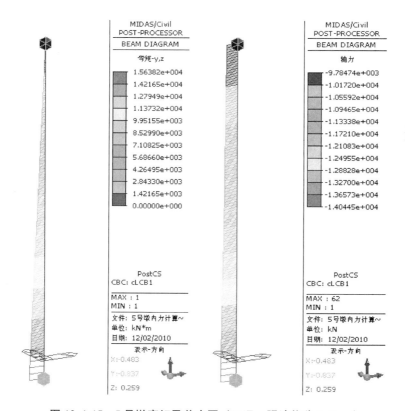

图 12.1-15　5 号墩弯矩及剪力图（工况：强迫位移 7.2cm）

12.1.4　小结

项目组充分利用工程综合勘察成套技术方法，启动多专业部门的协同、联动机制，在已有空间数据资源的基础上，辅助了事故原因的初步分析；综合勘察体系快速集成了变形监测、岩土勘察、桥梁检测、空间信息等多个专业的工作成果，提供了对地上地下空间信息进行了整合、可视化与分析的协作平台，促进了不同专业人员之间的思想交流，有效地辅助了事故原因的科学分析及处理措施的有力决策，极大地提高了应急抢险工作质量与效率。

12.2 朱家湾车辆段岩质高边坡工程勘察

12.2.1 工程概况

轨道交通十号线是重庆市主城区轨道交通线网的重要组成部分，是九线一环的主骨架，连接了南岸区、渝中区、江北区和渝北区四大主城区，朱家湾车辆段是十号线的重要节点工程。

朱家湾车辆段工程位于渝邻高速公路西侧、重庆快速路系统一横线环山隧道段以北的地块内，场地呈狭长形，东西宽约410m，南北长约900m。车辆段功能定位为架修段，由联合检修库、周月检库、运用库、工程车库、综合楼等建筑单体组成，工程重要性等级为二级。

拟建朱家湾车辆段工程设计方案中，在场地西侧为环山山脉，将形成顺层挖方岩质边坡，边坡坡向为105°～123°，坡高为28.00～91.30m，坡长为1500.00m；该侧顺层岩质边坡规模大，失稳的后果极为严重，环境风险等级为一级。因此，场地西侧顺层岩质边坡的稳定性对工程施工建设及后期运营安全具有重要意义。

12.2.2 环境工程地质条件

（1）地形地貌

拟建场地为构造剥蚀丘陵地貌，地形总体为西高东低，地面高程约280～390m，相对高差110m，地形坡角10°～30°。场地范围内的人类活动不强烈，保留了原始地形地貌，多数地段的基岩被第四系崩坡积块石土覆盖，基岩露头零星出露。

（2）地质构造

拟建场地位于环山背斜东翼近轴部位置，地层层序正常，未见滑坡、崩塌、泥石流等不良地质现象，场地整体稳定性较好。

拟建场地岩层倾向为90°～120°，倾角15°～45°，倾角由西向东逐渐趋陡；岩层层面一般较平直光滑，局部略有起伏，结合很差，为软弱结构面，在砂、泥岩交界面发育有泥膜、泥化夹层，其厚度一般在0.50～1.00cm，遇水易软化；

场地内发育三组裂隙，J_1 裂隙产状为285°∠65°，J_2 裂隙产状为210°∠60°，J_3 裂隙产状为20°∠65°，均为软弱结构面。

（3）地层岩性

场地地层由上至下分别为第四系全新统填土（Q_4^{ml}）、崩坡积层块石土（Q_4^{col+dl}）、残坡积层粉质黏土（Q_4^{el+dl}），下伏基岩为侏罗系下统珍珠冲组（J_1^Z）岩层，基岩以中厚层砂质泥岩、砂岩为主。

1）人工填土（Q_4^{ml}）

素填土：杂色，主要由砂岩、砂质泥岩块石和碎石及黏性土组成，局部表层含有少量的建筑垃圾、生活垃圾。主要分布于车辆段场地内西侧在建乡村公路及民居周边范围；厚度 0.0～12.80m，结构松散—稍密，堆填时间 1～5 年。

2）粉质黏土（Q_4^{el+dl}）

浅紫褐色，浅紫红色，软塑—可塑状，无摇振反应，断口稍有光泽，干强度中等，韧性中等，在场地局部低洼地段零星揭露，土层厚度 0.00～9.80m。该层与基岩接触地段，一般呈软塑状。

3）崩坡积层块石土（Q_4^{col+dl}）

紫褐色、黄色，块石粒径 200～1000mm，局部段粒径大于 1500mm，含量 30%～60%，夹砂土和粉质黏土。大范围分布于环山斜坡地形上，在沟谷区域局部分布，厚度一般为 3.00～5.00m，局部段厚度大于 7.00m。

4）侏罗系下统珍珠冲组（J_1^z）

砂质泥岩：多呈红褐色—紫褐色，局部段呈青灰色、黄褐色，偶见褐色，主要矿物成分为黏土矿物，粉砂泥质结构，泥质胶结，中厚层状构造。该层是场地内的主要岩层，厚度大、分布广。中等风化带岩石岩质较硬，裂隙较发育，岩体较完整，岩芯多呈短—中柱状。岩体基本质量等级为 V 级。

砂岩：浅灰色，青灰色，局部呈黄褐色，夹紫色条带，主要矿物成分为石英、长石及少量云母。细粒—中粒结构，中厚层状构造，泥钙质胶结，裂隙不发育—较发育，岩体较完整。岩体基本质量等级为 III 级。

（4）水文地质条件

拟建场地主要位于构造剥蚀丘陵地貌上，丘坡范围的第四系覆盖层一般厚度较小，沟谷地段覆盖层厚度较大；基岩为砂岩和砂质泥岩互层的陆相碎屑岩，含水微弱。地下水的富水性受地形地貌、岩性及裂隙发育程度控制，主要为大气降水补给。根据沿线地下水的赋存条件、水理性质及水力特征，沿线地下水可划分为第四系松散层孔隙水和基岩裂隙水。

（5）岩石物理力学性质

本次勘察共取岩样 119 组，其中砂岩试样 11 组，砂质泥岩试样 108 组，进行室内岩块力学性质试验；利用初步勘察报告中的岩样 34 组。根据各岩性的试验成果差异性，统计时地层、岩性进行统计，见表 12.2-1。

朱家湾车辆段岩石物理力学性质试验成功表　　表 12.2-1

岩土名称	重度（kN/m³）	岩石抗压强度标准值（MPa）		变形模量 E_0（MPa）	弹性模量 E_e（MPa）	泊松比 μ	岩体抗拉强度 σ_t（kPa）	黏聚力 c（kPa）	内摩擦角 φ（°）
		天然	饱和						
砂质泥岩	25.7	8.3	4.9	920	1200	0.38	136	500	32.5
砂岩	24.8	39.7	29.7	3600	4300	0.1	500	1800	42.2

12.2.3 边坡勘察及稳定性分析

本次勘察结合前期工作成果及场地工程地质条件，以机械岩芯钻探、工程地质调查与测绘为主，辅以现场原位测试（包括物探、波速测井、现场剪切试验等），结合室内岩土试验等综合勘察手段进行，以揭露场地工程地质条件、裂隙发育情况，查明场地岩、土、水的物理力学性质，对顺层岩质边坡的失稳模式进行判定，选择与边坡失稳模式相匹配的计算方法进行稳定性分析，并提出了相应建议。

（1）现场试验情况

由于本场地存在较大规模的超限高边坡，且部分为顺向坡，治理难度大，故本次勘察在拟建场地中的主要顺向坡范围布设了三个大剪试验。本次勘察共完成了两个岩体层面的大剪试验（TJ2-2、TJ3）、一个岩土界面的大剪试验（TJ2-1），试验成果详见表 12.2-2。

现场大剪试验成果统计表　　　　　　　　　　　表 12.2-2

试验土层	探井编号	试验点编号	野外定名	试验深度（m）	抗剪强度		试验条件
					c（kPa）	φ（°）	
岩土界面	2 号	TJ2-1	块石土、砂质泥岩	7.00	16.8	12.0	饱和
砂泥岩界面		TJ2-2	砂质泥岩、砂岩	8.30	38.10	18.8	饱和
砂泥岩界面	3 号	TJ3	砂质泥岩、砂岩	4.10	42.5	19.3	饱和

在边坡区域布置了 16 条高密度电法剖面对场地进行物探测试，探测超限高边坡的基岩面起伏情况及其埋深，其测试成果详见相应的工程地质剖面。物探测试范围内土层厚度为 1～8m，分布均匀，基岩面与地形起伏一致，呈倾斜状。通过物探测试与钻探成果的比对，其结果较为吻合，钻探成果可靠，如图 12.2-1 和图 12.2-2 所示。

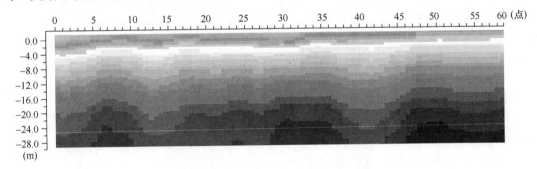

图 12.2-1　GM2—GM2′剖面电阻率色谱图

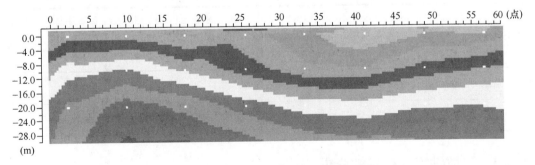

图 12.2-2　GM4—GM4′剖面电阻率色谱图

（2）顺层边坡主破坏模式的二维有限元分析

由于本工程中的顺向坡边坡规模大，故选取 34—34' 剖面，采用二维有限元对边坡进行数值分析，通过数值模拟顺层边坡开挖后的应力分布、集中情况，进行破坏模式的定性分析。

计算采用有限元计算软件 MIDAS GTS 进行，选取 34—34' 剖面进行建模计算。

边界条件：底部固定，左、右两侧水平约束，岩土体重力荷载通过设置重力加速度的方式模拟。岩土材料本构关系采用弹塑性模型，即采用 GTS 中的摩尔-库伦模型，材料参数根据地区经验和实验资料确定。首先是计算边坡未开挖时原始应力状态，然后进行边坡开挖，开挖采用单元"钝化"的方法来实现。

初始应力场：首先采用简化的模型分析单一地层边坡开挖的应力和位移场的变化，通过计算得到尚未开挖前岩体在自重作用下的初始竖向位移分布，初始自重应力与埋深成正比，应力分布与地面线平行，详见图 12.2-3。边坡开挖后引起的位移和应力场变化情况详见图 12.2-4～图 12.2-6。

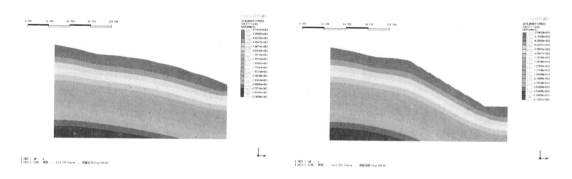

图 12.2-3　自重应力作用下的竖向应力分布　　　　图 12.2-4　边坡开挖后的二次应力分布图

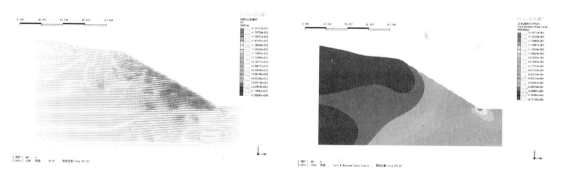

图 12.2-5　边坡开挖后 X 方向位移矢量分布图　　　图 12.2-6　边坡开挖后的剪切应变云图

软弱层面对边坡的影响：根据相关文献和《建筑边坡工程百问》中顺层岩质边坡有限元计算实例，岩体层面采用薄层单元进行模拟。有限元网格模型见图 12.2-7，岩体参数和边界条件同上节，计算得到边坡开挖后的位移矢量和剪切应变云图（图 12.2-8～图 12.2-10）。

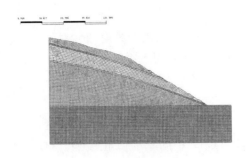

图 12.2-7　剖面有限元网格划分

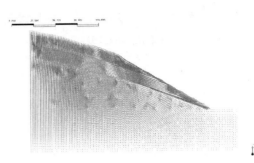

图 12.2-8　整体位移矢量

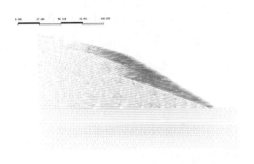

图 12.2-9　X 方向位移矢量

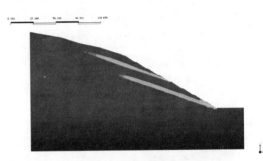

图 12.2-10　剪切应变云图

通过上述分析表明：在重力场条件下，开挖导致顺层岩质边坡应力重新分布，坡面附近应力发生明显偏转，位移矢量图和剪切云图均显示在坡体中下部及坡脚的位置易发生应力集中和变形，边坡破坏模式主要为沿层面发生滑移破坏。

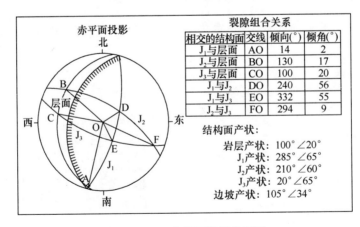

裂隙组合关系			
相交的结构面	交线	倾向(°)	倾角(°)
J₁与层面	AO	14	2
J₂与层面	BO	130	17
J₃与层面	CO	100	20
J₁与J₂	DO	240	56
J₁与J₃	EO	332	55
J₂与J₃	FO	294	9

结构面产状：
岩层产状：$100° \angle 20°$
J_1产状：$285° \angle 65°$
J_2产状：$210° \angle 60°$
J_3产状：$20° \angle 65°$
边坡产状：$105° \angle 34°$

图 12.2-11　赤平面投影分析图

由于边坡岩体以砂质泥岩为主，局部夹薄层状砂岩，根据赤平面投影分析图（图12.2-11）可知：J_2 与层面、J_3 与层面构成结构面不利组合，其组合交线外倾，倾角分别为 17°、20°，边坡岩体次要破坏模式为沿组合交线出现楔形体滑塌。

(3) 顺层岩质边坡稳定性计算

由于顺层岩质边坡位于环山背斜东翼近轴部位置，边坡高度大，岩层呈单斜产出，倾角由西向东逐渐趋陡，综合考虑岩体裂隙发育情况、施工爆破振动、时间效应、大气降水对边坡岩体的影响，边坡开挖后，岩体中的砂质泥岩易软化、砂泥岩界面易泥化、后缘陡倾裂隙易充水，且本区域曾出现过岩质边坡沿层面大规模滑动的先例，为验证该边坡相对于层面的稳定性，选择工程地质横断面图 35—35′（示意图见图 12.2-12）按平面滑动法采用《建筑边坡工程技术规范》（GB 50330—2013）附录 A 的式（A.0.2），按后缘陡倾裂隙不充水、充水两种工况进行稳定性计算（计算结果见表 12.2-3，表 12.2-4）。由于边坡后缘的岩层倾角较缓（<10°），故计算模型的长度仅选择至边坡后缘。

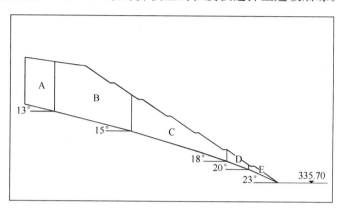

图 12.2-12　35—35′剖面边坡岩质部分稳定性计算示意图

以边坡后缘为计算起点，坡面防护措施、排（泄）水系统齐全，边坡及其影响范围进行封闭处理，在坡顶外围、坡面横向上设置截水沟，坡面设置泄水孔（对裂隙水进行疏导），后缘陡倾裂隙不充水。结构面的黏聚力取 35kPa，内摩擦角取 15°。

顺层岩质边坡 35—35′剖面稳定性验算成果表（后缘陡倾裂隙不充水）　　表 12.2-3

滑块编号	重度 γ (kN/m³)	结构面倾角 (°)	滑面面积 (m²/m)	滑体体积 (m³/m)	黏聚力 (kPa)	内摩擦角 (°)	裂隙水高度 (m)	水平荷载 Q (kN/m)	抗滑力 R (kN/m)	下滑力 T (kN/m)	稳定系数 (K_s)
A	25.7	13	15.44	353.8	35	15	—	—	2914.33	2045.4	—
B	25.7	15	39.2	882.75	35	15	—	—	7243.74	5871.74	—
C	25.7	18	48.6	538.09	35	15	—	—	5225.09	4273.37	—
D	25.7	20	11.7	85.6	35	15	—	—	963.418	752.417	—
E	25.7	23	10.5	23.92	35	15	—	—	519.126	240.2	2.16

以边坡后缘为计算起点，坡面防护措施、排（泄）水系统不全，边坡及其影响范围未及时进行封闭处理，在坡顶外围、坡面横向上的截水沟未发挥应有作用，坡面未设置泄水孔，后缘陡倾裂隙充水。后缘陡倾裂隙充水高度按滑体高度的 1/4～1/2 考虑，结构面的内聚力取 35kPa，内摩擦角取 15°。

顺层岩质边坡 35—35′剖面稳定性验算成果表（后缘陡倾裂隙充水）　　表 12. 2-4

滑块编号	重度 γ (kN/m³)	结构面倾角 (度)	滑面面积 (m²/m)	滑体体积 (m³/m)	黏聚力 (kPa)	内摩擦角 (°)	裂隙水高度 (m)	水平荷载 Q (kN/m)	抗滑力 R (kN/m)	下滑力 T (kN/m)	稳定系数 (K_s)
A	25.7	13	15.44	353.8	35	15	11.4	0	2639.34	2678.55	
B	25.7	15	39.2	882.75	35	15	12.1	39.206	6554.79	6616.72	
C	25.7	18	48.6	538.09	35	15	8.8	61.93	4614.92	4700.52	
D	25.7	20	11.7	85.6	35	15	5.7	85.60	851.338	985.508	
E	25.7	23	10.5	23.92	35	15	3.2	134.17	454.703	410.834	1.11

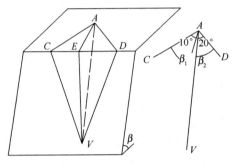

图 12.2-13　楔形体分析计算示意图

计算结果表明：在按坡率进行放坡开挖后，在后缘陡倾裂隙不充水的情况下，边坡基本稳定—稳定；在后缘陡倾裂隙充水的情况下，边坡基本稳定。

为了确定 J_2 与层面、J_3 与层面切割形成的楔形岩体稳定状况，按楔形岩体进行稳定性计算分析：边坡参数按倾角 34°，倾向 105°取值，边坡高度 84.00m，岩石重度为 25.70kN/m³，裂隙面的黏聚力取 35kPa，内摩擦角取 15°。计算结果表明，边坡稳定系数分别为 1.15、0.97，小于边坡稳定安全系数 1.35，易沿 J_2 裂隙和层面的组合交线、J_3 裂隙和层面的组合交线发生滑塌如图 12.2-13 所示。

12.2.4　小结

车辆段位于环山背斜东翼近轴部位置，场地西侧顺层岩质边坡在不利工况下可能沿层面、结构面组合交线出现滑塌；由于在顺层岩质边坡中下部及坡脚的位置易发生应力集中和变形，建议在使用坡率法放坡的同时，采用锚杆（索）等支护措施对边坡进行加固，对边坡中下部进行支护加强，在坡脚位置设置抗滑桩对边坡进行支挡，并应设置相应的坡面防护措施，在边坡坡顶、坡面、坡脚设置排（泄）水系统，在坡顶外围设置截水沟；若后缘陡倾裂隙因边坡开挖导致应力释放而出现扩张，则应及时对其封闭，避免后缘陡倾裂隙充水，影响边坡稳定。在施工时应合理安排施工顺序，应自上而下，采用逆作法分段、分阶跳槽开挖，开挖一阶（段），支护、封闭一阶（段），严禁全断面开挖、无序大开挖、大爆破作业；同时采用动态设计、信息法施工，加强监测，在开挖过程中应对局部段的掉块清除，及时进行的坡面防护，并应保持两侧边坡的稳定，保证施工机械、弃土、弃渣不会导致边坡附加变形或破坏，边坡支护方案应综合考虑施工爆破振动、时间效应、大气降水对层间结合强度的影响，避免边坡沿砂泥岩交界面、层面出现大规模滑塌。

12.3 浅埋大断面隧道工程勘察——红旗河沟站

12.3.1 工程概况

红旗河沟车站（图 12.3-1）位于重庆市江北区红旗河沟转盘北侧 50m 处，红锦大道正下方，大致呈南北走向。西侧有东和银都、汽车北站、理想大厦、公交枢纽站；东侧有和府饭店、盛泰汽车城等建筑。轻轨 3 号线与地铁 6 号线呈十字交叉换乘，轻轨 3 号线车站在地铁 6 号线之上。红旗河沟车站站内结构共有 5 层，从上到下依次为：第一层为两线共用站厅层，第二层为轻轨 3 号线车站站台层，第三层为轻轨 3 号线站台下层暨 6 号线车站设备层，第四层为 6 号线站台层。

红旗河沟车站全长 178.9m，为暗挖地下岛式车站，起止点桩号为 SK13＋356.611～SK13＋535.511。车站中心里程 SK13＋429.411，车站平面尺寸为 178.9m×20.5m，有效站台长度 120m，有效站台中心轨顶标高为 254.357m，地铁 6 号线车站有效站台中点轨顶标高为 246.100m。车站位于汽车北站东北方向 50m 左右处，呈南北走向，沿红锦大道下方布设，为江北区与渝北区交界的繁华地段，地面行人和车辆密集，且有多幢重要建筑物和多条地下市政管线，地面建构筑物为红旗河沟转盘及高架桥，如图 12.3-2 所示。平面尺寸为 176.7m×20.5m，共 4 种断面形式，为浅埋、超大跨度地下车站，采用地下暗挖法施工，为一座暗挖地下岛式车站。车站最小埋深 13.0m、拱顶中风化岩层最薄约 8.6m，覆跨比仅为 0.26，车站最大高度 31.5m、宽度 23m，开挖面积 760m²，且埋深最浅处岩层厚度只有 9m，开挖、支护难度大，据了解，此车站隧道为同类工程国内最大。

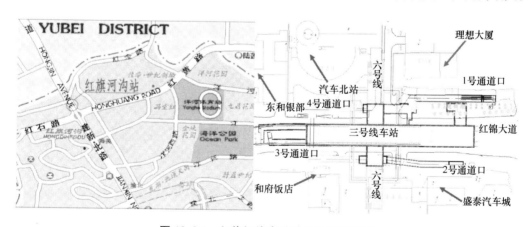

图 12.3-1 红旗河沟车站地理位置平面图

工程难点：

（1）隧道埋藏浅，围岩覆盖层薄，中风化砂岩层最薄处仅 8.6m，岩层走向与隧道走向同向，岩体裂隙较发育，对洞顶稳定不利；且渗水较大，泥化现象严重，该部分围岩自稳性较差，极易引起支护结构失稳和塌方现象，给工程建设带来很大的安全隐患。

（2）隧道断面大、断面变化多，力系转换复杂。车站隧道共有 4 种断面形式，埋深

图 12.3-2　红旗河沟车站地理位置三维图

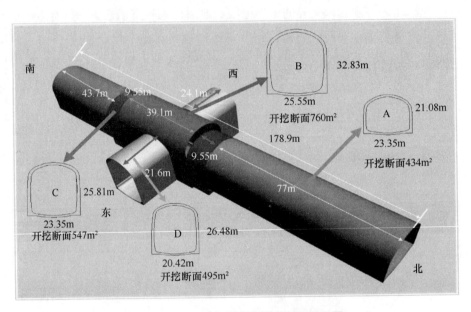

图 12.3-3　红旗河沟车站隧道断面概况图

浅，覆跨比最小仅为 0.26 为典型的超浅埋、超大断面隧道。其中最大断面为 B 型断面，开挖高度为 32.83m，跨度为 25.55m，开挖断面面积近 760m²，二衬内轮廓面积也达到 580m²，在同类工程中为亚洲第一，见图 12.3-3。

（3）三号线与六号线换乘通道、风道、出入口多，结构复杂。

（4）工程所处周边环境复杂。工程位于城区中心主干道、大型城市立交桥下，交通要道，车流量大，重载车辆较多；周边高大建筑多，基底与隧道顶中等风化岩石最小厚度约 2.0m，主要建筑包括汽车北站候车楼、理想大厦、国美电器、和府饭店、盛泰汽车城等，工程沿线地下管线复杂。

12.3.2 环境工程地质条件（地形地貌、地质构造、周边环境条件）

（1）地形地貌

红旗河沟车站暗挖隧道位于江北区红锦大道沿线（汽车北站至渝通宾馆之间），为构造剥蚀浅丘地貌。修建机场高速公路后，地形平缓，海拔高程 289～298m，相对高差为10m 左右。

（2）地质构造

勘察范围位于龙王洞背斜西翼，岩层呈单斜状构造，无区域性断层通过，构造地质条件简单，岩层倾向 250°～260°，倾角 10°～13°，根据场地周围出露岩石露头的地面调查，场地内岩石发育构造裂隙如下：J_1：倾向 352°左右，倾角 71°～80°，闭合，裂隙间距约1.0～2.0m，为硬性结构面，结合一般。J_2：倾向 110°～140°，倾角 53°～59°，一般为55°。闭合，裂隙间距 1～3m，为硬性结构面，结合一般。

（3）地层岩性

根据该车站勘察报告显示，红旗河沟暗挖车站隧道沿线地层岩性自上而下依次为：人工填土，厚度 0.8～6.3m；中风化砂岩，厚度 8.6～17.5m，岩体较完整；砂质泥岩，层厚 22～29.5m，岩体较完整，车站 B 断面围岩埋深最薄处仅 8.6m。

根据勘察报告，车站地质情况如下：

1）车站 SK13＋356.611～SK13＋400.099m 段洞室跨度为 20.05m，洞室高度为18.63m；车站顶板距地面 18.5～19.5m、距中风化岩层顶面 9.3～13.2m，覆跨比为 0.41～0.42。

2）车站 SK13＋400.099～SK13＋458.698m 段洞室跨度为 20.05m，洞室高度为29.65m；车站顶板距地面 14.46～15.74m、距中风化岩层顶面 8.61～9.42m，覆跨比为0.26～0.28。

3）该车站在 SK13＋458.698～SK13＋535.411m 段洞室跨度为 20.05m，洞室高度为18.63；车站顶板距地面 20.49～22.49m、距中风化岩层顶面 14.12～16.10m 覆跨比为0.63～0.72。

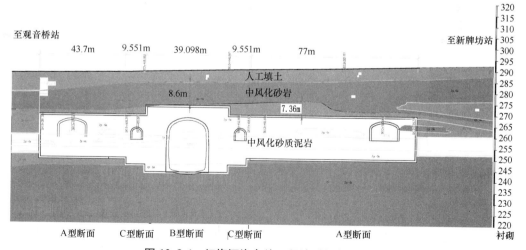

图 12.3-4 红旗河沟车站工程地质纵断面图

根据车站导坑开挖揭露围岩以及拱顶局部坍塌部位围岩情况观察，如图 12.3-4 所示 A、C、B 型车站隧道拱顶均存在 2～5m 厚的中风化泥岩，拱顶围岩为水平层理结构，围岩分层较薄，局部围岩存在泥化现象，该部分围岩自稳性较差，隧道掘进时易坍塌。

（4）水文情况

根据勘察报告显示红旗河沟车站勘察区间内无常年性地表水系，场地地下水主要以地表渗水，市政管道渗漏补给为主。该车站隧道通过地段，由于有多条城市地下排水管道经过，且年份久远，有局部破裂的地下管道水渗透于岩石中，加之地表渗水，形成基岩裂隙水。

（5）周边环境条件

1）地表、地上建筑物

红旗河沟车站地处红旗河沟转盘汽车北站旁，人口密集，车流量较大，车站西侧有东和银都、汽车北站、理想大厦，东侧有 25 层高的和府饭店。

2）地面交通状况

车站正上方是红旗河沟立交匝道和红锦大道，红锦大道是重庆市迎宾大道，路宽约为 30m，快慢车道分行，是主城通往火车北站、江北机场的交通要道，有多条公交线路通过，交通异常繁忙。中央隔离带宽为 1～2m，绿化带和人行道每边宽约为 15m。

3）地下构筑物、管线

地面为城市主干道，地下构筑物较多，在 SK12＋869～SK12＋879 段有一地下人行地道，地道底板标高为 270.42m，隧道拱顶距地道底板约 14.9m；SK13＋149～SK13＋163 段上方为 1.2m×1.8m 雨污水管，管底标高为 270.00m，隧道拱顶距管底约 11.9m；SK13＋186～SK13＋253 段上方为红旗河沟转盘，转盘距隧道拱顶最近处约 19m；SK13＋160～SK13＋295 段上方为高架桥条形基础，条形基础基底标高 271.4m，距隧道拱顶最近处约 18.2m。

沿路管线密布，主要有 2000×2500、1500×1500、600×1000、600×800、ϕ400、ϕ500、ϕ600 排污管道，800×1000、1200×1000、1200×1200 电力管沟、ϕ200～1000 给水管道、ϕ159 高压煤气管道等管线。

车站、相邻建（构）筑物的关系如表 12.3-1 所示。

车站地面主要建筑物特征一览表　　　　　　　　　　表 12.3-1

建（构）筑物名称	里程桩号	基础				隧道顶标高（m）	基底与隧道顶中等风化岩石最小厚度（m）	岩石顶板与压力计算高度之比
		基础形式	尺寸（m）	基底高程（m）	持力层			
红旗河沟立交重力式挡墙	SK13＋53～SK13＋365	浅基础	0.5	271.40～276	中等风化岩层	257.41～260.11	16	4.33
汽车北站地下通道	SK13＋360～SK13＋365	浅基础	3.5×3.5×33	277.00	中等风化岩层	260	17	4.61
北站候车楼	SK13＋360～SK13＋435	独立基础	3.2×2	276.5～280.95	中等风化岩层	280.95	8.9	0.88

续表

建（构）筑物名称	里程桩号	基 础				隧道顶标高（m）	基底与隧道顶中等风化岩石最小厚度（m）	岩石顶板与压力计算高度之比
		基础形式	尺寸（m）	基底高程（m）	持力层			
理想大厦	SK13+440～SK13+515	桩基础/浅基础	6.9/5.1	275.3～276.7	中等风化岩层	257.41～260.11	2.3	1.41
和府饭店	SK13+364～SK13+400	桩基/筏板基础	1.28	257～259.3	中等风化岩层	269.268	8.5	0.8

根据车站原有地下管线图和实际与各产权单位共同现场勘察，统计出市政管线、人防等地下设施如表 12.3-2 所示。

市政管线、人防等地下设施汇总表 表 12.3-2

序号	位置	管线规格	材质	埋 深	与结构关系
1	红旗河沟车站	电信管线 28/36 孔	塑料	埋深 0.8m	平行车站，与通道相交
2		雨水管 φ300/500	混凝土	埋深 2.2m	平行车站，与通道相交
3		给水管 φ1000	混凝土	覆土 2.3m	平行车站，与通道相交
4		燃气管道 φ108	钢管	覆土 1.8m	平行车站，与通道相交
5		排污管道 φ400～600	混凝土	覆土 1.9m	平行车站
6		雨污水管道 600×800	混凝土	覆土 1.6m	平行车站，与通道出口相交
7		雨污水管道 1000×1200	混凝土	覆土 1.8m	平行车站，与通道出口相交
8		雨污水管道 1000×1600	混凝土	覆土 1.9m	平行车站，与通道出口相交
10		雨水管沟 1500×1500	混凝土	埋深 1.8m	平行车站
11		电力管道 1200×1000	混凝土	埋深 1.5m	平行车站
12		联信、军用通信线路	塑料	埋深 1.1m	平行车站

12.3.3 勘察技术手段

场地环境地质条件复杂，投入了大量的人力、物力，除采用常规的调绘、钻探、测试、物探等手段外，首次建立了三维工程地质信息模型、数字模拟分析等手段进行综合勘察。

（1）三维工程地质信息模型

为了更好地展现三号线红旗河沟站地下隧道的工程地质条件，建立了包含拟建场地周边区域的地下三维地质模型，将地质成果以真三维的方式加以直观显示，更加快速、准确地将真实地质情况传达给工程设计和施工的相关技术人员。

三维建模的平面范围包含了拟建场地周边约 50m 范围内区域如图 12.3-5 所示。三维地质建模的原始数据主要为该项目中实施的勘察钻孔。据钻孔柱状图，该区域内地层主要为：土层（杂填土、素填土）、砂岩、砂岩泥岩。建模过程中，还参考了勘察成果中的剖面图、岩层产状及场地内数字高程模型等资料，最大程度上保证了三维地质模型的正确性和可信度。

本次工作建立了包含拟建场地周边区域的地下三维地质模型及地下隧道三维模型，对各类三维模型进行了耦合显示，直观地展现了建模区域内的地下三维地质信息。此外，对已有三维地质模型进行了模型剖切和隧道开挖模拟，展现了在三维地质模型基础上的可视

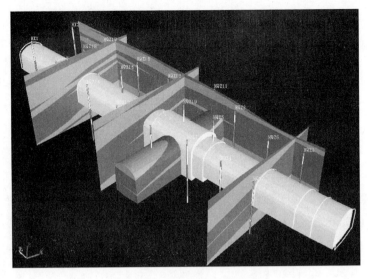

图 12.3-5　三维地质模型展示

化分析功能。

（2）数值模拟分析

计算采用基于 MIDAS/GTS 有限元软件，如图 12.3-6 所示将岩体进行单元的离散化，且按常自由划分模式进行计算。对施工过程中的地表沉降、拱顶沉降、水平收敛、初期支护等应力应变进行综合分析，判定现有施工方法是否能够有效地控制地表沉降和拱顶

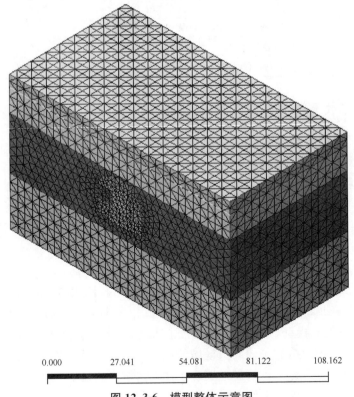

| 0.000 | 27.041 | 54.081 | 81.122 | 108.162 |

图 12.3-6　模型整体示意图

沉降，是否适用。

12.3.4 工程勘察及稳定性分析

红旗河沟车站勘察工作于 2007 年 4 月 4 日开始，于 2007 年 4 月 25 日完成外业工作。完成钻孔 18 个，总进尺 888.28m，利用初步勘察钻孔 4 个，进尺 152.1m；取岩土试样 60 组，纵波测试 3 孔，剪切波测试 3 孔；地质调查、测绘面积约 0.01km²。各类建构筑物地基基础调查 8 处，周边环境物探测线为 25 条，总长度约 3100m。

车站具有 A、B 和 C 三个高度不一的断面，选用施工方法也不竟相同。围岩和初期支护采用 4 节点四面体实体单元模拟，二次衬砌采用板单元模拟，其中 B 断面为车站与 6 号线中交断面，施工面更大而埋深更浅，故定义 B 断面开挖错距 2m，隧道开挖距离按隧道的开挖通过钝化来实现，衬砌的施作通过激活和改变边界条件来实现。故选择 B 断面作为建模对象。

A 断面整个模型共 60120 个单元，B 断面整个模型共 63459 个单元，C 断面整个模型共 45468 个单元。A 和 C 断面开挖错距则为 4m。

（1）地表沉降

城市地下工程的建设，地表沉降和地层位移是施工重点控制的项目之一。根据本结构的特点，分析重庆隧道区域地表沉降情况。图 12.3-7 即为模型计算完毕后隧道上方地表等值线位移图。

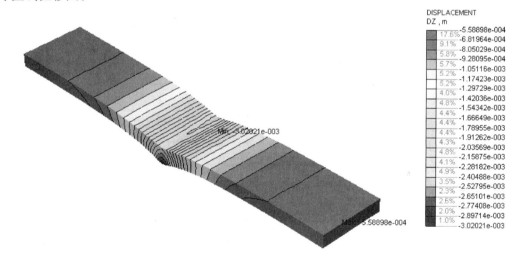

图 12.3-7 施工完成后地表沉降等值线位移

各工序开挖阶段造成的沉降及其比例（单位：mm）　　　　　表 12.3-3

台阶分部		工序 1	工序 2	工序 3	工序 4	工序 5	工序 6	
计算值	阶段值（mm）	0.001	0.012	0.026	0.031	0.038	0.039	
	占百分比	0.04%	0.50%	1.00%	1.30%	1.60%	1.64%	
台阶分部		工序 7	工序 8	工序 9	工序 10	工序 11	工序 12	封闭后
计算值	阶段值（mm）	0.043	0.041	0.146	0.191	0.216	0.21	1.6
	占百分比	1.80%	1.72%	6.12%	8.00%	9.00%	8.90%	58.38%

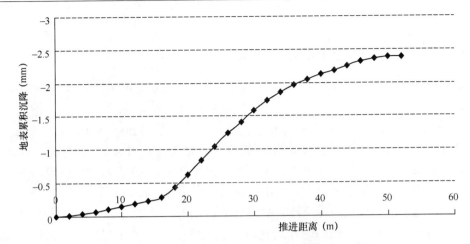

图 12.3-8　计算地表沉降随开挖推进距离的变化曲线

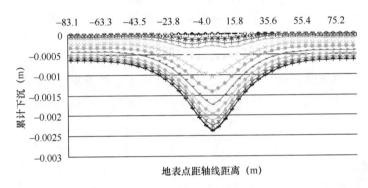

图 12.3-9　地表横断面沉降槽曲线图

由表 12.3-3、图 12.3-8 和图 12.3-9 可以看出：

1）随着开挖推进，在 40m 距离以前，沉降逐渐增长；40m 距离以后拱顶沉降趋于收敛；

2）由于开挖跨度大，开挖跨度 $D=24m$，故收敛距离约在 $2D$ 左右；

3）地表累积沉降量不大，最终沉降值约为 2.4mm；

4）前 12 步工序造成的拱顶沉降占总沉降的并不大，而是在破中间核心土后沉降开始逐渐增加，初始掌子面完全封闭后沉降占总沉降的 58.38%。

综上所述，数值结果表明，开挖核心土阶段的沉降占总沉降的大部分，故为沉降控制关键步序，需加强该阶段的位移控制。

（2）初期支护应力应变分析

支护结构的喷混凝土应力、型钢钢架应力之间有内在的联系。通过对支护结构应力云图的分析，可以看出施工过程中结构拉、压应力集中处；进而在提取型钢钢架应力时，作为选取控制点位置的依据。

断面各点累计最大主应力值（MPa）　　　　　　　　　　　　　　　表 12.3-4

序号	测点位置 施工步序	拱顶	左拱肩	右拱肩	左拱脚	右拱脚	仰拱中
1	左侧上台阶开挖	0	0.45	0	0	0	0

续表

序号	测点位置 施工步序	拱顶	左拱肩	右拱肩	左拱脚	右拱脚	仰拱中
2	右侧上台阶开挖	0	0.56	0.46	0	0	0
3	左侧导洞中台阶上部开挖	0	0.74	0.64	0	0	0
4	右侧导洞中台阶上部开挖	0	0.84	0.77	0	0	0
5	左侧导洞中台阶下部开挖	0	0.9	0.84	0	0	0
6	右侧导洞中台阶下部开挖	0	0.93	0.88	0	0	0
7	左侧导洞下台阶开挖	0	0.96	0.87	0.86	0	0
8	右侧导洞下台阶开挖	0	0.92	0.84	1.28	0.94	0
9	核心土上台阶开挖	0.42	0.83	0.84	1.66	1.44	0
10	核心土中台阶上部开挖	0.65	0.83	0.87	1.87	1.55	0
11	核心土中台阶下部开挖	1.06	0.82	0.89	1.91	1.51	0
12	核心土下台阶开挖	1.2	0.81	0.88	2.01	1.54	0.15

初期支护最终应力列表（MPa）　　　　　　　　　　　表 12.3-5

部位	外缘最大主应力	安全性	内缘最大主应力	安全性
拱顶	0.89	安全	0.97	安全
左拱肩	0.21	安全	0.33	安全
右拱肩	0.26	安全	0.48	安全
左供脚	2.70	安全	0.62	安全
右拱脚	1.96	安全	3.41	安全
仰拱	4.39	安全	4.98	安全

由表 12.3-4 和表 12.3-5 可知：

1）各点位内、外侧应力最大值为 4.98MPa，小于钢筋的屈服强度，符合安全性要求。

2）工序 9 开挖以后断面衬砌各点位应力增加，而在破核心土之前个别点位衬砌并没有受力，说明重庆地铁车站超大断面采用施工方法得当，有效地隔绝了相邻断面之间的开挖影响。

3）除仰供外，各点位最大应力在掌子面封闭后还有一定程度的减小趋势，说明 2m 的开挖错距对掌子面的及时封闭、控制衬砌受力效果明显。

（3）拱顶沉降

各工序开挖阶段造成的沉降及其比例（单位：mm）　　　　表 12.3-6

台阶分部		工序 1	工序 2	工序 3	工序 4	工序 5	工序 6	
计算值	阶段值（mm）	0.007	0.041	0.058	0.071	0.074	0.071	
	占百分比	0.18%	0.52%	0.73%	1.87%	1.88%	1.87%	
台阶分部		工序 7	工序 8	工序 9	工序 10	工序 11	工序 12	封闭后
计算值	阶段值（mm）	0.07	0.064	0.405	0.421	0.354	0.337	1.813
	占百分比	1.87%	1.69%	10.70%	11.10%	9.30%	8.90%	49.40%

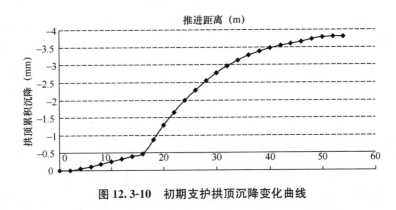

图 12.3-10 初期支护拱顶沉降变化曲线

由表 12.3-6 和图 12.3-10 可以看出:

1) 随着开挖推进,在 40m 距离以前,沉降逐渐增长;40m 距离以后拱顶沉降趋于收敛;

2) 由于开挖跨度大,开挖跨度 $D=24$m,故收敛距离约在 $2D$ 左右;

3) 初期支护拱顶沉降不大,最终拱顶沉降值约为 3.5mm;

4) 前 12 步工序造成的拱顶沉降占总沉降的并不大,而是在破中间核心土后沉降开始逐渐增加,初始掌子面完全封闭后沉降占总沉降的 49.4%。

综上所述,数值结果表明,开挖核心土阶段的沉降占总沉降的大部分,故为沉降控制关键步序,需加强该阶段的位移控制。

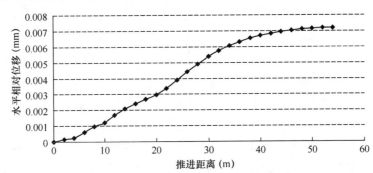

图 12.3-11 左右拱脚处边墙水平相对位移计算值随推进距离变化曲线

(4) 水平收敛

由图 12.3-10 可以看出:

1) 随着开挖推进,拱脚处的水平相对位移在 40m 以前逐渐增长,而在 40m 以后稳定并收敛,收敛距离约在 $1.5D$ 左右。

2) 水平位移量值小,拱脚处水平位移最终值为 7.1mm。

通过对计算结果的分析,在本地质及计算条件下,可以得出以下结论:

模拟分析表明,在隧道开挖后,洞周变形严重,两侧建筑竖向位移均超过允许变形值;隧道中部围岩为软岩,偏压,洞室中部收敛变形超过规范允许收敛值。模拟分析解决了红旗河沟车站隧道超大断面隧道的可行性及其对相邻建构筑物的影响等岩土工程分析技术难题,分析和预测了拟建轨道交通与周边环境的相互影响问题。现有施工方法能够有效地控制地表沉降和拱顶沉降，是适用的。

12.3.5 小结

（1）本次区间隧道范围内沿线岩土层序正常，无滑坡、断层、危岩、坍塌体等不良地质现象，岩层呈单斜状产出，构造条件简单，隧道围岩为侏罗系沙溪庙组砂质泥岩和砂岩，根据地区经验本区间隧道围岩对混凝土无腐蚀性，隧道中无有毒气体、岩爆等现象出现，岩土体现状整体稳定，适宜该工程建设。

（2）拟建车站及其附属建筑物（通道、风道等）很多地段位于现有交通主干道下，且周边建（构）筑物密集，其开挖施工不当，对现有道路、周边建（构）筑物很容易造成破坏，影响很大。建议在施工过程中应控制掘进长度、限制炸药量，及时衬砌，以免因开挖不当引起地面塌陷、建构筑物变形等不良后果。

（3）2012年6月试运行至今，该车站运行效果良好，各项监测数据正常，充分说明了本项目前期勘察手段、过程分析、结论建议等对设计支护措施有很好的指导作用，施工措施有效。

参 考 文 献

[1] 陈志立，张建仁. 天文观测定位之演进及其省思. 2006，1-24.

[2] 王刚. 无人机在带状地形监测方法中的应用研究[J]. 科技前沿，2016，24：190.

[3] 汤井田，何继善. 可控源音频大地电磁法及其应用[M]. 长沙：中南大学出版社，2005.

[4] 金德均，楼凯峰. EH4 电磁成像系统在兰田张隧道勘察中的应用[J]. 东华理工大学学报（自然科学版），2009，(02)：157-160.

[5] 姚黎明. 磁测井法在灌注桩钢筋笼长度检测中的应用[J]. 土木基础，2013，(03)：130-131.

[6] 伍卓鹤，张秀顾等. 利用磁测井法检测灌注桩钢筋笼长度[J]，工程地球物理学报，2013，(05)：693-699.

[7] 李晶. 面波在地震波场中的特性研究及其应用[D]. 成都理工大学，2006.

[8] 王勇. 城市地下管线探测技术方法研究与应用[D]. 吉林大学，2012.

[9] 国家测绘局人事司，国家测绘局职业技能鉴定指导中心. 工程测量[M]. 哈尔滨：地图出版社，2007.

[10] 刘文彬，郭中泽，闫德刚. 基于平板电脑的岩土工程勘察外业数据采集系统[J]. 岩土工程技术，2016，(02)：63-65＋99.

[11] 任治军，任亚群，葛海明. 信息化条件下的勘察外业质量管控模式研究[J]. 电力勘测设计，2016，(01)：21-24.

[12] 戴一鸣，任彧. 第七届全国岩土工程实录交流会特邀报告——探讨 BIM 在工程勘察应用的可行性[J]. 岩土工程技术，2016，(01)：6-11.

[13] 钱枫. 桥梁工程 BIM 技术应用研究[J]. 铁道标准设计，2015，(12)：50-52.

[14] 程爱华，仝霄金. 济南工程地质数据库的建设与应用[J]. 城市勘测，2014，(06)：172-176.

[15] 王国光，唐海涛，王金锋. 基于面向服务架构的工程地质数据管理系统研究及应用[J]. 水力发电，2014，(08)：28-32.

[16] 张贺飞，赵文超，刘扬. 三维地质模型工程地质数据库系统建设方向思考[J]. 资源环境与工程，2014，(04)：541-544.

[17] 林孝城. BIM 在岩土工程勘察成果三维可视化中的应用[J]. 福建建筑，2014，(06)：111-113.

[18] 任治军，任亚群，葛海明，戴洪军. 岩土工程勘察信息化处理的架构与实施[J]. 电力勘测设计，2011，(01)：23-27.

[19] 阙平. 地下空间的开发和利用[J]. 福建建筑，2010，(02)：1-3＋16.

[20] 崔曙平. 国外地下空间开发利用的现状和趋势[J]. 城乡建设，2007，(06)：68-71.

[21] 田微微，李洪涛，裴成玉. 基于 MapGIS 的郑州市工程地质数据库[J]. 山西建筑，2007，(06)：364-365.

[22] 张建旭，李莉. 工程勘察协作信息系统的研究与实现[J]. 中国勘察设计，2005，(03)：35-37.

[23] 沈孝宇，刘一新，温彦. 郑州市工程地质数据库的建立及其应用[J]. 工程勘察，1985，(04)：44-48.

[24] 明镜. 基于钻孔的三维地质模型快速构建及更新. 地理与地理信息科学，2012，28(5)：55-59＋113.

[25] 明镜，潘懋. 基于层位标定的钻孔数据快速解译. 岩土工程学报，2009，31(5)：692-698.

［26］ 明镜，潘懋，屈红刚，吴自兴．基于网状含拓扑剖面的三维地质多体建模．岩土工程学报，2008，30（9）：1376-1382．

［27］ 陈克强、田玉莹、魏礼仁等．地质图用色标准及用色原则（1∶50000）［S］．1997年3月地质矿产部批准，1997年11月起实施．

［28］ 陈克强、何永祥、吴广涛等．区域地质图图例（1∶50000）［S］．1989年2月地质矿产部批准，1989年10月起实施．

［29］ 刘晓光．2014．BIM技术在工程勘察设计阶段的应用研究［J］．智能城市，2015（1）：78-79

［30］ 孙志东．城市三维岩土工程信息系统的设计与实现［D］．北京大学，2008

［31］ 蒋鹏，刘国禹，曾立邦．2009．三维岩土工程设计平台的初探［J］．地质灾害与环境保护，2009（1）：50-54

［32］ 杨宜舟．岩土工程区地上地下三维集成建模与软件开发［D］．东北大学，2011

［33］ 周春霞．星载SAR干涉测量技术及其在南极冰貌地形研究中的应用［D］．武汉大学博士学位论文，2004．

［34］ 王超，张红，刘智等．星载合成孔径雷达干涉测量［M］．北京：科学出版社，2002．

［35］ Berardino，P. Fornaro，G. Lanari，R. et al. A new algorithm for surface deformation monitoring based on small baseline differential interferograms［J］，IEEE Transactions on Geoscience and Remote Sensing，Vol. 40，No. 11，2375-2383，2002．

［36］ 董克刚，王威等．天津地面沉降去土水比论述［J］．水文地质工程地质，2008，19（3）：54-59．

［37］ Strozzi T，Wegmüller U，Tosi L，Bitelli G，Spreckels V．Land Subsidence Monitoring with Differential SAR Interferometry. PE&RS 67：1261-1270，2001．

［38］ Ferretti，A.，Prati，C.，Rocca，F.，2000. Nonlinear subsidence rate estimation using permeanent scatterers in differential SAR interferometry［J］. IEEE Trans. Geosci. Remote Sensing，38（5）：2202-2212．

［39］ Li，Z.，Fielding，E. J. and Cross，P. Integration of InSAR time series analysis and water vapour correction for mapping postseismic deformation after the 2003 Bam，Iran Earthquake. IEEE Trans Geosci and Remote Sens. 2009，47（9），3220-3230．

［40］ Usai，S.，2003. A Least Squares Database Approach for SAR interferometric data，Monitoring terrain deformations at Phlegrean Fields with SAR interferometry，IEEE Transactions on Geoscience and Remote Sensing，41：753-760．

［41］ 汤益先．基于相干目标的DInSAR方法及其地表沉降应用研究［D］．中国科学研究院，2006．

［42］ JulietBiggs，Tim Wright，and Zhong Lu，Multi-interfergram method for measuring interseismic deformation：Denali Fault，Alaska，Geophys. J. Int. （2007）170，1165-1179

［43］ 龙四春，李陶．DInSAR中参考DEM误差与轨道误差对相位贡献的灵敏度研究［J］．遥感信息，2009.2．

［44］ 张红，王超，吴涛等．基于相干目标的DInSAR方法研究．北京：科学出版社，2008．

［45］ 张诗玉．干涉图大气效应校正方法研究及InSAR在天津地面沉降监测中的应用［D］．武汉大学，2009．

［46］ 范景辉，郭华东，郭小方，刘广，葛大庆，刘圣伟．基于相干目标的干涉图叠加方法监测天津地区地面沉降［J］．遥感学报，2008，12（1）：111-118．

［47］ 张诗玉，李淘，夏耶．基于InSAR技术的城市地面沉降灾害监测研究［J］．武汉大学学报．信息科学版．2008，33（8）：850-853．

［48］ 隋海波等，边坡工程分布式光纤监测技术研究［J］．岩石力学与工程学报，2008，（S2）：3725-3731．

［49］ 郭际明等. 测量机器人系统构成与精度研究［J］. 武汉测绘科技大学学报，2000，（05）：421-425＋436.

［50］ 陈荣彬，林泽耿，李刚. 测量机器人在地铁隧道监测中的研究与应用［J］. 测绘通报，2012，（06）：61-63.

［51］ 张正禄等. 大坝安全监测、分析与预报的发展综述［J］. 大坝与安全，2002，（05）：13-16.

［52］ 张成平等. 地铁车站下穿既有线隧道施工中的远程监测系统［J］. 岩土力学，2009，（06）：1861-1866.

［53］ 岳青等. 高速铁路大跨度桥梁运营监测系统研究. 铁道建筑，2015，（12）：1-6.

［54］ 杜彦良，张玉芝，赵维刚. 高速铁路线路工程安全监测系统构建［J］. 土木工程学报，2012，（S2）：59-63.

［55］ 卫建东，基于测量机器人的自动变形监测系统［J］. 测绘通报，2006，（12）：41-44＋72.

［56］ 李爱群等. 润扬长江大桥结构健康监测系统研究［J］. 东南大学学报（自然科学版），2003，（05）：544-548.

［57］ 施斌等. 隧道健康诊断 BOTDR 分布式光纤应变监测技术研究［J］. 岩石力学与工程学报，2005，（15）：2622-2628.

［58］ 李惠，欧进萍. 斜拉桥结构健康监测系统的设计与实现（Ⅰ）：系统设计［J］. 土木工程学报，2006，39(4)：39-44.